人工智能技术丛书

从零开始
大模型开发与微调
基于PyTorch与ChatGLM

王晓华 著

清华大学出版社
北京

内 容 简 介

大模型是深度学习自然语言处理皇冠上的一颗明珠，也是当前 AI 和 NLP 研究与产业中最重要的方向之一。本书使用 PyTorch 2.0 作为学习大模型的基本框架，以 ChatGLM 为例详细讲解大模型的基本理论、算法、程序实现、应用实战以及微调技术，为读者揭示大模型开发技术。本书配套示例源代码、PPT 课件。

本书共 18 章，内容包括人工智能与大模型、PyTorch 2.0 深度学习环境搭建、从零开始学习 PyTorch 2.0、深度学习基础算法详解、基于 PyTorch 卷积层的 MNIST 分类实战、PyTorch 数据处理与模型展示、ResNet 实战、有趣的词嵌入、基于 PyTorch 循环神经网络的中文情感分类实战、自然语言处理的编码器、预训练模型 BERT、自然语言处理的解码器、强化学习实战、只具有解码器的 GPT-2 模型、实战训练自己的 ChatGPT、开源大模型 ChatGLM 使用详解、ChatGLM 高级定制化应用实战、对 ChatGLM 进行高级微调。

本书适合 PyTorch 深度学习初学者、大模型开发初学者、大模型开发人员学习，也适合高等院校人工智能、智能科学与技术、数据科学与大数据技术、计算机科学与技术等专业的师生作为教学参考书。

本书封面贴有清华大学出版社防伪标签，无标签者不得销售。
版权所有，侵权必究。举报：010-62782989，beiqinquan@tup.tsinghua.edu.cn。

图书在版编目（CIP）数据

从零开始大模型开发与微调：基于 PyTorch 与 ChatGLM / 王晓华著. —北京：清华大学出版社，2023.10
（2025.2 重印）
（人工智能技术丛书）
ISBN 978-7-302-64707-2

Ⅰ. ①从… Ⅱ. ①王… Ⅲ. ①人工智能 Ⅳ.①TP18

中国国家版本馆 CIP 数据核字（2023）第 183660 号

责任编辑：夏毓彦
封面设计：王　翔
责任校对：闫秀华
责任印制：刘海龙

出版发行：清华大学出版社
网　　址：https://www.tup.com.cn，https://www.wqxuetang.com
地　　址：北京清华大学学研大厦 A 座　　邮　编：100084
社 总 机：010-83470000　　邮　购：010-62786544
投稿与读者服务：010-62776969，c-service@tup.tsinghua.edu.cn
质 量 反 馈：010-62772015，zhiliang@tup.tsinghua.edu.cn

印 装 者：小森印刷霸州有限公司
经　　销：全国新华书店
开　　本：190mm×260mm　　印　张：23.5　　字　数：634 千字
版　　次：2023 年 11 月第 1 版　　印　次：2025 年 2 月第 7 次印刷
定　　价：89.00 元

产品编号：103347-01

前　言

我们处于一个变革的时代！

提出一个常识问题，让一个有着本科学历的成年人回答这个问题，似乎是一件非常简单的事情。然而将同样的内容输送给计算机，让它通过自己的能力流畅地回答这个常识问题，这在不久以前还是一件不可能的事。

让计算机学会回答问题，这是一个专门的研究方向——人工智能大模型正在做的工作。随着人工神经网络和深度学习的发展，近年来人工智能在研究上取得了重大突破。通过大规模的文本训练，人工智能在自然语言生成上取得了非常好的效果。

而今，随着深度学习的发展，使用人工智能来处理常规劳动、理解语音语义、帮助医疗诊断和支持基础科研工作，这些曾经是梦想的东西似乎都在眼前。

写作本书的原因

PyTorch 作为最新的、应用最为广泛的深度学习开源框架，自然引起了广泛的关注，它吸引了大量程序设计和开发人员进行相关内容的开发与学习。掌握 PyTorch 程序设计基本技能的程序设计人员成为当前各组织和单位热切寻求的热门人才。他们的主要工作就是利用获得的数据集设计不同的人工神经模型，利用人工神经网络强大的学习能力提取和挖掘数据集中包含的潜在信息，编写相应的 PyTorch 程序对数据进行处理，对其价值进行进一步开发，为商业机会的获取、管理模式的创新、决策的制定提供相应的支持。随着越来越多的组织、单位和行业对深度学习应用的重视，高层次的 PyTorch 程序设计人员必将成为就业市场上紧俏的人才。

与其他应用框架不同，PyTorch 并不是一个简单的编程框架，深度学习也不是一个简单的名词，而是需要相关研究人员对隐藏在其代码背后的理论进行学习，掌握一定的数学知识和理论基础的。特别是随着 PyTorch 2.0 的推出，更好、更快、更强成为 PyTorch 2.0 所追求的目标。

研究人员探索和发展深度学习的目的是更好地服务于人类社会，而人工智能的代表——清华大学开发的 ChatGLM 是现阶段人工智能最高端的研究成果，它可以模拟人类智能的某些方面，例如语言理解、智能问答、自然语言处理等。相较于其他人工智能产品，ChatGLM 有着更加强大的算法、更多的数据基础以及更强的训练和优化，使得 ChatGLM 可以实现更加准确和高效的决策和预测，为人类社会带来巨大的价值。

在医疗领域，ChatGLM 可以帮助医生更准确地诊断疾病，提高治疗的效果和效率。在交通领域,ChatGLM 可以辅助驾驶员进行驾驶决策,减少交通事故的发生。在金融领域,ChatGLM 可以帮助银行和证券公司进行风险控制和投资决策。在教育领域,ChatGLM 可以根据学生的学习情况和兴趣爱好,提供个性化的学习方案和资源。

在这个人工智能风起云涌的时代,借由 PyTorch 2.0 与 ChatGLM 推出之际,本书为了满足广大人工智能程序设计和开发人员学习最新的 PyTorch 程序代码的需要,对涉及深度学习的结构与编程技巧循序渐进地做了介绍与说明,以深度学习实战内容为依托,从理论开始介绍 PyTorch 程序设计模式,多角度、多方面地对其中的原理和实现提供翔实的分析;同时,以了解和掌握最强的人工智能模型 ChatGLM,进行可靠的二次开发和微调为目标,使读者能够在开发者的层面掌握 ChatGLM 程序设计方法和技巧,为开发出更强大的人工智能大模型打下扎实的基础。

本书的优势

- 本书基于 PyTorch 2.0 框架对深度学习的理论、应用以及实战进行全方位的讲解,市面上鲜有涉及。
- 本书手把手地从零开始向读者讲解大模型的构建方法,从最基础的深度学习模型搭建开始,直到完成大模型的设计、应用与微调工作。
- 本书并非枯燥的理论讲解,而是大量最新文献的归纳和总结。在这点上,本书与其他编程书籍有本质区别。本书的例子都是来自现实世界中对深度学习有实战应用的模型,通过介绍这些实际应用示例,可以使读者更进一步地了解和掌握其应用价值和核心本质。
- 本书作者有长期的研究生和本科生教学经验,通过通俗易懂的语言,深入浅出地介绍深度学习与神经网络理论体系的全部知识点,并在程序编写时使用 PyTorch 2.0 最新框架进行程序设计,帮助读者更好地使用 PyTorch 模型框架,理解和掌握 PyTorch 程序设计的精妙之处。
- 作者认为,掌握和使用深度学习的人才应在掌握基本知识和理论的基础上,重视实际应用程序开发能力和解决问题能力的培养。特别是对于最新的大模型技术的掌握。本书结合作者在实际工作中应用的实际案例进行讲解,内容真实,场景逼真。

本书的内容

本书共 18 章,所有代码均采用 Python 语言编写,这也是 PyTorch 2.0 框架推荐使用的语言。

第 1 章介绍人工智能的基本内容,初步介绍深度学习应用与大模型的发展方向,介绍最强的人工智能大模型——清华大学 ChatGLM 的应用前景,旨在说明使用深度学习和人工智能实现大模型是未来科技的发展方向,也是必然趋势。

第 2 章介绍 PyTorch 2.0 的安装和常用的类库。Python 是易用性非常强的语言,可以很方便地将公式和愿景以代码的形式表达出来,而无须学习过多的编程知识。还将手把手地向读者演示第一个深度学习模型的完整使用示例。

第 3 章演示使用 PyTorch 框架进行手写体识别的实际例子,完整地对 MNIST 手写体项目进行分类，同时讲解模型的标签问题以及本书后期常用的损失函数计算等内容。

第 4 章系统介绍深度学习的基础知识——反向传播神经网络的原理和实现。这是整个深度学习领域最为基础的内容，也是最为重要的理论部分。本章通过独立编写代码的形式为读者实现这个神经网络中最重要的算法。

第 5 章介绍卷积神经网络的使用，主要介绍使用卷积对 MNIST 数据集进行识别。这是一个入门案例，但是包含的内容非常多，例如使用多种不同的层和类构建一个较为复杂的卷积神经网络。同时也介绍了一些具有个性化设置的卷积层。

第 6 章主要讲解 PyTorch 2.0 数据处理与模型训练可视化方面的内容，这是本书中非常重要的基础，也是数据处理中非常重要的组成部分，通过编写相应的程序来实现模型对输入数据的处理，能够使得读者更加深入地了解 PyTorch 框架的运行原理。

第 7 章介绍卷积神经网络的核心内容，讲解基于 Block 堆积的 ResNet 模型的构建方法，这为后面搭建更多基于模块化的深度学习模型打下基础。

第 8 和第 9 章是 PyTorch 自然语言处理的基础部分，从词向量开始，到使用卷积和循环神经网络完成自然语言处理的情感分类项目，循序渐进地引导读者使用深度学习完成自然语言处理实战。

第 10 章介绍深度学习另一个重要的模块——注意力模型，本章的理论部分非常简单，讲解得也很清晰，但其内容对整个深度学习模型具有里程碑意义。

第 11 和第 12 章是自然语言处理的补充内容，分别介绍使用现有的预训练模型进行自然语言处理以及自然语言处理解码器的部分。第 12 章和第 10 章相互衔接，主要是对当前的新模型 Transformer 进行介绍和说明，分别从其架构入手，对编码器和解码器进行详细介绍。同时，第 12 章还介绍各种 ticks 和小的细节，有针对性地对模型优化做了说明。

第 13~15 章是对强化学习部分的讲解，同时详细讲解深度学习中具有开创性质的 GPT-2 模型的构成架构和源码设计，并基于以上两部分完成了一个简化版的 ChatGPT 设计，这是为后续进行语言模型微调打下基础。

第 16~18 章是本书有关大模型的核心内容。第 16 章讲解人工智能大模型 ChatGLM 的使用与自定义方法。第 17 章讲解 ChatGLM 高级定制化应用，包括专业客服问答机器人、金融信息抽取实战以及一些补充内容；其中金融信息抽取使用了基于知识链的多专业跨领域文档挖掘的方法，这是目前 ChatGLM 甚至是自然语言处理大模型方面最为前沿的研究方向。第 18 章讲解 ChatGLM 模型的本地化处理和 ChatGLM 的高级微调方法，极具参考价值。

本书的特点

- 本书不是纯粹的理论知识介绍，也不是高深的技术研讨，完全是从实践应用出发，用最简单、典型的示例引申出核心知识，并指出进一步学习人工智能大模型的道路。
- 本书没有深入介绍某一个知识块，而是全面介绍 PyTorch 涉及的大模型的基本结构和上层程序设计，系统地讲解深度学习的全貌，使读者在学习过程中把握好方向。
- 本书在写作上浅显易懂，没有深奥的数学知识，而是采用较为形象的形式，使用大量图示来描述应用的理论知识，让读者轻松地阅读并掌握相关内容。
- 本书旨在引导读者进行更多技术上的创新，每章都会以示例的形式帮助读者更好地理解本章要学习的内容。
- 本书代码遵循重构原理，避免代码污染，帮助读者写出优秀、简洁、可维护的代码。

配套示例源代码、PPT 课件下载

本书配套示例源代码、PPT 课件，需要用微信扫描下面的二维码获取。如果阅读中发现问题或疑问，请联系 booksaga@163.com，邮件主题写"从零开始大模型开发与微调"。

本书适合人群

本书适合人工智能、大模型、深度学习以及 PyTorch 框架等方向的初学者和开发人员阅读，也可以作为高等院校相关专业的教材。

建议读者在学习本书内容的过程中，理论联系实际，独立进行一些代码的编写工作，可能的情况下采取开放式的实验方法，即读者自行准备实验数据和实验环境，解决实际问题，最终达到理论联系实际的目的。

本书作者

本书作者为高校计算机专业教师，教授人工智能、大数据分析与挖掘、Java 程序设计、数据结构等多门本科生及研究生课程，研究方向为数据仓库与数据挖掘、人工智能、机器学习，在研和参研多项科研项目。作者在本书写作过程中，得到了家人和朋友的大力支持，以及本书编辑王叶的热情帮助，在此对他们一并表示感谢。

作　者
2023 年 8 月

目　　录

第 1 章　新时代的曙光——人工智能与大模型 ··· 1
1.1　人工智能：思维与实践的融合 ··· 1
1.1.1　人工智能的历史与未来 ·· 2
1.1.2　深度学习与人工智能 ·· 2
1.1.3　选择 PyTorch 2.0 实战框架 ··· 3
1.2　大模型开启人工智能的新时代 ··· 4
1.2.1　大模型带来的变革 ·· 4
1.2.2　最强的中文大模型——清华大学 ChatGLM 介绍 ······························ 5
1.2.3　近在咫尺的未来——大模型的应用前景 ·· 6
1.3　本章小结 ·· 7

第 2 章　PyTorch 2.0 深度学习环境搭建 ··· 8
2.1　环境搭建 1：安装 Python ·· 8
2.1.1　Miniconda 的下载与安装 ·· 8
2.1.2　PyCharm 的下载与安装 ·· 11
2.1.3　Python 代码小练习：计算 Softmax 函数 ··· 14
2.2　环境搭建 2：安装 PyTorch 2.0 ·· 15
2.2.1　Nvidia 10/20/30/40 系列显卡选择的 GPU 版本 ······························· 15
2.2.2　PyTorch 2.0 GPU Nvidia 运行库的安装 ·· 15
2.2.3　PyTorch 2.0 小练习：Hello PyTorch ·· 18
2.3　生成式模型实战：古诗词的生成 ··· 18
2.4　图像降噪：手把手实战第一个深度学习模型 ·· 19
2.4.1　MNIST 数据集的准备 ·· 19
2.4.2　MNIST 数据集的特征和标签介绍 ·· 21
2.4.3　模型的准备和介绍 ·· 22
2.4.4　对目标的逼近——模型的损失函数与优化函数 ································ 24

2.4.5 基于深度学习的模型训练 24
2.5 本章小结 26

第3章 从零开始学习 PyTorch 2.0 ... 27

3.1 实战 MNIST 手写体识别 27
    3.1.1 数据图像的获取与标签的说明 27
    3.1.2 实战基于 PyTorch 2.0 的手写体识别模型 29
    3.1.3 基于 Netron 库的 PyTorch 2.0 模型可视化 32
3.2 自定义神经网络框架的基本设计 34
    3.2.1 神经网络框架的抽象实现 34
    3.2.2 自定义神经网络框架的具体实现 35
3.3 本章小结 43

第4章 一学就会的深度学习基础算法详解 ... 44

4.1 反向传播神经网络的前身历史 44
4.2 反向传播神经网络两个基础算法详解 47
    4.2.1 最小二乘法详解 48
    4.2.2 梯度下降算法 50
    4.2.3 最小二乘法的梯度下降算法及其 Python 实现 52
4.3 反馈神经网络反向传播算法介绍 58
    4.3.1 深度学习基础 58
    4.3.2 链式求导法则 59
    4.3.3 反馈神经网络的原理与公式推导 60
    4.3.4 反馈神经网络原理的激活函数 64
    4.3.5 反馈神经网络原理的 Python 实现 66
4.4 本章小结 70

第5章 基于 PyTorch 卷积层的 MNIST 分类实战 ... 71

5.1 卷积运算的基本概念 71
    5.1.1 基本卷积运算示例 72
    5.1.2 PyTorch 中的卷积函数实现详解 73
    5.1.3 池化运算 75
    5.1.4 Softmax 激活函数 77

5.1.5　卷积神经网络的原理 78
5.2　实战：基于卷积的 MNIST 手写体分类 80
　　5.2.1　数据的准备 80
　　5.2.2　模型的设计 81
　　5.2.3　基于卷积的 MNIST 分类模型 82
5.3　PyTorch 的深度可分离膨胀卷积详解 84
　　5.3.1　深度可分离卷积的定义 84
　　5.3.2　深度的定义以及不同计算层待训练参数的比较 86
　　5.3.3　膨胀卷积详解 87
　　5.3.4　实战：基于深度可分离膨胀卷积的 MNIST 手写体识别 87
5.4　本章小结 90

第 6 章　可视化的 PyTorch 数据处理与模型展示 91

6.1　用于自定义数据集的 torch.utils.data 工具箱使用详解 92
　　6.1.1　使用 torch.utils.data.Dataset 封装自定义数据集 92
　　6.1.2　改变数据类型的 Dataset 类中的 transform 的使用 93
　　6.1.3　批量输出数据的 DataLoader 类详解 98
6.2　实战：基于 tensorboardX 的训练可视化展示 100
　　6.2.1　可视化组件 tensorboardX 的简介与安装 100
　　6.2.2　tensorboardX 可视化组件的使用 100
　　6.2.3　tensorboardX 对模型训练过程的展示 103
6.3　本章小结 105

第 7 章　ResNet 实战 106

7.1　ResNet 基础原理与程序设计基础 106
　　7.1.1　ResNet 诞生的背景 107
　　7.1.2　PyTorch 2.0 中的模块工具 109
　　7.1.3　ResNet 残差模块的实现 110
　　7.1.4　ResNet 网络的实现 112
7.2　ResNet 实战：CIFAR-10 数据集分类 114
　　7.2.1　CIFAR-10 数据集简介 114
　　7.2.2　基于 ResNet 的 CIFAR-10 数据集分类 117

7.3 本章小结 ... 118

第8章 有趣的词嵌入 ... 120

8.1 文本数据处理 ... 120
    8.1.1 Ag_news 数据集介绍和数据清洗 ... 120
    8.1.2 停用词的使用 ... 123
    8.1.3 词向量训练模型 Word2Vec 使用介绍 ... 125
    8.1.4 文本主题的提取：基于 TF-IDF ... 128
    8.1.5 文本主题的提取：基于 TextRank ... 132

8.2 更多的词嵌入方法——FastText 和预训练词向量 ... 134
    8.2.1 FastText 的原理与基础算法 ... 135
    8.2.2 FastText 训练及其与 PyTorch 2.0 的协同使用 ... 136
    8.2.3 使用其他预训练参数来生成 PyTorch 2.0 词嵌入矩阵（中文） ... 140

8.3 针对文本的卷积神经网络模型简介——字符卷积 ... 141
    8.3.1 字符（非单词）文本的处理 ... 141
    8.3.2 卷积神经网络文本分类模型的实现——Conv1d（一维卷积） ... 148

8.4 针对文本的卷积神经网络模型简介——词卷积 ... 151
    8.4.1 单词的文本处理 ... 151
    8.4.2 卷积神经网络文本分类模型的实现——Conv2d（二维卷积） ... 153

8.5 使用卷积对文本分类的补充内容 ... 155
    8.5.1 汉字的文本处理 ... 155
    8.5.2 其他细节 ... 157

8.6 本章小结 ... 158

第9章 基于循环神经网络的中文情感分类实战 ... 160

9.1 实战：循环神经网络与情感分类 ... 160

9.2 循环神经网络理论讲解 ... 165
    9.2.1 什么是 GRU ... 165
    9.2.2 单向不行，那就双向 ... 167

9.3 本章小结 ... 168

第10章 从零开始学习自然语言处理的编码器 ... 169

10.1 编码器的核心——注意力模型 ... 170

10.1.1 输入层——初始词向量层和位置编码器层 170
10.1.2 自注意力层 172
10.1.3 ticks 和 Layer Normalization 177
10.1.4 多头注意力 178
10.2 编码器的实现 180
10.2.1 前馈层的实现 181
10.2.2 编码器的实现 182
10.3 实战编码器：拼音汉字转化模型 184
10.3.1 汉字拼音数据集处理 185
10.3.2 汉字拼音转化模型的确定 187
10.3.3 模型训练部分的编写 190
10.4 本章小结 191

第 11 章 站在巨人肩膀上的预训练模型 BERT 193

11.1 预训练模型 BERT 193
11.1.1 BERT 的基本架构与应用 194
11.1.2 BERT 预训练任务与微调 195
11.2 实战 BERT：中文文本分类 198
11.2.1 使用 Hugging Face 获取 BERT 预训练模型 198
11.2.2 BERT 实战文本分类 200
11.3 更多的预训练模型 203
11.4 本章小结 205

第 12 章 从 1 开始自然语言处理的解码器 206

12.1 解码器的核心——注意力模型 206
12.1.1 解码器的输入和交互注意力层的掩码 207
12.1.2 为什么通过掩码操作能够减少干扰 212
12.1.3 解码器的输出（移位训练方法） 213
12.1.4 解码器的实现 214
12.2 解码器实战——拼音汉字翻译模型 215
12.2.1 数据集的获取与处理 216
12.2.2 翻译模型 218

12.2.3	拼音汉字模型的训练	229
12.2.4	拼音汉字模型的使用	230
12.3	本章小结	231

第 13 章 基于 PyTorch 2.0 的强化学习实战 … 232

- 13.1 基于强化学习的火箭回收实战 … 232
  - 13.1.1 火箭回收基本运行环境介绍 … 233
  - 13.1.2 火箭回收参数介绍 … 234
  - 13.1.3 基于强化学习的火箭回收实战 … 234
  - 13.1.4 强化学习的基本内容 … 239
- 13.2 强化学习的基本算法——PPO 算法 … 243
  - 13.2.1 PPO 算法简介 … 243
  - 13.2.2 函数使用说明 … 244
  - 13.2.3 一学就会的 TD-error 理论介绍 … 245
  - 13.2.4 基于 TD-error 的结果修正 … 247
  - 13.2.5 对于奖励的倒序构成的说明 … 248
- 13.3 本章小结 … 249

第 14 章 ChatGPT 前身——只具有解码器的 GPT-2 模型 … 250

- 14.1 GPT-2 模型简介 … 250
  - 14.1.1 GPT-2 模型的输入和输出结构——自回归性 … 251
  - 14.1.2 GPT-2 模型的 PyTorch 实现 … 252
  - 14.1.3 GPT-2 模型输入输出格式的实现 … 257
- 14.2 Hugging Face GPT-2 模型源码模型详解 … 259
  - 14.2.1 GPT2LMHeadModel 类和 GPT2Model 类详解 … 259
  - 14.2.2 Block 类详解 … 270
  - 14.2.3 Attention 类详解 … 274
  - 14.2.4 MLP 类详解 … 281
- 14.3 Hugging Face GPT-2 模型的使用与自定义微调 … 282
  - 14.3.1 模型的使用与自定义数据集的微调 … 282
  - 14.3.2 基于预训练模型的评论描述微调 … 285
- 14.4 自定义模型的输出 … 286

14.4.1　GPT 输出的结构 286
　　　14.4.2　创造性参数 temperature 与采样个数 topK 288
　14.5　本章小结 290

第 15 章　实战训练自己的 ChatGPT 291
　15.1　什么是 ChatGPT 291
　15.2　RLHF 模型简介 293
　　　15.2.1　RLHF 技术分解 293
　　　15.2.2　RLHF 中的具体实现——PPO 算法 296
　15.3　基于 RLHF 实战的 ChatGPT 正向评论的生成 297
　　　15.3.1　RLHF 模型进化的总体讲解 297
　　　15.3.2　ChatGPT 评分模块简介 298
　　　15.3.3　带有评分函数的 ChatGPT 模型的构建 300
　　　15.3.4　RLHF 中的 PPO 算法——KL 散度 301
　　　15.3.5　RLHF 中的 PPO 算法——损失函数 303
　15.4　本章小结 304

第 16 章　开源大模型 ChatGLM 使用详解 305
　16.1　为什么要使用大模型 305
　　　16.1.1　大模型与普通模型的区别 306
　　　16.1.2　一个神奇的现象——大模型的涌现能力 307
　16.2　ChatGLM 使用详解 307
　　　16.2.1　ChatGLM 简介及应用前景 308
　　　16.2.2　下载 ChatGLM 309
　　　16.2.3　ChatGLM 的使用与 Prompt 介绍 310
　16.3　本章小结 311

第 17 章　开源大模型 ChatGLM 高级定制化应用实战 312
　17.1　医疗问答 GLMQABot 搭建实战——基于 ChatGLM 搭建专业客服问答机器人 312
　　　17.1.1　基于 ChatGLM 搭建专业领域问答机器人的思路 313
　　　17.1.2　基于真实医疗问答的数据准备 314
　　　17.1.3　文本相关性（相似度）的比较算法 315
　　　17.1.4　提示语句 Prompt 的构建 316

17.1.5　基于单个文档的 GLMQABot 的搭建 316
17.2　金融信息抽取实战——基于知识链的 ChatGLM 本地化知识库检索与智能答案生成 318
　　　17.2.1　基于 ChatGLM 搭建智能答案生成机器人的思路 319
　　　17.2.2　获取专业（范畴内）文档与编码存储 320
　　　17.2.3　查询文本编码的相关性比较与排序 322
　　　17.2.4　基于知识链的 ChatGLM 本地化知识库检索与智能答案生成 325
17.3　基于 ChatGLM 的一些补充内容 327
　　　17.3.1　语言的艺术——Prompt 的前世今生 328
　　　17.3.2　清华大学推荐的 ChatGLM 微调方法 329
　　　17.3.2　一种新的基于 ChatGLM 的文本检索方案 330
17.4　本章小结 331

第 18 章　对训练成本上亿美元的 ChatGLM 进行高级微调 332

18.1　ChatGLM 模型的本地化处理 332
　　　18.1.1　下载 ChatGLM 源码与合并存档 332
　　　18.1.2　修正自定义的本地化模型 335
　　　18.1.3　构建 GLM 模型的输入输出示例 337
18.2　高级微调方法 1——基于加速库 Accelerator 的全量数据微调 339
　　　18.2.1　数据的准备——将文本内容转化成三元组的知识图谱 339
　　　18.2.2　加速的秘密——Accelerate 模型加速工具详解 342
　　　18.2.3　更快的速度——使用 INT8（INT4）量化模型加速训练 345
18.3　高级微调方法 2——基于 LoRA 的模型微调 348
　　　18.3.1　对 ChatGLM 进行微调的方法——LoRA 348
　　　18.3.2　自定义 LoRA 的使用方法 349
　　　18.3.3　基于自定义 LoRA 的模型训练 350
　　　18.3.4　基于自定义 LoRA 的模型推断 352
　　　18.3.5　基于基本原理的 LoRA 实现 355
18.4　高级微调方法 3——基于 Huggingface 的 PEFT 模型微调 357
　　　18.4.1　PEFT 技术详解 358
　　　18.4.2　PEFT 的使用与参数设计 359
　　　18.4.3　Huggingface 专用 PEFT 的使用 360
18.5　本章小结 362

第1章

新时代的曙光
——人工智能与大模型

人工智能（Artificial Intelligence，AI），起始于对人类自身理解的深入挖掘，对人的意识、思维的信息过程的模拟。今时今日，人工智能不再是科幻电影中无法触及的"虚拟景象"，它已成为家喻户晓的"客观现实"，在减轻人类的体力负担和脑力负担方面已渐渐显示出优势，比如在极端天气预测等层面崭露头角。

随着深度学习、大模型等关键技术的深入发展，以ChatGPT诞生和更强的ChatGLM爆发为新起点，人工智能将快速迈入下一个"未知"的阶段。

1.1 人工智能：思维与实践的融合

人工智能作为当今科技领域炙手可热的研究领域之一，近年来得到了越来越多的关注。然而，人工智能并不是一蹴而就的产物，而是在不断发展、演变的过程中逐渐形成的。从无到有的人工智能，是一个漫长而又不断迭代的过程。

人工智能从标准的定义来讲，是利用数字计算机或者数字计算机控制的机器模拟、延伸和扩展人的智能，感知环境、获取知识并使用知识获得最佳结果的理论、方法、技术及应用系统。

在大多人的眼中，人工智能是一位非常给力的助手，可以实现处理工作过程的自动化，提升工作效率，比如执行与人类智能有关的行为，如判断、推理、证明、识别、感知、理解、通信、设计、思考、规划、学习和问题求解等思维活动。

但与其工具属性、能力属性相比，人工智能更重要的是一种思维和工具，是用来描述模仿人类与其他人类思维相关联的"认知"功能的机器，如"学习"和"解决问题"。

而其中最引人注目的是生成式人工智能（Generative Artificial Intelligence），这是一种基于机器学习技术的人工智能算法，其目的是通过学习大量数据和模式，生成新的、原创的内容。这些内容可以是文本、图像、音频或视频等多种形式。生成式人工智能通常采用深度学习模型，如循环神经网络（Recurrent Neural Network，RNN）、变分自编码器（Variational Auto Encoder，VAE）等，来生成高质量的内容。生成式人工智能的应用包括文本生成、图像生成、语音合成、自动创作和虚拟现实等领域,具有广泛的应用前景。

1.1.1 人工智能的历史与未来

人工智能作为一门跨学科的研究领域,经历了多年的发展和探索。自20世纪50年代起,人工智能研究已成为计算机科学、数学、哲学、心理学等多个学科的交叉领域。随着技术的不断发展和应用场景的不断拓展,人工智能正逐渐成为一种强大的工具和智能化的基础设施。

早期的人工智能主要集中在专家系统、规则引擎和逻辑推理等领域。其中,专家系统是一种基于知识库和规则库的系统,能够模拟人类专家的思维和决策过程,用于解决各种复杂的问题。随着深度学习和神经网络的兴起,人工智能进入了一个新的发展阶段。深度学习是一种基于神经网络的机器学习方法,能够自动地学习和提取数据中的特征,实现对复杂模式的识别和分类,适用于图像识别、语音识别、自然语言处理等领域。

人工智能产业在20世纪50年代提出后,限于当时的技术实现能力,只局限于理论知识的讨论,而真正开始爆发还是自2012年的AlexNet模型问世。

1. 人工智能1.0时代(2012—2017年)

人工智能概念于1956年被提出,AI产业的第一轮爆发源自2012年。2012年,AlexNet模型问世开启了卷积神经网络(Convolutional Neural Network,CNN)在图像识别领域的应用;2015年机器识别图像的准确率首次超过人(错误率低于4%),开启了计算机视觉技术在各行各业的应用,带动了人工智能1.0时代的创新周期,AI+开始赋能各行各业,带动效率提升。但是,人工智能1.0时代面临着模型碎片化、AI泛化能力不足等问题。

2. 人工智能2.0时代(2017年)

2017年,Google Brain团队提出Transformer架构,奠定了大模型领域的主流算法基础,从2018年开始大模型迅速流行。2018年,谷歌团队的模型参数首次过亿,到2022年模型参数达到5400亿,模型参数呈现指数级增长,"预训练+微调"的大模型有效解决了1.0时代AI泛化能力不足的问题。新一代AI技术有望开始全新一轮的技术创新周期。

当前,人工智能的应用场景已经涵盖了生活的各个领域。在医疗领域,人工智能可以帮助医生进行诊断和治疗决策,提高医疗效率和精度。在金融领域,人工智能可以进行风险管理和数据分析,提高金融服务的质量和效率。在交通领域,人工智能可以进行交通管控和路况预测,提高交通安全和效率。在智能家居领域,人工智能可以进行智能家居控制和环境监测,提高家庭生活的舒适度和安全性。此外,人工智能还可以应用于教育、娱乐、军事等多个领域,为人类社会的发展带来了无限的可能性。

总之,从无到有的人工智能是一个漫长而又不断迭代的过程,星星之火可以燎原,人工智能会继续发展,成为推动人类社会进步的重要力量。

1.1.2 深度学习与人工智能

深度学习是人工智能的方法和技术,属于机器学习的一种。它通过构建多层神经网络实现对复杂模式的自动识别和分类,进而实现对图像、语音、自然语言等数据的深层次理解和分析。深度学习的出现标志着人工智能研究的一个新阶段。

传统的机器学习算法（如决策树、支持向量机等）主要依赖于人工选择和提取特征，然后将这些特征输入模型中进行训练和分类。而深度学习通过构建多层神经网络实现对特征的自动提取和学习，大大提高了模型的性能和准确率。因此，深度学习已成为当前人工智能研究中最重要和热门的领域之一。

深度学习的核心是神经网络，它可以被看作是由许多个简单的神经元组成的网络。这些神经元可以接收输入并产生输出，通过学习不同的权重来实现不同的任务。深度学习的"深度"指的是神经网络的层数，即多层神经元的堆叠。在多层神经网络中，每一层的输出都是下一层的输入，每一层都负责提取不同层次的特征，从而完成更加复杂的任务。

深度学习在人工智能领域的成功得益于其强大的表征学习能力。表征学习是指从输入数据中学习到抽象的特征表示的过程。深度学习模型可以自动地学习到数据的特征表示，并从中提取出具有区分性的特征，从而实现对数据的分类、识别等任务。

深度学习的应用场景非常广泛。在图像识别方面，深度学习已经实现了人类水平的表现，并被广泛应用于人脸识别、图像分类、目标检测等领域。在自然语言处理方面，深度学习可以进行文本分类、情感分析、机器翻译等任务，并且已经在聊天机器人、智能客服等应用中得到了广泛应用。在语音识别方面，深度学习可以实现对语音的准确识别和转换，成为语音助手和智能家居的重要支撑技术。

1.1.3　选择 PyTorch 2.0 实战框架

工欲善其事，必先利其器。本书选用PyTorch 2.0作为讲解的实战框架。

PyTorch是一个Python开源机器学习库，它可以提供强大的GPU加速张量运算和动态计算图，方便用户进行快速实验和开发。PyTorch由Facebook的人工智能研究小组于2016年发布，当时它作为Torch的Python版，目的是解决Torch在Python中使用的不便之处。

Torch是另一个开源机器学习库，它于2002年由Ronan Collobert创建，主要基于Lua编程语言。Torch最初是为了解决语音识别的问题而创建的，但随着时间的推移，Torch开始被广泛应用于其他机器学习领域，包括计算机视觉、自然语言处理、强化学习等。

尽管Torch在机器学习领域得到了广泛的应用，但是它在Python中的实现相对较为麻烦，这也就导致其在Python社区的使用率不如其他机器学习库（如TensorFlow）。这也就迫使了Facebook的人工智能研究小组开始着手开发PyTorch。

在2016年，PyTorch首次发布了Alpha版本，但是该版本的使用范围比较有限。直到2017年，PyTorch正式发布了Beta版本，这使得更多的用户可以使用PyTorch进行机器学习实验和开发。在2018年，PyTorch 1.0版本正式发布，此后PyTorch开始成为机器学习领域中最受欢迎的开源机器学习库之一。

在PyTorch Conference 2022上，PyTorch官方正式发布了PyTorch 2.0，整场活动含Compiler率极高，跟先前的1.x版本相比，2.0版本有了颠覆式的变化。

PyTorch 2.0中发布了大量足以改变 PyTorch 使用方式的新功能，它提供了相同的Eager Mode和用户体验，同时通过torch.compile增加了一个编译模式，在训练和推理过程中可以对模型进行加速，从而提供更佳的性能和对Dynamic Shapes及Distributed的支持。

自发布以来，PyTorch一直都是深度学习和人工智能领域中最为受欢迎的机器学习库之一。它在国际学术界和工业界都得到了广泛的认可，得到了许多优秀的应用和实践。同时，PyTorch也持续更新和优化，使得用户可以在不断的发展中获得更好的使用体验。

1.2　大模型开启人工智能的新时代

大模型是指具有非常多参数数量的人工神经网络模型。在深度学习领域，大模型通常是指具有数亿到数万亿参数的模型。这些模型通常需要在大规模数据集上进行训练，并且需要使用大量的计算资源进行优化和调整。

大模型通常用于解决复杂的自然语言处理、计算机视觉和语音识别等任务。这些任务通常需要处理大量的输入数据，并从中提取复杂的特征和模式。通过使用大模型，深度学习算法可以更好地处理这些任务，提高模型的准确性和性能。

大模型的训练和调整需要大量的计算资源，包括高性能计算机、图形处理器（Graphics Processing Unit，GPU）和云计算资源等。为了训练和优化大模型，研究人员和企业通常需要投入巨大的资源和资金。

1.2.1　大模型带来的变革

人工智能正处于从"能用"到"好用"的应用落地阶段，但仍处于落地初期，主要面临场景需求碎片化、人力研发和应用计算成本高，以及长尾场景数据较少导致模型训练精度不够、模型算法从实验室场景到真实场景差距较大等行业问题。而大模型在增加模型通用性、降低训练研发成本等方面降低了人工智能落地应用的门槛。

近10年来，通过"深度学习+大算力"获得训练模型，已经成为实现人工智能的主流技术途径。由于深度学习、数据和算力这3个要素都已具备，因此全球掀起了"大炼模型"的热潮，也催生了一大批人工智能公司。

然而，在深度学习技术出现的近10年里，模型基本上都是针对特定的应用场景进行训练的，即小模型属于传统的定制化、作坊式的模型开发方式。传统人工智能模型需要完成从研发到应用的全方位流程，包括需求定义、数据收集、模型算法设计、训练调优、应用部署和运营维护等阶段组成的整套流程。这意味着除了需要优秀的产品经理准确定义需求外，还需要人工智能研发人员扎实的专业知识和协同合作能力，才能完成大量复杂的工作。

在传统模型中，研发阶段为了满足各种场景的需求，人工智能研发人员需要设计个性定制化的、专用的神经网络模型。模型设计过程需要研究人员对网络结构和场景任务有足够的专业知识，并承担设计网络结构的试错成本和时间成本。

一种降低专业人员设计门槛的思路是通过网络结构自动搜索技术路线，但这种方案需要很高的算力，不同的场景需要大量机器自动搜索最优模型，时间成本仍然很高。一个项目往往需要专家团队在现场待上几个月才能完成。通常，为了满足目标要求，数据收集和模型训练评估需要多次迭代，从而导致高昂的人力成本。

但是，这种通过"一模一景"的车间模式开发出来的模型，并不适用于垂直行业场景的很多任务。例如，在无人驾驶汽车的全景感知领域，往往需要多行人跟踪、场景语义分割、视野目标检测等多个模型协同工作；与目标检测和分割相同的应用，在医学影像领域训练的皮肤癌检测和人工智能模型分割，不能直接应用于监控景点中的行人车辆检测和场景分割。模型无法重复使用和积累，这也导致了人工智能落地的高门槛、高成本和低效率。

大模型是从庞大、多类型的场景数据中学习，总结出不同场景、不同业务的通用能力，学习出一种特征和规律，成为具有泛化能力的模型库。在基于大模型开发应用或应对新的业务场景时，可以对大模型进行适配，比如对某些下游任务进行小规模标注数据二次训练，或者无须自定义任务即可完成多个应用场景，实现通用智能能力。因此，利用大模型的通用能力，可以有效应对多样化、碎片化的人工智能应用需求，为实现大规模人工智能落地应用提供可能。

大模型正在作为一种新型的算法和工具，成为整个人工智能技术新的制高点和新型的基础设施。可以说大模型是一种变革性的技术，它可以显著地提升人工智能模型在应用中的性能表现，将人工智能的算法开发过程由传统的烟囱式开发模式转向集中式建模，解决人工智能应用落地过程中的场景碎片化、模型结构和模型训练需求零散化的痛点。

1.2.2 最强的中文大模型——清华大学 ChatGLM 介绍

本书在写作时，应用最为广泛和知名度最高的大模型是ChatGLM，这是由清华大学自主研发的、基于GLM（General Language Model）架构的、最新型最强大的深度学习大模型之一。

ChatGLM 使用了最先进的深度学习前沿技术，经过约1TB标识符的中英双语训练，辅以监督微调、特定任务指令（Prompt）训练、人类反馈强化学习等技术，针对中文问答和对话进行了优化。而其中开源的ChatGLM-6B具有62亿参数。结合模型量化技术，用户可以在消费级的显卡上进行本地部署（INT4量化级别下最低只需6GB显存），并且已经能生成相当符合人类偏好的回答。

ChatGLM是目前最先进的自然语言处理技术之一，具有强大的智能问答、对话生成和文本生成能力。在ChatGLM中，用户可以输入自然语言文本，ChatGLM会自动理解其含义并作出相应的回应。

ChatGLM采用了GLM系列的生成模型架构，该架构是在GLM原有基础上进行改进的，是目前最大的语言模型之一。这使得ChatGLM能够处理更复杂的自然语言问题，并生成更加流畅自然的对话。

ChatGLM能够处理多种类型的自然语言任务。它可以回答问题、生成文本、翻译语言、推理和推断等。因此，它可以应用于许多不同的领域，包括客户服务、在线教育、金融和医疗保健等。

ChatGLM的问答能力非常强大。它可以回答各种各样的问题，无论是简单的还是复杂的。它可以处理人类语言中的模糊性和歧义，甚至可以理解非正式的对话和口语。此外，ChatGLM还可以从大量的语言数据中进行学习和自我更新，从而不断提高其回答问题的准确性和可靠性。

除了问答能力外，ChatGLM还具有出色的对话生成能力。当与ChatGLM进行对话时，用户可以感受到与真人进行对话的感觉。ChatGLM可以根据上下文理解问题，并根据其对话历史和语言数据生成自然的回答。它还能够生成有趣的故事和文章，帮助用户创造更加生动的语言体验。

ChatGLM的另一个重要特点是其翻译能力。ChatGLM可以将一种语言翻译成另一种语言，从而帮助用户克服跨语言交流的障碍。由于ChatGLM能够理解自然语言的含义，因此它可以生成更加准确和自然的翻译结果。

ChatGLM还可以进行推理和推断。它可以理解和应用逻辑和常识，从而帮助用户解决一些需要推理和推断的问题。例如，当给ChatGLM提供一组信息时，它可以从中推断出一些隐藏的规律和关系。

1.2.3 近在咫尺的未来——大模型的应用前景

人工智能模型的广度和深度逐级提升,作为深度学习领域最耀眼的新星,大模型也浮出水面。从技术的角度来看,大模型发端于自然语言处理领域,以谷歌的BERT开始,到以清华大学的ChatGLM大模型为代表,参数规模逐步提升至千亿、万亿,同时用于训练的数据量级也显著提升,带来了模型能力的提高,也推动了人工智能从感知到认知的发展。

1. 赋能制造业

首先,人工智能大模型能够大幅提高制造业从研发、销售到售后各个环节的工作效率。比如,研发环节可利用人工智能生成图像或生成3D模型技术赋能产品设计、工艺设计、工厂设计等流程。在销售和售后环节,可利用生成式人工智能技术打造更懂用户需求、更个性化的智能客服及数字人带货主播,大幅提高销售和售后服务能力及效率。

其次,人工智能大模型结合机器人流程自动化(Robotic Process Automation,RPA),有望解决人工智能无法直接指挥工厂机器设备的痛点。RPA作为"四肢"连接作为"大脑"的人工智能大模型和作为"工具"的机器设备,降低了流程衔接难度,可以实现工厂生产全流程自动化。

最后,人工智能大模型合成数据能够解决制造业缺乏人工智能模型训练数据的痛点。以搬运机器人(Autonomous Mobile Robot,AMR)为例,核心痛点是它对工厂本身的地图识别、干扰情景训练数据积累有限,自动驾驶的算法精度较差,显著影响产品性能。但人工智能大模型合成的数据可作为真实场景数据的廉价替代品,大幅缩短训练模型的周期,提高生产效率。

2. 赋能医疗行业

首先,人工智能大模型能够帮助提升医疗通用需求的处理效率,比如呼叫中心自动分诊、常见病问诊辅助、医疗影像解读辅助等。

其次,人工智能大模型通过合成数据支持医学研究。医药研发所需的数据存在法律限制和病人授权等约束,难以规模化;通过合成数据,能够精确复制原始数据集的统计特征,但又与原始数据不存在关联性,赋能医学研究进步。此外,人工智能大模型通过生成3D虚拟人像和合成人声,解决了部分辅助医疗设备匮乏的痛点,可以帮助丧失表情、声音等表达能力的病人更好地求医问诊。

3. 赋能金融行业

对于银行业,可以在智慧网点、智能服务、智能风控、智能运营、智能营销等场景开展人工智能大模型技术应用;对于保险业,人工智能大模型应用包括智能保险销售助手、智能培训助手等,但在精算、理赔、资管等核心价值链环节赋能仍需根据专业知识进行模型训练和微调;对于证券期货业,人工智能大模型可以运用在智能投研、智能营销、降低自动化交易门槛等领域。

4. 赋能乃至颠覆传媒与互联网行业

首先,人工智能大模型将显著提升文娱内容生产效率,降低成本。此前,人工智能只能辅助生产初级重复性或结构化内容,如人工智能自动写新闻稿、人工智能播报天气等。在大模型赋能下,已经可以实现人工智能营销文案撰写、人工智能生成游戏原画(目前国内游戏厂商积极应用人工智能绘画技术)、人工智能撰写剧本(仅凭一段大纲即可自动生成完整剧本)等,后续伴随音乐生成、动画视频生成等AIGC技术的持续突破，人工智能大模型将显著缩短内容生产周期、降低制作成本。

其次，人工智能大模型将颠覆互联网已有业态及场景入口。短期来看，传统搜索引擎最容易被类似ChatGLM的对话式信息生成服务所取代，因为后者具备更高的信息获取效率和更好的交互体验；同时传统搜索引擎商业模式搜索竞价广告也将迎来严峻的挑战，未来可能会衍生出付费会员模式或新一代营销科技手段。从中长期来看，其他互联网业态，如内容聚合分发平台、生活服务平台、电商购物平台、社交社区等流量入口，都存在被人工智能大模型重塑或颠覆的可能性。

1.3 本章小结

本章主要介绍了大模型、人工智能以及深度学习的基本知识，可以看到大模型在人工智能领域有着广泛的应用前景，尤其是在图像生成、自然语言处理和音频生成等领域。未来，随着深度学习技术的不断发展，大模型也将得到进一步的发展和应用。

随着人工智能领域的不断发展和深度学习技术的日益成熟，大模型在各个领域中都得到了广泛的应用。在自然语言处理领域中，大模型已经被用于自动文本摘要、对话系统、机器翻译等任务；在图像处理领域中，大模型被用于图像生成、风格转换、图像修复等任务；在音频处理领域中，大模型被用于语音合成、音乐生成等任务。

随着深度学习技术的不断发展，人工智能与大模型也将得到进一步的发展和应用。未来，我们可以期待大模型在更多领域中的应用，同时也可以期待更多创新的生成式模型技术的出现，为人工智能领域的发展做出更大的贡献。本书可以让读者从零开始学习大模型的基本原理和实现方法，帮助读者深入了解其应用及在人工智能领域中的应用前景。

第2章 PyTorch 2.0 深度学习环境搭建

工欲善其事，必先利其器。第1章介绍了人工智能、大模型以及PyTorch 2.0之间的关系，本章开始正式进入PyTorch 2.0的讲解与教学中。

首先读者需要知道的是，无论是构建深度学习应用程序还是应用已完成训练的项目到某项具体项目中，都需要使用编程语言完成设计者的目的，在本书中使用Python语言作为开发的基本语言。

Python是深度学习的首选开发语言，很多第三方提供了集成大量科学计算类库的Python标准安装包，常用的是Miniconda和Anaconda。Python是一个脚本语言，如果不使用Miniconda或者Anaconda，那么第三方库的安装会比较困难，导致各个库之间的依赖关系变得复杂，从而导致安装和使用问题。因此，这里推荐安装Miniconda来替代原生Python语言的安装。

本章将首先介绍Miniconda的完整安装，之后完成一个练习项目，生成可控手写体数字，这是一个入门程序，帮助读者了解完整的PyTorch项目的工作过程。

2.1 环境搭建1：安装Python

2.1.1 Miniconda的下载与安装

1. 下载和安装

打开Miniconda官方网站，其下载页面如图2-1所示。

读者可以根据自己的操作系统选择不同平台的Miniconda下载，目前提供的是新集成了Python 3.10版本的Miniconda。如果读者使用的是以前的Python版本，例如Python 3.9，也是完全可以的，笔者经过测试，无论是3.10版本还是3.9版本的Python，都不影响PyTorch的使用。

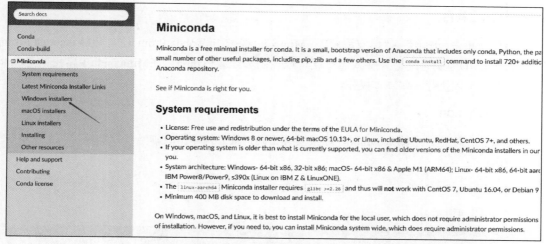

图 2-1　Miniconda 下载页面

（1）这里推荐使用Windows Python 3.9版本，相对于3.10版本，3.9版本经过一段时间的训练具有一定的稳定性。当然，读者可根据自己的喜好选择。集成Python 3.9版本的Miniconda可以在官方网站下载，打开后如图2-2所示。注意：如果读者使用的是64位操作系统，那么可以选择以Miniconda3开头、以64结尾的安装文件，不要下载错了。

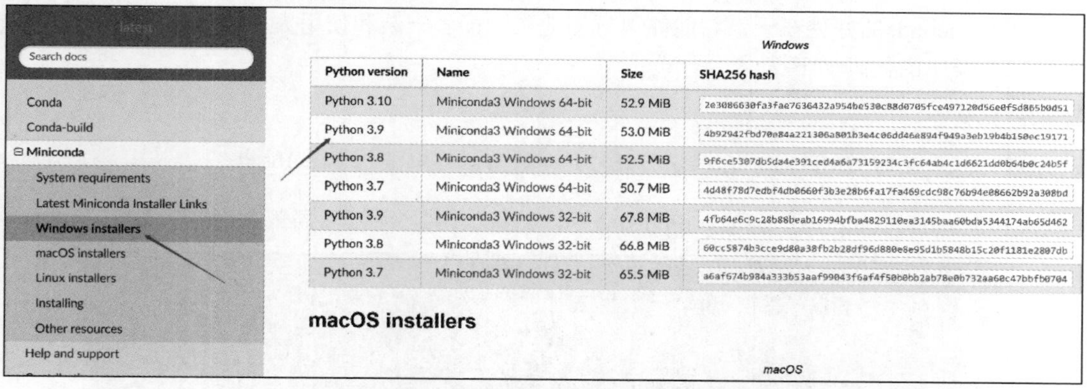

图 2-2　Miniconda 官网网站提供的下载

（2）下载完成后得到的文件是.exe版本，直接运行即可进入安装过程。安装完成后，出现如图2-3所示的目录结构，说明安装正确。

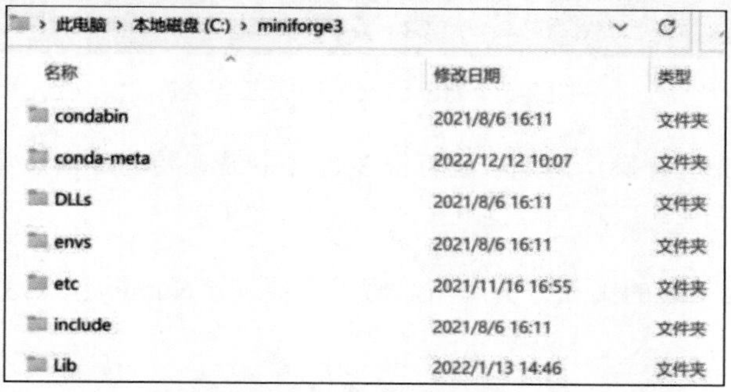

图 2-3　Miniconda 安装目录

2. 打开控制台

之后依次单击"开始"→"所有程序"→Miniconda3→Miniconda Prompt，打开Miniconda Prompt窗口，它与CMD控制台类似，输入命令就可以控制和配置Python。在Miniconda中常用的是conda命令，该命令可以执行一些基本操作。

3. 验证Python

接下来，在控制台中输入python，如果安装正确，就会打印出版本号和控制符号。在控制符号下输入代码：

```
print("hello")
```

结果如图2-4所示。

图 2-4　验证 Miniconda Python 安装成功

4. 使用pip命令

使用Miniconda的好处在于，它能够很方便地帮助读者安装和使用大量第三方类库。查看已安装的第三方类库的代码如下：

```
pip list
```

注意：如果此时 CMD 控制台命令行还在>>>状态，可以输入 exit()退出。

在Miniconda Prompt控制台输入pip list命令，结果如图2-5所示（局部截图）。

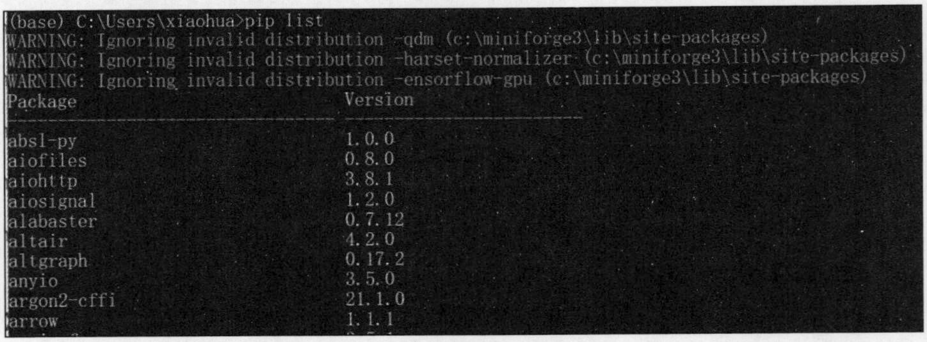

图 2-5　列出已安装的第三方类库

Miniconda中使用pip进行操作的方法还有很多，其中最重要的是安装第三方类库，命令如下：

```
pip install name
```

这里的name是需要安装的第三方类库名，假设需要安装NumPy包（这个包已经安装过），那么输入的命令如下：

```
pip install numpy
```

结果如图2-6所示。

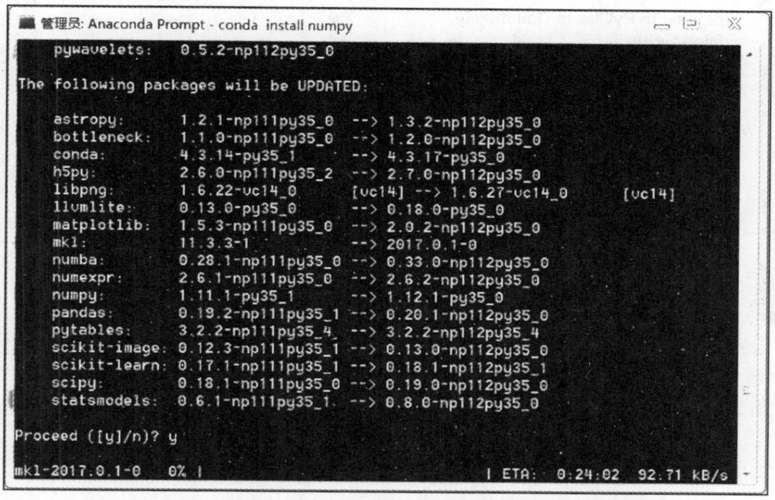

![图2-6 Anaconda Prompt 安装界面截图]

图 2-6　举例自动获取或更新依赖类库

使用Miniconda的一个好处是默认安装了大部分学习所需的第三方类库，这样能够避免使用者在安装和使用某个特定的类库时出现依赖类库缺失的情况。

2.1.2　PyCharm 的下载与安装

和其他语言类似，Python程序的编写可以使用Windows自带的控制台进行编写。但是这种方式对于较为复杂的程序工程来说，容易混淆相互之间的层级和交互文件，因此在编写程序工程时，建议使用专用的Python编译器PyCharm。

1. PyCharm的下载和安装

（1）进入PyCharm官网的Download页面后，可以找到Other versions链接并打开，在这个页面上根据自己的系统选择免费的社区版（Community Edition）下载，如图2-7所示。

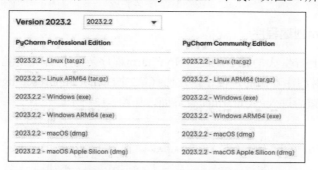

图 2-7　选择 PyCharm Community Edition 下载

（2）下载安装文件后双击运行进入PyCharm安装界面，如图2-8所示。单击Next按钮继续安装即可。

（3）如图2-9所示，在配置界面上勾选所有的复选框，这些配置项方便我们使用PyCharm。

图 2-8　安装界面

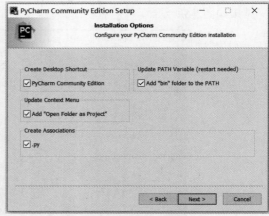

图 2-9　勾选所有复选框

（4）安装完成后，单击Finish按钮，如图2-10所示。

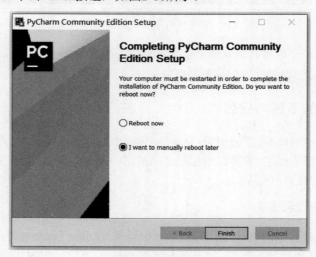

图 2-10　安装完成

2. 使用PyCharm创建程序

（1）单击桌面上新生成的 图标进入PyCharm程序界面，首先是第一次启动的定位，如图2-11所示。这里是对程序存储的定位，建议选择第2个Do not import settings。

（2）单击OK按钮后进入PyChrarm配置界面，如图2-12所示。

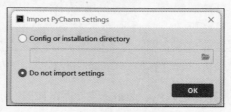

图 2-11　由 PyCharm 自动指定

第 2 章　PyTorch 2.0 深度学习环境搭建　13

图 2-12　配置界面

（3）在配置界面可以对 PyCharm 的界面进行配置，选择自己的使用风格。如果对其不熟悉，直接使用默认配置也可以。如图 2-13 所示，我们把界面背景设置为白色。

图 2-13　对 PyCharm 的界面进行配置

（4）创建一个新的工程，如图 2-14 所示。读者可以尝试把本书配套源码创建为新工程。

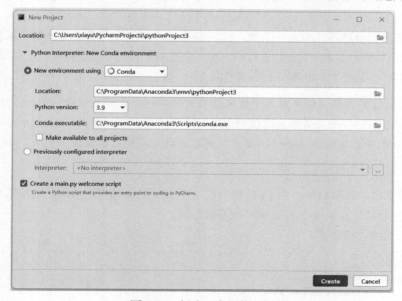

图 2-14　创建一个新的工程

这里尝试在工程中新建一个Python文件，如图2-15所示。在工程目录下，右击打开菜单，选择New→Python File，新建一个helloworld.py文件，打开一个编辑页并输入代码，如图2-16所示。

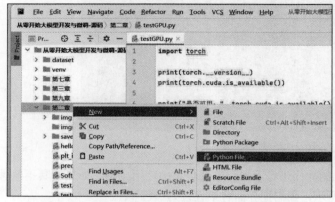

图 2-15　新建一个 PyCharm 的工程文件　　　　　图 2-16　helloworld.py

单击菜单栏中的Run→run…运行代码，或者直接右击helloworld.py文件名，在弹出的快捷菜单中选择run。如果成功输出hello world，那么恭喜你，Python与PyCharm的配置就完成了。

2.1.3　Python 代码小练习：计算 Softmax 函数

对于Python科学计算来说，最简单的想法就是可以将数学公式直接表达成程序语言，可以说，Python满足了这个想法。本小节将使用Python实现和计算一个深度学习中最为常见的函数——Softmax函数。至于这个函数的作用，现在不加以说明，笔者只是带领读者尝试实现其程序的编写。

Softmax函数的计算公式如下：

$$S_i = \frac{e^{V_i}}{\sum_{0}^{j} e^{V_i}}$$

其中V_i是长度为j的数列V中的一个数，代入Softmax的结果就是先对每一个V_i取以e为底的指数计算变成非负，然后除以所有项之和进行归一化，之后每个V_i就可以解释成：在观察到的数据集类别中，特定的V_i属于某个类别的概率，或者称作似然（Likelihood）。

提示：Softmax用以解决概率计算中概率结果大而占绝对优势的问题。例如函数计算结果中的2个值a和b，且$a>b$，如果简单地以值的大小为单位衡量的话，那么在后续的使用过程中，a永远被选用，而b由于数值较小不会被选择，但是有时也需要使用数值较小的b，Softmax就可以解决这个问题。

Softmax按照概率选择a和b，由于a的概率值大于b，因此在计算时a经常会被取得，而b由于概率较小，取得的可能性也较小，但是也有概率被取得。

Softmax公式的代码如下：

```
import numpy
def softmax(inMatrix):
    m,n = numpy.shape(inMatrix)
    outMatrix = numpy.mat(numpy.zeros((m,n)))
```

```
    soft_sum = 0
    for idx in range(0,n):
        outMatrix[0,idx] = math.exp(inMatrix[0,idx])
        soft_sum += outMatrix[0,idx]
    for idx in range(0,n):
        outMatrix[0,idx] = outMatrix[0,idx] / soft_sum
    return outMatrix
```

可以看到，当传入一个数列后，分别计算每个数值所对应的指数函数值，将其相加后计算每个数值在数值和中的概率。

```
a = numpy.array([[1,2,1,2,1,1,3]])
```

结果请读者自行打印验证。

2.2　环境搭建2：安装PyTorch 2.0

Python运行环境调试完毕后，本节重点介绍安装本书的主角——PyTorch 2.0。

2.2.1　Nvidia 10/20/30/40 系列显卡选择的 GPU 版本

由于40系显卡的推出，目前市场上会同时有Nvidia10/20/30/40系列显卡并存的情况。对于需要调用专用编译器的PyTorch来说，不同的显卡需要安装不同的依赖计算包，作者在此总结了不同显卡的PyTorch版本以及CUDA和cuDNN的对应关系，如表2-1所示。

表 2-1　10/20/30/40 系列显卡的版本对比

显卡型号	PyTorch GPU 版本	CUDA 版本	cuDNN 版本
10 系列及以前	PyTorch 2.0 以前的版本	11.1	7.65
20/30/40 系列	PyTorch 2.0 向下兼容	11.6+	8.1+

注意：这里主要是显卡运算库 CUDA 与 cuDNN 的区别，当在 20/30/40 系列显卡上使用 PyTorch 时，可以安装 11.6 版本以上以及 cuDNN 8.1 版本以上的包，而在 10 系列版本的显卡上，建议优先使用 2.0 版本以前的 PyTorch。

下面以CUDA 11.7+cuDNN 8.2.0组合为例，演示完整的PyTorch 2.0 GPU Nvidia运行库的安装步骤，其他不同版本CUDA+cuDNN 组合的安装过程基本一致。

2.2.2　PyTorch 2.0 GPU Nvidia 运行库的安装

从CPU版本的PyTorch开始深度学习之旅完全是可以的，但却不是笔者推荐的。相对于GPU版本的PyTorch来说，CPU版本的运行速度存在着极大的劣势，很有可能会让读者的深度学习止步于前。
PyTorch 2.0 CPU版本的安装命令如下：

```
pip install numpy --pre torch torchvision torchaudio --force-reinstall --extra-index-url https://download.pytorch.org/whl/nightly/cpu
```

如果读者的计算机支持GPU，则继续下面本小节的重头戏，PyTorch 2.0 GPU版本的前置软件的安装。对于GPU版本的PyTorch来说，由于调用了NVIDA显卡作为其代码运行的主要工具，因此额外需要NVIDA提供的运行库作为运行基础。

对于PyTorch 2.0的安装来说，最好根据官方提供的安装命令进行安装，如图2-17所示。在这里PyTorch官方提供了两种安装模式，分别对应CUDA 11.7与CUDA 11.8。

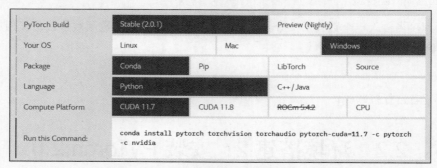

图 2-17　PyTorch 官网提供的配置信息

从图中可以看到，这里提供了两种不同的CUDA版本的安装，作者经过测试，无论是使用CUDA 11.7还是CUDA 11.8，在PyTorch 2.0的程序编写上没有显著的区别，因此读者可以根据安装配置自行选择。下面以CUDA 11.7+cuDNN 8.2.0为例讲解它们的安装方法。

（1）安装CUDA。在百度搜索CUDA 11.7，进入官方下载页面，选择合适的操作系统安装方式（推荐使用exe（local）本地化安装方式），如图2-18所示。

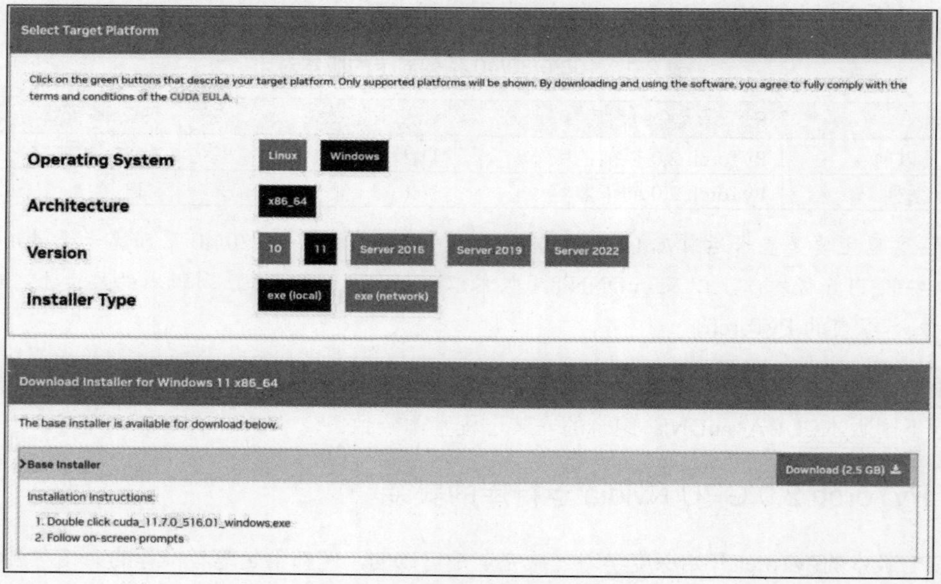

图 2-18　CUDA 下载页面

此时下载的是一个.exe文件，读者自行安装时，不要修改其中的路径信息，直接使用默认路径安装即可。

（2）下载和安装对应的cuDNN文件。cuDNN的下载需要先注册一个用户，相信读者可以很快完成,之后直接进入下载页面,如图2-19所示。注意:不要选择错误的版本,一定要找到对应的版本号。另外,如果使用的是Windows 64位的操作系统,那么直接下载x86版本的cuDNN即可。

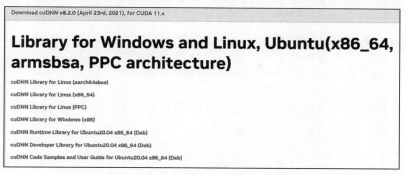

图 2-19　cuDNN 下载页面

下载的cuDNN 8.2.0是一个压缩文件,将其解压到CUDA安装目录,如图2-20所示。

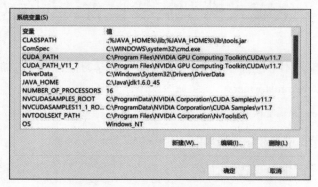

图 2-20　解压 cuDNN 文件

(3)配置环境变量,这里需要将CUDA的运行路径加到环境变量Path的值中,如图2-21所示。如果cuDNN是使用.exe文件安装的,那这个环境变量自动就配置好了,读者只要验证一下即可。

图 2-21　配置环境变量

(4)安装PyTorch及相关软件。从图2-17可以看到,对应CUDA 11.7的安装命令如下:

```
conda install pytorch torchvision torchaudio pytorch-cuda=11.7 -c pytorch -c nvidia
```

如果读者直接安装Python，没有按2.1.1节安装Miniconda，则PyTorch安装命令如下：

```
pip3 install torch torchvision torchaudio --index-url https://download.pytorch.org/whl/cu117
```

完成PyTorch 2.0 GPU版本的安装后，接下来验证一下PyTorch是否安装成功。

2.2.3　PyTorch 2.0 小练习：Hello PyTorch

恭喜读者，到这里我们已经完成了PyTorch 2.0的安装。打开CMD窗口依次输入如下命令即可验证安装是否成功：

```
import torch
result = torch.tensor(1) + torch.tensor(2.0)
result
```

运行结果如图2-22所示。

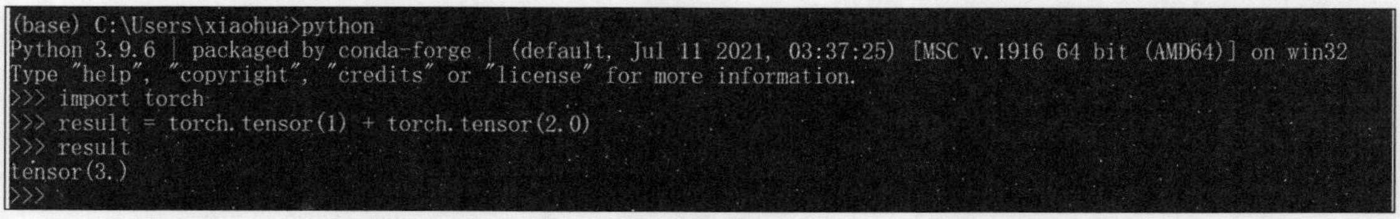

图 2-22　验证安装是否成功

或者打开前面安装的PyCharm IDE，新建一个项目，再新建一个hello_pytorch.py文件，输入如下代码：

```
import torch
result = torch.tensor(1) + torch.tensor(2.0)
print(result)
```

最终结果请读者自行验证。

2.3　生成式模型实战：古诗词的生成

为了验证安装情况，本节准备了一段实战代码供读者学习，首先读者需要打开CMD窗口安装一个本实战所需要的类库transformers，安装命令如下：

```
pip install transformers
```

之后在PyCharm中直接打开作者提供的Peom代码文件：

```
from transformers import BertTokenizer, GPT2LMHeadModel,TextGenerationPipeline
tokenizer = BertTokenizer.from_pretrained("uer/gpt2-chinese-poem")
model = GPT2LMHeadModel.from_pretrained("uer/gpt2-chinese-poem")
text_generator = TextGenerationPipeline(model, tokenizer)
result = text_generator("[CLS] 万 叠 春 山 积 雨 晴 ,", max_length=50, do_sample=True)
print(result)
```

这里需要提示一下，在上述代码段中，"[CLS]万叠春山积雨晴"是起始内容，然后根据所输入的起始内容输出后续的诗句，当然读者也可以自定义起始句子，如图2-23所示。

> [CLS]万叠春山积雨晴，江光兀兀对峥嵘。隔云吠犬随村卖，绕洞流泉入夜鸣。未学灵威终一见，曾从小阮听三生。可怜醉卧花间石，白鸟一双残照横。是江南柳，花枝婀娜婀娜任春风。莫言人事长多少，万感千愁总付翁。

图 2-23　根据输入的起始内容输出后续的诗句

2.4　图像降噪：手把手实战第一个深度学习模型

2.3节的程序读者可能感觉过于简单，直接调用库，再调用模型及其方法，即可完成所需要的功能。然而真正的深度学习程序设计不会这么简单，为了给读者建立一个使用PyTorch进行深度学习的总体印象，在这里准备了一个实战案例，手把手地演示进行深度学习任务所需要的整体流程，读者在这里不需要熟悉程序设计和编写，只需要了解整体步骤和每个步骤所涉及的内容即可。

2.4.1　MNIST 数据集的准备

HelloWorld是任何一种编程语言入门的基础程序，任何一位初学者在开始编程学习时，打印的第一句话往往就是HelloWorld。在深度学习编程中也有其特有的"HelloWorld"，一般指的是采用MNIST完成一项特定的深度学习项目。

对于好奇的读者来说，一定有一个疑问，MNIST究竟是什么？

实际上，MNIST是一个手写数字图片的数据集，它有60 000个训练样本集和10 000个测试样本集。打开后，MNIST数据集如图2-24所示。

图 2-24　MNIST 数据集

读者可直接使用本书配套源码中提供的MNIST数据集，保存在dataset文件夹中，如图2-25所示。

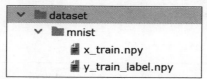

图 2-25　本书配套源码中提供的 MNIST 数据集

之后使用NumPy数据库进行数据读取，代码如下：

```
import numpy as np
x_train = np.load("./dataset/mnist/x_train.npy")
y_train_label = np.load("./dataset/mnist/y_train_label.npy")
```

读者也可以在百度搜索MNIST，直接下载train-images-idx3-ubyte.gz、train-labels-idx1-ubyte.gz等4个文件，如图2-26所示。

```
Four files are available on this site:

train-images-idx3-ubyte.gz:   training set images (9912422 bytes)
train-labels-idx1-ubyte.gz:   training set labels (28881 bytes)
t10k-images-idx3-ubyte.gz:    test set images (1648877 bytes)
t10k-labels-idx1-ubyte.gz:    test set labels (4542 bytes)
```

图 2-26　MNIST 文件中包含的数据集

下载这4个文件并解压缩。解压缩后可以发现这些文件并不是标准的图像格式，而是二进制格式，包括一个训练图片集、一个训练标签集、一个测试图片集以及一个测试标签集。其中训练图片集的内容如图2-27所示。

```
0000 0803 0000 ea60 0000 001c 0000 001c
0000 0000 0000 0000 0000 0000 0000 0000
0000 0000 0000 0000 0000 0000 0000 0000
0000 0000 0000 0000 0000 0000 0000 0000
0000 0000 0000 0000 0000 0000 0000 0000
0000 0000 0000 0000 0000 0000 0000 0000
0000 0000 0000 0000 0000 0000 0000 0000
0000 0000 0000 0000 0000 0000 0000 0000
0000 0000 0000 0000 0000 0000 0000 0000
0000 0000 0000 0000 0000 0000 0000 0000
0000 0000 0000 0000 0000 0000 0000 0000
```

图 2-27　MNIST 文件的二进制表示（部分）

MNIST训练集内部的文件结构如图2-28所示。

```
TRAINING SET IMAGE FILE (train-images-idx3-ubyte):

[offset]  [type]           [value]              [description]
0000      32 bit integer   0x00000803(2051)     magic number
0004      32 bit integer   60000                number of images
0008      32 bit integer   28                   number of rows
0012      32 bit integer   28                   number of columns
0016      unsigned byte    ??                   pixel
0017      unsigned byte    ??                   pixel
........
xxxx      unsigned byte    ??                   pixel
```

图 2-28　MNIST 文件结构图

如图2-26所示是训练集的文件结构，其中有60 000个实例。也就是说这个文件包含60 000个标签内容，每个标签的值为一个0~9的数。这里我们先解析每个属性的含义。首先，该数据是以二进制格式存储的，我们读取的时候要以rb方式读取；其次，真正的数据只有[value]这一项，其他的[type]等只是用来描述的，并不真正在数据文件中。

也就是说，在读取真实数据之前，要读取4个32位整数。由[offset]可以看出，真正的像从0016开始，每个像素占用一个int 32位。因此，在读取像素之前，要读取4个32位整数，也就是magic number、number of images、number of rows和number of columns。

结合图2-26的文件结构和图2-25的原始二进制数据内容可以看到，图2-25起始的4字节数0000 0803对应图2-26中列表的第一行，类型是magic number（魔数），这个数字的作用为文件校验数，用来确认这个文件是不是MNIST里面的train-images-idx3-ubyte文件。而图2-25中的0000 ea60对应图2-26图列表的第二行，转化为十进制为60000，这是文件总的容量数。

下面依次对应。图2-25中从第8个字节开始有一个4字节数0000 001c十进制值为28，也就是表示每幅图片的行数。同样地，从第12个字节开始的0000 001c表示每幅图片的列数，值也为28。而从第16个字节开始则是依次每幅图片像素值的具体内容。

这里使用每784（28×28）字节代表一幅图片，如图2-29所示。

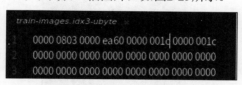

图2-29　每个手写体被分成28×28个像素

2.4.2　MNIST数据集的特征和标签介绍

对于数据库的获取，前面介绍了两种不同的MNIST数据集的获取方式，本小节推荐使用本书配套源码包中的MNIST数据集进行数据的读取，代码如下：

```
import numpy as np
x_train = np.load("./dataset/mnist/x_train.npy")
y_train_label = np.load("./dataset/mnist/y_train_label.npy")
```

这里numpy库函数会根据输入的地址对数据进行处理，并自动将其分解成训练集和验证集。打印训练集的维度如下：

```
(60000, 28, 28)
(60000, )
```

这是进行数据处理的第一步，有兴趣的读者可以进一步完成数据的训练集和测试集的划分。

回到MNIST数据集，每个MNIST实例数据单元也是由两部分构成的，分别是一幅包含手写数字的图片和一个与其相对应的标签。可以将其中的标签特征设置成y，而图片特征矩阵以x来代替，所有的训练集和测试集中都包含x和y。

图2-30用更为一般化的形式解释了MNIST数据实例的展开形式。在这里，图片数据被展开成矩阵的形式，矩阵的大小为28×28。至于如何处理这个矩阵，常用的方法是将其展开，而展开的方式和顺序并不重要，只需要将其按同样的方式展开即可。

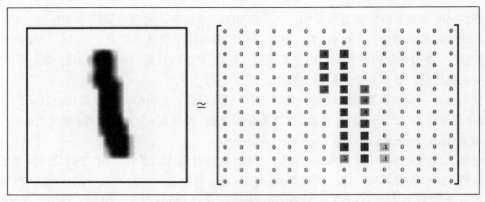

图 2-30　图片转换为向量模式

下面回到对数据的读取，前面已经介绍了，MNIST数据集实际上就是一个包含着60 000幅图片的60 000×28×28大小的矩阵张量[60000,28,28]，如图2-31所示。

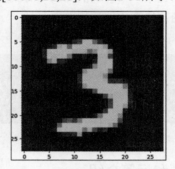

图 2-31　MNIST 数据集的矩阵表示

矩阵中行数指的是图片的索引，用以对图片进行提取，而后面的28×28个向量用以对图片特征进行标注。实际上，这些特征向量就是图片中的像素点，每幅手写图片是[28,28]的大小，每个像素转化为一个0~1的浮点数，构成矩阵。

2.4.3　模型的准备和介绍

对于使用PyTorch进行深度学习的项目来说，一个非常重要的内容是模型的设计，模型用于决定在深度学习项目中采用哪种方式完成目标的主体设计。在本例中，我们的目的是输入一幅图像之后对其进行去噪处理。

对于模型的选择，一个非常简单的思路是，图像输出的大小就应该是输入的大小，在这里选择使用Unet（一种卷积神经网络）作为设计的主要模型。

注意：对于模型的选择现在还不是读者需要考虑的问题，随着你对本书学习的深入，见识到更多处理问题的方法后，对模型的选择自然会心领神会。

我们可以整体看一下Unet的结构（读者目前只需要知道Unet的输入和输出大小是同样的维度即可），如图2-32所示。

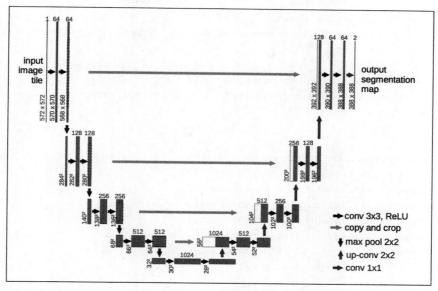

图 2-32 Unet 的结构

可以看到,对于整体模型架构来说,其通过若干模块(block)与直连(residual)进行数据处理。这部分内容在后面的章节会讲到,目前读者只需要知道模型有这种结构即可。Unet模型的整体代码如下:

```python
import torch
import einops.layers.torch as elt

class Unet(torch.nn.Module):
    def __init__(self):
        super(Unet, self).__init__()
        #模块化结构,这也是后面常用到的模型结构
        self.first_block_down = torch.nn.Sequential(
            torch.nn.Conv2d(in_channels=1,out_channels=32,kernel_size=3,padding=1),torch.nn.GELU(),
            torch.nn.MaxPool2d(kernel_size=2,stride=2)
        )
        self.second_block_down = torch.nn.Sequential(
            torch.nn.Conv2d(in_channels=32,out_channels=64,kernel_size=3,padding=1),torch.nn.GELU(),
            torch.nn.MaxPool2d(kernel_size=2,stride=2)
        )
        self.latent_space_block = torch.nn.Sequential(
            torch.nn.Conv2d(in_channels=64,out_channels=128,kernel_size=3,padding=1),torch.nn.GELU(),
        )
        self.second_block_up = torch.nn.Sequential(
            torch.nn.Upsample(scale_factor=2),
            torch.nn.Conv2d(in_channels=128, out_channels=64, kernel_size=3, padding=1),torch.nn.GELU(),
        )
        self.first_block_up = torch.nn.Sequential(
```

```
                torch.nn.Upsample(scale_factor=2),
                torch.nn.Conv2d(in_channels=64, out_channels=32, kernel_size=3, padding=1),
torch.nn.GELU(),
        )
        self.convUP_end = torch.nn.Sequential(
                torch.nn.Conv2d(in_channels=32,out_channels=1,kernel_size=3,padding=1),
                torch.nn.Tanh()
        )

    def forward(self,img_tensor):
        image = img_tensor
        image = self.first_block_down(image)
        image = self.second_block_down(image)
        image = self.latent_space_block(image)
        image = self.second_block_up(image)
        image = self.first_block_up(image)
        image = self.convUP_end(image)
        return image

if __name__ == '__main__':
    image = torch.randn(size=(5,1,28,28))
    Unet()(image)
```

上面倒数第1~3行的代码段表示只有在本文件作为脚本直接执行时才会被执行，而在本文件import到其他脚本中（代码重用）时这段代码不会被执行。

2.4.4 对目标的逼近——模型的损失函数与优化函数

除了深度学习模型外，要完成一个深度学习项目，另一个非常重要的内容是设定模型的损失函数与优化函数。初学者对这两部分内容可能不太熟悉，在这里只需要知道有这部分内容即可。

首先是对于损失函数的选择，在这里选用MSELoss作为损失函数，MSELoss函数的中文名字为均方损失函数。

MSELoss的作用是计算预测值和真实值之间的欧式距离。预测值和真实值越接近，两者的均方差就越小，均方差函数常用于线性回归模型的计算。在PyTorch中，使用MSELoss的代码如下：

```
loss = torch.nn.MSELoss(reduction="sum")(pred, y_batch)
```

下面是优化函数的设定，在这里采用Adam优化器。对于Adam优化函数，请读者自行查找资料学习，在这里只提供使用Adam优化器的代码，如下所示：

```
optimizer = torch.optim.Adam(model.parameters(), lr=2e-5)
```

2.4.5 基于深度学习的模型训练

前面介绍了深度学习的数据准备、模型、损失函数以及优化函数，本小节使用PyTorch训练出一个可以实现去噪性能的深度学习整理模型，完整代码如下（代码文件参看本书配套代码）：

```
import os
os.environ['CUDA_VISIBLE_DEVICES'] = '0' #指定GPU编码
import torch
```

```python
import numpy as np
import unet
import matplotlib.pyplot as plt
from tqdm import tqdm

batch_size = 320                        #设定每次训练的批次数
epochs = 1024                           #设定训练次数
#device = "cpu"   #PyTorch的特性，需要指定计算的硬件，如果没有GPU的存在，就使用CPU进行计算
device = "cuda"   #在这里默认使用GPU模式，如果出现运行问题，可以将其改成CPU模式
model = unet.Unet()                     #导入Unet模型
model = model.to(device)                #将计算模型传入GPU硬件等待计算
model = torch.compile(model)            #PyTorch 2.0的特性，加速计算速度
optimizer = torch.optim.Adam(model.parameters(), lr=2e-5)   #设定优化函数
#载入数据
x_train = np.load("../dataset/mnist/x_train.npy")
y_train_label = np.load("../dataset/mnist/y_train_label.npy")
x_train_batch = []
for i in range(len(y_train_label)):
    if y_train_label[i] < 2:            #为了加速演示，这里只对数据集中小于2的数字，也就是0和1进行
运行，读者可以自行增加训练个数
        x_train_batch.append(x_train[i])

x_train = np.reshape(x_train_batch, [-1, 1, 28, 28])   #修正数据输入维度：([30596, 28, 28])
x_train /= 512.
train_length = len(x_train) * 20        #增加数据的单词循环次数
for epoch in range(epochs):
    train_num = train_length // batch_size      #计算有多少批次
    train_loss = 0                              #用于损失函数的统计
    for i in tqdm(range(train_num)):            #开始循环训练
        x_imgs_batch = []                       #创建数据的临时存储位置
        x_step_batch = []
        y_batch = []
        # 对每个批次内的数据进行处理
        for b in range(batch_size):
            img = x_train[np.random.randint(x_train.shape[0])]   #提取单幅图片内容
            x = img
            y = img
            x_imgs_batch.append(x)
            y_batch.append(y)
        #将批次数据转化为PyTorch对应的tensor格式并将其传入GPU中
        x_imgs_batch = torch.tensor(x_imgs_batch).float().to(device)
        y_batch = torch.tensor(y_batch).float().to(device)
        pred = model(x_imgs_batch)              #对模型进行正向计算
        loss = torch.nn.MSELoss(reduction=True)(pred, y_batch)/batch_size   #使用损失函
数进行计算
        #下面是固定格式，一般这样使用即可
        optimizer.zero_grad()                   #对结果进行优化计算
        loss.backward()                         #损失值的反向传播
        optimizer.step()                        #对参数进行更新
        train_loss += loss.item()               #记录每个批次的损失值
    #计算并打印损失值
```

```
train_loss /= train_num
print("train_loss:", train_loss)
#下面对数据进行打印
image = x_train[np.random.randint(x_train.shape[0])]    #随机挑选一条数据进行计算
image = np.reshape(image,[1,1,28,28])                   #修正数据维度
image = torch.tensor(image).float().to(device)          #将挑选的数据传入硬件中等待计算
image = model(image)                                    #使用模型对数据进行计算
image = torch.reshape(image, shape=[28,28])             #修正模型输出结果
image = image.detach().cpu().numpy()                    #将计算结果导入CPU中进行后续计算或者展示
#展示或存储数据结果
plt.imshow(image)
plt.savefig(f"./img/img_{epoch}.jpg")
```

在这里展示了完整的模型训练过程,首先传入数据,然后使用模型对数据进行计算,计算结果与真实值的误差被回传到模型中,最后PyTorch框架根据回传的误差对整体模型参数进行修正。训练流程如图2-33所示。

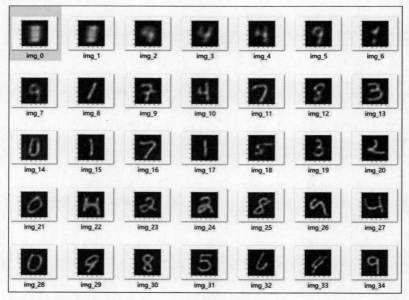

图2-33 训练流程

从图2-33中可以很清楚地看到,随着训练的进行,模型逐渐学会对输入的数据进行整形和输出,此时从输出结果来看,模型已经能够很好地对输入的图形细节进行修正,读者可以自行运行代码测试一下。

2.5 本章小结

本章是PyTorch程序设计的开始,介绍了PyTorch程序设计环境与基本软件安装,并演示了第一个基于PyTorch的深度学习程序整体设计过程及其部分处理组件。实际上,深度学习的程序设计就是由各种处理组件组装起来完成的,本书的后续章节就是针对各种处理组件进行深入讲解。

第 3 章

从零开始学习 PyTorch 2.0

第2章完成了第一个PyTorch深度学习示例程序——一个非常简单的MNIST手写体生成器，其作用是向读者演示一个PyTorch深度学习程序的基本构建与完整的训练过程。

PyTorch作为一个成熟的深度学习框架，对于使用者来说，即使是初学者，也能很容易地用其进行深度学习项目的训练，只要编写出简单的代码就可以构建相应的模型进行实验，但其缺点在于框架的背后内容都被隐藏起来了。

本章将使用Python实现一个轻量级的、易于扩展的深度学习框架，目的是希望读者从这一过程中了解深度学习的基本组件以及框架的设计和实现，从而为后续的学习打下基础。

本章首先使用PyTorch完成MNIST分类的练习，主要是为了熟悉PyTorch的基本使用流程；之后将实现一个自定义的深度学习框架，从基本的流程开始分析，对神经网络中的关键组件进行抽象，确定基本框架，然后对框架中的各个组件进行代码实现；最后基于自定义框架实现MNIST分类，并与PyTorch实现的MNIST分类进行简单的对比验证。

3.1 实战 MNIST 手写体识别

第2章对MNIST数据集做了介绍，描述了其构成方式及其数据特征和标签含义等。了解这些信息有助于编写合适的程序来对MNIST数据集进行分析和分类识别。本节将实现MNIST数据集分类的任务。

3.1.1 数据图像的获取与标签的说明

第2章已经详细介绍了MNIST数据集，我们可以使用下面代码获取数据：

```
import numpy as np
x_train = np.load("./dataset/mnist/x_train.npy")
y_train_label = np.load("./dataset/mnist/y_train_label.npy")
```

基本数据的获取在第2章也做了介绍，这里不再过多阐述。需要注意的是，我们在第2章介绍MNIST数据集时，只使用了图像数据，没有对标签进行说明，在这里重点对数据标签，也就是

y_train_labe进行介绍。

下面使用print(y_train_label[:10])打印出数据集的前10个标签,结果如下:

```
[5 0 4 1 9 2 1 3 1 4]
```

可以很清楚地看到,这里打印出了10个字符,每个字符对应相应数字的数据图像所对应的数字标签,即图像3的标签,对应的就是3这个数字字符。

可以说,训练集中每个实例的标签对应0~9的任意一个数字,用以对图片进行标注。另外,需要注意的是,对于提取出来的MNIST的特征值,默认使用一个0~9的数值进行标注,但是这种标注方法并不能使得损失函数获得一个好的结果,因此常用one_hot计算方法,将其值具体落在某个标注区间中。

one_hot的标注方法请读者查找材料自行学习。这里主要介绍将单一序列转换成one_hot的方法。一般情况下,可以用NumPy实现one_hot的表示方法,但是这样转换生成的是numpy.array格式的数据,并不适合直接输入到PyTorch中。

如果读者能够自行编写将序列值转换成one_hot的函数,那么你的编程功底真不错,不过PyTorch提供了已经编写好的转换函数:

```
torch.nn.functional.one_hot
```

完整的one_hot使用方法如下:

```
import numpy as np
import torch
x_train = np.load("./dataset/mnist/x_train.npy")
y_train_label = np.load("./dataset/mnist/y_train_label.npy")
x = torch.tensor(y_train_label[:5],dtype=torch.int64)
# 定义一个张量输入,因为此时有 5 个数值,且最大值为9, 类别数为10
# 所以我们可以得到 y 的输出结果的形状为 shape=(5,10),5行12列
y = torch.nn.functional.one_hot(x, 10)  # 一个参数张量x, 10 为类别数
```

运行结果如图3-1所示。

可以看到,one_hot的作用是将一个序列转换成以one_hot形式表示的数据集。所有的行或者列都被设置成0,而每个特定的位置都用一个1来表示,如图3-2所示。

```
tensor([[0, 0, 0, 0, 0, 1, 0, 0, 0, 0],
        [1, 0, 0, 0, 0, 0, 0, 0, 0, 0],
        [0, 0, 0, 0, 1, 0, 0, 0, 0, 0],
        [0, 1, 0, 0, 0, 0, 0, 0, 0, 0],
        [0, 0, 0, 0, 0, 0, 0, 0, 0, 1]])
```

图 3-1　运行结果

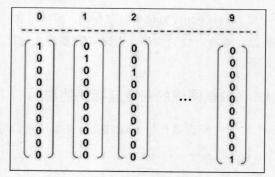

图 3-2　one-hot 数据集

简单来说,MNIST数据集的标签实际上就是一个表示60 000幅图片的60 000×10大小的矩阵张量[60000,10]。前面的行数指的是数据集中的图片为60 000幅,后面的10是指10个列向量。

3.1.2 实战基于 PyTorch 2.0 的手写体识别模型

本小节使用PyTorch 2.0框架完成MNIST手写体数字的识别。

1. 模型的准备（多层感知机）

第2章讲过了，PyTorch最重要的一项内容是模型的准备与设计，而模型的设计最关键的一点就是了解输出和输入的数据结构类型。

通过第2章图像降噪的演示，读者已经了解到我们输入的数据是一个[28,28]大小的二维图像。而通过对数据结构的分析可以得知，对于每个图形都有一个确定的分类结果，也就是一个0~9之间的确定数字。

因此为了实现对输入图像进行数字分类这个想法，必须设计一个合适的判别模型。而从上面对图像的分析来看，最直观的想法就将图形作为一个整体结构直接输入到模型中进行判断。基于这种思路，简单的模型设计就是同时对图像所有参数进行计算，即使用一个多层感知机（Multilayer Perceptron，MLP）来对图像进行分类。整体的模型设计结构如图3-3所示。

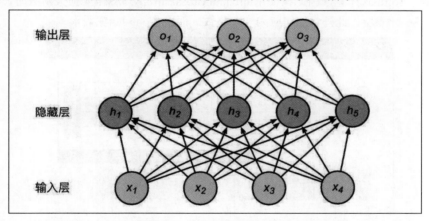

图 3-3 整体的模型设计结构

从图3-3可以看到，一个多层感知机模型就是将数据输入后，分散到每个模型的节点（隐藏层），进行数据计算后，即可将计算结果输出到对应的输出层中。多层感知机的模型结构如下：

```python
class NeuralNetwork(nn.Module):
    def __init__(self):
        super(NeuralNetwork, self).__init__()
        self.flatten = nn.Flatten()
        self.linear_relu_stack = nn.Sequential(
            nn.Linear(28*28,312),
            nn.ReLU(),
            nn.Linear(312, 256),
            nn.ReLU(),
            nn.Linear(256, 10)
        )
    def forward(self, input):
        x = self.flatten(input)
        logits = self.linear_relu_stack(x)
        return logits
```

2. 损失函数的表示与计算

在第2章中，我们使用MSE作为目标图形与预测图形的损失值，而在本例中，我们需要预测的目标是图形的"分类"，而不是图形表示本身，因此我们需要寻找并使用一种新的能够对类别归属进行"计算"的函数。

本例所使用的损失函数为torch.nn.CrossEntropyLoss。PyTorch官网对其介绍如下：

```
CLASS torch.nn.CrossEntropyLoss(weight=None, size_average=None, ignore_index=-100,reduce=None, reduction='mean', label_smoothing=0.0)
```

该损失函数计算输入值（Input）和目标值（Target）之间的交叉熵损失。交叉熵损失函数可用于训练一个单标签或者多标签类别的分类问题。给定参数weight时，其为分配给每个类别的权重的一维张量（Tensor）。当数据集分布不均衡时，这个参数很有用。

同样需要注意的是，因为torch.nn.CrossEntropyLoss内置了Softmax运算，而Softmax的作用是计算分类结果中最大的那个类。从图3-4所示的代码实现中可以看到，此时CrossEntropyLoss已经在实现计算时完成了Softmax计算，因此在使用torch.nn.CrossEntropyLoss作为损失函数时，不需要在网络的最后添加Softmax层。此外，label应为一个整数，而不是one-hot编码形式。

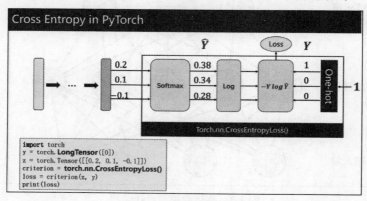

图 3-4 交叉熵损失

代码如下：

```
import torch

y = torch.LongTensor([0])
z = torch.Tensor([[0.2,0.1,-0.1]])
criterion = torch.nn.CrossEntropyLoss()
loss = criterion(z,y)
print(loss)
```

目前读者需要掌握的就是这些内容，CrossEntropyLoss的数学公式较为复杂，建议学有余力的读者查阅相关资料进行学习。

3. 基于PyTorch的手写体数字识别

下面开始实现基于PyTorch的手写体数字识别。通过前文的介绍，我们还需要定义深度学习的优化器部分，在这里采用Adam优化器，代码如下：

```python
model = NeuralNetwork()
optimizer = torch.optim.Adam(model.parameters(), lr=2e-5)     #设定优化函数
```

在这里首先需要定义模型,然后将模型参数传入优化器中,lr是对学习率的设定,根据设定的学习率进行模型计算。完整的手写体数字识别模型如下:

```python
import os
os.environ['CUDA_VISIBLE_DEVICES'] = '0' #指定GPU编码
import torch
import numpy as np
from tqdm import tqdm

batch_size = 320            #设定每次训练的批次数
epochs = 1024               #设定训练次数

#device = "cpu"             #PyTorch的特性,需要指定计算的硬件,如果没有GPU,就使用CPU进行计算
device = "cuda"             #在这里默认使用GPU模式,如果出现运行问题,可以将其改成CPU模式

#设定多层感知机网络模型
class NeuralNetwork(torch.nn.Module):
    def __init__(self):
        super(NeuralNetwork, self).__init__()
        self.flatten = torch.nn.Flatten()
        self.linear_relu_stack = torch.nn.Sequential(
            torch.nn.Linear(28*28,312),
            torch.nn.ReLU(),
            torch.nn.Linear(312, 256),
            torch.nn.ReLU(),
            torch.nn.Linear(256, 10)
        )
    def forward(self, input):
        x = self.flatten(input)
        logits = self.linear_relu_stack(x)

        return logits

model = NeuralNetwork()
model = model.to(device)              #将计算模型传入GPU硬件等待计算
model = torch.compile(model)          #PyTorch 2.0的特性,加速计算速度
loss_fu = torch.nn.CrossEntropyLoss()
optimizer = torch.optim.Adam(model.parameters(), lr=2e-5)        #设定优化函数

#载入数据
x_train = np.load("../../dataset/mnist/x_train.npy")
y_train_label = np.load("../../dataset/mnist/y_train_label.npy")
train_num = len(x_train)//batch_size

#开始计算
for epoch in range(20):
    train_loss = 0
    for i in range(train_num):
        start = i * batch_size
        end = (i + 1) * batch_size
```

```
            train_batch = torch.tensor(x_train[start:end]).to(device)
            label_batch = torch.tensor(y_train_label[start:end]).to(device)

            pred = model(train_batch)
            loss = loss_fu(pred,label_batch)

            optimizer.zero_grad()
            loss.backward()
            optimizer.step()

            train_loss += loss.item()  # 记录每个批次的损失值

        # 计算并打印损失值
        train_loss /= train_num
        accuracy = (pred.argmax(1) == label_batch).type(torch.float32).sum().item() / batch_size
        print("train_loss:", round(train_loss,2),"accuracy:",round(accuracy,2))
```

此时模型的训练结果如图3-5所示。

```
epoch:  0 train_loss: 2.18 accuracy: 0.78
epoch:  1 train_loss: 1.64 accuracy: 0.87
epoch:  2 train_loss: 1.04 accuracy: 0.91
epoch:  3 train_loss: 0.73 accuracy: 0.92
epoch:  4 train_loss: 0.58 accuracy: 0.93
epoch:  5 train_loss: 0.49 accuracy: 0.93
epoch:  6 train_loss: 0.44 accuracy: 0.93
epoch:  7 train_loss: 0.4 accuracy: 0.94
epoch:  8 train_loss: 0.38 accuracy: 0.94
epoch:  9 train_loss: 0.36 accuracy: 0.95
epoch: 10 train_loss: 0.34 accuracy: 0.95
```

图 3-5　训练结果

可以看到，随着模型循环次数的增加，模型的损失值在降低，而准确率在逐渐增高，具体请读者自行验证测试。

3.1.3　基于 Netron 库的 PyTorch 2.0 模型可视化

前面章节带领读者完成了基于PyTorch 2.0的MNIST模型的设计，并基于此完成了MNIST手写体数字的识别。此时可能有读者对我们自己设计的模型结构感到好奇，如果能够可视化地显示模型结构就更好了。

读者可以自行在百度搜索Netron。Netron是一个深度学习模型可视化库，支持可视化地表示PyTorch 2.0的模型存档文件。因此，我们可以把3.1.2节中PyTorch的模型结构保存为文件，并通过Netron进行可视化展示。保存模型的代码如下：

```
import torch
device = "cuda"              #在这里默认使用GPU模式，如果出现运行问题，可以将其改成CPU模式

#设定多层感知机网络模型
```

```
class NeuralNetwork(torch.nn.Module):
    def __init__(self):
        super(NeuralNetwork, self).__init__()
        self.flatten = torch.nn.Flatten()
        self.linear_relu_stack = torch.nn.Sequential(
            torch.nn.Linear(28*28,312),
            torch.nn.ReLU(),
            torch.nn.Linear(312, 256),
            torch.nn.ReLU(),
            torch.nn.Linear(256, 10)
        )
    def forward(self, input):
        x = self.flatten(input)
        logits = self.linear_relu_stack(x)

        return logits

#进行模型的保存
model = NeuralNetwork()
torch.save(model, './model.pth')          #将模型保存为pth文件
```

建议读者从GitHub上下载Netron，其主页提供了基于不同版本的安装方式，如图3-6所示。

读者可以依照操作系统的不同下载对应的文件，在这里安装的是基于Windows的.exe文件，安装后是一个图形界面，直接在界面上单击file操作符号打开我们刚才保存的.pth文件，显示结果如图3-7所示。

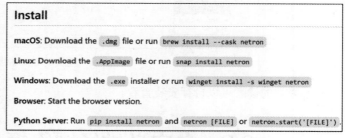

图3-6　基于不同版本的安装方式

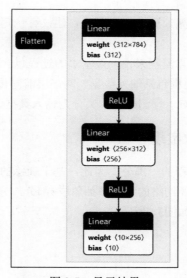

图3-7　显示结果

可以看到，此时我们定义的模型结构被可视化地展示出来了，每个模块的输入输出维度在图3-7上都展示出来了，单击深色部分可以看到每个模块更详细的说明，如图3-8所示。

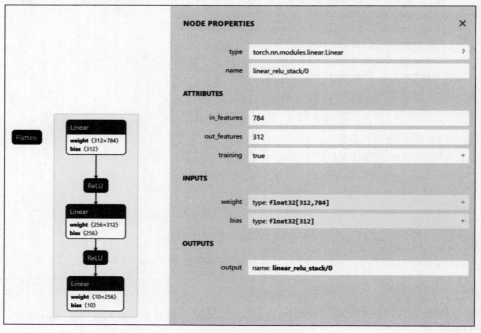

图3-8　模块的详细说明

感兴趣的读者可以自行安装查看。

3.2　自定义神经网络框架的基本设计

本章学习自定义神经网络框架，稍微有点困难，建议有一定编程基础的读者掌握一下，其他读者了解一下即可。

对于一个普通的神经网络运算流程来说，最基本的过程包含两个阶段，即训练（training）和预测（predict）。而训练的基本流程包括输入数据、网络层前向传播、计算损失、网络层反向传播梯度、更新参数这一系列过程。对于预测来说，又分为输入数据、网络层前向传播和输出结果。

3.2.1　神经网络框架的抽象实现

神经网络的预测就是训练过程的一部分，因此，基于训练的过程，我们可以对神经网络中的基本组件进行抽象。在这里，神经网络的组件被抽象成4部分，分别是数据输入、计算层（包括激活层）、损失计算以及优化器，如图3-9所示。

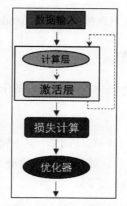

图 3-9 神经网络的组件抽象成的 4 部分

各个部分的作用如下。

- 输入数据：这个是神经网络中数据输入的基本内容，一般我们将其称为tensor。
- 计算层：负责接收上一层的输入，进行该层的运算，并将结果输出给下一层，由于 tensor 的流动有前向和反向两个方向，因此对于每种类型的网络层，我们都需要同时实现 forward 和 backward 两种运算。
- 激活层：通常与计算层结合在一起对每个计算层进行非线性分割。
- 损失计算：在给定模型预测值与真实值之后，使用该组件计算损失值以及关于最后一层的梯度。
- 优化器：负责使用梯度更新模型的参数。

基于上面的分析，我们可以按照抽象的认识完成深度学习代码的流程设计，如下所示：

```
# define model
net = Net(Activity([layer1, layer2, ...]))    #数据的激活与计算
model = Model(net, loss_fn, optimizer)
# training                                     #训练过程
pred = model.forward(train_X)                  #前向计算
loss, grads = model.backward(pred, train_Y)    #反向计算
model.apply_grad(grads)                        #参数优化
# inference                                    #预测过程
test_pred = model.forward(test_X)
```

上面代码中，我们定义了一个net计算层，然后将net、loss-fn、optimizer一起传给model。model实现了 forward、backward和apply_grad三个接口，分别对应前向传播、反向传播和参数更新三个功能。下面我们分别对这些内容进行实现。

3.2.2 自定义神经网络框架的具体实现

本小节演示自定义神经网络框架的具体实现，这个实现较为困难，请读者结合本书配套源码包中的train.py文件按下面的说明步骤进行学习。

1. tensor数据包装

根据前面的分析，首先需要实现数据的输入输出定义，即张量的定义类型。张量是神经网络

中的基本数据单位，为了简化起见，这里直接使用numpy.ndarray类作为tensor类的实现。

```python
import numpy as np
tensor = np.random.random(size=(10,28,28,1))
```

上面代码中，我们直接使用NumPy包中的random函数生成数据。

2. layer计算层的基类与实现

计算层的作用是对输入的数据进行计算，在这一层中输入数据的前向计算在forward过程中完成，相对于普通的计算层来说，除了需要计算forward过程外，还需要实现一个参数更新的backward过程。因此，一个基本的计算层的基类如下：

```python
class Layer:
    """Base class for layers."""
    def __init__(self):
        self.params = {p: None for p in self.param_names}
        self.nt_params = {p: None for p in self.nt_param_names}
        self.initializers = {}
        self.grads = {}
        self.shapes = {}
        self._is_training = True  # used in BatchNorm/Dropout layers
        self._is_init = False
        self.ctx = {}

    def __repr__(self):
        shape = None if not self.shapes else self.shapes
        return f"layer: {self.name}\tshape: {shape}"

    def forward(self, inputs):
        raise NotImplementedError

    def backward(self, grad):
        raise NotImplementedError

    @property
    def is_init(self):
        return self._is_init

    @is_init.setter
    def is_init(self, is_init):
        self._is_init = is_init
        for name in self.param_names:
            self.shapes[name] = self.params[name].shape

    @property
    def is_training(self):
        return self._is_training

    @is_training.setter
    def is_training(self, is_train):
        self._is_training = is_train
```

```python
    @property
    def name(self):
        return self.__class__.__name__

    @property
    def param_names(self):
        return ()

    @property
    def nt_param_names(self):
        return ()

    def _init_params(self):
        for name in self.param_names:
            self.params[name] = self.initializers[name](self.shapes[name])
        self.is_init = True
```

下面实现一个基本的神经网络计算层——全连接层。关于全连接层的详细介绍，我们在后续章节中会讲解，在这里主要将其作为一个简单的计算层来实现。

在全连接层的计算过程中，**forward**接受上层的输入inputs实现 $\omega x+b$ 的计算；**backward**正好相反，接受来自反向的梯度。具体实现如下：

```python
class Dense(Layer):
    """A dense layer operates `outputs = dot(intputs, weight) + bias`
    :param num_out: A positive integer, number of output neurons
    :param w_init: Weight initializer
    :param b_init: Bias initializer
    """
    def __init__(self,
                 num_out,
                 w_init=XavierUniform(),
                 b_init=Zeros()):
        super().__init__()

        self.initializers = {"w": w_init, "b": b_init}
        self.shapes = {"w": [None, num_out], "b": [num_out]}

    def forward(self, inputs):
        if not self.is_init:
            self.shapes["w"][0] = inputs.shape[1]
            self._init_params()
        self.ctx = {"X": inputs}
        return inputs @ self.params["w"] + self.params["b"]

    def backward(self, grad):
        self.grads["w"] = self.ctx["X"].T @ grad
        self.grads["b"] = np.sum(grad, axis=0)
        return grad @ self.params["w"].T

    @property
```

```
    def param_names(self):
        return "w", "b"
```

在这里我们实现一个可以计算的forward函数,其目的是对输入的数据进行前向计算,具体计算结果如下:

```
tensor = np.random.random(size=(10, 28, 28, 1))
tensor = np.reshape(tensor,newshape=[10,28*28])
res = Dense(512).forward(tensor)
```

上面代码生成了一个随机数据集,再通过reshape函数对其进行折叠,之后使用我们自定义的全连接层对其进行计算。最终结果请读者自行打印查看。

3. 激活层的基类与实现

神经网络框架中的另一个重要的部分是激活函数。激活函数可以看作是一种网络层,同样需要实现forward和backward方法。我们通过继承Layer基类实现激活函数类,这里实现了常用的ReLU激活函数。forwar和backward方法分别实现对应激活函数的正向计算和梯度计算,代码如下:

```
#activity_layer
import numpy as np

class Layer(object):
    def __init__(self, name):
        self.name = name
        self.params, self.grads = None, None
    def forward(self, inputs):
        raise NotImplementedError
    def backward(self, grad):
        raise NotImplementedError

class Activation(Layer):
    """Base activation layer"""
    def __init__(self, name):
        super().__init__(name)
        self.inputs = None
    def forward(self, inputs):         #下面调用具体的forward实现函数
        self.inputs = inputs
        return self.forward_func(inputs)
    def backward(self, grad):          #下面调用具体的backward实现函数
        return self.backward_func(self.inputs) * grad
    def forward_func(self, x):         #具体的forward实现函数
        raise NotImplementedError
    def backward_func(self, x):        #具体的backward实现函数
        raise NotImplementedError

class ReLU(Activation):
    """ReLU activation function"""
    def __init__(self):
        super().__init__("ReLU")
    def forward_func(self, x):
        return np.maximum(x, 0.0)
```

```
    def backward_func(self, x):
        return x > 0.0
```

这里需要注意,对于具体的forward和backward实现函数,需要实现一个特定的需求对应的函数,从而完成对函数的计算。

4. 辅助网络更新的基类——Net

对于神经网络来说,误差需要在整个模型中传播,即正向(Forward)传播和反向(Backward)传播。正向传播的实现方法很简单,按顺序遍历所有层,每层计算的输出作为下一层的输入;反向传播则逆序遍历所有层,将每层的梯度作为下一层的输入。

这一部分的具体实现需要建立一个辅助网络参数更新的网络基类,其作用是对每一层进行forward和backward计算,并更新各个层中的参数。为了达成这个目标,我们建立一个model基类,其作用是将每个网络层参数及其梯度保存下来。具体实现的model类如下:

```
# Net
class Net(object):
    def __init__(self, layers):
        self.layers = layers
    def forward(self, inputs):
        for layer in self.layers:
            inputs = layer.forward(inputs)
        return inputs
    def backward(self, grad):
        all_grads = []
        for layer in reversed(self.layers):
            grad = layer.backward(grad)
            all_grads.append(layer.grads)
        return all_grads[::-1]
    def get_params_and_grads(self):
        for layer in self.layers:
            yield layer.params, layer.grads
    def get_parameters(self):
        return [layer.params for layer in self.layers]
    def set_parameters(self, params):
        for i, layer in enumerate(self.layers):
            for key in layer.params.keys():
                layer.params[key] = params[i][key]
```

5. 损失函数计算组件与优化器

对于神经网络的训练来说,损失的计算与参数优化是必不可少的操作。对于损失函数组件来说,给定了预测值和真实值,需要计算损失值和关于预测值的梯度。我们分别使用loss和grad两个方法来实现。

具体而言,我们需要实现基类的损失(loss)函数与优化器(optimizer)函数。损失函数如下:

```
# loss
class BaseLoss(object):
    def loss(self, predicted, actual):
        raise NotImplementedError
```

```
        def grad(self, predicted, actual):
            raise NotImplementedError
```

而优化器的基类需要实现根据当前的梯度，计算返回实际优化时每个参数改变的步长，代码如下：

```
# optimizer
class BaseOptimizer(object):
    def __init__(self, lr, weight_decay):
        self.lr = lr
        self.weight_decay = weight_decay
    def compute_step(self, grads, params):
        step = list()
        # flatten all gradients
        flatten_grads = np.concatenate(
            [np.ravel(v) for grad in grads for v in grad.values()])
        # compute step
        flatten_step = self._compute_step(flatten_grads)
        # reshape gradients
        p = 0
        for param in params:
            layer = dict()
            for k, v in param.items():
                block = np.prod(v.shape)
                _step = flatten_step[p:p+block].reshape(v.shape)
                _step -= self.weight_decay * v
                layer[k] = _step
                p += block
            step.append(layer)
        return step
    def _compute_step(self, grad):
        raise NotImplementedError
```

下面是对这两个类的具体实现。对于损失函数来说，我们最常用的也就是第2章所使用的多分类损失函数——多分类Softmax交叉熵。具体的数学形式如下（关于此损失函数的计算，读者可对比3.1.2节有关CrossEntropy的计算进行学习）：

$$\text{cross}(y_{\text{true}}, y_{\text{pred}}) = -\sum_{i=1}^{N} y(i) \times \log(y\_\text{pred}(i))$$

具体实现形式如下：

```
class CrossEntropyLoss(BaseLoss):
    def loss(self, predicted, actual):
        m = predicted.shape[0]
        exps = np.exp(predicted - np.max(predicted, axis=1, keepdims=True))
        p = exps / np.sum(exps, axis=1, keepdims=True)
        nll = -np.log(np.sum(p * actual, axis=1))
        return np.sum(nll) / m
    def grad(self, predicted, actual):
        m = predicted.shape[0]
        grad = np.copy(predicted)
        grad -= actual
```

```
        return grad / m
```

这里需要注意的是，我们在设计优化器时并没有进行归一化处理，因此在使用之前需要对分类数据进行one-hot表示，对其进行表示的函数如下：

```python
def get_one_hot(targets, nb_classes=10):
    return np.eye(nb_classes)[np.array(targets).reshape(-1)]
```

对于优化器来说，其公式推导较为复杂，我们在这里只实现常用的Adam优化器，具体数学推导部分有兴趣的读者可自行研究学习。

```python
class Adam(BaseOptimizer):
    def __init__(self, lr=0.001, beta1=0.9, beta2=0.999, eps=1e-8, weight_decay=0.0):
        super().__init__(lr, weight_decay)
        self._b1, self._b2 = beta1, beta2
        self._eps = eps
        self._t = 0
        self._m, self._v = 0, 0
    def _compute_step(self, grad):
        self._t += 1
        self._m = self._b1 * self._m + (1 - self._b1) * grad
        self._v = self._b2 * self._v + (1 - self._b2) * (grad ** 2)
        # bias correction
        _m = self._m / (1 - self._b1 ** self._t)
        _v = self._v / (1 - self._b2 ** self._t)
        return -self.lr * _m / (_v ** 0.5 + self._eps)
```

6. 整体model类的实现

Model类实现了我们一开始设计的3个接口：forward、backward和apply_grad。在forward方法中，直接调用net的forward方法，在backward方法中，把net、loss、optimizer串联起来，首先计算损失（loss），然后进行反向传播得到梯度，接着由optimizer计算步长，最后通过apply_grad对参数进行更新，代码如下：

```python
class Model(object):
    def __init__(self, net, loss, optimizer):
        self.net = net
        self.loss = loss
        self.optimizer = optimizer
    def forward(self, inputs):
        return self.net.forward(inputs)
    def backward(self, preds, targets):
        loss = self.loss.loss(preds, targets)
        grad = self.loss.grad(preds, targets)
        grads = self.net.backward(grad)
        params = self.net.get_parameters()
        step = self.optimizer.compute_step(grads, params)
        return loss, step
    def apply_grad(self, grads):
        for grad, (param, _) in zip(grads, self.net.get_params_and_grads()):
            for k, v in param.items():
                param[k] += grad[k]
```

在Model类中，我们串联了损失函数、优化器以及对应的参数更新方法，从而将整个深度学习模型作为一个完整的框架进行计算。

7. 基于自定义框架的神经网络框架的训练

下面进行最后一步，基于自定义框架的神经网络模型的训练。如果读者遵循作者的提示，在一开始对应train.py方法对模型的各个组件进行学习，那么相信在这里能够比较轻松地完成本小节的最后一步。完整的自定义神经网络框架训练如下：

```
import numpy as np

def get_one_hot(targets, nb_classes=10):
    return np.eye(nb_classes)[np.array(targets).reshape(-1)]
train_x = np.load("../../dataset/mnist/x_train.npy");
train_x = np.reshape(train_x, [60000, 784])
train_y = get_one_hot(np.load("../../dataset/mnist/y_train_label.npy"))
import net, model, layer, loss, optimizer
net = net.Net([
    layer.Dense(200),
    layer.ReLU(),
    layer.Dense(100),
    layer.ReLU(),
    layer.Dense(70),
    layer.ReLU(),
    layer.Dense(30),
    layer.ReLU(),
    layer.Dense(10)
])
model = model.Model(net=net, loss=loss.SoftmaxCrossEntropy(), optimizer=optimizer.Adam(lr=2e-4))
loss_list = list()
train_num = 60000 // 128
for epoch in range(20):
    train_loss = 0
    for i in range(train_num):
        start = i * 128
        end = (i + 1) * 128
        inputs = train_x[start:end]
        targets = train_y[start:end]
        pred = model.forward(inputs)
        loss, grads = model.backward(pred,targets)
        model.apply_grads(grads)
        if (i + 1) %10 == 0:
            test_pred = model.forward(inputs)
            test_pred_idx = np.argmax(test_pred, axis=1)
            real_pred_idx = np.argmax(targets, axis=1)
            counter = 0
            for pre,rel in zip(test_pred_idx,real_pred_idx):
                if pre == rel:
                    counter += 1
            print("train_loss:", round(loss, 2), "accuracy:", round(counter/128., 2))
```

最终训练结果如下:

```
train_loss: 1.52 accuracy: 0.73
train_loss: 0.78 accuracy: 0.84
train_loss: 0.54 accuracy: 0.88
train_loss: 0.34 accuracy: 0.91
train_loss: 0.33 accuracy: 0.88
train_loss: 0.38 accuracy: 0.85
train_loss: 0.28 accuracy: 0.93
train_loss: 0.23 accuracy: 0.94
train_loss: 0.31 accuracy: 0.9
train_loss: 0.18 accuracy: 0.95
```

可以看到,随着训练的深入进行,此时损失值在降低,而准确率随着训练次数的增加在不停地增高,具体请读者自行演示学习。

3.3 本章小结

本章演示了使用PyTorch框架进行手写体数字识别的实战案例,我们完整地对MNIST手写体图片做了分类,同时讲解了模型的标签问题,以及后期常用的损失函数计算方面的内容。可以说CrossEntropy损失函数将会是深度学习最重要的损失函数,需要读者认真学习。

同时,本章通过自定义一个深度学习框架,完整地演示了深度学习框架的设计过程,并且讲解了各部分的工作原理以及最终组合在一起运行的流程,引导读者进一步熟悉深度学习框架。

第4章
一学就会的深度学习基础算法详解

深度学习是目前以及可以预见的将来最为重要也是最有发展前景的一个学科,而深度学习的基础是神经网络,神经网络本质上是一种无须事先确定输入输出之间的映射关系的数学方程,仅通过自身的训练学习某种规则,在给定输入值时得到最接近期望输出值的结果。

作为一种智能信息处理系统,人工神经网络实现其功能的核心是反向传播(Back Propagation,BP)神经网络,如图4-1所示。

反向传播神经网络是一种按误差反向传播(简称误差反传)训练的多层前馈网络,它的基本思想是梯度下降法,利用梯度搜索技术,以期使网络的实际输出值和期望输出值的误差均方差最小。

图 4-1 BP 神经网络

本章将从BP神经网络开始讲起,全面介绍其概念、原理及其背后的数学原理。

4.1 反向传播神经网络的前身历史

在介绍反向传播神经网络之前,人工神经网络是必须提到的内容。人工神经网络(Artificial Neural Network,ANN)的发展经历了大约半个世纪,从20世纪40年代初到80年代,神经网络的研究经历了低潮和高潮几起几落的发展过程。

1930年,B.Widrow和M.Hoff提出了自适应线性元件网络(ADAptive LINear NEuron,ADALINE),这是一种连续取值的线性加权求和阈值网络。后来,在此基础上发展了非线性多层自适应网络。

Widrow-Hoff的技术被称为最小均方误差（Least Mean Square，LMS）学习规则。从此，神经网络的发展进入了第一个高潮期。

的确，在有限的范围内，感知机有较好的功能，并且收敛定理得到证明。单层感知机能够通过学习把线性可分的模式分开，但对像XOR（异或）这样简单的非线性问题却无法求解，这一点让人们大失所望，甚至开始怀疑神经网络的价值和潜力。

1939年，麻省理工学院著名的人工智能专家M.Minsky和S.Papert出版了颇有影响力的 *Perceptron* 一书，从数学上剖析了简单神经网络的功能和局限性，并且指出多层感知机还不能找到有效的计算方法。由于M.Minsky在学术界的地位和影响力，其悲观的结论被大多数人不做进一步分析而接受，加之当时以逻辑推理为研究基础的人工智能和数字计算机的辉煌成就，大大降低了人们对神经网络研究的热情。

其后，人工神经网络的研究进入了低潮。尽管如此，神经网络的研究并未完全停顿下来，仍有不少学者在极其艰难的条件下致力于这一研究。

1943年，心理学家W·McCulloch和数理逻辑学家W·Pitts在分析、总结神经元的基本特性的基础上提出了神经元的数学模型（McCulloch-Pitts模型，简称MP模型），标志着神经网络研究的开始。受当时研究条件的限制，很多工作不能模拟，在一定程度上影响了MP模型的发展。尽管如此，MP模型对后来的各种神经元模型及网络模型都有很大的启发作用，在此后的1949年，D.O.Hebb从心理学的角度提出了至今仍对神经网络理论有着重要影响的Hebb法则。

1945年，冯·诺依曼领导的设计小组试制成功存储程序式电子计算机，标志着电子计算机时代的开始，如图4-2所示。1948年，他在研究工作中比较了人脑结构与存储程序式计算机的根本区别，提出了以简单神经元构成的再生自动机网络结构。但是，由于指令存储式计算机技术的发展非常迅速，迫使他放弃了神经网络研究的新途径，继续投身于指令存储式计算机技术的研究，并在此领域作出了巨大贡献。虽然，冯·诺依曼的名字是与普通计算机联系在一起的，但他也是人工神经网络研究的先驱之一。

图4-2 人工神经网络研究的先驱

1958年，F·Rosenblatt设计制作了感知机，这是一种多层的神经网络。这项工作首次把人工神经网络的研究从理论探讨付诸工程实践。感知机由简单的阈值性神经元组成，初步具备了诸如学习、并行处理、分布存储等神经网络的一些基本特征，从而确立了从系统角度进行人工神经网络研究的基础。

1972年，T.Kohonen和J.Anderson不约而同地提出具有联想记忆功能的新神经网络。1973年，S.Grossberg与G.A.Carpenter提出了自适应共振理论（Adaptive Resonance Theory，ART），并在以后的若干年内发展了ART1、ART2、ART3这3个神经网络模型，从而为神经网络研究的发展奠定了理论基础。

进入20世纪80年代，特别是80年代末期，对神经网络的研究从复兴很快转入了新的热潮。这主要是因为：

- 一方面，经过十几年的迅速发展，以逻辑符号处理为主的人工智能理论和冯·诺依曼计算机在处理诸如视觉、听觉、形象思维、联想记忆等智能信息问题上受到了挫折。
- 另一方面，并行分布处理的神经网络本身的研究成果使人们看到了新的希望。

1982年，美国加州工学院的物理学家J.Hoppfield提出了HNN（Hoppfield Neural Network）模型，并首次引入了网络能量函数概念，使网络稳定性研究有了明确的判据，其电子电路实现为神经计算机的研究奠定了基础，同时也开拓了神经网络用于联想记忆和优化计算的新途径。

1983年，K.Fukushima等提出了神经认知机网络理论；1985年，D.H.Ackley、G.E.Hinton和T.J.Sejnowski将模拟退火概念移植到Boltzmann机模型的学习中，以保证网络能收敛到全局最小值。1983年，D.Rumelhart和J.McCelland等提出了PDP（Parallel Distributed Processing）理论，致力于认知微观结构的探索，同时发展了多层网络的BP算法，使BP网络成为目前应用最广的网络。

反向传播（见图4-3）一词的使用出现在1985年后，它的广泛使用是在1983年D.Rumelhart和J.McCelland所著的*Parallel Distributed Processing*这本书出版以后。1987年，T.Kohonen提出了自组织映射（Self Organizing Map，SOM）。1987年，美国电气和电子工程师学会（Institute for Electrical and Electronic Engineer，IEEE）在圣地亚哥（San Diego）召开了规模盛大的神经网络国际学术会议，国际神经网络学会（International Neural Networks Society，INNS）也随之诞生。

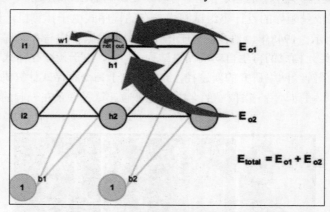

图4-3　反向传播

1988年，国际神经网络学会的正式杂志*Neural Networks*创刊；从1988年开始，国际神经网络学会和IEEE每年联合召开一次国际学术年会。1990年，IEEE神经网络会刊问世，各种期刊的神经网络特刊层出不穷，神经网络的理论研究和实际应用进入了一个蓬勃发展的时期。

BP神经网络（见图4-4）的代表者是D.Rumelhart和J.McCelland，这是一种按误差逆传播算法训练的多层前馈网络，是目前应用最广泛的神经网络模型之一。其基本组成结构为输入层、中间层以及输出层。

- 输入层：各个神经元负责接收来自外界的输入信息，并传递给中间层的各个神经元。
- 中间层：中间层是内部信息处理层，负责信息变换，根据信息变换能力的需求，中间层可以设计为单隐藏层或者多隐藏层结构。
- 输出层：传递到输出层各个神经元的信息，经过进一步处理后，完成一次学习的正向传播处理过程，由输出层向外界输出信息处理结果。

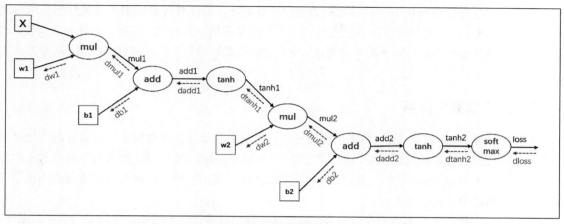

图 4-4 BP 神经网络

而BP算法(反向传播算法)的学习过程是由信息的正向传播和误差的反向传播两个过程组成。首先是输入数据经过模型的中间层计算后由输出层输出预测结果。

当实际输出与期望输出不符时，进入误差的反向传播阶段。误差通过输出层，按误差梯度下降的方式修正各层的权值，向隐藏层、输入层逐层反传。周而复始的信息正向传播和误差反向传播过程是各层权值不断调整的过程，也是神经网络学习训练的过程，该过程一直进行到网络输出的误差减少到可以接受的程度，或者预先设定的学习次数为止。

目前，神经网络的研究方向和应用很多，反映了多学科交叉技术领域的特点。其主要的研究工作集中在以下几个方面：

- 生物原型研究。从生理学、心理学、解剖学、脑科学、病理学等生物科学方面研究神经细胞、神经网络、神经系统的生物原型结构及其功能机理。
- 建立理论模型。根据生物原型的研究，建立神经元、神经网络的理论模型，其中包括概念模型、知识模型、物理化学模型、数学模型等。
- 网络模型与算法研究。在理论模型研究的基础上构建具体的神经网络模型，以实现计算机模拟或硬件的仿真，还包括网络学习算法的研究。这方面的工作也称为技术模型研究。
- 人工神经网络应用系统。在网络模型与算法研究的基础上，利用人工神经网络组成实际的应用系统。例如，完成某种信号处理或模式识别的功能，构建专家系统，制造机器人，等等。

纵观当代新兴科学技术的发展历史，人类在征服宇宙空间、基本粒子、生命起源等科学技术领域的进程中历经了崎岖不平的道路。我们也会看到，探索人脑功能和神经网络的研究将伴随着重重困难的克服而日新月异。

4.2 反向传播神经网络两个基础算法详解

在正式介绍BP神经网络之前，首先介绍两个非常重要的算法，即随机梯度下降算法和最小二乘法。

最小二乘法是统计分析中一种最常用的逼近计算算法，其交替计算结果使得最终结果尽可能地逼近真实结果。而随机梯度下降算法充分利用了深度学习的运算特性，具有高效性和迭代性，通过不停地判断和选择当前目标下的最优路径，使得能够在最短路径下达到最优的结果，从而提高大数据的计算效率。

4.2.1 最小二乘法详解

最小二乘法（LS算法）是一种数学优化技术，也是机器学习的常用算法。它通过最小化误差的平方和寻找数据的最佳函数匹配，可以简便地求得未知的数据，并使得这些求得的数据与实际数据之间误差的平方和最小。最小二乘法还可用于曲线拟合。其他一些优化问题也可通过最小化能量或最大化熵用最小二乘法来表达。

由于最小二乘法不是本章的重点内容，因此这里我们只通过图示演示一下最小二乘法的原理，如图4-5所示。

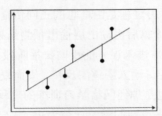

图 4-5　最小二乘法的原理

从图4-5可以看到，若干个点依次分布在向量空间中，如果希望找出一条直线和这些点达到最佳匹配，那么最简单的方法是希望这些点到直线的值最小，即下面的最小二乘法实现公式最小。

$$f(x) = ax + b$$

$$\delta = \sum (f(x_i) - y_i)^2$$

这里直接引用真实值与计算值之间的差的平方和，具体而言，这种差值有一个专门的名称——残差。基于此，表达残差的方式有以下3种。

- ∞-范数：残差绝对值的最大值 $\max\limits_{1 \leq i \leq m}|r_i|$，即所有数据点中残差距离的最大值。
- L1-范数：绝对残差和 $\sum_{i=1}^{m}|r_i|$，即所有数据点残差距离之和。
- L2-范数：残差平方和 $\sum_{i=1}^{m}r_i^2$。

可以看到，所谓的最小二乘法，就是L2-范数的一个具体应用。通俗地说，就是看模型计算出的结果与真实值之间的相似性。

因此，最小二乘法可定义如下：

对于给定的数据$(x_i, y_i)(i=1,\cdots,m)$，在取定的假设空间H中，求解$f(x) \in H$，使得残差$\delta = \sum (f(x_i) - y_i)^2$的L2-范数最小。

看到这里，可能有读者会提出疑问，这里的$f(x)$该如何表示呢？

实际上，函数f(x)是一条多项式函数曲线：

$$f(x) = w_0 + w_1 x^1 + w_2 x^2 + \cdots + w_n x^n (w_n 为一系列的权重)$$

由上面的公式我们知道，所谓的最小二乘法，就是找到一组权重w，使得$\delta = \sum (f(x_i) - y_i)^2$最小。问题又来了，如何能使得最小二乘法的值最小？

对于求出最小二乘法的结果，可以使用数学上的微积分处理方法，这是一个求极值的问题，只需要对权值依次求偏导数，最后令偏导数为0，即可求出极值点。

$$\frac{\partial J}{\partial w_0} = \frac{1}{2m} \times 2 \sum_1^m (f(x) - y) \times \frac{\partial (f(x))}{\partial w_0} = \frac{1}{m} \sum_1^m (f(x) - y) = 0$$

$$\frac{\partial J}{\partial w_1} = \frac{1}{2m} \times 2 \sum_1^m (f(x) - y) \times \frac{\partial (f(x))}{\partial w_1} = \frac{1}{m} \sum_1^m (f(x) - y) \times x = 0$$

$$\vdots$$

$$\frac{\partial J}{\partial w_n} = \frac{1}{2m} \times 2 \sum_1^m (f(x) - y) \times \frac{\partial (f(x))}{\partial w_n} = \frac{1}{m} \sum_1^m (f(x) - y) \times x = 0$$

具体实现最小二乘法的代码如下（注意，为了简化起见，使用一元一次方程组进行演示拟合）。

【程序4-1】

```python
import numpy as np
from matplotlib import pyplot as plt

A = np.array([[5],[4]])
C = np.array([[4],[6]])
B = A.T.dot(C)
AA = np.linalg.inv(A.T.dot(A))
l=AA.dot(B)
P=A.dot(l)
x=np.linspace(-2,2,10)
x.shape=(1,10)
xx=A.dot(x)
fig = plt.figure()
ax= fig.add_subplot(111)
ax.plot(xx[0,:],xx[1,:])
ax.plot(A[0],A[1],'ko')
ax.plot([C[0],P[0]],[C[1],P[1]],'r-o')
ax.plot([0,C[0]],[0,C[1]],'m-o')
ax.axvline(x=0,color='black')
ax.axhline(y=0,color='black')
margin=0.1
ax.text(A[0]+margin, A[1]+margin, r"A",fontsize=20)
ax.text(C[0]+margin, C[1]+margin, r"C",fontsize=20)
ax.text(P[0]+margin, P[1]+margin, r"P",fontsize=20)
ax.text(0+margin,0+margin,r"O",fontsize=20)
ax.text(0+margin,4+margin, r"y",fontsize=20)
ax.text(4+margin,0+margin, r"x",fontsize=20)
plt.xticks(np.arange(-2,3))
plt.yticks(np.arange(-2,3))
```

```
ax.axis('equal')
plt.show()
```

最终结果如图4-6所示。

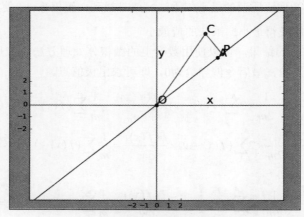

图 4-6　最小二乘法拟合曲线

4.2.2　梯度下降算法

在介绍随机梯度下降算法之前,给读者讲一个道士下山的故事。请读者先看一下图4-7。

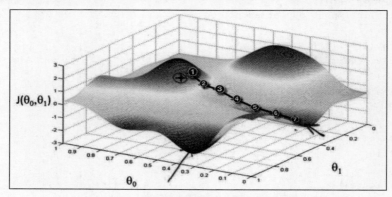

图 4-7　模拟随机梯度下降算法的演示图

这是一个模拟随机梯度下降算法的演示图。为了便于理解,我们将其比喻成道士想要出去游玩的一座山。设想道士有一天和道友一起到一座不太熟悉的山上去玩,在兴趣盎然中很快登上了山顶。但是天有不测,下起了雨。如果这时需要道士及其道友用最快的速度下山,那么怎么办呢?

如果想以最快的速度下山,那么最快的办法就是顺着坡度最陡峭的地方走下去。但是由于不熟悉路,道士在下山的过程中,每走过一段路程就需要停下来观望,从而选择最陡峭的下山路。这样一路走下来的话,可以在最短时间内走到底。

从图4-7上可以近似地表示为:

① → ② → ③ → ④ → ⑤ → ⑥ → ⑦

每个数字代表每次停顿的地点,这样只需要在每个停顿的地点选择最陡峭的下山路即可。

这就是道士下山的故事,随机梯度下降算法和这个类似。如果想要使用最迅捷的下山方法,那么最简单的办法就是在下降一个梯度的阶层后，寻找一个当前获得的最大坡度继续下降。这就是随机梯度算法的原理。

从上面的例子可以看到，随机梯度下降算法就是不停地寻找某个节点中下降幅度最大的那个趋势进行迭代计算，直到将数据收缩到符合要求的范围为止。通过数学公式表达的方式计算的话，公式如下：

$$f(\theta) = \theta_0 x_0 + \theta_1 x_1 + \cdots + \theta_n x_n = \sum \theta_i x_i$$

在4.21节讲解最小二乘法的时候，我们通过最小二乘法说明了直接求解最优化变量的方法，也介绍了求解的前提条件是要求计算值与实际值的偏差的平方最小。

但是在随机梯度下降算法中，对于系数需要不停地求解出当前位置下最优化的数据。使用数学方式表达的话，就是不停地对系数 θ 求偏导数，公式如下：

$$\frac{\partial f(\theta)}{\partial w_n} = \frac{1}{2m} \times 2\sum_{1}^{m}(f(\theta)-y) \times \frac{\partial (f(\theta))}{\partial \theta} = \frac{1}{m}\sum_{1}^{m}(f(x)-y) \times x$$

公式中 θ 会向着梯度下降最快的方向减小，从而推断出 θ 的最优解。

因此，随机梯度下降算法最终被归结为：通过迭代计算特征值，从而求出最合适的值。求解 θ 的公式如下：

$$\theta = \theta - \alpha(f(\theta) - y_i)x_i$$

公式中 α 是下降系数。用较为通俗的话表示，就是用来计算每次下降的幅度大小。系数越大，每次计算中的差值就越大；系数越小，差值就越小，但是计算时间也相对延长。

随机梯度下降算法的迭代过程如图4-8所示。

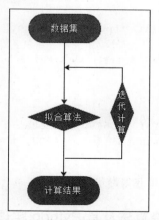

图4-8　随机梯度下降算法的迭代过程

从图4-8中可以看到，实现随机梯度下降算法的关键是拟合算法的实现。而本例拟合算法的实现较为简单，通过不停地修正数据值，从而达到数据的最优值。

随机梯度下降算法在神经网络特别是机器学习中应用较广，但是由于其天生的缺陷，噪声较大，使得其在计算过程中并不是都向着整体最优解的方向优化，往往只能得到局部最优解。因此，为了克服这些困难，最好的办法就是增大数据量，在不停地使用数据进行迭代处理的时候，能够确保整体的方向是全局最优解，或者最优结果在全局最优解附近。

【程序4-2】

```
x = [(2, 0, 3), (1, 0, 3), (1, 1, 3), (1,4, 2), (1, 2, 4)]
y = [5, 6, 8, 10, 11]
epsilon = 0.002
alpha = 0.02
diff = [0, 0]
max_itor = 1000
error0 = 0
error1 = 0
cnt = 0
m = len(x)
theta0 = 0
theta1 = 0
theta2 = 0
while True:
    cnt += 1
    for i in range(m):
        diff[0] = (theta0 * x[i][0] + theta1 * x[i][1] + theta2 * x[i][2]) - y[i]
        theta0 -= alpha * diff[0] * x[i][0]
        theta1 -= alpha * diff[0] * x[i][1]
        theta2 -= alpha * diff[0] * x[i][2]
    error1 = 0
    for lp in range(len(x)):
        error1 += (y[lp] - (theta0 + theta1 * x[lp][1] + theta2 * x[lp][2])) ** 2 / 2
    if abs(error1 - error0) < epsilon:
        break
    else:
        error0 = error1
print('theta0 : %f, theta1 : %f, theta2 : %f, error1 : %f' % (theta0, theta1, theta2, error1))
print('Done: theta0 : %f, theta1 : %f, theta2 : %f' % (theta0, theta1, theta2))
print('迭代次数: %d' % cnt)
```

最终结果打印如下：

```
theta0 : 0.100684, theta1 : 1.564907, theta2 : 1.920652, error1 : 0.569459
Done: theta0 : 0.100684, theta1 : 1.564907, theta2 : 1.920652
迭代次数：24
```

从结果来看，这里迭代24次即可获得最优解。

4.2.3 最小二乘法的梯度下降算法及其 Python 实现

从前面的介绍可以得知，任何一个需要进行梯度下降的函数都可以比作一座山，而梯度下降的目标就是找到这座山的底部，也就是函数的最小值。根据之前道士下山的场景，最快的下山方式就是找到最为陡峭的山路，然后沿着这条山路走下去，直到下一个观望点。之后在下一个观望点重复这个过程，寻找最为陡峭的山路，直到山脚。

下面带领读者实现这个过程，求解最小二乘法的最小值，但是在开始之前，为读者展示一些需要掌握的数学原理。

1. 微分

在高等数学中，对函数微分的解释有很多，主要有两种：

（1）函数曲线上某点切线的斜率。
（2）函数的变化率。

因此，对于一个二元微分的计算如下：

$$\frac{\partial(x^2y^2)}{\partial x} = 2xy^2\mathrm{d}(x)$$

$$\frac{\partial(x^2y^2)}{\partial y} = 2x^2y\mathrm{d}(y)$$

$$\left(x^2y^2\right)' = 2xy^2\mathrm{d}(x) + 2x^2y\mathrm{d}(y)$$

2. 梯度

所谓的梯度，就是微分的一般形式，对于多元微分来说，微分就是各个变量的变化率的总和，例子如下：

$$J(\theta) = 2.17 - (17\theta_1 + 2.1\theta_2 - 3\theta_3)$$

$$\nabla J(\theta) = \left[\frac{\partial J}{\partial \theta_1}, \frac{\partial J}{\partial \theta_2}, \frac{\partial J}{\partial \theta_3}\right] = [17, 2.1, -3]$$

可以看到，求解的梯度值是分别对每个变量进行微分计算，之后用逗号隔开。这里用中括号"[]"将每个变量的微分值包裹在一起形成一个三维向量，因此可以认为微分计算后的梯度是一个向量。

因此可以得出梯度的定义：在多元函数中，梯度是一个向量，而向量具有方向性，梯度的方向指出了函数在给定点上的变化最快的方向。

这与上面道士下山的过程联系在一起的表达就是，如果道士想最快到达山底，则需要在每一个观察点寻找梯度最陡峭下降的地方。如图4-9所示。

而梯度的计算的目标就是得到这个多元向量的具体值。

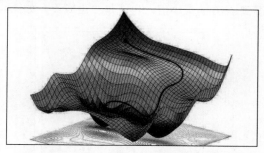

图4-9 每个观测点下降最快的方向

3. 梯度下降的数学计算

前面已经给出了梯度下降的公式，此处对其进行变形：

$$\theta' = \theta - \alpha \frac{\partial}{\partial \theta} f(\theta) = \theta - \alpha \nabla J(\theta)$$

此公式中的参数的含义如下：

- J是关于参数θ的函数，假设当前点为θ，如果需要找到这个函数的最小值，也就是山底的话，那么首先需要确定行进的方向，也就是梯度计算的反方向，之后走α的步长，走完这个步长之后就到了下一个观察点。
- α的意义前面已经介绍过了，是学习率或者步长，使用α来控制每一步走的距离。α过小会造成拟合时间过长，而α过大会造成下降幅度太大错过最低点，如图4-10所示。

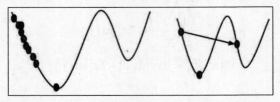

图4-10　学习率太小（左）与学习率太大（右）

这里需要注意的是，梯度公式中，$\nabla J(\theta)$求出的是斜率的最大值，也就是梯度上升最大的方向，而这里所需要的是梯度下降最大的方向，因此在$\nabla J(\theta)$前加一个负号。下面用一个例子演示梯度下降法的计算。

假设这里的公式为：

$$J(\theta) = \theta^2$$

此时的微分公式为：

$$\nabla J(\theta) = 2\theta$$

设第一个值$\theta^0 = 1$，$\alpha = 0.3$，则根据梯度下降公式：

$$\theta^1 = \theta^0 - \alpha \times 2\theta^0 = 1 - \alpha \times 2 \times 1 = 1 - 0.6 = 0.4$$
$$\theta^2 = \theta^1 - \alpha \times 2\theta^1 = 0.4 - \alpha \times 2 \times 0.4 = 0.4 - 0.24 = 0.16$$
$$\theta^3 = \theta^2 - \alpha \times 2\theta^2 = 0.16 - \alpha \times 2 \times 0.16 = 0.16 - 0.096 = 0.064$$

这样依次运算，即可得到$J(\theta)$的最小值，也就是"山底"，如图4-11所示。

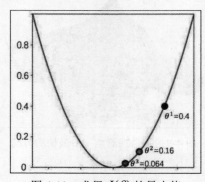

图4-11　求得$J(\theta)$的最小值

实现程序如下：

```
import numpy as np
x = 1
def chain(x,gama = 0.1):
    x = x - gama * 2 * x
    return x

for _ in range(4):
    x = chain(x)
    print(x)
```

多变量的梯度下降法和前文所述的多元微分求导类似。例如一个二元函数形式如下：

$$J(\theta) = \theta_1^2 + \theta_2^2$$

此时对其的梯度微分为：

$$\nabla J(\theta) = 2\theta_1 + 2\theta_2$$

此时将设置：

$$J(\theta^0) = (2,5), \alpha = 0.3$$

则依次计算的结果如下：

$$\nabla J(\theta^1) = (\theta_{1\_0} - \alpha 2\theta_{1_0}, \theta_{2_0} - \alpha 2\theta_{2_0}) = (0.8, 4.7)$$

剩下的计算请读者自行完成。

如果把二元函数采用图像的方式展示出来，可以很明显地看到梯度下降的每个"观察点"坐标，如图4-12所示。

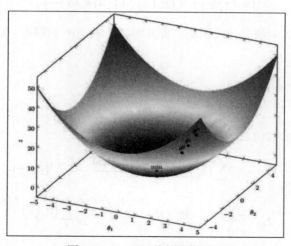

图 4-12 二元函数的图像展示

4. 使用梯度下降法求解最小二乘法

下面是本节的实战部分，使用梯度下降法计算最小二乘法。假设最小二乘法的公式如下：

$$J(\theta) = \frac{1}{2m}\sum_{1}^{m}(h_\theta(x)-y)^2$$

其中参数解释如下：

- m是数据点总数。
- $\frac{1}{2}$是一个常量，在求梯度的时候，二次方微分后的结果与$\frac{1}{2}$抵消了，自然就没有多余的常数系数了，方便后续的计算，同时不会对结果产生影响。
- y是数据集中每个点的真实y坐标的值。
- 其中$h_\theta(x)$为预测函数，形式如下：

$$h_\theta(x) = \theta_0 + \theta_1 x$$

根据每个输入x，都有一个经过参数计算后的预测值输出。

$h_\theta(x)$的Python实现如下：

```
h_pred = np.dot(x,theta)
```

其中x是输入的维度为[-1,2]的二维向量，-1的意思是维度不定。这里使用了一个技巧，即将$h_\theta(x)$的公式转化成矩阵相乘的形式，而theta是一个[2,1]维度的二维向量。

依照最小二乘法实现的Python代码如下：

```
def error_function(theta,x,y):
    h_pred = np.dot(x,theta)
    j_theta = (1./2*m) * np.dot(np.transpose(h_pred), h_pred)
    return j_theta
```

这里j_theta的实现同样是将原始公式转化成矩阵计算，即：

$$(h_\theta(x)-y)^2 = (h_\theta(x)-y)^T \times (h_\theta(x)-y)$$

下面分析一下最小二乘法的公式$J(\theta)$，此时如果求$J(\theta)$的梯度，则需要对其中涉及的两个参数θ_0和θ_1进行微分：

$$\nabla J(\theta) = \left[\frac{\partial J}{\partial \theta_0}, \frac{\partial J}{\partial \theta_1}\right]$$

下面分别对这两个参数的求导公式进行求导：

$$\frac{\partial J}{\partial \theta_0} = \frac{1}{2m}\times 2\sum_{1}^{m}(h_\theta(x)-y)\times\frac{\partial(h_\theta(x))}{\partial \theta_0} = \frac{1}{m}\sum_{1}^{m}(h_\theta(x)-y)$$

$$\frac{\partial J}{\partial \theta_1} = \frac{1}{2m}\times 2\sum_{1}^{m}(h_\theta(x)-y)\times\frac{\partial(h_\theta(x))}{\partial \theta_1} = \frac{1}{m}\sum_{1}^{m}(h_\theta(x)-y)\times x$$

此时，将分开求导的参数合并可得新的公式：

$$\frac{\partial J}{\partial \theta} = \frac{\partial J}{\partial \theta_0} + \frac{\partial J}{\partial \theta_1} = \frac{1}{m}\sum_{1}^{m}(h_\theta(x)-y) + \frac{1}{m}\sum_{1}^{m}(h_\theta(x)-y)\times x = \frac{1}{m}\sum_{1}^{m}(h_\theta(x)-y)\times(1+x)$$

此时，公式最右边的常数1可以被去掉，公式变为：

$$\frac{\partial J}{\partial \theta} = \frac{1}{m} \times (x) \times \sum_{1}^{m}(h_\theta(x) - y)$$

此时，依旧采用矩阵相乘的方式，使用矩阵相乘表示的公式为：

$$\frac{\partial J}{\partial \theta} = \frac{1}{m} \times (x)^T \times (h_\theta(x) - y)$$

这里$(x)^T \times (h_\theta(x) - y)$已经转换为矩阵相乘的表示形式。使用Python表示如下：

```
def gradient_function(theta, X, y):
    h_pred = np.dot(X, theta) - y
    return (1./m) * np.dot(np.transpose(X), h_pred)
```

如果读者对np.dot(np.transpose(X), h_pred)理解有难度，可以将公式使用逐个x值的形式列出来看看如何，这里就不罗列了。

最后是梯度下降的Python实现，代码如下：

```
def gradient_descent(X, y, alpha):
    theta = np.array([1, 1]).reshape(2, 1)  #[2,1]   这里的theta是参数
    gradient = gradient_function(theta,X,y)
    for i in range(17):
        theta = theta - alpha * gradient
        gradient = gradient_function(theta, X, y)
    return theta
```

或者使用如下代码：

```
def gradient_descent(X, y, alpha):
    theta = np.array([1, 1]).reshape(2, 1)  #[2,1]   这里的theta是参数
    gradient = gradient_function(theta,X,y)
    while not np.all(np.absolute(gradient) <= 1e-4):#采用abs是因为gradient计算的是负梯度
        theta = theta - alpha * gradient
        gradient = gradient_function(theta, X, y)
        print(theta)
    return theta
```

这两组程序段的区别在于，第一个代码段是固定循环次数，可能会造成欠下降或者过下降，而第二个代码段使用的是数值判定，可以设定阈值或者停止条件。

全部代码如下：

```
import numpy as np

m = 20
# 生成数据集x，此时的数据集x是一个二维矩阵
x0 = np.ones((m, 1))
x1 = np.arange(1, m+1).reshape(m, 1)
x = np.hstack((x0, x1)) #【20,2】
y = np.array([
    3, 4, 5, 5, 2, 4, 7, 8, 11, 8, 12,
```

```
        11, 13, 13, 16, 17, 18, 17, 19, 21
]).reshape(m, 1)
alpha = 0.01

#这里的theta是一个[2,1]大小的矩阵,用来与输入x进行计算,获得计算的预测值y_pred,而y_pred是与y计
算的误差
    def error_function(theta,x,y):
        h_pred = np.dot(x,theta)
        j_theta = (1./2*m) * np.dot(np.transpose(h_pred), h_pred)
        return j_theta

    def gradient_function(theta, X, y):
        h_pred = np.dot(X, theta) - y
        return (1./m) * np.dot(np.transpose(X), h_pred)

    def gradient_descent(X, y, alpha):
        theta = np.array([1, 1]).reshape(2, 1)   #[2,1]  这里的theta是参数
        gradient = gradient_function(theta,X,y)
        while not np.all(np.absolute(gradient) <= 1e-6):
            theta = theta - alpha * gradient
            gradient = gradient_function(theta, X, y)
        return theta

theta = gradient_descent(x, y, alpha)
print('optimal:', theta)
print('error function:', error_function(theta, x, y)[0,0])
```

打印结果和拟合曲线请读者自行完成。

现在请读者回到前面的道士下山这个问题,这个下山的道士实际上就代表了反向传播算法,而要寻找的下山路径其实就代表着算法中一直在寻找的参数 θ ,山上当前点最陡峭的方向实际上就是代价函数在这个点的梯度方向,场景中观察最陡峭方向所用的工具就是微分。

4.3 反馈神经网络反向传播算法介绍

反向传播算法是神经网络的核心与精髓,在神经网络算法中拥有举足轻重的地位。

用通俗的话说,反向传播算法就是复合函数的链式求导法则的一个强大应用,而且实际上的应用比理论上的推导强大得多。本节将主要介绍反馈神经网络反向传播链式法则以及公式的推导,虽然整体过程比较简单,但这却是整个深度学习神经网络的理论基础。

4.3.1 深度学习基础

机器学习在理论上可以看作是统计学在计算机科学上的一个应用。在统计学上,一个非常重要的内容就是拟合和预测,即基于以往的数据建立光滑的曲线模型来实现数据结果与数据变量的对应关系。

深度学习是统计学的应用,同样是为了寻找结果与影响因素的一一对应关系。只不过样本点

由狭义的 x 和 y 扩展到向量、矩阵等广义的对应点。此时，由于数据变得复杂，对应关系模型的复杂度也随之增加，而不能使用一个简单的函数表达。

数学上通过建立复杂的高次多元函数解决复杂模型拟合的问题，但是大多数情况都会失败，因为过于复杂的函数式是无法求解的，也就是无法获取其公式。

基于前人的研究，科研工作人员发现可以通过神经网络来表示这样的一一对应关系，而神经网络本质就是一个多元复合函数，通过增加神经网络的层次和神经单元可以更好地表达函数的复合关系。

图4-13是多层神经网络的图像表达方式，通过设置输入层、隐藏层与输出层可以形成多元函数用于求解相关问题。

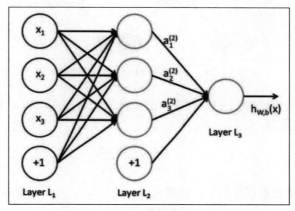

图 4-13　多层神经网络的表示

通过数学表达式将多层神经网络模型表达出来，公式如下：

$$a_1 = f(w_{11} \times x_1 + w_{12} \times x_2 + w_{13} \times x_3 + b_1)$$
$$a_2 = f(w_{21} \times x_1 + w_{22} \times x_2 + w_{23} \times x_3 + b_2)$$
$$a_3 = f(w_{31} \times x_1 + w_{32} \times x_2 + w_{33} \times x_3 + b_3)$$
$$h(x) = f(w_{11} \times a_1 + w_{12} \times a_2 + w_{13} \times a_3 + b_1)$$

其中 x 是输入数值，w 是相邻神经元之间的权重，也就是神经网络在训练过程中需要学习的参数。与线性回归类似，神经网络学习同样需要一个"损失函数"，即训练目标通过调整每个权重值 w 来使得损失函数最小。前面在讲解梯度下降算法的时候已经讲过，如果权重过大或者指数过大，直接求解系数是一件不可能的事情，因此梯度下降算法是求解权重问题的比较好的方法。

4.3.2　链式求导法则

在前面介绍梯度下降算法时，没有对其背后的原理做出详细介绍。实际上，梯度下降算法就是链式法则的一个具体应用，如果把前面公式中的损失函数以向量的形式表示为：

$$h(x) = f(w_{11}, w_{12}, w_{13}, w_{14}, \cdots, w_{ij})$$

那么其梯度向量为：

$$\nabla h = \frac{\partial f}{\partial W_{11}} + \frac{\partial f}{\partial W_{12}} + \cdots + \frac{\partial f}{\partial W_{ij}}$$

可以看到，其实所谓的梯度向量就是求出函数在每个向量上的偏导数之和。这也是链式法则擅长解决的问题。

下面以 $e = (a+b) \times (b+1)$，其中 $a = 2$、$b = 1$ 为例，计算其偏导数，如图4-14所示。

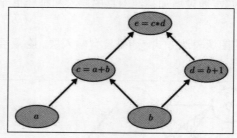

图4-14　$e = (a+b) \times (b+1)$ 示意图

本例中为了求得最终值e对各个点的梯度，需要将各个点与e联系在一起，例如期望求得e对输入点a的梯度，则只需要求得：

$$\frac{\partial e}{\partial a} = \frac{\partial e}{\partial c} \times \frac{\partial c}{\partial a}$$

这样就把e与a的梯度联系在一起了，同理可得：

$$\frac{\partial e}{\partial b} = \frac{\partial e}{\partial c} \times \frac{\partial c}{\partial b} + \frac{\partial e}{\partial d} \times \frac{\partial d}{\partial b}$$

用图表示如图4-15所示。

这样做的好处是显而易见的，求e对a的偏导数只要建立一个e到a的路径即可，图4-15中经过c，那么通过相关的求导链接就可以得到所需要的值。对于求e对b的偏导数，也只需要建立所有e到b路径中的求导路径，从而获得需要的值。

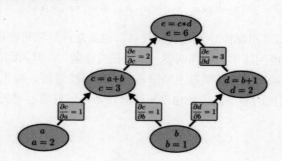

图4-15　链式法则的应用

4.3.3　反馈神经网络的原理与公式推导

在求导过程中，可能有读者已经注意到，如果拉长了求导过程或者增加了其中的单元，就会大大增加其中的计算过程，即很多偏导数的求导过程会被反复计算，因此在实际应用中，对于权值达到十万甚至百万的神经网络来说，这样的重复冗余所导致的计算量是很大的。

同样是为了求得对权重的更新，反馈神经网络算法将训练误差E看作以权重向量每个元素为变量的高维函数，通过不断更新权重寻找训练误差的最低点，按误差函数梯度下降的方向更新权值。

提示：反馈神经网络算法的具体计算公式在本节后半部分进行推导。

首先求得最后的输出层与真实值之间的差距，如图4-16所示。

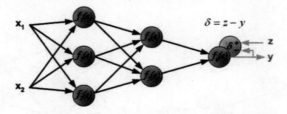

图4-16　反馈神经网络最终误差的计算

之后以计算出的测量值与真实值为起点，反向传播到上一个节点，并计算出节点的误差值，如图4-17所示。

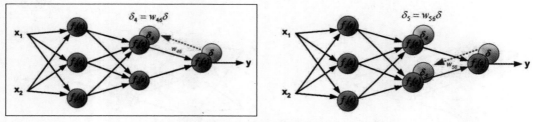

图4-17　反馈神经网络输出层误差的反向传播

以后将计算出的节点误差重新设置为起点，依次向后传播误差，如图4-18所示。

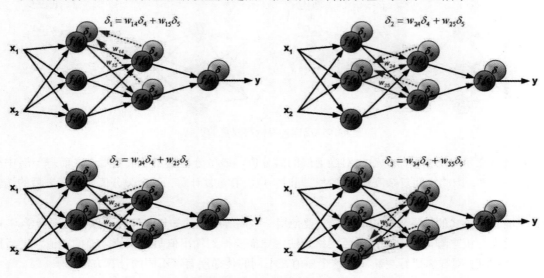

图4-18　反馈神经网络隐藏层误差的反向传播

注意：对于隐藏层，误差并不是像输出层一样由单个节点确定，而是由多个节点确定，因此对它的计算要求得所有的误差值之和。

通俗地解释，一般情况下，误差的产生是由于输入值与权重的计算产生了错误，而输入值往往是固定不变的，因此对于误差的调节，需要对权重进行更新。而权重的更新又以输入值与真实值的偏差为基础，当最终层的输出误差被反向一层一层地传递回来后，每个节点都会被相应地分配适合其在神经网络中地位的误差，即只需要更新其所需承担的误差量，如图4-19所示。

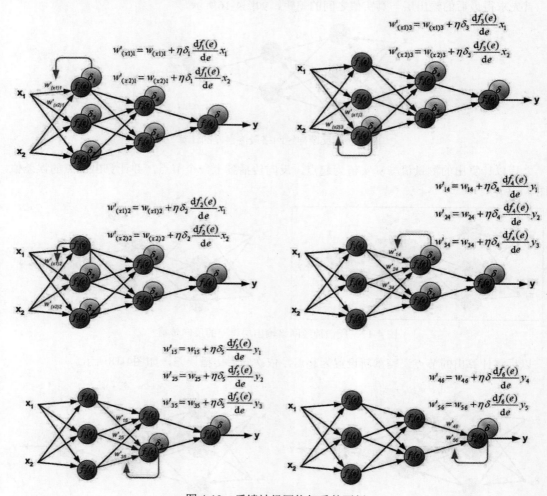

图4-19 反馈神经网络权重的更新

也就是在每一层需要维护输出对当前层的微分值，该微分值相当于被复用于之前每一层中权值的微分计算，因此空间复杂度没有变化。同时，也没有重复计算，每个微分值都会在之后的迭代中使用。

下面介绍公式的推导。公式的推导需要使用一些高等数学的知识，读者可以自由选择学习。

从前文分析来看，对于反馈神经网络算法主要需要得到输出值与真实值之前的差值，之后再利用这个差值去对权重进行更新。而这个差值在不同的传递层有着不同的计算方法：

- 对于输出层单元，误差项是真实值与模型计算值之间的差值。
- 对于隐藏层单元，由于缺少直接的目标值来计算隐藏层单元的误差，因此需要以间接的方式来计算隐藏层的误差项，并对受隐藏层单元影响的每个单元的误差进行加权求和。

而在其后的权值更新部分,则主要依靠学习速率、该权值对应的输入以及单元的误差项来完成。

1. 前向传播算法

对于前向传播的值传递,隐藏层的输出值定义如下:

$$a_h^{Hl} = W_h^{Hl} \times X_i$$
$$b_h^{Hl} = f(a_h^{Hl})$$

其中X_i是当前节点的输入值,W_h^{Hl}是连接到此节点的权重,a_h^{Hl}是输出值。f是当前节点的激活函数,b_h^{Hl}为当前节点的输入值经过计算后被激活的值。

而对于输出层,定义如下:

$$a_k = \sum W_{hk} \times b_h^{Hl}$$

其中W_{hk}为输入的权重,b_h^{Hl}为将节点输入数据经过计算后的激活值作为输入值。这里对所有输入值进行权重计算后求得和值,作为神经网络的最后输出值a_k。

2. 反向传播算法

与前向传播类似,首先需要定义两个值δ_k与δ_h^{Hl}:

$$\delta_k = \frac{\partial L}{\partial a_k} = (Y - T)$$

$$\delta_h^{Hl} = \frac{\partial L}{\partial a_h^{Hl}}$$

其中δ_k为输出层的误差项,其计算值为真实值与模型计算值之间的差值。Y是计算值,T是真实值。δ_h^{Hl}为输出层的误差。

提示:对于δ_k与δ_h^{Hl}来说,无论定义在哪个位置,都可以看作是当前的输出值对于输入值的梯度计算。

通过前面的分析可以知道,所谓的神经网络反馈算法,就是逐层地对最终误差进行分解,即每一层只与下一层打交道,如图4-20所示。据此可以假设每一层均为输出层的前一个层级,通过计算前一个层级与输出层的误差得到权重的更新。

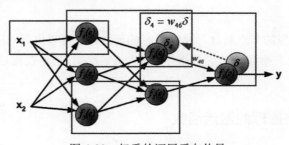

图4-20 权重的逐层反向传导

因此,反馈神经网络的计算公式如下:

$$\delta_h^{Hl} = \frac{\partial L}{\partial a_h^{Hl}}$$

$$= \frac{\partial L}{\partial b_h^{Hl}} \times \frac{\partial b_h^{Hl}}{\partial a_h^{Hl}}$$

$$= \frac{\partial L}{\partial b_h^{Hl}} \times f'(a_h^{Hl})$$

$$= \frac{\partial L}{\partial a_k} \times \frac{\partial a_k}{\partial b_h^{Hl}} \times f'(a_h^{Hl})$$

$$= \delta_k \times \sum W_{hk} \times f'(a_h^{Hl})$$

$$= \sum W_{hk} \times \delta_k \times f'(a_h^{Hl})$$

也就是当前层输出值对误差的梯度可以通过下一层的误差与权重和输入值的梯度乘积获得。公式 $\sum W_{hk} \times \delta_k \times f'(a_h^{Hl})$ 中，若 δ_k 为输出层，则可以通过 $\delta_k = \frac{\partial L}{\partial a_k} = (Y-T)$ 求得 δ_k 的值，若 δ_k 为非输出层，则可以使用逐层反馈的方式求得 δ_k 的值。

提示：这里千万要注意，对于 δ_k 与 δ_h^{Hl} 来说，其计算结果都是当前的输出值对于输入值的梯度计算，这是权重更新过程中一个非常重要的数据计算内容。

也可以换一种表述形式，将前面的公式表示为：

$$\delta^l = \sum W_{ij}^l \times \delta_j^{l+1} \times f'(a_i^l)$$

可以看到，通过更为泛化的公式，把当前层的输出对输入的梯度计算转换成求下一个层级的梯度计算值。

3. 权重的更新

反馈神经网络计算的目的是对权重的更新，因此与梯度下降算法类似，其更新可以仿照梯度下降对权值的更新公式：

$$\theta = \theta - a(f(\theta) - y_i)x_i$$

即：

$$W_{ji} = W_{ji} + a \times \delta_j^l \times x_{ji}$$

$$b_{ji} = b_{ji} + a \times \delta_j^l$$

其中 ji 表示反向传播时对应的节点系数，通过对 δ_j^l 的计算，就可以更新对应的权重值。W_{ji} 的计算公式如上所示。而对于没有推导的 b_{ji}，其推导过程与 W_{ji} 类似，但是在推导过程中输入值是被消去的，请读者自行学习。

4.3.4 反馈神经网络原理的激活函数

现在回到反馈神经网络的函数：

$$\delta^l = \sum W_{ij}^l \times \delta_j^{l+1} \times f'(a_i^l)$$

对于此公式中的 W_{ij}^l 和 δ_j^{l+1} 以及所需要计算的目标 δ^l 已经做了较为详尽的解释。但是对 $f'(a_i^l)$ 却一直没有做出介绍。

回到前面生物神经元的图示，传递进来的电信号通过神经元进行传递，由于神经元的突触强弱是有一定的敏感度的，因此只会对超过一定范围的信号进行反馈，即这个电信号必须大于某个阈值，神经元才会被激活引起后续的传递。

在训练模型中同样需要设置神经元的阈值，即神经元被激活的频率用于传递相应的信息，模型中这种能够确定是否为当前神经元节点的函数被称为激活函数，如图4-21所示。

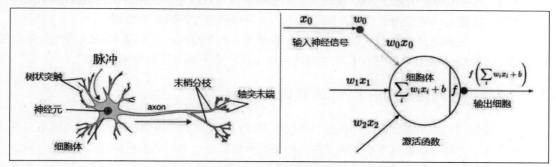

图 4-21　激活函数示意图

激活函数代表生物神经元接收到的信号的强度，目前应用较广的是Sigmoid函数。因为其在运行过程中只接收一个值，所以输出也是一个经过公式计算后的值，且其输出值的取值范围为0~1。

$$y = \frac{1}{1+e^{-x}}$$

Sigmoid激活函数图如图4-22所示。

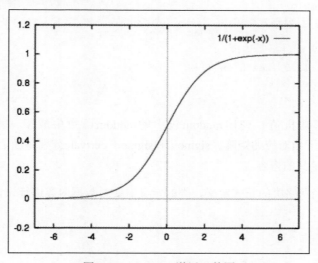

图 4-22　Sigmoid 激活函数图

其倒函数的求法也较为简单，即：

$$y' = \frac{e^{-x}}{(1+e^{-x})^2}$$

换一种表示方式为：

$$f(x)' = f(x) \times (1 - f(x))$$

Sigmoid函数可以将任意实值映射到0~1。对于较大值的负数，Sigmoid函数将其映射成0，而对于较大值的正数Sigmoid函数将其映射成1。

顺带讲一下，Sigmoid函数在神经网络模型中占据了很长时间的统治地位，但是目前已经不常使用，主要原因是其非常容易区域饱和，当输入开始非常大或者非常小的时候，Sigmoid会产生一个平缓区域，其中的梯度值几乎为0，而这又会造成梯度传播过程中产生接近0的传播梯度，这样在后续的传播中会造成梯度消散的现象，因此并不适合现代的神经网络模型使用。

除此之外，近年来涌现出了大量新的激活函数模型，例如Maxout、Tanh和ReLU模型，这些模型解决了传统的Sigmoid模型在更深程度的神经网络上所产生的各种不良影响。

4.3.5 反馈神经网络原理的 Python 实现

本小节将使用Python语言实现神经网络的反馈算法。经过前面的讲解，读者对神经网络的算法和描述应该有了一定的理解，本小节将使用Python代码来实现一个自己的反馈神经网络。

为了简单起见，这里的神经网络被设置成3层，即只有一个输入层、一个隐藏层以及一个最终的输出层。

（1）确定辅助函数：

```python
def rand(a, b):
    return (b - a) * random.random() + a
def make_matrix(m,n,fill=0.0):
    mat = []
    for i in range(m):
        mat.append([fill] * n)
    return mat
def sigmoid(x):
    return 1.0 / (1.0 + math.exp(-x))
def sigmod_derivate(x):
    return x * (1 - x)
```

代码首先定义了随机值，使用random包中的random函数生成了一系列随机数，之后的make_matrix函数生成了相对应的矩阵。sigmoid和sigmod_derivate分别是激活函数和激活函数的导函数。这也是前文所定义的内容。

（2）进入BP神经网络类的正式定义，类的定义需要对数据内容进行设定。

```python
def __init__(self):
    self.input_n = 0
    self.hidden_n = 0
    self.output_n = 0
    self.input_cells = []
    self.hidden_cells = []
    self.output_cells = []
    self.input_weights = []
    self.output_weights = []
```

init函数的作用是对神经网络参数的初始化,即在其中设置了输入层、隐藏层以及输出层中节点的个数;各个cell是各个层中节点的数值;weights代表各个层的权重。

(3) 使用setup函数对init函数中设定的数据进行初始化。

```python
def setup(self,ni,nh,no):
    self.input_n = ni + 1
    self.hidden_n = nh
    self.output_n = no
    self.input_cells = [1.0] * self.input_n
    self.hidden_cells = [1.0] * self.hidden_n
    self.output_cells = [1.0] * self.output_n
    self.input_weights = make_matrix(self.input_n,self.hidden_n)
    self.output_weights = make_matrix(self.hidden_n,self.output_n)
    # random activate
    for i in range(self.input_n):
        for h in range(self.hidden_n):
            self.input_weights[i][h] = rand(-0.2, 0.2)
    for h in range(self.hidden_n):
        for o in range(self.output_n):
            self.output_weights[h][o] = rand(-2.0, 2.0)
```

需要注意,输入层节点的个数被设置成ni+1,这是由于其中包含bias偏置数;各个节点与1.0相乘是初始化节点的数值;各个层的权重值根据输入层、隐藏层以及输出层中节点的个数被初始化并被赋值。

(4) 定义完各个层的数目后,进入正式的神经网络内容的定义。对神经网络的前向计算如下:

```python
def predict(self,inputs):
    for i in range(self.input_n - 1):
        self.input_cells[i] = inputs[i]
    for j in range(self.hidden_n):
        total = 0.0
        for i in range(self.input_n):
            total += self.input_cells[i] * self.input_weights[i][j]
        self.hidden_cells[j] = sigmoid(total)
    for k in range(self.output_n):
        total = 0.0
        for j in range(self.hidden_n):
            total += self.hidden_cells[j] * self.output_weights[j][k]
        self.output_cells[k] = sigmoid(total)
    return self.output_cells[:]
```

以上代码将数据输入函数中,通过隐藏层和输出层的计算,最终以数组的形式输出。案例的完整代码如下。

【程序4-3】

```python
import numpy as np
import math
import random
```

```python
def rand(a, b):
    return (b - a) * random.random() + a

def make_matrix(m,n,fill=0.0):
    mat = []
    for i in range(m):
        mat.append([fill] * n)
    return mat
def sigmoid(x):
    return 1.0 / (1.0 + math.exp(-x))

def sigmod_derivate(x):
    return x * (1 - x)

class BPNeuralNetwork:
    def __init__(self):
        self.input_n = 0
        self.hidden_n = 0
        self.output_n = 0
        self.input_cells = []
        self.hidden_cells = []
        self.output_cells = []
        self.input_weights = []
        self.output_weights = []
    def setup(self,ni,nh,no):
        self.input_n = ni + 1
        self.hidden_n = nh
        self.output_n = no
        self.input_cells = [1.0] * self.input_n
        self.hidden_cells = [1.0] * self.hidden_n
        self.output_cells = [1.0] * self.output_n
        self.input_weights = make_matrix(self.input_n,self.hidden_n)
        self.output_weights = make_matrix(self.hidden_n,self.output_n)
        # random activate
        for i in range(self.input_n):
            for h in range(self.hidden_n):
                self.input_weights[i][h] = rand(-0.2, 0.2)
        for h in range(self.hidden_n):
            for o in range(self.output_n):
                self.output_weights[h][o] = rand(-2.0, 2.0)
    def predict(self,inputs):
        for i in range(self.input_n - 1):
            self.input_cells[i] = inputs[i]
        for j in range(self.hidden_n):
            total = 0.0
            for i in range(self.input_n):
                total += self.input_cells[i] * self.input_weights[i][j]
            self.hidden_cells[j] = sigmoid(total)
        for k in range(self.output_n):
            total = 0.0
            for j in range(self.hidden_n):
```

```python
                total += self.hidden_cells[j] * self.output_weights[j][k]
            self.output_cells[k] = sigmoid(total)
        return self.output_cells[:]

    def back_propagate(self,case,label,learn):
        self.predict(case)
        #计算输出层的误差
        output_deltas = [0.0] * self.output_n
        for k in range(self.output_n):
            error = label[k] - self.output_cells[k]
            output_deltas[k] = sigmod_derivate(self.output_cells[k]) * error
        #计算隐藏层的误差
        hidden_deltas = [0.0] * self.hidden_n
        for j in range(self.hidden_n):
            error = 0.0
            for k in range(self.output_n):
                error += output_deltas[k] * self.output_weights[j][k]
            hidden_deltas[j] = sigmod_derivate(self.hidden_cells[j]) * error
        #更新输出层的权重
        for j in range(self.hidden_n):
            for k in range(self.output_n):
                self.output_weights[j][k] += learn * output_deltas[k] * self.hidden_cells[j]
        #更新隐藏层的权重
        for i in range(self.input_n):
            for j in range(self.hidden_n):
                self.input_weights[i][j] += learn * hidden_deltas[j] * self.input_cells[i]
        error = 0
        for o in range(len(label)):
            error += 0.5 * (label[o] - self.output_cells[o]) ** 2
        return error

    def train(self,cases,labels,limit = 100,learn = 0.05):
        for i in range(limit):
            error = 0
            for i in range(len(cases)):
                label = labels[i]
                case = cases[i]
                error += self.back_propagate(case, label, learn)
        pass

    def test(self):
        cases = [
            [0, 0],
            [0, 1],
            [1, 0],
            [1, 1],
        ]
        labels = [[0], [1], [1], [0]]
        self.setup(2, 5, 1)
        self.train(cases, labels, 10000, 0.05)
```

```
        for case in cases:
            print(self.predict(case))

if __name__ == '__main__':
    nn = BPNeuralNetwork()
    nn.test()
```

4.4　本章小结

本章完整介绍了BP神经网络的原理和实现。这是深度学习最基础的内容,可以说深度学习所有的后续发展都是基于对BP神经网络的修正而来的。

在后续章节中,将带领读者了解更多的神经网络。

第5章

基于 PyTorch 卷积层的 MNIST 分类实战

第3章使用多层感知机完成了MNIST分类实战的演示。多层感知机是一种对目标数据进行整体分类的计算方法。虽然从演示效果来看，多层感知机可以较好地完成项目目标对数据进行完整分类，但是多层感知机会在模型中使用大规模的参数，同时，由于是对数据进行总体性的处理，从而无可避免地会忽略数据局部特征的处理和掌握，因此我们需要一种新的能够对输入数据的局部特征进行抽取和计算的工具。

卷积神经网络是从信号处理衍生过来的一种对数字信号进行处理的方式，发展到图像信号处理上演变成一种专门用来处理具有矩阵特征的网络结构处理方式。卷积神经网络在很多应用上都有独特的优势，甚至可以说是无可比拟的，例如音频的处理和图像处理。

本章将会介绍卷积神经网络的基本概念。首先，我们将阐述卷积实际上是一种不太复杂的数学运算，它是一种特殊的线性运算形式。接下来，将详细解释"池化"这一概念，这是卷积神经网络中必不可少的操作。最后，我们将探讨为了消除过拟合而采用的drop-out这个常用的方法。这些概念和方法都是为了让卷积神经网络运行得更加高效和稳定。

5.1 卷积运算的基本概念

在数字图像处理中有一种基本的处理方法，即线性滤波。它将待处理的二维数字看作一个大型矩阵，图像中的每个像素可以看作矩阵中的每个元素，像素的大小就是矩阵中的元素值。

而使用的滤波工具是另一个小型矩阵，这个矩阵被称为卷积核。卷积核的大小远小于图像矩阵，而具体的计算方式就是计算图像大矩阵中的每个像素周围的像素和卷积核对应位置的乘积，之后将结果相加，最终得到的值就是该像素的值，这样就完成了一次卷积。简单的图像卷积方式如图5-1所示。

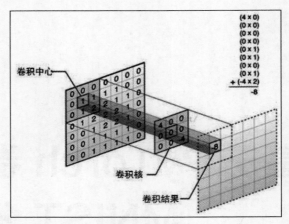

图 5-1 卷积运算

本节将详细介绍卷积的运算和定义,以及一些细节调整,这些都是使用卷积的过程中必不可少的内容。

5.1.1 基本卷积运算示例

前面已经讲过了,卷积实际上是使用两个大小不同的矩阵进行的一种数学运算。为了便于读者理解,我们从一个例子开始介绍。

对高速公路上的跑车的位置进行追踪,这是卷积神经网络图像处理中的一个非常重要的应用。摄像头接收到的信号被计算为 $x(t)$,表示跑车在路上时刻 t 的位置。

但是实际上的处理往往没那么简单,因为在自然界无时无刻不面临各种影响以及摄像头传感器的滞后。为了得到跑车位置的实时数据,采用的方法就是对测量结果进行均值化处理。对于运动中的目标,采样时间越长,由于滞后性的原因,定位的准确率越低,而采样时间越短,则可以认为越接近真实值。因此,可以对不同的时间段赋予不同的权重,即通过一个权值定义来计算,可以表示为:

$$s(t) = \int x(a)\omega(t-a)\mathrm{d}a$$

这种运算方式被称为卷积运算。换个符号表示为:

$$s(t) = (x\omega)(t)$$

在卷积公式中,第一个参数 x 被称为"输入数据";第二个参数 ω 被称为"核函数";$s(t)$ 是输出,即特征映射。

对于稀疏矩阵来说,卷积网络具有稀疏性,即卷积核的大小远小于输入数据矩阵的大小。例如,当输入一个图片信息时,数据的大小可能为上万的结构,但是使用的卷积核却只有几十,这样能够在计算后获取更少的参数特征,极大地减少了后续的计算量,如图5-2所示。

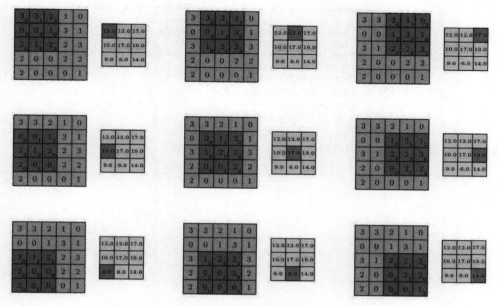

图 5-2　稀疏矩阵

在传统的神经网络中，每个权重只对其连接的输入输出起作用，当其连接的输入输出元素结束后就不会再用到。而参数共享指的是在卷积神经网络中核的每个元素都被用在输入的每个位置上，在过程中只需学习一个参数集合，就能把这个参数应用到所有的图片元素中。

```python
import numpy as np
dateMat = np.ones((7,7))
kernel = np.array([[2,1,1],[3,0,1],[1,1,0]])

def convolve(dateMat,kernel):
    m,n = dateMat.shape
    km,kn = kernel.shape
    newMat = np.ones(((m - km + 1),(n - kn + 1)))
    tempMat = np.ones(((km),(kn)))
    for row in range(m - km + 1):
        for col in range(n - kn + 1):
            for m_k in range(km):
                for n_k in range(kn):
                    tempMat[m_k,n_k] = dateMat[(row + m_k),(col + n_k)] * kernel[m_k,n_k]
            newMat[row,col] = np.sum(tempMat)
    return newMat
```

上面由Python基础运算包实现了卷积操作，这里卷积核从左到右、从上到下进行卷积计算，最后返回新的矩阵。

5.1.2　PyTorch 中的卷积函数实现详解

前面通过Python实现了卷积的计算，PyTorch为了框架计算的迅捷，同样使用了专门的高级API函数Conv2d(Conv)作为卷积计算函数，如图5-3所示。

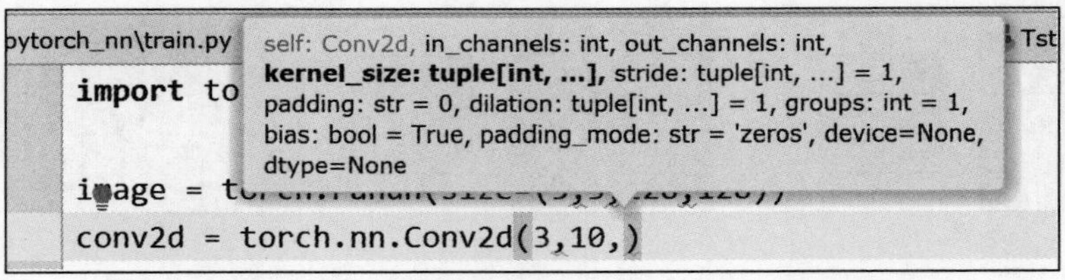

```
pytorch_nn\train.py    self: Conv2d, in_channels: int, out_channels: int,    Tst
                       kernel_size: tuple[int, ...], stride: tuple[int, ...] = 1,
       import to       padding: str = 0, dilation: tuple[int, ...] = 1, groups: int = 1,
                       bias: bool = True, padding_mode: str = 'zeros', device=None,
                       dtype=None
       image = torch.randn(size=(5,3,128,128))
       conv2d = torch.nn.Conv2d(3,10,)
```

图 5-3 高级 API 函数 Conv2d(Conv)

这个函数是搭建卷积神经网络的核心函数之一,其说明如下:

```
class Conv2d(_ConvNd):
    ...
    def __init__(
      self, in_channels: int, out_channels: int, kernel_size: _size_2_t, stride: _size_2_t = 1,
      padding: Union[str, _size_2_t] = 0,dilation: _size_2_t = 1,groups: int = 1, bias: bool = True,
      padding_mode: str = 'zeros',  # TODO: refine this type
      device=None,
      dtype=None
    ) -> None:
```

Conv2d是PyTorch的卷积层自带的函数,其最重要的5个参数如下。

- in_channels:输入的卷积核数目。
- out_channels:输出的卷积核数目。
- kernel_size:卷积核大小,它要求是一个输入向量,具有[filter_height, filter_width]这样的维度,具体含义是[卷积核的高度,卷积核的宽度],要求类型与参数input相同。
- strides:步进大小,卷积时在图形计算时移动的步长,默认为1;如果参数是stride=(2, 1),2代表着高(h)进行步长为2,1代表着宽(w)进行步长为1。
- padding:补全方式,int类型的量,只能是1和0其中之一,这个值决定了不同的卷积方式。

使用卷积计算的示例代码如下:

```
import torch

image = torch.randn(size=(5,3,128,128))

#下面是定义的卷积层示例
"""
输入维度:3
输出维度:10
卷积核大小:基本写法是[3,3],这里简略写法3代表卷积核的长和宽大小一致
步长:2
补偿方式:维度不变补偿
"""
conv2d = torch.nn.Conv2d(3,10,kernel_size=3,stride=1,padding=1)
image_new = conv2d(image)
print(image_new.shape)
```

上面的代码段展示了一个使用TensorFlow高级API进行卷积计算的例子,在这里随机生成了5个[3,128,128]大小的矩阵,之后使用1个大小为[3,3]的卷积核对其进行计算,打印结果如下:

$$\text{torch.Size}([5, 10, 128, 128])$$

可以看到,这是计算后生成的新图形,其大小根据设置没有变化,这是由于我们所使用的padding补偿方式将其按原有大小进行补偿。具体来说,这是由于卷积在工作时边缘被处理消失,因此生成的结果小于原有的图像。

但是,若需要生成的卷积结果和原输入矩阵的大小一致,则需要将参数padding的值设为1,此时表示图像边缘将由一圈0补齐,使得卷积后的图像大小和输入大小一致,示意如下:

```
00000000000
0 xxxxxxxxx 0
0 xxxxxxxxx 0
0 xxxxxxxxx 0
00000000000
```

其中可以看到,这里x是图片的矩阵信息,而外面一圈是补齐的0,0在卷积处理时对最终结果没有任何影响。这里略微对其进行修改,更多的参数调整请读者自行调试查看。

下面我们修改一下卷积核stride,也就是步进的大小,代码如下:

```
import torch

image = torch.randn(size=(5,3,128,128))

conv2d = torch.nn.Conv2d(3,10,kernel_size=3,stride=2,padding=1)
image_new = conv2d(image)
print(image_new.shape)
```

我们使用同样大小的输入数据修正了卷积层的步进距离,最终结果如下:

$$\text{torch.Size}([5, 10, 64, 64])$$

下面我们对这个情况进行总结,经过卷积计算后,图像的大小变化可由如下公式进行确定:

$$N = (W - F + 2P) // S + 1$$

- 输入图片大小为 $W \times W$。
- Filter大小为 $F \times F$。
- 步长为 S。
- padding的像素数为 P,一般情况下 $P=1$ 或者0(参考PyTorch)。

此时,把上述数据代入公式可得(注意取模计算):

$$N = (128 - 3 + 2) // 2 + 1$$

需要注意的是,在这里是取模计算,因此 $127 // 2 = 63$。

5.1.3 池化运算

在通过卷积获得了特征(Feature)之后,下一步希望利用这些特征进行分类。理论上讲,人们可以用所有提取得到的特征来训练分类器,例如Softmax分类器推导,但这样做会面临计算量的挑战。因此,为了降低计算量,我们尝试利用神经网络的"参数共享"这一特性。

这意味着在一个图像区域有用的特征极有可能在另一个区域同样适用。因此,为了描述大的图像,一个很自然的想法就是对不同位置的特征进行聚合统计。

例如,特征提取可以计算图像在一个区域上的某个特定特征的平均值(或最大值),如图5-4所示。这些概要统计特征不仅具有低得多的维度(相比使用所有提取到的特征),同时还会改善结果(不容易过拟合)。这种聚合的操作就叫作池化(Pooling),有时也称为平均池化或者最大池化(取决于计算池化的方法)。

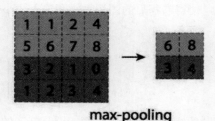

图 5-4　max-pooling 后的图片

如果选择图像中的连续范围作为池化区域,并且只是池化相同(重复)的隐藏单元产生的特征,那么这些池化单元就具有平移不变性(Translation Invariant)。这就意味着即使图像经历了一个小的平移,依然会产生相同的(池化的)特征。在很多任务(例如物体检测、声音识别)中,我们都更希望得到具有平移不变性的特征,因为即使图像经过了平移,样例(图像)的标记仍然保持不变。

PyTorch 2.0中池化运算的函数如下:

```
class AvgPool2d(_AvgPoolNd):
    ...
    def __init__(self, kernel_size: _size_2_t, stride: Optional[_size_2_t] = None, padding: _size_2_t = 0,ceil_mode: bool = False, count_include_pad: bool = True, divisor_override: Optional[int] = None) -> None:
```

重要的参数如下。

- kernel_size:池化窗口的大小,默认大小一般是[2, 2]。
- strides:和卷积类似,窗口在每个维度上滑动的步长,默认大小一般也是[2,2]。
- padding:和卷积类似,可以取1或者0,返回一个Tensor,类型不变,shape仍然是[batch, channel,height, width]这种形式。

池化的一个非常重要的作用就是能够帮助输入的数据表示近似不变性。对于平移不变性,指的是对输入的数据进行少量平移时,经过池化后的输出结果并不会发生改变。局部平移不变性是一个很有用的性质,尤其是当关心某个特征是否出现而不关心它出现的具体位置时。

例如,当判定一幅图像中是否包含人脸时,并不需要判定眼睛的位置,而是需要知道有一只眼睛出现在脸部的左侧,另一只出现在右侧就可以了。使用池化层的代码如下:

```
import torch
```

```
image = torch.randn(size=(5,3,28,28))

pool = torch.nn.AvgPool2d(kernel_size=3,stride=2,padding=0)
image_pooled = pool(image)
print(image_pooled.shape)
```

除此之外，PyTorch 2.0中还提供了一种新的池化层——全局池化层，使用方法如下：

```
import torch

image = torch.randn(size=(5,3,28,28))
image_pooled = torch.nn.AdaptiveAvgPool2d(1)(image)
print(image_pooled.shape)
```

AdaptiveAvgPool2d函数的作用是对输入的图形进行全局池化，也就是在每个channel上对图形整体进行归一化的池化计算，结果请读者自行打印验证。

5.1.4 Softmax 激活函数

Softmax函数在前面已经做过介绍，并且作者使用NumPy自定义实现了Softmax的功能和函数。Softmax是一个对概率进行计算的模型，因为在真实的计算模型系统中，对一个实物的判定并不是100%，而是只有一定的概率，并且在所有的结果标签上都可以求出一个概率。

$$f(x) = \sum_{i}^{j} w_{ij} x_j + b$$

$$\text{Softmax} = \frac{e^{x_i}}{\sum_{0}^{j} e^{x_j}}$$

$$y = \text{Softmax}(f(x)) = \text{Softmax}(w_{ij} x_j + b)$$

其中第一个公式是人为定义的训练模型，这里采用的是输入数据与权重的乘积和，并加上一个偏置b的方式。偏置b存在的意义是为了加上一定的噪声。

对于求出的$f(x) = \sum_{i}^{j} w_{ij} x_j + b$，Softmax的作用是将其转换成概率。换句话说，这里的Softmax可以被看作是一个激励函数，将计算的模型输出转换为在一定范围内的数值，并且在总体中这些数值的和为1，而每个单独的数据结果都有其特定的概率分布。

用更为正式的语言表述，那就是Softmax是模型函数定义的一种形式：把输入值当成幂指数求值，再正则化这些结果值。而这个幂运算表示，更大的概率计算结果对应更大的假设模型中的乘数权重值。反之，拥有更少的概率计算结果意味着在假设模型中拥有更小的乘数权重值。

假设模型中的权值不可以是0或者负值。Softmax会正则化这些权重值，使它们的总和等于1，以此构造一个有效的概率分布。

对于最终的公式$y = \text{softmax}(f(x)) = \text{softmax}(w_{ij} x_j + b)$来说，可以将其认为是如图5-5所示的形式。

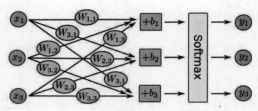

图 5-5　Softmax 计算形式

图5-5演示了Softmax的计算公式，这实际上就是输入的数据通过与权重乘积之后，对其进行Softmax计算得到的结果。将其用数学方法表示如图5-6所示。

图 5-6　Softmax 矩阵表示

将这个计算过程用矩阵的形式表示出来，即矩阵乘法和向量加法，这样有利于使用TensorFlow内置的数学公式进行计算，极大地提高了程序效率。

5.1.5　卷积神经网络的原理

前面介绍了卷积运算的基本原理和概念，从本质上来说，卷积神经网络就是将图像处理中的二维离散卷积运算和神经网络相结合。这种卷积运算可以用于自动提取特征，而卷积神经网络主要应用于二维图像的识别。下面将采用一个图示更加直观地介绍卷积神经网络的工作原理。

一个卷积神经网络如果包含一个输入层、一个卷积层和一个输出层，那么在真正使用的时候一般会使用多层卷积神经网络不断地提取特征，特征越抽象，越有利于识别（分类）。而且通常卷积神经网络包含池化层、全连接层，最后接输出层。

图5-7展示了一幅图片进行卷积神经网络处理的过程，主要包含以下4个步骤。

- 图像输入：获取输入的数据图像。
- 卷积：对图像特征进行提取。
- Pooling层：用于缩小在卷积时获取的图像特征。
- 全连接层：用于对图像进行分类。

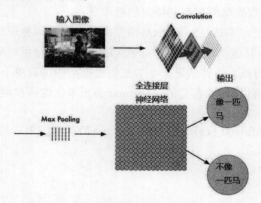

图 5-7　卷积神经网络处理图像的步骤

这几个步骤依次进行，分别具有不同的作用。经过卷积层的图像被卷积核心提取后，获得分块的、同样大小的图片，如图5-8所示。

图 5-8　卷积处理的分解图像

可以看到，经过卷积处理后的图像被分为若干个大小相同的、只具有局部特征的图片。图5-9表示对分解后的图片使用一个小型神经网络进行进一步的处理，即将二维矩阵转化成一维数组。

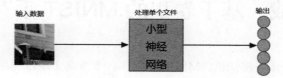

图 5-9　分解后图像的处理

需要说明的是，在这个步骤，也就是对图片进行卷积化处理时，卷积算法对所有分解后的局部特征进行同样的计算，这个步骤称为"权值共享"。这样做的依据如下：

- 对图像等数组数据来说，局部数组的值经常是高度相关的，可以形成容易被探测到的独特的局部特征。
- 图像和其他信号的局部统计特征与其位置是不太相关的，如果特征图能在图片的一个部分出现，那么也能出现在其他任何地方。所以不同位置的单元共享同样的权重，并在数组的不同部分探测相同的模式。

在数学上，这种由一个特征图执行的过滤操作是一个离散的卷积，卷积神经网络由此得名。

池化层的作用是对获取的图像特征进行缩减。从前面的例子中可以看到，使用[2,2]大小的矩阵来处理特征矩阵，使得原有的特征矩阵可以缩减到1/4大小，特征提取的池化效应如图5-10所示。

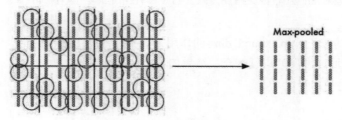

图 5-10　池化处理后的图像

经过池化处理后的矩阵作为下一层神经网络的输入，使用一个全连接层对输入的数据进行分类计算（见图5-11），从而计算出这个图像对应位置最大的概率类别。

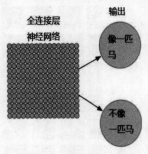

图 5-11 全连接层判断

采用较为通俗的语言概括，卷积神经网络是一个层级递增的结构，也可以将其认为是一个人在读报纸，首先一字一句地读取，之后整段地理解，最后获得全文的表述。卷积神经网络也是从边缘、结构和位置等一起感知物体的形状。

5.2 实战：基于卷积的 MNIST 手写体分类

前面我们实现了基于多层感知机的MNIST手写体，本章将实现以卷积神经网络完成的MNIST手写体识别。

5.2.1 数据的准备

在本例中，我们依旧使用MNIST数据集，对这个数据集的数据和标签介绍在前面的章节中已有较好的说明，相对于前面章节直接对数据进行"折叠"处理，这里需要显式地标注出数据的通道，代码如下：

```
import numpy as np
import einops.layers.torch as elt

#载入数据
x_train = np.load("../dataset/mnist/x_train.npy")
y_train_label = np.load("../dataset/mnist/y_train_label.npy")

x_train = np.expand_dims(x_train,axis=1)     #在指定维度上进行扩充
print(x_train.shape)
```

这里是对数据的修正，**np.expand_dims**的作用是在指定维度上进行扩充，在这里我们在第二维（也就是**PyTorch**的通道维度）进行扩充，结果如下：

```
(60000, 1, 28, 28)
```

5.2.2 模型的设计

本小节使用PyTorch 2.0框架对模型进行设计。在本例中,我们将使用卷积层对数据进行处理,完整的模型如下:

```
import torch
import torch.nn as nn
import numpy as np
import einops.layers.torch as elt

class MnistNetword(nn.Module):
    def __init__(self):
        super(MnistNetword, self).__init__()
        #前置的特征提取模块
        self.convs_stack = nn.Sequential(
            nn.Conv2d(1,12,kernel_size=7),     #第一个卷积层
            nn.ReLU(),
            nn.Conv2d(12,24,kernel_size=5),    #第二个卷积层
            nn.ReLU(),
            nn.Conv2d(24,6,kernel_size=3)      #第三个卷积层
        )
        #最终分类器层
        self.logits_layer = nn.Linear(in_features=1536,out_features=10)

    def forward(self,inputs):
        image = inputs
        x = self.convs_stack(image)

        #elt.Rearrange的作用是对输入数据维度进行调整,读者可以使用torch.nn.Flatten函数完成此工作
        x = elt.Rearrange("b c h w -> b (c h w)")(x)
        logits = self.logits_layer(x)
        return logits


model = MnistNetword()
torch.save(model,"model.pth")
```

在这里,我们首先设定了3个卷积层作为前置的特征提取层,最后一个全连接层作为分类器层。在这里需要注意的是,对于分类器的全连接层,输入维度需要手动计算,当然读者可以一步一步尝试打印特征提取层的结果,使用shape函数打印维度后计算。

最后对模型进行保存,这里可以调用前面章节中介绍的Netro软件对维度进行展示,结果如图5-12所示。

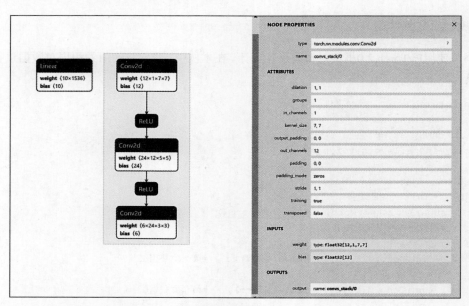

图 5-12 维度展示

在这里可以可视化地看到整体模型的结构与显示,这里对每个维度都进行了展示,感兴趣的读者可以自行查阅。

5.2.3 基于卷积的 MNIST 分类模型

下面进入示例部分,也就是MNIST手写体的分类。完整的训练代码如下:

```
import torch
import torch.nn as nn
import numpy as np
import einops.layers.torch as elt

#载入数据
x_train = np.load("../dataset/mnist/x_train.npy")
y_train_label = np.load("../dataset/mnist/y_train_label.npy")

x_train = np.expand_dims(x_train,axis=1)
print(x_train.shape)


class MnistNetword(nn.Module):
    def __init__(self):
        super(MnistNetword, self).__init__()
        self.convs_stack = nn.Sequential(
            nn.Conv2d(1,12,kernel_size=7),
            nn.ReLU(),
            nn.Conv2d(12,24,kernel_size=5),
            nn.ReLU(),
            nn.Conv2d(24,6,kernel_size=3)
        )
```

```python
            self.logits_layer = nn.Linear(in_features=1536,out_features=10)

    def forward(self,inputs):
        image = inputs
        x = self.convs_stack(image)
        x = elt.Rearrange("b c h w -> b (c h w)")(x)
        logits = self.logits_layer(x)
        return logits


device = "cuda" if torch.cuda.is_available() else "cpu"
#注意需要将model发送到GPU计算
model = MnistNetword().to(device)
model = torch.compile(model)
loss_fn = nn.CrossEntropyLoss()

optimizer = torch.optim.SGD(model.parameters(), lr=1e-4)

batch_size = 128
for epoch in range(42):
    train_num = len(x_train)//128
    train_loss = 0.
    for i in range(train_num):
        start = i * batch_size
        end = (i + 1) * batch_size

        x_batch = torch.tensor(x_train[start:end]).to(device)
        y_batch = torch.tensor(y_train_label[start:end]).to(device)

        pred = model(x_batch)
        loss = loss_fn(pred, y_batch)
        optimizer.zero_grad()
        loss.backward()
        optimizer.step()
        train_loss += loss.item()    # 记录每个批次的损失值

    # 计算并打印损失值
    train_loss /= train_num
    accuracy = (pred.argmax(1) == y_batch).type(torch.float32).sum().item() / batch_size
    print("epoch: ",epoch,"train_loss:",
round(train_loss,2),"accuracy:",round(accuracy,2))
```

在这里，我们使用了本章新定义的卷积神经网络模块进行局部特征抽取，而对于其他的损失函数和优化函数，使用了与前期一样的模式进行模型训练。最终结果如图5-13所示。

```
epoch: 0 train_loss: 2.3 accuracy: 0.15
epoch: 1 train_loss: 2.3 accuracy: 0.16
epoch: 2 train_loss: 2.29 accuracy: 0.24
epoch: 3 train_loss: 2.29 accuracy: 0.27
epoch: 4 train_loss: 2.29 accuracy: 0.34
epoch: 5 train_loss: 2.28 accuracy: 0.35
epoch: 6 train_loss: 2.28 accuracy: 0.37
epoch: 7 train_loss: 2.27 accuracy: 0.38
epoch: 8 train_loss: 2.26 accuracy: 0.41
epoch: 9 train_loss: 2.24 accuracy: 0.45
epoch: 10 train_loss: 2.23 accuracy: 0.48
```

图 5-13　最终结果

请读者自行尝试学习。

5.3　PyTorch 的深度可分离膨胀卷积详解

在本章开始就说明了，相对于多层感知机来说，卷积神经网络能够对输入特征局部进行计算，同时能够节省大量的待训练参数。基于此，本节将介绍更为深入的内容，即本章的进阶部分——深度可分离膨胀卷积。

需要说明的是，本例中深度可分离膨胀卷积可以按功能分为"深度""可分离""膨胀""卷积"。

在讲解下面的内容之前，首先回顾 PyTorch 2.0 中的卷积定义类：

```
class Conv2d(_ConvNd):
    ...
    def __init__(
        self, in_channels: int, out_channels: int, kernel_size: _size_2_t, stride: _size_2_t = 1,
        padding: Union[str, _size_2_t] = 0, dilation: _size_2_t = 1, groups: int = 1, bias: bool = True,
        padding_mode: str = 'zeros',  # TODO: refine this type
        device=None,
        dtype=None
    ) -> None:
```

前面讲解了卷积类中常用的输入输出维度（in_channels，out_channels）的定义，卷积核（kernel_size）以及步长（stride）大小的设置，而对于其他部分的参数定义却没有详细说明，本节将通过对深度可分离膨胀卷积的讲解更为细致地说明卷积类的定义与使用。

5.3.1　深度可分离卷积的定义

在普通的卷积中，可以将其分为两个步骤来计算：

（1）跨通道计算。

（2）平面内计算。

这是由于卷积的局部跨通道计算的性质所形成的，一个非常简单的思想是，能否使用另一种方法将这部分计算过程分开计算，从而获得参数上的数据量减少。

答案是可以的。深度可分离卷积总体如图5-14所示。

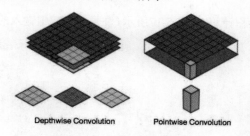

图5-14 深度可分离卷积

在进行深度卷积的时候，每个卷积核只关注单个通道的信息，而在分离卷积中，每个卷积核可以联合多个通道的信息。这在PyTorch 2.0中的具体实现如下：

```
#group=3是依据通道数设置的分离卷积数
Conv2d(in_channels=3, out_channels=3, kernel_size=3, groups=3)  #这是第一步完成跨通道计算
Conv2d(in_channels=4, out_channels=4, kernel_size=1)            #完成平面内计算
```

可以看到，此时我们在传统的卷积层定义上额外增加了groups=4的定义，这是根据通道数对卷积类的定义进行划分。下面通过一个具体的例子说明常规卷积与深度可分离卷积的区别。

常规卷积操作如图5-15所示。

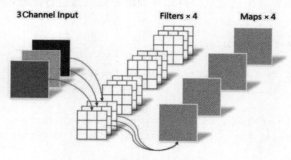

图5-15 常规卷积操作

假设输入层为一个大小为28×28像素、三通道的彩色图片。经过一个包含4个卷积核的卷积层，卷积核尺寸为3×3×3。最终会输出具有4个通道数据的特征向量，而尺寸大小由卷积的Padding方式决定。

在深度可分离卷积操作中，深度卷积操作有以下两个步骤。

（1）分离卷积的独立计算，如图5-16所示。

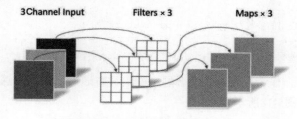

图5-16 分离卷积的独立计算

图5-16中深度卷积使用的是3个尺寸为3×3的卷积核,经过该操作之后,输出的特征图尺寸为28×28×3(padding=1)。

(2)堆积多个可分离卷积计算,如图5-17所示(注意图5-17中输入的是图5-16第一步的输出)。

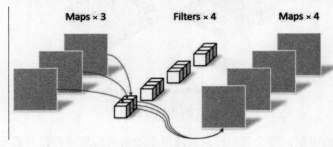

图 5-17 堆积多个可分离卷积计算

可以看到,图5-17中使用了4个独立的通道完成,经过此步骤后,由第一个步骤输入的特征图在4个独立的通道计算下,输出维度变为28×28×3。

5.3.2 深度的定义以及不同计算层待训练参数的比较

前面介绍了深度可分离卷积,并在一开始的时候就提到了深度可分离卷积可以减少待训练参数,那么事实是否如此呢?我们通过代码打印待训练参数数量进行比较,代码如下:

```
import torch
from torch.nn import Conv2d,Linear

linear = Linear(in_features=3*28*28, out_features=3*28*28)
linear_params = sum(p.numel() for p in linear.parameters() if p.requires_grad)

conv = Conv2d(in_channels=3, out_channels=3, kernel_size=3)
params = sum(p.numel() for p in conv.parameters() if p.requires_grad)

depth_conv = Conv2d(in_channels=3, out_channels=3, kernel_size=3, groups=3)
point_conv = Conv2d(in_channels=3, out_channels=3, kernel_size=1)

# 需要注意的是,这里是先进行depth,然后进行逐点卷积,从而两者结合,就得到了深度、可分离、卷积
depthwise_separable_conv = torch.nn.Sequential(depth_conv, point_conv)
params_depthwise = sum(p.numel() for p in depthwise_separable_conv.parameters() if p.requires_grad)

print(f"多层感知机使用的参数为 {params} parameters.")
print("----------------")
print(f"普通卷积层使用的参数为 {params} parameters.")
print("----------------")
print(f"深度可分离卷积使用的参数为 {params_depthwise} parameters.")
```

在上面的代码段中,作者依次准备了多层感知机、普通卷积层以及深度可分离卷积,对其输出待训练参数,结果如图5-18所示。

```
多层感知机使用的参数为 84 parameters.
-----------------
普通卷积层使用的参数为 84 parameters.
-----------------
深度可分离卷积使用的参数为 42 parameters.
```

图 5-18　待训练参数

可以很明显地看到,图5-18中对参数的输出随着采用不同的计算层,待训练参数也会随之变化,即使一个普通的深度可分离卷积层也能减少一半的参数使用量。

5.3.3　膨胀卷积详解

我们先回到PyTorch 2.0中对卷积的说明,此时读者应该了解了group参数的含义,这里还有一个不常用的参数dilation,这是决定卷积层在计算时的膨胀系数。dilation有点类似于stride,实际含义为:每个点之间有空隙的过滤器,即为dilation,如图5-19所示。

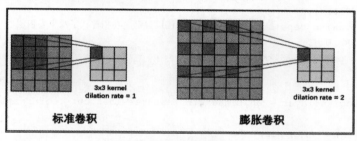

图 5-19　膨胀系数

简单地说,膨胀卷积通过在卷积核中增加空洞,可以增加单位面积中计算的大小,从而扩大模型的计算视野。

卷积核的膨胀系数(空洞的大小)每一层是不同的,一般可以取(1, 2, 4, 8, …),即前一层的两倍。注意膨胀卷积的上下文大小和层数是指数相关的,可以通过比较少的卷积层得到更大的计算面积。使用膨胀卷积的方法如下:

```
#注意这里dilation被设置为2
depth_conv = Conv2d(in_channels=3, out_channels=3, kernel_size=3, groups=3,dilation=2)
point_conv = Conv2d(in_channels=3, out_channels=3, kernel_size=1)

# 深度、可分离、膨胀卷积的定义
depthwise_separable_conv = torch.nn.Sequential(depth_conv, point_conv)
```

需要注意的是,在卷积层的定义中,只有dilation被设置成大于或等于2的整数时,才能实现膨胀卷积。

对于其参数大小的计算,读者可以自行完成。

5.3.4　实战:基于深度可分离膨胀卷积的MNIST手写体识别

下面进入实战部分,基于前期介绍的深度可分离膨胀卷积完成实战的MNIST手写体的识别。

首先是模型的定义,在这里我们预期使用自定义的卷积替代部分原生卷积完成模型的设计,代码如下:

```python
import torch
import torch.nn as nn
import numpy as np
import einops.layers.torch as elt

#下面是自定义的深度、可分离、膨胀卷积的定义
depth_conv = nn.Conv2d(in_channels=12, out_channels=12, kernel_size=3, groups=6,dilation=2)
point_conv = nn.Conv2d(in_channels=12, out_channels=24, kernel_size=1)
depthwise_separable_conv = torch.nn.Sequential(depth_conv, point_conv)

class MnistNetword(nn.Module):
    def __init__(self):
        super(MnistNetword, self).__init__()
        self.convs_stack = nn.Sequential(
            nn.Conv2d(1,12,kernel_size=7),
            nn.ReLU(),
            depthwise_separable_conv,      #使用自定义卷积替代了原生卷积层
            nn.ReLU(),
            nn.Conv2d(24,6,kernel_size=3)
        )

        self.logits_layer = nn.Linear(in_features=1536,out_features=10)

    def forward(self,inputs):
        image = inputs
        x = self.convs_stack(image)
        x = elt.Rearrange("b c h w -> b (c h w)")(x)
        logits = self.logits_layer(x)
        return logits
```

可以看到，我们在中层部分使用自定义的卷积层替代了部分原生卷积层。完整的训练代码如下：

```python
import torch
import torch.nn as nn
import numpy as np
import einops.layers.torch as elt

#载入数据
x_train = np.load("../dataset/mnist/x_train.npy")
y_train_label = np.load("../dataset/mnist/y_train_label.npy")

x_train = np.expand_dims(x_train,axis=1)
print(x_train.shape)

depth_conv = nn.Conv2d(in_channels=12, out_channels=12, kernel_size=3, groups=6,dilation=2)
point_conv = nn.Conv2d(in_channels=12, out_channels=24, kernel_size=1)
# 深度、可分离、膨胀卷积的定义
depthwise_separable_conv = torch.nn.Sequential(depth_conv, point_conv)
```

```python
class MnistNetword(nn.Module):
    def __init__(self):
        super(MnistNetword, self).__init__()
        self.convs_stack = nn.Sequential(
            nn.Conv2d(1,12,kernel_size=7),
            nn.ReLU(),
            depthwise_separable_conv,
            nn.ReLU(),
            nn.Conv2d(24,6,kernel_size=3)
        )

        self.logits_layer = nn.Linear(in_features=1536,out_features=10)

    def forward(self,inputs):
        image = inputs
        x = self.convs_stack(image)
        x = elt.Rearrange("b c h w -> b (c h w)")(x)
        logits = self.logits_layer(x)
        return logits


device = "cuda" if torch.cuda.is_available() else "cpu"
#注意需要将model发送到GPU计算
model = MnistNetword().to(device)
model = torch.compile(model)
loss_fn = nn.CrossEntropyLoss()

optimizer = torch.optim.SGD(model.parameters(), lr=1e-4)

batch_size = 128
for epoch in range(63):
    train_num = len(x_train)//128
    train_loss = 0.
    for i in range(train_num):
        start = i * batch_size
        end = (i + 1) * batch_size

        x_batch = torch.tensor(x_train[start:end]).to(device)
        y_batch = torch.tensor(y_train_label[start:end]).to(device)

        pred = model(x_batch)
        loss = loss_fn(pred, y_batch)

        optimizer.zero_grad()
        loss.backward()
        optimizer.step()

        train_loss += loss.item()   # 记录每个批次的损失值

    # 计算并打印损失值
```

```
        train_loss /= train_num
        accuracy = (pred.argmax(1) == y_batch).type(torch.float32).sum().item() / batch_size
        print("epoch: ",epoch,"train_loss:",
round(train_loss,2),"accuracy:",round(accuracy,2))
```

最终计算结果请读者自行完成。

5.4 本章小结

本章是PyTorch 2.0中一个非常重要的部分,也对后期常用的API进行了使用介绍,主要介绍了使用卷积对MNIST数据集进行识别。这是一个入门案例,但是包含的内容非常多,例如使用多种不同的层和类构建一个较为复杂的卷积神经网络。本章也向读者介绍了一些新的具有个性化设置的卷积层。

除此之外,本章通过演示自定义层的方法向读者说明了一个新的编程范式的使用,通过block的形式对模型进行组合,这在后期有一个专门的名称"残差卷积"。这是一种非常优雅的模型设计模式。

本章内容非常重要,希望读者认真学习。

第6章
可视化的 PyTorch 数据处理与模型展示

前面带领读者完成了基于PyTorch 2.0模型与训练方面的学习,相信读者已经可以较好地完成一定基础的深度学习应用项目。读者也可能感觉到在前期的学习中,更多的是对PyTorch 2.0模型本身的了解,而对其他部分介绍较少。特别是数据处理部分,一直使用NumPy计算包对数据进行处理,因此缺乏一个贴合PyTorch自身的数据处理器。

针对这个问题,PyTorch在2.0版本中为我们提供了专门的数据下载和数据处理包,集中在torch.utils.data这个工具包中,使用该包中的数据处理工具可以极大地提高开发效率及质量,帮助提高使用者在数据预处理,数据加载模块的边界与效率,如图6-1所示。

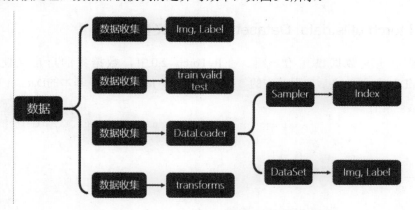

图 6-1　torch.utils.data 包中提供的数据处理工具箱

可以看到,图6-1展示的是基于PyTorch 2.0的数据处理工具箱总体框架,主要由以下3部分构成。

- Dataset:一个抽象类,其他数据需要继承这个类,并且覆写其中的两个方法__getitem__和__len__。
- DataLoader:定义一个新的迭代器,实现批量读取、打乱数据以及提供并行加速等功能。
- Sample:提供多种采样方法的函数。

下面我们将基于PyTorch 2.0的工具箱依次对其进行讲解。

6.1 用于自定义数据集的 torch.utils.data 工具箱使用详解

本章开头提到torch.utils.data工具箱中提供了3个类用于对数据进行处理和采样，但是Dataset在输出时每次只能输出一个样本，而DataLoader可以弥补这一缺陷，实现批量乱序输出样本，如图6-2所示。

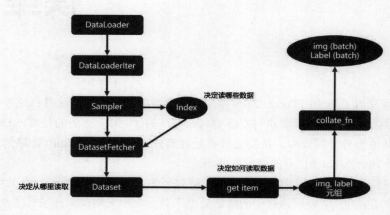

图 6-2 DataLoader

6.1.1 使用 torch.utils.data.Dataset 封装自定义数据集

本小节从自定义数据集开始介绍。在 PyTorch 2.0中，数据集的自定义使用需要继承torch.utils.data.Dataset类，之后实现其中的__getitem__、__len__方法。基本的Dataset类架构如下：

```
class Dataset():
    def __init__(self, transform=None):    #注意transform参数会在6.1.2节进行介绍
        super(Dataset, self).__init__()
    
    def __getitem__(self, index):
        pass
    
    def __len__(self):
        pass
```

可以很清楚地看到，Dataset除了基本的init函数外，还需要填充两个额外的函数：__getitem__与__len__。这是仿照Python中数据list的写法对其进行定义，其使用方法如下：

```
data = Customer(Dataset)[index]        #打印出index序号对应的数据
length = len(Customer(Dataset))        #打印出数据集总行数
```

下面以前面章节中一直使用的MNIST数据集为例进行介绍。

1. init的初始化方法

在对数据进行输出之前，首先将数据加载到Dataset这个类中，加载的方法直接按数据读取的方案使用NumPy进行载入。当然，读者也可以使用任何对数据读取的技术获取数据本身。在这里，所使用的数据读取代码如下：

```
def __init__(self, transform=None):        #注意transform参数会在6.1.2节进行介绍
    super(MNIST_Dataset, self).__init__()
    # 载入数据
    self.x_train = np.load("../dataset/mnist/x_train.npy")
    self.y_train_label = np.load("../dataset/mnist/y_train_label.npy")
```

2. __getitem__与__len__方法

首先是对数据的获取方式，__getitem__是Dataset父类中内置的数据迭代输出的方法。在这里，我们只需要显式地提供此方法的实现即可，代码如下：

```
def __getitem__(self, item):
    image = (self.x_train[item])
    label = (self.y_train_label[item])
    return image,label
```

而__len__方法用于获取数据的长度，在这里直接返回标签的长度即可，代码如下：

```
def __len__(self):
    return len(self.y_train_label)
```

完整的自定义MNIST_Dataset数据输出代码如下：

```
class MNIST_Dataset(torch.utils.data.Dataset):
    def __init__(self):
        super(MNIST_Dataset, self).__init__()
        # 载入数据
        self.x_train = np.load("../dataset/mnist/x_train.npy")
        self.y_train_label = np.load("../dataset/mnist/y_train_label.npy")

    def __getitem__(self, item):
        image = self.x_train[item]
        label = self.y_train_label[item]
        return image,label
    def __len__(self):
        return len(self.y_train_label)
```

读者可以将上面代码中定义的MNIST_Dataset类作为模板尝试更多的自定义数据集。

6.1.2　改变数据类型的 Dataset 类中的 transform 的使用

我们获取的输入数据对于PyTorch 2.0来说并不能够直接使用，因此最少需要一种转换的方法，将初始化载入的数据转化成我们所需要的样式。

1. 将自定义载入的参数转化为PyTorch 2.0专用的tensor类

这一步的编写方法很简单，我们只需要额外提供对于输入输出类的处理方法即可，代码如下：

```python
class ToTensor:
    def __call__(self, inputs, targets):    #可调用对象
        return torch.tensor(inputs), torch.tensor(targets)
```

这里我们所提供的ToTensor类的作用是对输入的数据进行调整。需要注意的是，这个类的输入输出数据结构和类型需要与自定义Dataset类中的def __getitem__()方法的数据结构和类型相一致。

2. 新的自定义的Dataset类

对于原本的自定义数据Dataset类的定义，需要对其做出修正，新的数据读取类的定义如下：

```python
class MNIST_Dataset(torch.utils.data.Dataset):
    def __init__(self,transform = None):    #在定义时需要定义transform的参数
        super(MNIST_Dataset, self).__init__()
        # 载入数据
        self.x_train = np.load("../dataset/mnist/x_train.npy")
        self.y_train_label = np.load("../dataset/mnist/y_train_label.npy")

        self.transform = transform          #需要显式地提供transform类

    def __getitem__(self, index):
        image = (self.x_train[index])
        label = (self.y_train_label[index])

        #通过判定transform类的存在对其进行调用
        if self.transform:
            image,label = self.transform(image,label)
        return image,label

    def __len__(self):
        return len(self.y_train_label)
```

在这里读者需要显式地在MNIST_Dataset类中提供transform的定义、具体使用位置和操作。因此，在这里特别注意，我们自己定义的transform类需要与getitem函数的输出结构相一致。

完整的带有transform的自定义MNIST_Dataset类使用如下：

```python
import numpy as np
import torch

class ToTensor:
    def __call__(self, inputs, targets):    #可调用对象
        return torch.tensor(inputs), torch.tensor(targets)


class MNIST_Dataset(torch.utils.data.Dataset):
    def __init__(self,transform = None):    #在定义时需要定义transform的参数
        super(MNIST_Dataset, self).__init__()
        # 载入数据
        self.x_train = np.load("../dataset/mnist/x_train.npy")
        self.y_train_label = np.load("../dataset/mnist/y_train_label.npy")

        self.transform = transform          #需要显式地提供transform类
```

```
    def __getitem__(self, index):
        image = (self.x_train[index])
        label = (self.y_train_label[index])

        #通过判定transform类的存在对其进行调用
        if self.transform:
            image,label = self.transform(image,label)
        return image,label

    def __len__(self):
        return len(self.y_train_label)

mnist_dataset = MNIST_Dataset()
image,label = (mnist_dataset[1024])
print(type(image), type(label))
print("--------------------------------")
mnist_dataset = MNIST_Dataset(transform=ToTensor())
image,label = (mnist_dataset[1024])
print(type(image), type(label))
```

在这里我们做了尝试，对同一个MNIST_Dataset类做了无传入和有transform传入的比较，最终结果如图6-3所示。

```
<class 'numpy.ndarray'> <class 'numpy.uint8'>
--------------------------------
<class 'torch.Tensor'> <class 'torch.Tensor'>
```

图6-3　无传入和有 transform 传入的比较

可以清楚地看到，对于传入后的数据，由于transform的存在，其数据结构有了很大的变化。

3. 修正数据输出的维度

在transform类中，我们还可以进行更为复杂的操作，例如对维度进行转换，代码如下：

```
class ToTensor:
    def __call__(self, inputs, targets):    #可调用对象
        inputs = np.reshape(inputs,[28*28])
        return torch.tensor(inputs), torch.tensor(targets)
```

可以看到，我们根据输入大小的维度进行折叠操作，从而为后续的模型输出提供合适的数据维度格式。此时，读者可以使用如下方法打印出新的输出数据维度，代码如下：

```
mnist_dataset = MNIST_Dataset(transform=ToTensor())
image,label = (mnist_dataset[1024])
print(type(image), type(label))
print(image.shape)
```

4. 依旧无法使用自定义的数据对模型进行训练

当读者学到此部分时，一定信心满满地想将刚学习到的内容应用到我们的深度学习训练中。但是遗憾的是，到目前为止，使用自定义数据集的模型还无法运行，这是由于PyTorch 2.0在效能方

面以及损失函数的计算方式上对此进行了限制。读者可以先运行程序并参考本小节结尾的提示，尝试解决这个问题，我们在6.1.3节也提供了一种PyTorch 2.0官方建议的解决方案。

```python
#注意下面这段代码无法正常使用，仅供演示
import numpy as np
import torch

#device = "cpu"            #PyTorch的特性，需要指定计算的硬件，如果没有GPU的存在，就使用CPU进行计算
device = "cuda"            #在这里默认使用GPU，如果出现运行问题，可以将其改成CPU模式

class ToTensor:
    def __call__(self, inputs, targets):    #可调用对象
        inputs = np.reshape(inputs,[1,-1])
        targets = np.reshape(targets, [1, -1])
        return torch.tensor(inputs), torch.tensor(targets)

#注意下面这段代码无法正常使用，仅供演示
class MNIST_Dataset(torch.utils.data.Dataset):
    def __init__(self,transform = None):     #在定义时需要定义transform的参数
        super(MNIST_Dataset, self).__init__()
        # 载入数据
        self.x_train = np.load("../dataset/mnist/x_train.npy")
        self.y_train_label = np.load("../dataset/mnist/y_train_label.npy")

        self.transform = transform           #需要显式地提供transform类

    def __getitem__(self, index):
        image = (self.x_train[index])
        label = (self.y_train_label[index])

        #通过判定transform类的存在对其进行调用
        if self.transform:
            image,label = self.transform(image,label)
        return image,label

    def __len__(self):
        return len(self.y_train_label)

#注意下面这段代码无法正常使用，仅供演示
mnist_dataset = MNIST_Dataset(transform=ToTensor())

import os
os.environ['CUDA_VISIBLE_DEVICES'] = '0' #指定GPU编码
import torch
import numpy as np

batch_size = 320                         #设定每次训练的批次数
epochs = 1024                            #设定训练次数
```

```python
#设定的多层感知机网络模型
class NeuralNetwork(torch.nn.Module):
    def __init__(self):
        super(NeuralNetwork, self).__init__()
        self.flatten = torch.nn.Flatten()
        self.linear_relu_stack = torch.nn.Sequential(
            torch.nn.Linear(28*28,312),
            torch.nn.ReLU(),
            torch.nn.Linear(312, 256),
            torch.nn.ReLU(),
            torch.nn.Linear(256, 10)
        )
    def forward(self, input):
        x = self.flatten(input)
        logits = self.linear_relu_stack(x)

        return logits

model = NeuralNetwork()
model = model.to(device)                    #将计算模型传入GPU硬件等待计算
torch.save(model, './model.pth')
model = torch.compile(model)                #PyTorch 2.0的特性,加速计算速度
loss_fu = torch.nn.CrossEntropyLoss()
optimizer = torch.optim.Adam(model.parameters(), lr=2e-5)    #设定优化函数

#注意下面这段代码无法正常使用,仅供演示
#开始计算
for epoch in range(20):
    train_loss = 0
    for sample in (mnist_dataset):
        image = sample[0];label = sample[1]
        train_image = image.to(device)
        train_label = label.to(device)

        pred = model(train_image)
        loss = loss_fu(pred,train_label)

        optimizer.zero_grad()
        loss.backward()
        optimizer.step()
        train_loss += loss.item()    # 记录每个批次的损失值

    # 计算并打印损失值
    train_loss /= len(mnist_dataset)
    print("epoch: ",epoch,"train_loss:", round(train_loss,2))
```

这段代码看起来没有问题,但是实际上在运行时会报错,这是由于数据在输出时是逐个输出的,模型在逐个数据计算损失函数时无法对其进行计算;同时,这样的计算方法会极大地限制 PyTorch 2.0 的计算性能。因此在此并不建议采用此方法直接对模型进行计算。

6.1.3 批量输出数据的 DataLoader 类详解

本小节讲解torch.utils.data工具箱中最后一个工具,即用于批量输出数据的DataLoader类。

首先需要说明的是,DataLoader可以解决使用Dataset自定义封装的数据时无法对数据进行批量化处理的问题,其用法非常简单,只需要将其包装在使用Dataset封装好的数据集外即可,代码如下:

```
...
mnist_dataset = MNIST_Dataset(transform=ToTensor())   #通过Dataset获取数据集
from torch.utils.data import DataLoader               #导入DataLoader
train_loader = DataLoader(mnist_dataset, batch_size=batch_size, shuffle=True) #包装已封装好的数据集
```

事实上使用起来就是这么简单,我们对DataLoader的使用,首先导入对应的包,然后用其包装封装好的数据即可。DataLoader的定义如下:

```
class DataLoader(object):
    __initialized = False
    def __init__(self, dataset, batch_size=1, shuffle=False, sampler=None,
    def __setattr__(self, attr, val):
    def __iter__(self):
    def __len__(self):
```

与前面我们实现Dataset的不同之处在于:

- 我们一般不需要自己实现DataLoader的方法,只需要在构造函数中指定相应的参数即可,比如常见的batch_size、shuffle等参数。所以使用DataLoader十分简洁方便,都是通过指定构造函数的参数来实现。
- DataLoader实际上是一个较为高层的封装类,它的功能都是通过更底层的_DataLoader来完成的,这里就不再展开讲解了。DataLoaderIter就是_DataLoaderIter的一个框架,用来传给_DataLoaderIter 一堆参数,并把自己装进DataLoaderIter中。

对于DataLoader的使用现在只介绍这么多。基于PyTorch 2.0数据处理工具箱对数据进行识别和训练的完整代码如下:

```
import numpy as np
import torch

#device = "cpu"     #PyTorch的特性,需要指定计算的硬件,如果没有GPU的存在,就使用CPU进行计算
device = "cuda"     #在这里默认使用GPU,如果出现运行问题,可以将其改成CPU模式

class ToTensor:
    def __call__(self, inputs, targets):      #可调用对象
        inputs = np.reshape(inputs,[28*28])
        return torch.tensor(inputs), torch.tensor(targets)

class MNIST_Dataset(torch.utils.data.Dataset):
    def __init__(self,transform = None):    #在定义时需要定义transform的参数
        super(MNIST_Dataset, self).__init__()
        # 载入数据
        self.x_train = np.load("../dataset/mnist/x_train.npy")
```

```python
        self.y_train_label = np.load("../dataset/mnist/y_train_label.npy")
        self.transform = transform              #需要显式地提供transform类
    
    def __getitem__(self, index):
        image = (self.x_train[index])
        label = (self.y_train_label[index])
        
        #通过判定transform类的存在对其进行调用
        if self.transform:
            image,label = self.transform(image,label)
        return image,label
    
    def __len__(self):
        return len(self.y_train_label)

import torch
import numpy as np

batch_size = 320                                #设定每次训练的批次数
epochs = 42                                     #设定训练次数

mnist_dataset = MNIST_Dataset(transform=ToTensor())
from torch.utils.data import DataLoader
train_loader = DataLoader(mnist_dataset, batch_size=batch_size)

#设定的多层感知机网络模型
class NeuralNetwork(torch.nn.Module):
    def __init__(self):
        super(NeuralNetwork, self).__init__()
        self.flatten = torch.nn.Flatten()
        self.linear_relu_stack = torch.nn.Sequential(
            torch.nn.Linear(28*28,312),
            torch.nn.ReLU(),
            torch.nn.Linear(312, 256),
            torch.nn.ReLU(),
            torch.nn.Linear(256, 10)
        )
    def forward(self, input):
        x = self.flatten(input)
        logits = self.linear_relu_stack(x)
        return logits

model = NeuralNetwork()
model = model.to(device)                        #将计算模型传入GPU硬件等待计算
torch.save(model, './model.pth')
model = torch.compile(model)                    #PyTorch 2.0的特性，加速计算速度
loss_fu = torch.nn.CrossEntropyLoss()
optimizer = torch.optim.Adam(model.parameters(), lr=2e-4)     #设定优化函数

#开始计算
```

```
for epoch in range(epochs):
    train_loss = 0
    for image,label in (train_loader):

        train_image = image.to(device)
        train_label = label.to(device)

        pred = model(train_image)
        loss = loss_fu(pred,train_label)

        optimizer.zero_grad()
        loss.backward()
        optimizer.step()
        train_loss += loss.item()   # 记录每个批次的损失值

    # 计算并打印损失值
    train_loss = train_loss/batch_size
    print("epoch: ", epoch, "train_loss:", round(train_loss, 2))
```

最终结果请读者自行打印完成。

6.2 实战：基于 tensorboardX 的训练可视化展示

6.1节带领读者完成了对于PyTorch 2.0中数据处理工具箱的使用，相信读者已经可以较好地对PyTorch 2.0的数据进行处理。本节对PyTorch 2.0进行数据可视化。

6.2.1 可视化组件 tensorboardX 的简介与安装

前面介绍了Netron的安装与使用，这是一种可视化PyTorch模型的方法，其优点是操作简单，可视性强。但是随之而来的是，Netron组件对模型的展示效果并不是非常准确，只能大致地展示出模型的组件与结构。

tensorboardX就是专门为PyTorch 2.0进行模型展示与训练可视化的组件，可以记录模型训练过程的数字、图像等内容，以方便研究人员观察神经网络训练过程。

可以使用以下代码安装tensorboardX：

```
pip install tensorboardX
```

注意，这部分操作一定要在Anaconda或者Miniconda终端中进行，基于pip的安装和后续操作都是这样。

6.2.2 tensorboardX 可视化组件的使用

tensorboardX最重要的作用之一是对模型的展示，读者可以遵循以下步骤获得模型的展示效果。

1. 存储模型的计算过程

首先使用tensorboardX模拟一次模型的运算过程，代码如下：

```
#创建模型
model = NeuralNetwork()

# 模拟输入数据
input_data = (torch.rand(5, 784))

from tensorboardX import SummaryWriter
writer = SummaryWriter()

with writer:
    writer.add_graph(model,(input_data,))
```

可以看到，首先载入已设计好的模型，之后模拟输入数据，在载入tensorboardX并建立读写类之后，将模型带参数的运算过程加载到运行图中。

2. 查看默认位置的run文件夹

运行第1步的代码后，程序会在当前平行目录下生成一个新的runs目录，这是存储和记录模型展示的文件夹，如图6-4所示。

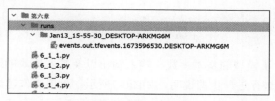

图 6-4 runs 目录

可以看到，该文件夹是以日期的形式生成新目录的。

3. 使用Anaconda或者Miniconda终端打开对应的目录

使用Anaconda或者Miniconda终端打开刚才生成的目录：

```
(base) C:\Users\xiaohua>cd C:\Users\xiaohua\Desktop\jupyter_book\src\第六章
```

此时需要注意的是，我们在这里打开的是runs文件夹的上一级目录，而不是runs文件夹本身。之后调用tensorboardX对模型进行展示，读者需要在刚才打开的文件夹中执行以下命令：

```
tensorboard --logdir runs
```

执行结果如图6-5所示。

图 6-5 执行结果

可以看到，此时程序在执行，并提供了一个HTTP地址。至此，使用tensorboardX展示模型的步骤第一阶段完成。

4. 使用浏览器打开模型展示页面

查看模型展示页面，在这里使用Windows自带的Edge浏览器，读者也可以尝试不同的浏览器，这里只需要在地址栏中输入http://localhost:6006即可进入tensorboardX的本地展示页面，如图6-6所示。

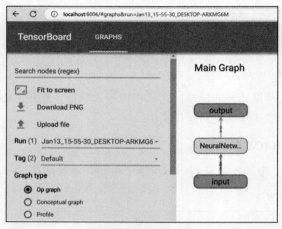

图6-6　模型展示页面

可以看到，这是记录了模型的基本参数、输入输出以及基本模块的展示，之后读者可以双击模型主题部分，展开模型进行进一步的说明，如图6-7所示。更多操作建议读者自行尝试。

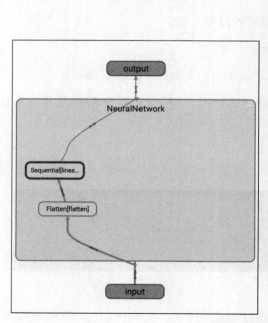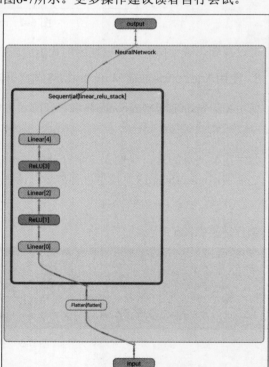

图6-7　模型的结构展示

6.2.3　tensorboardX 对模型训练过程的展示

模型结构的展示是很重要的内容，而有的读者还希望了解模型在训练过程中出现的一些问题和参数变化，tensorboardX同样提供了此功能，可以记录并展示模型在训练过程中损失值的变化，代码如下：

```python
from tensorboardX import SummaryWriter
writer = SummaryWriter()
#开始计算
for epoch in range(epochs):
    ...
    # 计算并打印损失值
    train_loss = train_loss/batch_size
    writer.add_scalars('evl', {'train_loss': train_loss}, epoch)
writer.close()
```

这里可以看到，使用tensorboardX对训练过程的参数记录非常简单，直接记录损失过程即可，而epoch作为横坐标标记也被记录。完整的代码如下（作者故意调整了损失函数学习率）：

```python
import torch
#device = "cpu"           #PyTorch的特性，需要指定计算的硬件，如果没有GPU的存在，就使用CPU进行计算
device = "cuda"           #在这里默认使用GPU，如果出现运行问题，可以将其改成CPU模式
class ToTensor:
    def __call__(self, inputs, targets):     #可调用对象
        inputs = np.reshape(inputs,[28*28])
        return torch.tensor(inputs), torch.tensor(targets)

class MNIST_Dataset(torch.utils.data.Dataset):
    def __init__(self,transform = None):     #在定义时需要定义transform的参数
        super(MNIST_Dataset, self).__init__()
        # 载入数据
        self.x_train = np.load("../dataset/mnist/x_train.npy")
        self.y_train_label = np.load("../dataset/mnist/y_train_label.npy")
        self.transform = transform           #需要显式地提供transform类
    def __getitem__(self, index):
        image = (self.x_train[index])
        label = (self.y_train_label[index])

        #通过判定transform类的存在对其进行调用
        if self.transform:
            image,label = self.transform(image,label)
        return image,label
    def __len__(self):
        return len(self.y_train_label)

import torch
import numpy as np
batch_size = 320                    #设定每次训练的批次数
epochs = 320                        #设定训练次数
mnist_dataset = MNIST_Dataset(transform=ToTensor())
from torch.utils.data import DataLoader
```

```python
train_loader = DataLoader(mnist_dataset, batch_size=batch_size)

#设定的多层感知机网络模型
class NeuralNetwork(torch.nn.Module):
    def __init__(self):
        super(NeuralNetwork, self).__init__()
        self.flatten = torch.nn.Flatten()
        self.linear_relu_stack = torch.nn.Sequential(
            torch.nn.Linear(28*28,312),
            torch.nn.ReLU(),
            torch.nn.Linear(312, 256),
            torch.nn.ReLU(),
            torch.nn.Linear(256, 10)
        )
    def forward(self, input):
        x = self.flatten(input)
        logits = self.linear_relu_stack(x)
        return logits

model = NeuralNetwork()
model = model.to(device)                    #将计算模型传入GPU硬件等待计算
model = torch.compile(model)                #PyTorch 2.0的特性,加速计算速度
loss_fu = torch.nn.CrossEntropyLoss()
optimizer = torch.optim.Adam(model.parameters(), lr=2e-5)    #设定优化函数
from tensorboardX import SummaryWriter
writer = SummaryWriter()
#开始计算
for epoch in range(epochs):
    train_loss = 0
    for image,label in (train_loader):

        train_image = image.to(device)
        train_label = label.to(device)

        pred = model(train_image)
        loss = loss_fu(pred,train_label)

        optimizer.zero_grad()
        loss.backward()
        optimizer.step()
        train_loss += loss.item()   # 记录每个批次的损失值

    # 计算并打印损失值
    train_loss = train_loss/batch_size
    print("epoch: ", epoch, "train_loss:", round(train_loss, 2))
    writer.add_scalars('evl', {'train_loss': train_loss}, epoch)
writer.close()
```

完成训练后,我们可以使用上一步的HTTP地址,此时单击TIME SERIES标签,对存储的模型变量进行验证,如图6-8所示。

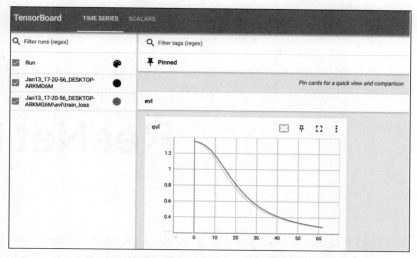

图 6-8 模型在训练过程中保存的损失值的变化

这里记录了模型在训练过程中保存的损失值的变化,更多的模型训练过程参数值的展示请读者自行尝试。

6.3 本章小结

本章主要讲解了PyTorch 2.0数据处理与模型训练可视化方面的内容。本章介绍了数据处理的步骤,读者可能会有这样的印象,即PyTorch 2.0中的数据处理是依据一个个"管套"进行的。事实上也是这样,PyTorch 2.0通过管套模型对数据进行一步一步地加工,如图6-9所示,这是一种常用的设计模型,请读者注意。

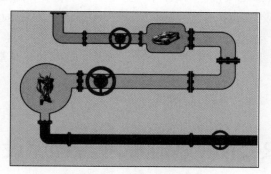

图 6-9 通过管套模型对数据进行加工

同时,本章还讲解了基于PyTorch 2.0原生的模型训练可视化组件tensorboardX的用法,除了对模型本身的展示外,tensorboardX更侧重对模型的训练过程的展示,记录了模型的损失值等信息,读者还可以进一步尝试加入对准确率的记录。

第7章
ResNet 实战

随着卷积网络模型的成功，更深、更宽、更复杂的网络似乎成为卷积神经网络搭建的主流。卷积神经网络能够用来提取所侦测对象的低、中、高特征，网络的层数越多，意味着能够提取到不同等级的特征越丰富。通过还原镜像发现，越深的网络提取的特征越抽象，越具有语义信息。

这也产生了一个非常大的疑问，是否可以单纯地通过增加神经网络模型的深度和宽度（增加更多的隐藏层和每个层中的神经元）来获得更好的结果？

答案是不可能。因为根据实验发现，随着卷积神经网络层数的加深，出现了另一个问题，即在训练集上，准确率难以达到100%正确，甚至产生了下降。

这似乎不能简单地解释为卷积神经网络的性能下降，因为卷积神经网络加深的基础理论就是越深越好。如果强行解释为产生了"过拟合"，似乎也不能够解释准确率下降的原因，因为如果产生了过拟合，那么在训练集上卷积神经网络应该表现得更好才对。

这个问题被称为"神经网络退化"。

神经网络退化问题的产生说明了卷积神经网络不能够被简单地使用堆积层数的方法进行优化。

2015年，152层深的ResNet（残差网络）横空出世，取得当年ImageNet竞赛冠军，相关论文在CVPR 2016斩获最佳论文奖。ResNet成为视觉乃至整个AI界的一个经典。ResNet使得训练深度达到数百甚至数千层的网络成为可能，而且性能仍然优越。

本章主要介绍ResNet及其变种。后面章节介绍的Attention模块也是基于ResNet模型的扩展，因此本章内容非常重要。

让我们站在巨人的肩膀上，从冠军开始！

7.1 ResNet 基础原理与程序设计基础

为了获取更好的准确率和辨识度，科研人员不断使用更深、更宽、更大的网络来挖掘对象的数据特征，但是随之而来的研究发现，过多的参数和层数并不能带来性能上的提升，反而由于网络层数的增加，训练过程会带来训练的不稳定性增加。因此，无论是科学界还是工业界都在探索和寻找一种新的神经网络结构模型。

ResNet的出现彻底改变了传统靠堆积卷积层所带来的固定思维，破天荒地提出了采用模块化的集合模式来替代整体的卷积层，通过一个个模块的堆叠来替代不断增加的卷积层。

对ResNet的研究和不断改进成为过去几年中计算机视觉和深度学习领域最具突破性的工作。由于其表征能力强，ResNet在图像分类任务以外的许多计算机视觉应用上都取得了巨大的性能提升，例如对象检测和人脸识别。

7.1.1 ResNet诞生的背景

卷积神经网络的实质就是无限拟合一个符合对应目标的函数。而根据泛逼近定理（Universal Approximation Theorem），如果给定足够的容量，一个单层的前馈网络就足以表示任何函数。但是，这个层可能非常大，而且网络数据容易过拟合。因此，学术界有一个共识，就是网络架构需要更深。

但是，研究发现只是简单地将层堆叠在一起，增加网络的深度并不会起太大的作用。这是由于难搞的梯度消失（Vanishing Gradient）问题，深层的网络很难训练。因为梯度反向传播到前一层，重复相乘可能使梯度无穷小。结果就是，随着网络层数的加深，其性能趋于饱和，甚至开始迅速下降，如图7-1所示。

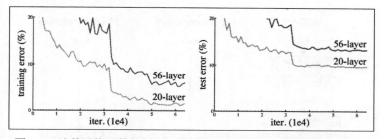

图7-1 随着网络层数的加深，其性能趋于饱和，甚至开始迅速下降

在ResNet之前，已经出现好几种处理梯度消失问题的方法，但是没有一种方法能够真正解决这个问题。何恺明等人于2015年发表的论文《用于图像识别的深度残差学习》（*Deep Residual Learning for Image Recognition*）中，认为堆叠的层不应该降低网络的性能，可以简单地在当前网络上堆叠映射层（不处理任何事情的层），并且所得到的架构性能不变。

$$f'(x) = \begin{cases} x \\ f(x) + x \end{cases}$$

即当f(x)为0时，f'(x)等于x，而当f(x)不为0，所获得的f'(x)性能要优于单纯地输入x。公式表明，较深的模型所产生的训练误差不应比较浅的模型的误差更高。假设让堆叠的层拟合一个残差映射（Residual Mapping）要比让它们直接拟合所需的底层映射更容易。

从图7-2可以看到，残差映射与传统的直接相连的卷积网络相比，最大的变化是加入了一个恒等映射层y=x层。其主要作用是使得网络随着深度的增加而不会产生权重衰减、梯度衰减或者消失这些问题。

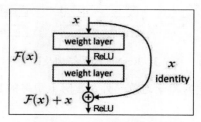

图7-2 残差框架模块

图7-2中，$F(x)$表示的是残差，$F(x)+x$是最终的映射输出，因此可以得到网络的最终输出为$H(x) = F(x) + x$。由于网络框架中有2个卷积层和2个ReLU函数，因此最终的输出结果可以表示为：

$$H_1(x) = \mathrm{ReLU}_1(w_1 \times x)$$
$$H_2(x) = \mathrm{ReLU}_2(w_2 \times h_1(x))$$
$$H(x) = H_2(x) + x$$

其中H_1是第一层的输出，而H_2是第二层的输出。这样在输入与输出有相同维度时，可以使用直接输入的形式将数据传递到框架的输出层。

ResNet整体结构图及与VGGNet的比较如图7-3所示。

图7-3展示了VGGNet19、一个34层的普通结构神经网络以及与一个34层的ResNet网络的对比图。通过验证可以知道，在使用了ResNet的结构后，可以发现层数不断加深导致的训练集上误差增大的现象被消除了，ResNet网络的训练误差会随着层数的增加而逐渐减小，并且在测试集上的表现也会变好。

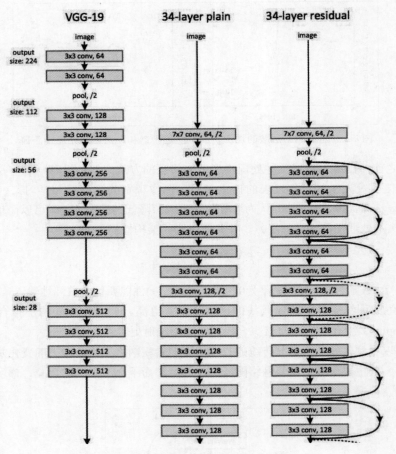

图 7-3　ResNet 模型结构及比较

但是，除了用以讲解的二层残差学习单元外，实际上更多的是使用[1,1]结构的三层残差学习单元，如图7-4所示。

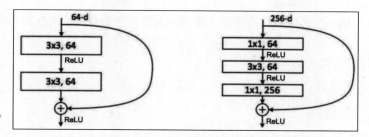

图 7-4 二层（左）和三层（右）残差单元的比较

这是借鉴了NIN模型的思想，在二层残差单元中包含一个[3,3]卷积层的基础上，还包含了两个[1,1]大小的卷积层，放在[3,3]卷积层的前后，执行先降维再升维的操作。

无论采用哪种连接方式，ResNet的核心是引入一个"身份捷径连接"（Identity Shortcut Connection），直接跳过一层或多层将输入层与输出层进行连接。实际上，ResNet并不是第一个利用身份捷径连接的方法，较早期有相关研究人员就在卷积神经网络中引入了"门控短路电路"，即参数化的门控系统允许特定信息通过网络通道，如图7-5所示。

但是并不是所有加入了Shortcut的卷积神经网络都会提高传输效果。在后续的研究中，有不少研究人员对残差块进行了改进，但是很遗憾并不能获得性能上的提高。

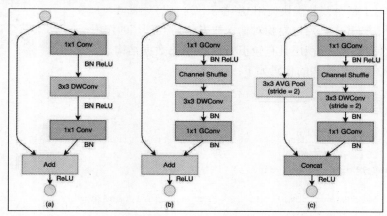

图 7-5 门控短路电路

7.1.2 PyTorch 2.0 中的模块工具

在正式讲解ResNet之前，我们先熟悉一下ResNet构建过程中所使用的PyTorch 2.0模块。

在构建自己的残差网络之前，需要准备好相关的程序设计工具。这里的工具是指那些已经设计好结构，可以直接使用的代码。最重要的是卷积核的创建方法。从模型上看，需要更改的内容很少，即卷积核的大小、输出通道数以及所定义的卷积层的名称，代码如下：

```
torch.nn.Conv2d
```

Conv2d这个PyTorch卷积模型在前面的学习中已经介绍过，后期我们还会学习其1d模式。

此外，还有一个非常重要的方法是获取数据的BatchNormalization，这是使用批量正则化对数据进行处理，代码如下：

```
torch.nn.BatchNorm2d
```

在这里，BatchNorm2d类生成时需要定义输出的最后一个维度，从而在初始化时生成一个特定的数据维度。

还有最大池化层，代码如下：

```
torch.nn.MaxPool2d
```

平均池化层，代码如下：

```
torch.nn.AvgPool2d
```

这些是在模型单元中需要使用的基本工具，这些工具的用法我们在后续的模型实现中会进行讲解，有了这些工具，就可以直接构建ResNet模型单元。

7.1.3 ResNet 残差模块的实现

ResNet网络结构已经在前文做了介绍，它突破性地使用模块化思维来对网络进行叠加，从而实现了数据在模块内部特征的传递不会产生丢失。

如图7-6所示，模块内部实际上是3个卷积通道相互叠加，形成了一种瓶颈设计。对于每个残差模块使用3层卷积。这3层分别是1×1、3×3和1×1的卷积层，其中1×1层卷积对输入数据起到"整形"的作用，通过修改通道数使得3×3卷积层具有较小的输入/输出数据结构。

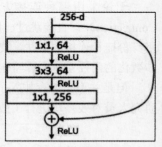

图 7-6　模块内部

实现的瓶颈3层卷积结构的代码如下：

```
torch.nn.Conv2d(input_dim,input_dim//4,kernel_size=1,padding=1)
torch.nn.ReLU(input_dim//4)

torch.nn.Conv2d(input_dim//4,input_dim//4,kernel_size=3,padding=1)
torch.nn.ReLU(input_dim//4)
torch.nn.BatchNorm2d(input_dim//4)

torch.nn.Conv2d(input_dim,input_dim,kernel_size=1,padding=1)
torch.nn.ReLU(input_dim)
```

代码中输入的数据首先经过Conv2d卷积层计算，输出的维度为1/4的输出维度，这是为了降低输入数据的整个数据量，为进行下一层的[3,3]计算打下基础。同时，因为PyTorch 2.0的关系，需要显式地加入ReLU和BatchNorm2d作为激活层和批处理层。

在数据传递的过程中，ResNet模块使用了名为shortcut的"信息高速公路"，Shortcut连接相当于简单执行了同等映射，不会产生额外的参数，也不会增加计算复杂度。而且，整个网络依旧可以通过端到端的反向传播训练。

正是因为有了Shortcut的出现，才使得信息可以在每个块BLOCK中进行传播，据此构成的ResNet BasicBlock代码如下：

```
import torch
import torch.nn as nn

class BasicBlock(nn.Module):
    expansion = 1
```

```python
    def __init__(self, in_channels, out_channels, stride=1):
        super().__init__()

        #residual function
        self.residual_function = nn.Sequential(
            nn.Conv2d(in_channels, out_channels, kernel_size=3, stride=stride, padding=1, bias=False),
            nn.BatchNorm2d(out_channels),
            nn.ReLU(inplace=True),
            nn.Conv2d(out_channels, out_channels * BasicBlock.expansion, kernel_size=3, padding=1, bias=False),
            nn.BatchNorm2d(out_channels * BasicBlock.expansion)
        )

        #shortcut
        self.shortcut = nn.Sequential()
        #判定输出的维度是否和输入相一致
        if stride != 1 or in_channels != BasicBlock.expansion * out_channels:
            self.shortcut = nn.Sequential(
                nn.Conv2d(in_channels, out_channels * BasicBlock.expansion, kernel_size=1, stride=stride, bias=False),
                nn.BatchNorm2d(out_channels * BasicBlock.expansion)
            )

    def forward(self, x):
        return nn.ReLU(inplace=True)(self.residual_function(x) + self.shortcut(x))
```

在这里实现的是经典的ResNet Block模型，除此之外，还有很多ResNet模块化的方式，如图7-7所示。

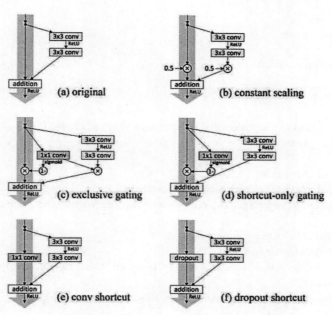

图 7-7 其他 ResNet 模块化的方式

有兴趣的读者可以尝试更多的模块结构。

7.1.4 ResNet 网络的实现

在介绍完ResNet模块的实现后，下面使用完成的ResNet Block模型实现完整的ResNet。ResNet的结构如图7-8所示。

layer name	output size	18-layer	34-layer	50-layer	101-layer	152-layer
conv1	112×112	7×7, 64, stride 2				
conv2_x	56×56	3×3 max pool, stride 2				
		$\begin{bmatrix}3\times3,64\\3\times3,64\end{bmatrix}\times2$	$\begin{bmatrix}3\times3,64\\3\times3,64\end{bmatrix}\times3$	$\begin{bmatrix}1\times1,64\\3\times3,64\\1\times1,256\end{bmatrix}\times3$	$\begin{bmatrix}1\times1,64\\3\times3,64\\1\times1,256\end{bmatrix}\times3$	$\begin{bmatrix}1\times1,64\\3\times3,64\\1\times1,256\end{bmatrix}\times3$
conv3_x	28×28	$\begin{bmatrix}3\times3,128\\3\times3,128\end{bmatrix}\times2$	$\begin{bmatrix}3\times3,128\\3\times3,128\end{bmatrix}\times4$	$\begin{bmatrix}1\times1,128\\3\times3,128\\1\times1,512\end{bmatrix}\times4$	$\begin{bmatrix}1\times1,128\\3\times3,128\\1\times1,512\end{bmatrix}\times4$	$\begin{bmatrix}1\times1,128\\3\times3,128\\1\times1,512\end{bmatrix}\times8$
conv4_x	14×14	$\begin{bmatrix}3\times3,256\\3\times3,256\end{bmatrix}\times2$	$\begin{bmatrix}3\times3,256\\3\times3,256\end{bmatrix}\times6$	$\begin{bmatrix}1\times1,256\\3\times3,256\\1\times1,1024\end{bmatrix}\times6$	$\begin{bmatrix}1\times1,256\\3\times3,256\\1\times1,1024\end{bmatrix}\times23$	$\begin{bmatrix}1\times1,256\\3\times3,256\\1\times1,1024\end{bmatrix}\times36$
conv5_x	7×7	$\begin{bmatrix}3\times3,512\\3\times3,512\end{bmatrix}\times2$	$\begin{bmatrix}3\times3,512\\3\times3,512\end{bmatrix}\times3$	$\begin{bmatrix}1\times1,512\\3\times3,512\\1\times1,2048\end{bmatrix}\times3$	$\begin{bmatrix}1\times1,512\\3\times3,512\\1\times1,2048\end{bmatrix}\times3$	$\begin{bmatrix}1\times1,512\\3\times3,512\\1\times1,2048\end{bmatrix}\times3$
	1×1	average pool, 1000-d fc, softmax				
FLOPs		1.8×10^9	3.6×10^9	3.8×10^9	7.6×10^9	11.3×10^9

图 7-8 ResNet 的结构

图7-8一共给出了5种深度的ResNet，分别是18、34、50、101和152，其中所有的网络都分成5部分，分别是conv1、conv2_x、conv3_x、conv4_x和conv5_x。

说明：ResNet 完整的实现需要较高性能的显卡，因此我们对其做了修改，去掉了 Pooling 层，并降低了每次 filter 的数目和每层的层数，这一点请读者注意。

完整实现ResNet模型的结构如下：

```python
import torch
import torch.nn as nn

class BasicBlock(nn.Module):

    expansion = 1

    def __init__(self, in_channels, out_channels, stride=1):
        super().__init__()

        #residual function
        self.residual_function = nn.Sequential(
            nn.Conv2d(in_channels, out_channels, kernel_size=3, stride=stride, padding=1, bias=False),
            nn.BatchNorm2d(out_channels),
            nn.ReLU(inplace=True),
            nn.Conv2d(out_channels, out_channels * BasicBlock.expansion, kernel_size=3, padding=1, bias=False),
            nn.BatchNorm2d(out_channels * BasicBlock.expansion)
        )

        #shortcut
        self.shortcut = nn.Sequential()
```

```python
            #判定输出的维度是否和输入相一致
            if stride != 1 or in_channels != BasicBlock.expansion * out_channels:
                self.shortcut = nn.Sequential(
                    nn.Conv2d(in_channels, out_channels * BasicBlock.expansion, kernel_size=1, stride=stride, bias=False),
                    nn.BatchNorm2d(out_channels * BasicBlock.expansion)
                )

        def forward(self, x):
            return nn.ReLU(inplace=True)(self.residual_function(x) + self.shortcut(x))

    class ResNet(nn.Module):

        def __init__(self, block, num_block, num_classes=100):
            super().__init__()
            self.in_channels = 64
            self.conv1 = nn.Sequential(
                nn.Conv2d(3, 64, kernel_size=3, padding=1, bias=False),
                nn.BatchNorm2d(64),
                nn.ReLU(inplace=True))
            #在这里我们使用构造函数的形式，根据传入的模型结构进行构建，读者直接记住这种写法即可
            self.conv2_x = self._make_layer(block, 64, num_block[0], 1)
            self.conv3_x = self._make_layer(block, 128, num_block[1], 2)
            self.conv4_x = self._make_layer(block, 256, num_block[2], 2)
            self.conv5_x = self._make_layer(block, 512, num_block[3], 2)
            self.avg_pool = nn.AdaptiveAvgPool2d((1, 1))
            self.fc = nn.Linear(512 * block.expansion, num_classes)

        def _make_layer(self, block, out_channels, num_blocks, stride):

            strides = [stride] + [1] * (num_blocks - 1)
            layers = []
            for stride in strides:
                layers.append(block(self.in_channels, out_channels, stride))
                self.in_channels = out_channels * block.expansion

            return nn.Sequential(*layers)

        def forward(self, x):
            output = self.conv1(x)
            output = self.conv2_x(output)
            output = self.conv3_x(output)
            output = self.conv4_x(output)
            output = self.conv5_x(output)
            output = self.avg_pool(output)
    #首先使用view作为全局池化层，fc是最终的分类函数，为每层对应的类别进行分类计算
            output = output.view(output.size(0), -1)
            output = self.fc(output)

            return output
```

```python
#18层的ResNet
def resnet18():
    return ResNet(BasicBlock, [2, 2, 2, 2])

#34层的ResNet
def resnet34():
    return ResNet(BasicBlock, [3, 4, 6, 3])

if __name__ == '__main__':
    image = torch.randn(size=(5,3,224,224))
    resnet = ResNet(BasicBlock, [2, 2, 2, 2])

    img_out = resnet(image)
    print(img_out.shape)
```

在这里需要提醒的是，根据输入层数的不同，作者采用PyTorch 2.0中特有的构造方法对传入的块形式进行构建，使用view层作为全局池化层，之后的fc层对结果进行最终的分类。请读者注意，这里为了配合7.2节的CIFAR-10数据集分类，分类结果被设置成10种。

为了演示，在这里实现了18层和34层的ResNet模型的构建，更多的模型请读者自行完成。

7.2　ResNet 实战：CIFAR-10 数据集分类

本节将使用ResNet实现CIFAR-10数据集分类。

7.2.1　CIFAR-10 数据集简介

CIFAR-10数据集共有60000幅彩色图像，这些图像是32×32像素的，分为10个类，每类6000幅图。这里面有50000幅用于训练，构成了5个训练批，每一批10000幅图；另外10000幅图用于测试，单独构成一批。测试批的数据取自100类中的每一类，每一类随机取1000幅图。抽剩下的就随机排列组成训练批。注意，一个训练批中的各类图像的数量并不一定相同，总的来看，训练批每一类都有5000幅图，如图7-9所示。

图 7-9　CIFAR-10 数据集

读者自行搜索CIFAR-10数据集下载地址，进入下载页面后，选择下载方式，如图7-10所示。

Download

If you're going to use this dataset, please cite the tech report at the bottom of this page.

Version	Size	md5sum
CIFAR-10 python version	163 MB	c58f30108f718f92721af3b95e74349a
CIFAR-10 Matlab version	175 MB	70270af85842c9e89bb428ec9976c926
CIFAR-10 binary version (suitable for C programs)	162 MB	c32a1d4ab5d03f1284b67883e8d87530

图 7-10　下载方式

由于PyTorch 2.0采用Python语言编程，因此选择python version版本下载。下载之后解压缩，得到如图7-11所示的几个文件。

batches	2009/3/31 12:45	META 文件	1 KB
data_batch_1	2009/3/31 12:32	文件	30,309 KB
data_batch_2	2009/3/31 12:32	文件	30,308 KB
data_batch_3	2009/3/31 12:32	文件	30,309 KB
data_batch_4	2009/3/31 12:32	文件	30,309 KB
data_batch_5	2009/3/31 12:32	文件	30,309 KB
readme	2009/6/5 4:47	QQBrowser HTML ...	1 KB
test_batch	2009/3/31 12:32	文件	30,309 KB

图 7-11　得到的文件

data_batch_1 ~ data_batch_5 是划分好的训练数据，每个文件中包含10000幅图片，test_batch是测试集数据，也包含10000幅图片。

读取数据的代码如下：

```
import pickle
def load_file(filename):
    with open(filename, 'rb') as fo:
        data = pickle.load(fo, encoding='latin1')
    return data
```

首先定义读取数据的函数，这几个文件都是通过pickle产生的，所以在读取的时候也要用到这个包。返回的data是一个字典，先来看这个字典里面有哪些键。

```
data = load_file('data_batch_1')
print(data.keys())
```

输出结果如下：

```
dict_keys([ 'batch_label', 'labels', 'data', 'filenames' ])
```

具体说明如下：

- batch_label：对应的值是一个字符串，用来表明当前文件的一些基本信息。
- labels：对应的值是一个长度为10000的列表，每个数字取值范围为0~9，代表当前图片所属的类别。
- data：10000×3072的二维数组，每一行代表一幅图片的像素值。
- filenames：长度为10000的列表，里面每一项是代表图片文件名的字符串。

完整的数据读取函数如下。

```python
import pickle
import numpy as np
import os
def get_cifar10_train_data_and_label(root=""):
    def load_file(filename):
        with open(filename, 'rb') as fo:
            data = pickle.load(fo, encoding='latin1')
        return data

    data_batch_1 = load_file(os.path.join(root, 'data_batch_1'))
    data_batch_2 = load_file(os.path.join(root, 'data_batch_2'))
    data_batch_3 = load_file(os.path.join(root, 'data_batch_3'))
    data_batch_4 = load_file(os.path.join(root, 'data_batch_4'))
    data_batch_5 = load_file(os.path.join(root, 'data_batch_5'))
    dataset = []
    labelset = []
    for data in [data_batch_1, data_batch_2, data_batch_3, data_batch_4, data_batch_5]:
        img_data = (data["data"])
        img_label = (data["labels"])
        dataset.append(img_data)
        labelset.append(img_label)
    dataset = np.concatenate(dataset)
    labelset = np.concatenate(labelset)
    return dataset, labelset

def get_cifar10_test_data_and_label(root=""):
    def load_file(filename):
        with open(filename, 'rb') as fo:
            data = pickle.load(fo, encoding='latin1')
        return data
    data_batch_1 = load_file(os.path.join(root, 'test_batch'))
    dataset = []
    labelset = []
    for data in [data_batch_1]:
        img_data = (data["data"])
        img_label = (data["labels"])
        dataset.append(img_data)
        labelset.append(img_label)
    dataset = np.concatenate(dataset)
    labelset = np.concatenate(labelset)
    return dataset, labelset

def get_CIFAR10_dataset(root=""):
    train_dataset, label_dataset = get_cifar10_train_data_and_label(root=root)
    test_dataset, test_label_dataset = get_cifar10_train_data_and_label(root=root)
    return train_dataset, label_dataset, test_dataset, test_label_dataset

if __name__ == "__main__":
    train_dataset, label_dataset, test_dataset, test_label_dataset =
```

```
get_CIFAR10_dataset(root="../dataset/cifar-10-batches-py/")
    train_dataset = np.reshape(train_dataset,[len(train_dataset),3,32,32]).
astype(np.float32)/255.
    test_dataset = np.reshape(test_dataset,[len(test_dataset),3,32,32]).
astype(np.float32)/255.
    label_dataset = np.array(label_dataset)
    test_label_dataset = np.array(test_label_dataset)
```

其中的root参数是下载数据解压后的目录，os.join函数将其组合成数据文件的位置。最终返回训练文件、测试文件以及它们对应的label。由于我们提取出的文件数据格式为[-1,3072]，因此需要重新对数据维度进行调整，使之适用模型的输入。

7.2.2　基于 ResNet 的 CIFAR-10 数据集分类

前面章节中，我们对ResNet模型以及CIFAR-10数据集做了介绍，本小节将使用前面定义的ResNet模型进行分类任务。

在7.2.1节中已经介绍了CIFAR-10数据集的基本构成，并讲解了ResNet的基本模型结构，接下来直接导入对应的数据和模型即可。完整的模型训练如下：

```python
import torch
import resnet
import get_data
import numpy as np

train_dataset, label_dataset, test_dataset, test_label_dataset = 
get_data.get_CIFAR10_dataset(root="../dataset/cifar-10-batches-py/")

train_dataset = np.reshape(train_dataset,[len(train_dataset),3,32,32]).
astype(np.float32)/255.
test_dataset = np.reshape(test_dataset,[len(test_dataset),3,32,32]).
astype(np.float32)/255.
label_dataset = np.array(label_dataset)
test_label_dataset = np.array(test_label_dataset)

device = "cuda" if torch.cuda.is_available() else "cpu"
model = resnet.resnet18()                      #导入ResNet模型
model = model.to(device)                       #将计算模型传入GPU硬件等待计算
model = torch.compile(model)                   #PyTorch 2.0的特性，加速计算速度
optimizer = torch.optim.Adam(model.parameters(), lr=2e-5)   #设定优化函数
loss_fn = torch.nn.CrossEntropyLoss()

batch_size = 128
train_num = len(label_dataset)//batch_size
for epoch in range(63):

    train_loss = 0.
    for i in range(train_num):
        start = i * batch_size
        end = (i + 1) * batch_size
```

```python
        x_batch = torch.from_numpy(train_dataset[start:end]).to(device)
        y_batch = torch.from_numpy(label_dataset[start:end]).to(device)

        pred = model(x_batch)
        loss = loss_fn(pred, y_batch.long())

        optimizer.zero_grad()
        loss.backward()
        optimizer.step()

        train_loss += loss.item()  # 记录每个批次的损失值

    # 计算并打印损失值
    train_loss /= train_num
    accuracy = (pred.argmax(1) == y_batch).type(torch.float32).sum().item() / batch_size

    #2048可根据读者GPU显存大小调整
    test_num = 2048
    x_test = torch.from_numpy(test_dataset[:test_num]).to(device)
    y_test = torch.from_numpy(test_label_dataset[:test_num]).to(device)
    pred = model(x_test)
    test_accuracy = (pred.argmax(1) == y_test).type(torch.float32).sum().item() / test_num
    print("epoch: ",epoch,"train_loss:", round(train_loss,2),";accuracy:",round(accuracy,2),";test_accuracy:",round(test_accuracy,2))
```

在这里使用训练集数据对模型进行训练，之后使用测试集数据对其输出进行测试，训练结果如图7-12所示。

```
epoch:  0 train_loss: 1.83 ;accuracy: 0.6  ;test_accuracy: 0.56
epoch:  1 train_loss: 1.13 ;accuracy: 0.64 ;test_accuracy: 0.66
epoch:  2 train_loss: 0.82 ;accuracy: 0.76 ;test_accuracy: 0.79
epoch:  3 train_loss: 0.48 ;accuracy: 0.91 ;test_accuracy: 0.9
epoch:  4 train_loss: 0.21 ;accuracy: 0.99 ;test_accuracy: 0.95
epoch:  5 train_loss: 0.11 ;accuracy: 0.99 ;test_accuracy: 0.98
```

图7-12 训练结果

可以看到，经过5轮后，模型在训练集的准确率达到0.99，在测试集的准确率也达到0.98，这是一个较好的成绩，可以看到模型的性能达到较高水平。

其他层次的模型请读者自行尝试，根据读者自己不同的硬件设备，模型的参数和训练集的batch_size都需要作出调整，具体数值请根据需要对它们进行设置。

7.3 本章小结

本章是一个起点，让读者站在巨人的肩膀上，从冠军开始！

ResNet通过"直连"和"模块"的方法开创了一个AI时代，改变了人们仅依靠堆积神经网络层来获取更高性能的做法，在一定程度上解决了梯度消失和梯度爆炸的问题。这是一项跨时代的发明。

当简单的堆积神经网络层的做法失效的时候，人们开始采用模块化的思想设计网络，同时在不断"加宽"模块的内部通道。但是，当这些能够使用的方法被挖掘穷尽后，有没有新的方法能够进一步提升卷积神经网络的效果呢？

答案是有的。对于深度学习来说，除了对模型的精巧设计以外，还要对损失函数和优化函数进行修正，甚至随着对深度学习的研究，科研人员对深度学习有了进一步的了解，新的模型结构也被提出，这在后面的章节中也会讲解。

第8章 有趣的词嵌入

词嵌入（Word Embedding）是什么？为什么要词嵌入？在深入了解这个概念之前，先看几个例子：

- 在购买商品或者入住酒店后，会邀请顾客填写相关的评价表来表明对服务的满意程度。
- 使用几个词在搜索引擎上搜索一下。
- 有些博客网站会在博客下面标记一些相关的tag标签。

那么问题来了，这些是怎么做到的呢？

实际上这是文本处理后的应用，目的是用这些文本进行情绪分析、同义词聚类、文章分类和打标签。

读者在阅读文章或者评论服务的时候，可以准确地说出这个文章大致讲了什么、评论的倾向如何，但是计算机是怎么做到的呢？计算机可以匹配字符串，然后告诉你是否与所输入的字符串相同，但是我们怎么能让计算机在你搜索梅西的时候，告诉你有关足球或者皮耶罗的事情？

词嵌入由此诞生，它就是对文本的数字表示。通过其表示和计算可以使得计算机很容易得到如下公式：

$$梅西-阿根廷+巴西=内马尔$$

本章将着重介绍词嵌入的相关内容，首先通过多种计算词嵌入的方式循序渐进地讲解如何获取对应的词嵌入，然后使用词嵌入进行文本分类。

8.1 文本数据处理

无论是使用深度学习还是传统的自然语言处理方式，一个非常重要的内容就是将自然语言转换成计算机可以识别的特征向量。文本的预处理就是如此，通过文本分词、词向量训练、特征词抽取这3个主要步骤组建能够代表文本内容的矩阵向量。

8.1.1 Ag_news 数据集介绍和数据清洗

新闻分类数据集AG是由学术社区ComeToMyHead提供的，该数据集包括从2000多个不同的新闻来源搜集的超过100万篇新闻文章，用于研究分类、聚类、信息获取等非商业活动。在AG语料库的基础上，Xiang Zhang为了研究需要，从中提取了127600样本作为Ag_news数据集，其中抽出120000作为训练集，而7600作为测试集。分为以下4类：

- World
- Sports
- Business
- Sci/Tec

Ag_news数据集使用CSV文件格式存储，打开后内容如图8-1所示。

3	Wall St. Bears Claw Back Into the Black (Reuters)	Reuters - Short-sellers, Wall Street's dwindling\band of ultra-cynics, are seeing green again.
3	Carlyle Looks Toward Commercial Aerospace (Reuters)	Reuters - Private investment firm Carlyle Group,\which has a reputation for making well-timed and
3	Oil and Economy Cloud Stocks' Outlook (Reuters)	Reuters - Soaring crude prices plus worries\about the economy and the outlook for earnings are exp
3	Iraq Halts Oil Exports from Main Southern Pipeline (	Reuters - Authorities have halted oil export\flows from the main pipeline in southern Iraq after\i
3	Oil prices soar to all-time record, posing new menac	AFP - Tearaway world oil prices, toppling records and straining wallets, present a new economic me
3	Stocks End Up, But Near Year Lows (Reuters)	Reuters - Stocks ended slightly higher on Friday\but stayed near lows for the year as oil prices s
3	Money Funds Fell in Latest Week (AP)	AP - Assets of the nation's retail money market mutual funds fell by #36;1.17 billion in the late
3	Fed minutes show dissent over inflation (USATODAY.co	USATODAY.com - Retail sales bounced back a bit in July, and new claims for jobless benefits fell l
3	Safety Net (Forbes.com)	Forbes.com - After earning a PH.D. in Sociology, Danny Bazil Riley started to work as the general
3	Wall St. Bears Claw Back Into the Black	NEW YORK (Reuters) - Short-sellers, Wall Street's dwindling band of ultra-cynics, are seeing gre
3	Oil and Economy Cloud Stocks' Outlook	NEW YORK (Reuters) - Soaring crude prices plus worries about the economy and the outlook for ear
3	No Need for OPEC to Pump More-Iran Gov	TEHRAN (Reuters) - OPEC can do nothing to douse scorching oil prices when markets are already ov
3	Non-OPEC Nations Should Up Output-Purnomo	JAKARTA (Reuters) - Non-OPEC oil exporters should consider increasing output to cool record crud
3	Google IPO Auction Off to Rocky Start	WASHINGTON/NEW YORK (Reuters) - The auction for Google Inc.'s highly anticipated initial public
3	Dollar Falls Broadly on Record Trade Gap	NEW YORK (Reuters) - The dollar tumbled broadly on Friday after data showing a record U.S. trade
3	Rescuing an Old Saver	If you think you may need to help your elderly relatives with their finances, don't be shy about h
3	Kids Rule for Back-to-School	The purchasing power of kids is a big part of why the back-to-school season has become such a huge
3	In a Down Market, Head Toward Value Funds	There is little cause for celebration in the stock market these days, but investors in value-focus
3	US trade deficit swells in June	The US trade deficit has exploded 19 to a record \$55.8bn as oil costs drove imports higher, accor
3	Shell 'could be target for Total'	Oil giant Shell could be bracing itself for a takeover attempt, possibly from French rival Total,
3	Google IPO faces Playboy slip-up	The bidding gets underway for Google's public offering, despite last-minute worries over an interv
3	Eurozone economy keeps growing	Official figures show the 12-nation eurozone economy continues to grow, but there are warnings it
3	Expansion slows in Japan	Economic growth in Japan slows down as the country experiences a drop in domestic and corporate sp
3	Rand falls on shock SA rate cut	Interest rates are trimmed to 7.5 by the South African central bank, but the lack of warning hits
3	Car prices down across the board	The cost of buying both new and second hand cars fell sharply over the past five years, a new surv
3	South Korea lowers interest rates	South Korea's central bank cuts interest rates by a quarter percentage point to 3.5 in a bid to dr
3	Google auction begins on Friday	An auction of shares in Google, the web search engine which could be floated for as much as \$36bn

图 8-1　AG_news 数据集

第1列是新闻分类，第2列是新闻标题，第3列是新闻的正文部分，使用“,”和“.”作为断句的符号。

由于获取的数据集是由社区自动化存储和收集的，无可避免地存有大量的数据杂质：

```
    Reuters - Was absenteeism a little high\on Tuesday among the guys at the office? EA Sports would like\to think it was because "Madden NFL 2005" came out that day,\and some fans of the football simulation are rabid enough to\take a sick day to play it.
    Reuters - A group of technology companies\including Texas Instruments Inc. (TXN.N), STMicroelectronics\(STM.PA) and Broadcom Corp. (BRCM.O), on Thursday said they\will propose a new wireless networking standard up to 10 times\the speed of the current generation.
```

因此，第一步是对数据进行清洗，步骤如下。

1. 数据的读取与存储

数据集的存储格式为CSV，需要按列队数据进行读取，代码如下。

【程序8-1】

```
import csv
agnews_train = csv.reader(open("./dataset/train.csv","r"))
for line in agnews_train:
    print(line)
```

输出结果如图8-2所示。

```
['2', 'Sharapova wins in fine style', 'Maria Sharapova and Amelie Mauresmo opened their challenges at the WTA Champ:
['2', 'Leeds deny Sainsbury deal extension', 'Leeds chairman Gerald Krasner has laughed off suggestions that he has
['2', 'Rangers ride wave of optimism', 'IT IS doubtful whether Alex McLeish had much time eight weeks ago to dwell
['2', 'Washington-Bound Expos Hire Ticket Agency', 'WASHINGTON Nov 12, 2004 - The Expos cleared another logistical
['2', 'NHL #39;s losses not as bad as they say: Forbes mag', 'NEW YORK - Forbes magazine says the NHL #39;s financia
['1', 'Resistance Rages to Lift Pressure Off Fallujah', 'BAGHDAD, November 12 (IslamOnline.net   amp; News Agencies)
```

图 8-2 AG_news 数据集中的数据形式

读取的train中的每行数据内容被默认以逗号分隔、按列依次存储在序列不同的位置中。为了分类方便，可以使用不同的数组将数据按类别进行存储。当然，也可以根据需要使用Pandas，但是为了后续操作和运算速度，这里主要使用Python原生函数和NumPy进行计算。

【程序8-2】

```python
import csv
agnews_label = []
agnews_title = []
agnews_text = []
agnews_train = csv.reader(open("./dataset/train.csv","r"))
for line in agnews_train:
    agnews_label.append(line[0])
    agnews_title.append(line[1].lower())
    agnews_text.append(line[2].lower())
```

可以看到，不同的内容被存储在不同的数组中，并且为了统一执行，将所有的字母转换成小写以便于后续的计算。

2. 文本的清洗

文本中除了常用的标点符号外，还包含着大量的特殊字符，因此需要对文本进行清洗。

文本清洗的方法一般是使用正则表达式，可以匹配小写'a'~'z'、大写'A'~'Z'或者数字'0'~'9'之外的所有字符，并用空格代替，这个方法无须指定所有标点符号，代码如下：

```python
import re
text = re.sub(r"[^a-z0-9]"," ",text)
```

这里re是Python中对应正则表达式的Python包，字符串"^"的意义是求反，即只保留要求的字符，而替换不要求保留的字符。进一步分析可以知道，文本清洗中除了将不需要的符号使用空格替换外，还会产生一个问题，即空格数目过多或在文本的首尾有空格残留，同样会影响文本的读取，因此还需要对替换符号后的文本进行二次处理。

【程序8-3】

```python
import re
def text_clear(text):
    text = text.lower()                          #将文本转换成小写
    text = re.sub(r"[^a-z0-9]"," ",text)         #替换非标准字符，^求反操作
    text = re.sub(r" +", " ", text)              #替换多重空格
    text = text.strip()                          #取出首尾空格
    text = text.split(" ")                       #对句子按空格分隔
    return text
```

由于加载了新的数据清洗工具，因此在读取数据时可以使用自定义的函数将文本信息处理后

存储，代码如下：

【程序8-4】
```
import csv
import tools
import numpy as np
agnews_label = []
agnews_title = []
agnews_text = []
agnews_train = csv.reader(open("./dataset/train.csv","r"))
for line in agnews_train:
    agnews_label.append(np.float32(line[0]))
    agnews_title.append(tools.text_clear(line[1]))
    agnews_text.append(tools.text_clear(line[2]))
```

这里使用了额外的包和NumPy函数对数据进行处理，因此可以获得处理后较为干净的数据，如图8-3所示。

```
pilots union at united makes pension deal
quot us economy growth to slow down next year quot
microsoft moves against spyware with giant acquisition
aussies pile on runs
manning ready to face ravens 39 aggressive defense
gambhir dravid hit tons as india score 334 for two night lead
croatians vote in presidential elections mesic expected to win second term afp
nba wrap heat tame bobcats to extend winning streak
historic turkey eu deal welcomed
```

图 8-3　清理后的 AG_news 数据

8.1.2　停用词的使用

观察分好词的文本集，每组文本中除了能够表达含义的名词和动词外，还有大量没有意义的副词，例如is、are、the等。这些词的存在并不会给句子增加太多含义，反而由于频率非常高，会影响后续的词向量分析。因此，为了减少我们要处理的词汇量，降低后续程序的复杂度，需要清除停用词。清除停用词一般用的是NLTK工具包。安装代码如下：

```
conda install nltk
```

然后，只是安装NLTK并不能够使用停用词，还需要额外下载NLTK停用词包，建议读者通过控制端进入NLTK，之后运行如图8-4所示的代码，打开NLTK下载控制台。

```
Anaconda Prompt (5) - python
(base) C:\Users\wang_xiaohua>python
Python 3.6.5 |Anaconda, Inc.| (default, Mar 29 2018, 13:32:41) [MSC v.1900 64 bit (AMD64)] on win32
Type "help", "copyright", "credits" or "license" for more information.
>>> import nltk
>>> nltk.download()
showing info https://raw.githubusercontent.com/nltk/nltk_data/gh-pages/index.xml
```

图 8-4　安装 NLTK 并打开控制台

控制台如图8-5所示。

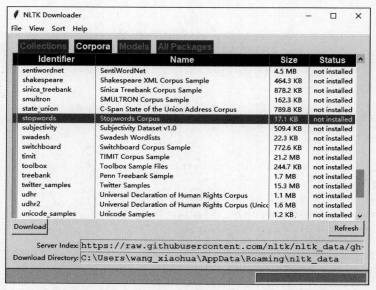

图 8-5 NLTK 控制台

在Corpora标签下选择stopwords，单击Download按钮下载数据。下载后验证方法如下：

```
stoplist = stopwords.words('english')
print(stoplist)
```

stoplist将停用词获取到一个数组列表中，打印结果如图8-6所示。

```
['i', 'me', 'my', 'myself', 'we', 'our', 'ours', 'ourselves', 'you', "you're", "you've", "you'll", "you'd", 'your', 'yours',
'yourself', 'yourselves', 'he', 'him', 'his', 'himself', 'she', "she's", 'her', 'hers', 'herself', 'it', "it's", 'its', 'itself', 'they',
'them', 'their', 'theirs', 'themselves', 'what', 'which', 'who', 'whom', 'this', 'that', "that'll", 'these', 'those', 'am',
'is', 'are', 'was', 'were', 'be', 'been', 'being', 'have', 'has', 'had', 'having', 'do', 'does', 'did', 'doing', 'a', 'an', 'the',
'and', 'but', 'if', 'or', 'because', 'as', 'until', 'while', 'of', 'at', 'by', 'for', 'with', 'about', 'against', 'between', 'into',
'through', 'during', 'before', 'after', 'above', 'below', 'to', 'from', 'up', 'down', 'in', 'out', 'on', 'off', 'over', 'under',
'again', 'further', 'then', 'once', 'here', 'there', 'when', 'where', 'why', 'how', 'all', 'any', 'both', 'each', 'few',
'more', 'most', 'other', 'some', 'such', 'no', 'nor', 'not', 'only', 'own', 'same', 'so', 'than', 'too', 'very', 's', 't', 'can',
'will', 'just', 'don', "don't", 'should', "should've", 'now', 'd', 'll', 'm', 'o', 're', 've', 'y', 'ain', 'aren', "aren't", 'couldn',
"couldn't", 'didn', "didn't", 'doesn', "doesn't", 'hadn', "hadn't", 'hasn', "hasn't", 'haven', "haven't", 'isn', "isn't",
'ma', 'mightn', "mightn't", 'mustn', "mustn't", 'needn', "needn't", 'shan', "shan't", 'shouldn', "shouldn't",
'wasn', "wasn't", 'weren', "weren't", 'won', "won't", 'wouldn', "wouldn't"]
```

图 8-6 停用词数据

下面将停用词数据加载到文本清洁器中，除此之外，由于英文文本的特殊性，单词会具有不同的变化和变形，例如后缀'ing'和'ed'丢弃、'ies'用'y'替换等。这样可能会变成不是完整词的词干，但是只要这个词的所有形式都还原成同一个词干即可。NLTK中对这部分词根还原的处理使用的函数如下：

```
PorterStemmer().stem(word)
```

整体代码如下：

```
def text_clear(text):
    text = text.lower()                              #将文本转化成小写
    text = re.sub(r"[^a-z0-9]"," ",text)             #替换非标准字符，^是求反操作
    text = re.sub(r" +", " ", text)                  #替换多重空格
    text = text.strip()                              #取出首尾空格
    text = text.split(" ")
```

```
    text = [word for word in text if word not in stoplist]    #去除停用词
    text = [PorterStemmer().stem(word) for word in text]      #还原词干部分
    text.append("eos")                                         #添加结束符
    text = ["bos"] + text                                      #添加开始符
    return text
```

这样生成的最终结果如图8-7所示。

```
['baghdad', 'reuters', 'daily', 'struggle', 'dodge', 'bullets', 'bombings', 'enough', 'many', 'iraqis', 'face', 'freezing'
['abuja', 'reuters', 'african', 'union', 'said', 'saturday', 'sudan', 'started', 'withdrawing', 'troops', 'darfur', 'ahead
['beirut', 'reuters', 'syria', 'intense', 'pressure', 'quit', 'lebanon', 'pulled', 'security', 'forces', 'three', 'key', '
['karachi', 'reuters', 'pakistani', 'president', 'pervez', 'musharraf', 'said', 'stay', 'army', 'chief', 'reneging', 'pled
['red', 'sox', 'general', 'manager', 'theo', 'epstein', 'acknowledged', 'edgar', 'renteria', 'luxury', '2005', 'red', 'sox
['miami', 'dolphins', 'put', 'courtship', 'lsu', 'coach', 'nick', 'saban', 'hold', 'comply', 'nfl', 'hiring', 'policy', 'i
```

图 8-7　生成的数据

可以看到，相对于未处理过的文本，获取的是相对干净的文本数据。下面对文本的清洁处理步骤做个总结。

- **Tokenization**：对句子进行拆分，以单个词或者字符的形式进行存储，文本清洁函数中的text.split函数执行的就是这个操作。
- **Normalization**：将词语正则化，lower函数和PorterStemmer函数做了此方面的工作，用于将数据转为小写和还原词干。
- **Rare Word Replacement**：对稀疏性较低的词进行替换，一般将词频小于5的替换成一个特殊的Token <UNK>。通常把Rare Word视为噪声，故此法可以降噪并减小字典的大小。
- **Add <BOS> <EOS>**：添加每个句子的开始和结束标识符。
- **Long Sentence Cut-Off or Short Sentence Padding**：对于过长的句子进行截取，对于过短的句子进行补全。

由于模型的需要，在处理的时候并没有完整地执行以上步骤。在不同的项目中，读者可以自行斟酌使用。

8.1.3　词向量训练模型 Word2Vec 使用介绍

Word2Vec是Google在2013年推出的一个NLP（Natural Language Processing，自然语言处理）工具，它的特点是将所有的词向量化，这样词与词之间就可以定量地度量它们之间的关系，挖掘词之间的联系。Word2Vec模型如图8-8所示。

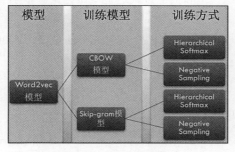

图 8-8　Word2Vec 模型

用词向量来表示词并不是Word2Vec的首创，在很久之前就出现了。最早的词向量是很冗长的，它使用词向量维度大小为整个词汇表的大小,对于每个具体的词汇表中的词,将对应的位置置为1。

例如5个词组成的词汇表,词"Queen"的序号为2,那么它的词向量就是(0,1,0,0,0)(0,1,0,0,0)。同样的道理,词"Woman"的词向量就是(0,0,0,1,0)(0,0,0,1,0)。这种词向量的编码方式一般叫作1-of-N Representation或者One-Hot。

One-Hot用来表示词向量非常简单,但是却有很多问题。最大的问题是词汇表一般都非常大,比如达到百万级别,这样每个词都用百万维的向量来表示基本是不可能的。而且这样的向量除了一个位置是1,其余的位置全部是0,表达的效率不高。将其使用在卷积神经网络中可以使得网络难以收敛。

Word2Vec是一种可以解决One-Hot的方法,它的思路是通过训练将每个词都映射到一个较短的词向量上来。所有的这些词向量就构成了向量空间,进而可以用普通的统计学方法来研究词与词之间的关系。

Word2Vec具体的训练方法主要有两部分:CBOW模型和Skip-Gram模型。

(1) CBOW模型:CBOW(Continuous Bag-Of-Word,连续词袋)模型是一个三层神经网络。如图8-9所示,该模型的特点是输入已知的上下文,输出对当前单词的预测。

(2) Skip-Gram模型:Skip-Gram模型与CBOW模型正好相反,由当前词预测上下文词,如图8-10所示。

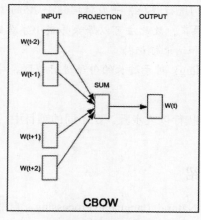

图 8-9　CBOW 模型

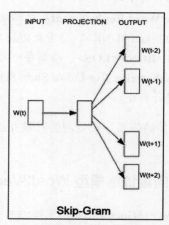

图 8-10　Skip-Gram 模型

Word2Vec更为细节的训练模型和训练方式这里不做讨论。本小节将主要介绍训练一个可以获得和使用的Word2Vec向量。

对于词向量的模型训练提出了很多方法,最为简单的是使用Python工具包中的Gensim包对数据进行训练。

1. 训练Word2Vec模型

对词模型进行训练的代码非常简单:

```
from gensim.models import word2vec                    #导入Gensim包
model = word2vec.Word2Vec(agnews_text,size=64, min_count = 0,window = 5)   #设置训练参数
model_name = "corpusWord2Vec.bin"                     #模型存储名
model.save(model_name)                                #将训练好的模型存储
```

首先在代码中导入Gensim包，之后使用Word2Vec函数根据设定的参数对Word2Vec模型进行训练。这里解释一下主要参数。Word2Vec函数的主要参数如下：

```
Word2Vec(sentences, workers=num_workers, size=num_features, min_count = min_word_count,
window = context, sample = downsampling,iter = 5)
```

其中，sentences是输入数据，worker是并行运行的线程数，size是词向量的维数，min_count是最小的词频，window是上下文窗口大小，sample是对频繁词汇下采样设置，iter是循环的次数。一般不是有特殊要求，按默认值设置即可。

save函数用于将生成的模型进行存储供后续使用。

2. Word2Vec模型的使用

模型的使用非常简单，代码如下：

```
text = "Prediction Unit Helps Forecast Wildfires"
text = tools.text_clear(text)
print(model[text].shape)
```

其中text是需要转换的文本，同样调用text_clear函数对文本进行清理。之后使用已训练好的模型对文本进行转换。转换后的文本内容如下：

```
['bos', 'predict', 'unit', 'help', 'forecast', 'wildfir', 'eos']
```

计算后的Word2Vec文本向量实际上是一个[7,64]大小的矩阵，部分如图8-11所示。

```
[[-2.30043262e-01   9.95051086e-01  -5.99774718e-01  -2.18779755e+00
  -2.42732501e+00   1.42853677e+00   4.19419765e-01   1.01147270e+00
   3.12305957e-01   9.40802813e-01  -1.26786101e+00   1.90110123e+00
  -1.00584543e+00   5.89528739e-01   6.55723274e-01  -1.54996490e+00
  -1.46146846e+00  -6.19645091e-03   1.97032082e+00   1.67241061e+00
   1.04563618e+00   3.28550845e-01   6.12566888e-01   1.49095607e+00
   7.72413433e-01  -8.21017563e-01  -1.71305871e+00   1.74249041e+00
   6.58117175e-01  -2.38789499e-01  -1.29177213e-01   1.35001493e+00
```

图 8-11　Word2Vec 文本向量

3. 对已有模型补充训练

模型训练完毕后，可以对其存储，但是随着要训练的文档的增加，Gensim同样提供了持续性训练模型的方法，代码如下：

```
from gensim.models import word2vec                                          #导入Gensim包
model = word2vec.Word2Vec.load('./corpusWord2Vec.bin')                      #载入存储的模型
model.train(agnews_title, epochs=model.epochs, total_examples=model.corpus_count) #
继续模型训练
```

可以看到，Word2Vec提供了加载存储模型的函数。之后train函数继续对模型进行训练，可以看到在最初的训练集中，agnews_text作为初始的训练文档，而agnews_title是后续训练部分，这样合在一起可以作为更多的训练文件进行训练。完整代码如下。

【程序8-5】

```
import csv
import tools
```

```python
import numpy as np
agnews_label = []
agnews_title = []
agnews_text = []
agnews_train = csv.reader(open("./dataset/train.csv","r"))
for line in agnews_train:
    agnews_label.append(np.float32(line[0]))
    agnews_title.append(tools.text_clear(line[1]))
    agnews_text.append(tools.text_clear(line[2]))

print("开始训练模型")
from gensim.models import word2vec
model = word2vec.Word2Vec(agnews_text,size=64, min_count = 0,window = 5,iter=128)
model_name = "corpusWord2Vec.bin"
model.save(model_name)
from gensim.models import word2vec
model = word2vec.Word2Vec.load('./corpusWord2Vec.bin')
model.train(agnews_title, epochs=model.epochs, total_examples=model.corpus_count)
```

模型的使用在前面已经做了介绍，请读者自行完成。

对于需要训练的数据集和需要测试的数据集，建议读者在使用的时候一起进行训练，这样才能够获得最好的语义标注。在现实工程中，对数据的训练往往都有着极大的训练样本，文本容量能够达到几十甚至上百吉字节（GB）的数据，因而不会产生词语缺失的问题，所以在实际工程中只需要在训练集上对文本进行训练即可。

8.1.4 文本主题的提取：基于TF-IDF

使用卷积神经网络对文本进行分类，文本主题的提取并不是必需的。

一般来说，文本的提取主要涉及以下几种：

- 基于TF-IDF的文本关键字提取。
- 基于TextRank的文本关键词提取。

当然，除此之外，还有很多模型和方法能够帮助进行文本抽取，特别是对于大文本内容。本书由于篇幅关系，对这方面的内容并不展开描写，有兴趣的读者可以参考相关教程。下面先介绍基于TF-IDF的文本关键字提取。

1. TF-IDF简介

目标文本经过文本清洗和停用词的去除后，一般认为剩下的都是有着目标含义的词。如果需要对其特征进行进一步的提取，那么提取的应该是那些能代表文章的元素，包括词、短语、句子、标点以及其他信息的词。从词的角度考虑，需要提取对文章表达贡献度大的词，如图8-12所示。

TF-IDF是一种用于资讯检索与咨询勘测的常用加权技术。TF-IDF是一种统计方法，用来衡量一个词对一个文件集的重要程度。字词的重要性与其在文件中出现的次数成正比，而与其在文件集中出现的次数成反比。该算法在数据挖掘、文本处理和信息检索等领域得到了广泛的应用，最为常见的应用是从文章中提取关键词。

$$w_{i,j} = tf_{i,j} \times \log(\frac{N}{df_i})$$

$tf_{i,j}$：文档 j 中含有字符 w 的词频数 i
N：语料库中文档的总数
df_i：字符 w 出现在多少个文档中

图 8-12 TF-IDF 简介

TF-IDF的主要思想是：如果某个词或短语在一篇文章中出现的频率TF高，并且在其他文章中很少出现，则认为此词或者短语具有很好的类别区分能力，适合用来进行分类。其中TF（Term Frequency）表示词条在文章（Document）中出现的频率。

$$词频（TF）= \frac{某个词在单个文本中出现的次数}{某个词在整个语料库中出现的次数}$$

IDF（Inverse Document Frequency）的主要思想是，如果包含某个词（Word）的文档越少，那么这个词的区分度就越大，也就是IDF越大。

$$逆文档频率（IDF）= \log(\frac{语料库的文本总数}{语料库中包含该词的文本数+1})$$

而TF-IDF的计算实际上就是TF×IDF。

$$TF-IDF = 词频 \times 逆文档频率 = TF \times IDF$$

2. TF-IDF的实现

首先计算IDF，代码如下：

```
import math
def idf(corpus):    # corpus为输入的全部语料文本库文件
    idfs = {}
    d = 0.0
    # 统计词出现的次数
    for doc in corpus:
        d += 1
        counted = []
        for word in doc:
            if not word in counted:
                counted.append(word)
                if word in idfs:
                    idfs[word] += 1
                else:
                    idfs[word] = 1
    # 计算每个词的逆文档值
    for word in idfs:
        idfs[word] = math.log(d/float(idfs[word]))
    return idfs
```

然后使用计算好的IDF计算每个文档的TF-IDF值：

```
idfs = idf(agnews_text)              #获取计算好的文本中每个词的IDF词频
for text in agnews_text:             #获取文档集中的每个文档
    word_tfidf = {}
    for word in text:                #依次获取每个文档中的每个词
        if word in word_tfidf:       #计算每个词的词频
            word_tfidf[word] += 1
        else:
            word_tfidf[word] = 1
    for word in word_tfidf:
        word_tfidf[word] *= idfs[word]    #计算每个词的TF-IDF值
```

计算TF-IDF的完整代码如下。

【程序8-6】

```
import math
def idf(corpus):
    idfs = {}
    d = 0.0
    # 统计词出现的次数
    for doc in corpus:
        d += 1
        counted = []
        for word in doc:
            if not word in counted:
                counted.append(word)
                if word in idfs:
                    idfs[word] += 1
                else:
                    idfs[word] = 1
    # 计算每个词的逆文档值
    for word in idfs:
        idfs[word] = math.log(d/float(idfs[word]))
    return idfs
idfs = idf(agnews_text)     #获取计算好的文本中每个词的IDF词频，agnews_text是经过处理后的语料库
文档，在8.1.1节中详细介绍过了
for text in agnews_text:              #获取文档集中的每个文档
    word_tfidf = {}
    for word in text:                 #依次获取每个文档中的每个词
        if word in word_idf:          #计算每个词的词频
            word_tfidf[word] += 1
        else:
            word_tfidf[word] = 1
    for word in word_tfidf:
        word_tfidf[word] *= idfs[word]         # word_tfidf为计算后的每个词的TF-IDF值

    values_list = sorted(word_tfidf.items(), key=lambda item: item[1], reverse=True)
#按value排序
    values_list = [value[0] for value in values_list]     #生成排序后的单个文档
```

3. 将重排的文档根据训练好的Word2Vec向量建立一个有限量的词矩阵

请读者自行完成。

4. 将TF-IDF单独定义一个类

将TF-IDF的计算函数单独整合到一个类中，这样方便后续使用，代码如下。

【程序8-7】

```python
class TFIDF_score:
    def __init__(self,corpus,model = None):
        self.corpus = corpus
        self.model = model
        self.idfs = self.__idf()

    def __idf(self):
        idfs = {}
        d = 0.0
        # 统计词出现的次数
        for doc in self.corpus:
            d += 1
            counted = []
            for word in doc:
                if not word in counted:
                    counted.append(word)
                    if word in idfs:
                        idfs[word] += 1
                    else:
                        idfs[word] = 1
        # 计算每个词的逆文档值
        for word in idfs:
            idfs[word] = math.log(d / float(idfs[word]))
        return idfs

    def __get_TFIDF_score(self, text):
        word_tfidf = {}
        for word in text:                    # 依次获取每个文档中的每个词
            if word in word_tfidf:           # 计算每个词的词频
                word_tfidf[word] += 1
            else:
                word_tfidf[word] = 1
        for word in word_tfidf:
            word_tfidf[word] *= self.idfs[word]   # 计算每个词的TF-IDF值
        values_list = sorted(word_tfidf.items(), key=lambda word_tfidf: word_tfidf[1], reverse=True)   #将TF-IDF数据按重要程度从大到小排序
        return values_list

    def get_TFIDF_result(self,text):
        values_list = self.__get_TFIDF_score(text)
        value_list = []
        for value in values_list:
```

```
            value_list.append(value[0])
        return (value_list)
```

使用方法如下:

```
tfidf = TFIDF_score(agnews_text)          #agnews_text为获取的数据集
for line in agnews_text:
value_list = tfidf.get_TFIDF_result(line)
print(value_list)
print(model[value_list])
```

其中agnews_text为从文档中获取的正文数据集,也可以使用标题或者文档进行处理。

8.1.5 文本主题的提取:基于TextRank

TextRank算法的核心思想来源于著名的网页排名算法PageRank,如图8-13所示。PageRank是Sergey Brin与Larry Page于1998年在WWW7会议上提出来的,用来解决链接分析中网页排名的问题。在衡量一个网页的排名时,可以根据感觉认为:

- 当一个网页被越多网页所链接时,其排名会越靠前。
- 排名高的网页应具有更大的表决权,即当一个网页被排名高的网页所链接时,其重要性也会对应提高。

TextRank算法与PageRank算法类似,其将文本拆分成最小组成单元,即词汇,作为网络节点,组成词汇网络图模型。TextRank在迭代计算词汇权重时与PageRank一样,理论上是需要计算边权的,但是为了简化计算,通常会默认使用相同的初始权重,并在分配相邻词汇权重时进行均分,如图8-14所示。

图 8-13　PageRank 算法

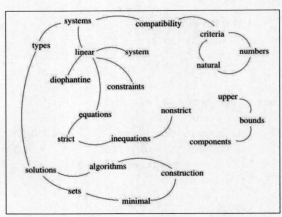

图 8-14　TextRank 算法

1. TextRank前置介绍

TextRank用于对文本关键词进行提取,步骤如下:

(1)把给定的文本T按照完整句子进行分割。
(2)对于每个句子,进行分词和词性标注处理,并过滤掉停用词,只保留指定词性的单词,如名词、动词、形容词等。

（3）构建候选关键词图 $G=(V,E)$，其中 V 为节点集，由每个词之间的相似度作为连接的边值。

（4）根据以下公式，迭代传播各节点的权重，直至收敛。

$$WS(V_i) = (1-d) + d \times \sum_{V_j \in \text{In}(V_i)} \frac{w_{ji}}{\sum_{V_k \in \text{Out}(V_j)} w_{jk}} WS(V_j)$$

对节点权重进行倒序排序，作为按重要程度排列的关键词。

2. TextRank类的实现

整体TextRank的实现如下。

【程序8-8】

```python
class TextRank_score:
    def __init__(self,agnews_text):
        self.agnews_text = agnews_text
        self.filter_list = self.__get_agnews_text()
        self.win = self.__get_win()
        self.agnews_text_dict = self.__get_TextRank_score_dict()

    def __get_agnews_text(self):
        sentence = []
        for text in self.agnews_text:
            for word in text:
                sentence.append(word)
        return sentence

    def __get_win(self):
        win = {}
        for i in range(len(self.filter_list)):
            if self.filter_list[i] not in win.keys():
                win[self.filter_list[i]] = set()
            if i - 5 < 0:
                lindex = 0
            else:
                lindex = i - 5
            for j in self.filter_list[lindex:i + 5]:
                win[self.filter_list[i]].add(j)
        return win
    def __get_TextRank_score_dict(self):
        time = 0
        score = {w: 1.0 for w in self.filter_list}
        while (time < 50):
            for k, v in self.win.items():
                s = score[k] / len(v)
                score[k] = 0
                for i in v:
                    score[i] += s
            time += 1
        agnews_text_dict = {}
        for key in score:
            agnews_text_dict[key] = score[key]
        return agnews_text_dict
```

```python
    def __get_TextRank_score(self, text):
        temp_dict = {}
        for word in text:
            if word in self.agnews_text_dict.keys():
                temp_dict[word] = (self.agnews_text_dict[word])
        values_list = sorted(temp_dict.items(), key=lambda word_tfidf: word_tfidf[1],
                        reverse=False)   # 将TextRank数据按重要程度从大到小排序
        return values_list
    def get_TextRank_result(self,text):
        temp_dict = {}
        for word in text:
            if word in self.agnews_text_dict.keys():
                temp_dict[word] = (self.agnews_text_dict[word])
        values_list = sorted(temp_dict.items(), key=lambda word_tfidf: word_tfidf[1],
reverse=False)
        value_list = []
        for value in values_list:
            value_list.append(value[0])
        return (value_list)
```

TextRank是另一种能够实现关键词抽取的方法。除此之外，还有基于相似度聚类以及其他方法。对于本书提供的数据集来说，对于文本的提取并不是必需的。本节为选学内容，有兴趣的读者可以自行学习。

8.2 更多的词嵌入方法——FastText和预训练词向量

在实际的模型计算过程中，Word2Vec一个最常用也是最重要的作用是将"词"转换成"词嵌入（Word Embedding）"。

对于普通的文本来说，供人类所了解和掌握的信息传递方式并不能简易地被计算机所理解，因此词嵌入是目前来说解决向计算机传递文字信息的最好的方式，如图8-15所示。

单词	长度为 3 的词向量		
我	0.3	-0.2	0.1
爱	-0.6	0.4	0.7
我	0.3	-0.2	0.1
的	0.5	-0.8	0.9
祖	-0.4	0.7	0.2
国	-0.9	0.3	-0.4

图8-15 词嵌入

随着研究人员对词嵌入的研究深入和计算机处理能力的提高，更多、更好的方法被提出，例如新的FastText和使用预训练的词嵌入模型来对数据进行处理。

本节延续8.1节，介绍FastText的训练和预训练词向量的使用方法。

8.2.1 FastText的原理与基础算法

相对于传统的Word2Vec计算方法，FastText是一种更为快速和新的计算词嵌入的方法，其优点主要有以下几个方面：

- FastText在保持高精度的情况下加快了训练速度和测试速度。
- FastText对词嵌入的训练更加精准。
- FastText采用两个重要的算法：N-Gram和Hierarchical Softmax。

1. N-Gram架构

相对于Word2Vec中采用的CBOW架构，FastText采用的是N-Gram架构，如图8-16所示。

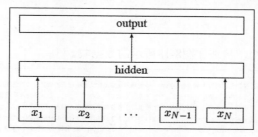

图8-16 N-Gram架构

其中，$x_1, x_2, \cdots, x_{N-1}, x_N$表示一个文本中的N-Gram向量，每个特征是词向量的平均值。这里顺便介绍一下N-Gram的意义。

常用的N-Gram架构有3种：1-Gram、2-Gram和3-Gram，分别对应一元、二元和三元。

以"我想去成都吃火锅"为例，对其进行分词处理，得到下面的数组：["我", "想", "去", "成", "都", "吃", "火", "锅"]。这就是1-Gram，分词的时候对应一个滑动窗口，窗口大小为1，所以每次只取一个值。

同理，假设使用2-Gram，就会得到["我想", "想去", "去成", "成都", "都吃", "吃火", "火锅"]。N-Gram模型认为词与词之间有关系的距离为N，如果超过N，则认为它们之间没有联系，所以就不会出现"我成""我去"这些词。

如果使用3-Gram，就是["我想去", "想去成", "去成都", …]。N理论上可以设置为任意值，但是一般设置成上面3个类型就足够了。

2. Hierarchical Softmax架构

当语料类别较多时，使用Hierarchical Softmax(hs)以减轻计算量。FastText中的Hierarchical Softmax利用Huffman树实现，将词向量作为叶子节点，之后根据词向量构建Huffman树，如图8-17所示。

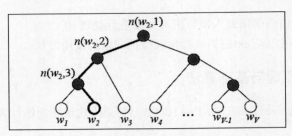

图 8-17　Hierarchical Softmax 架构

Hierarchical Softmax的算法较为复杂，这里就不过多阐述了，有兴趣的读者可以自行研究。

8.2.2　FastText 训练及其与 PyTorch 2.0 的协同使用

前面介绍了FastText架构和理论，本小节开始使用FastText。这里主要介绍中文部分的FastText处理。

1. 数据收集与分词

为了演示FastText的使用，构造如图8-18所示的数据集。

```
text = [
"卷积神经网络在图像处理领域获得了极大成功，其结合特征提取和目标训练为一体的模型能够最好的利用已有的信息对结果进行反馈训练。",
"对于文本识别的卷积神经网络来说，同样也是充分利用特征提取时提取的文本特征后计算文本特征权值大小的，归一化处理需要处理的数据。",
"这样使得原来的文本信息抽象成一个向量化的样本集，之后将样本集和训练好的模板输入卷积神经网络进行处理。",
"本节将在上一节的基础上使用卷积神经网络实现文本分类的问题，这里将采用两种主要基于字符的和基于word embedding形式的词卷积神经网络处理方法。",
"实际上无论是基于字符的还是基于word embedding形式的处理方式都是可以相互转换的，这里只介绍使用基本的使用模型和方法，更多的应用还需要读者自行挖掘和设计。"
]
```

图 8-18　演示数据集

text中是一系列的短句文本，以每个逗号为一句进行区分，一个简单的处理函数如下：

```
import jieba
jieba_cut_list = []
for line in text:
    jieba_cut = jieba.lcut(line)
    jieba_cut_list.append(jieba_cut)
print(jieba_cut)
```

打印结果如图8-19所示。

```
['卷积','神经网络','在','图像处理','领域','获得','了','极大','成功','，','其','结合','特征提取','和','目标','训练','为','一体','的','模型','能够','最好','的','利用','已有','的','信息','对','结果','进行','反馈','训练','。']
['对于','文本','识别','的','卷积','神经网络','来说','，','同样','也','是','充分利用','特征提取','时','提取','的','文本','特征','后','计算','文本','特征','权值','大小','的','，','归一化','处理','需要','处理','的','数据','。']
['这样','使得','原来','的','文本','信息','抽象','成','一个','向','量化','的','样本','集','，','之后','将','样本','集','和','训练','好','的','模板','输入','卷积','神经网络','进行','处理','。']
['本节','将','在','上','一节','的','基础','上','，','使用','卷积','神经网络','实现','文本','分类','的','问题','，','这里','将','采用','两种','主要','基于','字符','的','和','基于','word','','embedding','形式','的','词','卷积']
['实际上','无论是','基于','字符','的','还是','基于','word','','embedding','形式','的','处理','方式','都','是','可以','相互','转换','的','，','这里','只','介绍','使用','基本','的','使用','模型','和','方法','，','更','多']
```

图 8-19　打印结果

可以看到，其中每一行根据jieba分词模型进行分词处理，之后保存在每一行中的是已经被分过词的数据。

2. 使用Gensim中的FastText进行词嵌入计算

gensim.models中除了包含前文介绍过的Word2Vec函数外，还包含FastText的专用计算类，代码如下：

```
from gensim.models import FastText
model = FastText(min_count=5,vector_size=300,window=7,workers=10,
epochs=50,seed=17,sg=1,hs=1)
```

其中FastText的参数定义如下。

- sentences (iterable of iterables, optional)：供训练的句子，可以使用简单的列表，但是对于大语料库，建议直接从磁盘/网络流迭代传输句子。
- vector_size (int, optional)：词向量的维度。
- window (int, optional)：一个句子中当前单词和被预测单词的最大距离。
- min_count (int, optional)：忽略词频小于此值的单词。
- workers (int, optional)：训练模型时使用的线程数。
- sg ({0, 1}, optional)：模型的训练算法：1代表skip-gram；0代表CBOW。
- hs ({0, 1}, optional)：1采用Hierarchical Softmax训练模型；0采用负采样。
- epochs：模型迭代的次数。
- seed (int, optional)：随机数发生器种子。

在定义的FastText类中，依次设定了最低词频度、单词训练的最大距离、迭代数以及训练模型等。完整训练例子如下。

【程序8-9】

```
text = [
    "卷积神经网络在图像处理领域获得了极大成功，其结合特征提取和目标训练为一体的模型能够最好地利用已有的信息对结果进行反馈训练。",
    "对于文本识别的卷积神经网络来说，同样也是充分利用特征提取时提取的文本特征来计算文本特征权值大小的，归一化处理需要处理的数据。",
    "这样使得原来的文本信息抽象成一个向量化的样本集，之后将样本集和训练好的模板输入卷积神经网络进行处理。",
    "本节将在上一节的基础上使用卷积神经网络实现文本分类的问题，这里将采用两种主要基于字符的和基于word embedding形式的词卷积神经网络处理方法。",
    "实际上无论是基于字符的还是基于word embedding形式的处理方式都是可以相互转换的，这里只介绍使用基本的使用模型和方法，更多的应用还需要读者自行挖掘和设计。"
]

import jieba

jieba_cut_list = []
for line in text:
    jieba_cut = jieba.lcut(line)
    jieba_cut_list.append(jieba_cut)
    print(jieba_cut)

from gensim.models import FastText
model = FastText(min_count=5,vector_size=300,window=7,workers=10,epochs=50,seed=17,sg=1,hs=1)
model.build_vocab(jieba_cut_list)
model.train(jieba_cut_list, total_examples=model.corpus_count, epochs=model.epochs)  #这里使用作者给出的固定格式即可
```

```
model.save("./xiaohua_fasttext_model_jieba.model")
```

model中的build_vocab函数用于对数据建立词库，而train函数用于对model模型设定训练模式，这里使用作者给出的格式即可。

对于训练好的模型的存储，这里模型被存储在models文件夹中。

3. 使用训练好的FastText进行参数读取

使用训练好的FastText进行参数读取很方便，直接载入训练好的模型，之后将带测试的文本输入即可，代码如下：

```
from gensim.models import FastText
model = FastText.load("./xiaohua_fasttext_model_jieba.model")
embedding = model.wv["设计"]    #"设计"这个词在上面提供的代文本中出现，并经过jieba分词后得到模型的训练
print(embedding)
```

代码中，"设计"这个词在作者的提供的代文本中出现，并经过jieba分词后得到模型的训练。与训练过程不同的是，这里FastText使用自带的load函数将保存的模型载入，之后使用类似于传统的list方式将已训练过的值打印出来。打印结果如图8-20所示。

```
[-1.85652229e-03  1.06951549e-04 -1.29939604e-03 -2.34862976e-03
 -6.68820925e-04  1.26710674e-03 -1.97672029e-03 -1.04239455e-03
 -8.38022737e-04  6.35023462e-05  9.96836461e-04  1.45770342e-03
  7.53837754e-04  5.64315473e-04 -1.27105368e-03 -8.11854668e-04
  1.84631464e-03  7.92698353e-04  2.69438024e-05 -2.72928341e-03
  1.66522607e-03 -1.27705897e-03  7.12231966e-04  6.97845593e-04
 -2.03090278e-03  6.80215948e-04 -5.58388012e-04 -2.13399762e-05
 -1.41401729e-03 -3.24102934e-04  6.42388535e-04  1.45976734e-03
  3.52950243e-04  6.96734118e-04 -7.11251458e-04 -1.24862022e-03
```

图8-20 打印结果

注意：FastText 模型只能打印已训练过的词向量，而不能打印未经过训练的词。在上例中，模型输出的值是已经过训练的"设计"这个词。

打印输出值可维度如下：

```
print(embedding.shape)
```

具体读者可自行决定。

4. 继续已有的FastText模型进行词嵌入训练

有时需要在训练好的模型上继续进行词嵌入训练，可以利用已训练好的模型或者利用计算机碎片时间进行迭代训练。理论上，数据集内容越多，训练时间越长，则训练精度越高。

```
from gensim.models import FastText
model = FastText.load("./xiaohua_fasttext_model_jieba.model")
#embedding = model.wv["设计"]#"设计"这个词在上面提供的代文本中出现，并经过jieba分词后得到模型的训练
model.build_vocab(jieba_cut_list, update=True)
model.train(jieba_cut_list, total_examples=model.corpus_count, epochs=6)
```

```
model.min_count = 10
model.save("./xiaohua_fasttext_model_jieba.model")
```

在这里需要额外设置一些model的参数,读者仿照作者写的格式设置即可。

5. 提取FastText模型的训练结果作为预训练词嵌入数据(请读者一定注意位置对应关系)

训练好的FastText模型可以作为深度学习的预训练词嵌入输入模型中使用,相对于随机生成的向量,预训练的词嵌入数据带有部分位置和语义信息。

获取预训练好的词嵌入数据的代码如下:

```python
def get_embedding_model(Word2VecModel):
    vocab_list = [word for word in Word2VecModel.wv.key_to_index]  # 存储所有的词语

    word_index = {" ": 0}   # 初始化[word : token],后期 tokenize 语料库就是用该词典
    word_vector = {}        # 初始化[word : vector]字典

    # 初始化存储所有向量的大矩阵,留意其中多一位(首行),词向量全为 0,用于 padding补零
    # 行数为所有单词数+1,比如10000+1;列数为词向量维度,比如100
    embeddings_matrix = np.zeros((len(vocab_list) + 1, Word2VecModel.vector_size))

    # 填充上述的字典和大矩阵
    for i in range(len(vocab_list)):
        word = vocab_list[i]             # 每个词语
        word_index[word] = i + 1         # 词语:序号
        word_vector[word] = Word2VecModel.wv[word]         # 词语:词向量
        embeddings_matrix[i + 1] = Word2VecModel.wv[word]  # 词向量矩阵

    #这里的word_vector数据量较大时不好打印
    return word_index, word_vector, embeddings_matrix    #word_index和embeddings_matrix的作用在下文阐述
```

在示例代码中,首先通过迭代方法获取训练的词库列表,之后建立字典,使得词和序列号一一对应。

返回值是3个数值,分别word_index、word_vector和embeddings_matrix,这里word_index是词的序列,embeddings_matrix是生成的与词向量表所对应的embedding矩阵。在这里需要提示的是,实际上embedding可以根据传入的数据不同而对其位置进行修正,但是此修正必须伴随word_index一起改变位置。

使用输出的embeddings_matrix由以下函数完成:

```python
import torch
embedding = torch.nn.Embedding(num_embeddings= embeddings_matrix.shape[0],
embedding_dim=embeddings_matrix.shape[1])
embedding.weight.data.copy_(torch.tensor(embeddings_matrix))
```

在这里训练好的embeddings_matrix被作为参数传递给Embedding列表,读者只需要遵循这种写法即可。

有一个问题是PyTorch的Embedding中进行look_up查询时,传入的是每个字符的序号,因此需要一个编码器将字符编码为对应的序号。

```
# tokenizer对输入文本中每个单词或字符进行序列化操作，并返回由每个单词或字符所对应的索引
# 组成的索引列表。这个只能对单个字使用，无法处理词语切词的情形
def tokenizer(texts, word_index):
    token_indexes = []
    for sentence in texts:
        new_txt = []
        for word in sentence:
            try:
                new_txt.append(word_index[word])   # 把句子中的词语转换为index
            except:
                new_txt.append(0)
        token_indexes.append(new_txt)
    return token_indexes
```

tokenizer函数用作对单词的序列化，这里根据上文生成的word_index对每个词语进行编号。具体应用请读者参考前面的内容自行尝试。

8.2.3 使用其他预训练参数来生成 PyTorch 2.0 词嵌入矩阵（中文）

无论是使用Word2Vec还是FastText作为训练基础都是可以的。但是对于个人用户或者规模不大的公司机构来说，做一个庞大的预训练项目是一个费时费力的工程。

他山之石，可以攻玉。我们可以借助其他免费的训练好的词向量作为使用基础，如图8-21所示。

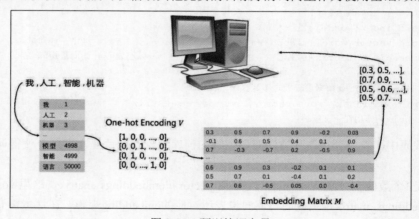

图 8-21　预训练词向量

在中文部分，较为常用且免费的词嵌入预训练数据为腾讯的词向量，地址如下：

https://ai.tencent.com/ailab/nlp/embedding.html

下载界面如图8-22所示。

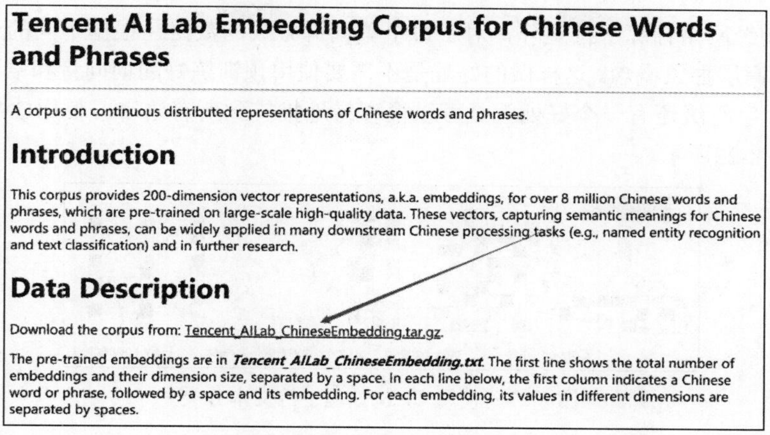

图 8-22　腾讯的词向量下载界面

可以使用以下代码载入预训练模型进行词矩阵的初始化：

```
from gensim.models.word2vec import KeyedVectors
wv_from_text = KeyedVectors.load_word2vec_format(file, binary=False)
```

接下来的步骤与8.2.2节相似，读者可以自行编写完成。

8.3　针对文本的卷积神经网络模型简介——字符卷积

卷积神经网络在图像处理领域获得了极大成功，其结合特征提取和目标训练为一体的模型能够最好地利用已有的信息对结果进行反馈训练。

对于文本识别的卷积神经网络来说，同样也是充分利用特征提取时提取的文本特征来计算文本特征权值大小的，归一化处理需要处理的数据。这样使得原来的文本信息抽象成一个向量化的样本集，之后将样本集和训练好的模板输入卷积神经网络进行处理。

本节将在上一节的基础上使用卷积神经网络实现文本分类的问题，这里将采用两种处理方法，分别是基于字符的处理方法和基于Word Embedding的处理方法。实际上，基于字符的和基于Word Embedding的处理方法是可以相互转换的，这里只介绍基本的模型和方法，更多的应用还需要读者自行挖掘和设计。

8.3.1　字符（非单词）文本的处理

本小节将介绍基于字符的CNN处理方法。基于单词的卷积处理内容将在下一节介绍，读者可以循序渐进地学习。

任何一个英文单词都是由字母构成的，因此可以简单地将英文单词拆分成字母的表示形式：

```
hello -> ["h","e","l","l","o"]
```

这样可以看到一个单词hello被人为地拆分成"h""e""l""l""o"这5个字母。而对于Hello的处理有两种方法，即采用One-Hot的方式和采用词嵌入（按单字符分割）的方式处理。这样的话，hello这个单词就被转换成一个[5,n]大小的矩阵，本例采用One-Hot的方式处理。

使用卷积神经网络计算字符矩阵,对于每个单词拆分成的数据,根据不同的长度对其进行卷积处理,提取出高层抽象概念。这样做的好处是不需要使用预训练好的词向量和语法句法结构等信息。除此之外,字符级还有一个好处就是可以很容易地推广到所有语言。使用CNN处理字符文本分类的原理如图8-23所示。

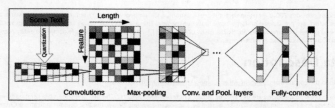

图 8-23 使用 CNN 处理字符文本分类

1. 标题文本的读取与转化

对于AG_news数据集来说,每个分类的文本条例既有对应的分类,又有标题和文本内容,对于文本内容的抽取,在8.1节的选学内容中介绍过了,这里采用直接使用标题文本的方法进行处理,如图8-24所示。

```
3 Money Funds Fell in Latest Week (AP)
3 Fed minutes show dissent over inflation (USATODAY.com)
3 Safety Net (Forbes.com)
3 Wall St. Bears Claw Back Into the Black
3 Oil and Economy Cloud Stocks' Outlook
3 No Need for OPEC to Pump More-Iran Gov
3 Non-OPEC Nations Should Up Output-Purnomo
3 Google IPO Auction Off to Rocky Start
3 Dollar Falls Broadly on Record Trade Gap
3 Rescuing an Old Saver
3 Kids Rule for Back-to-School
3 In a Down Market, Head Toward Value Funds
```

图 8-24 AG_news 标题文本

读取标题和label的程序请读者参考8.1节的内容自行完成。由于只是对文本标题进行处理,因此在进行数据清洗的时候不用处理停用词和进行词干还原,并且对于空格,由于是进行字符计算,因此不需要保留空格,直接将其删除即可。完整代码如下:

```
def text_clearTitle(text):
    text = text.lower()                         #将文本转换成小写
    text = re.sub(r"[^a-z]"," ",text)           #替换非标准字符,^是求反操作
    text = re.sub(r" +", " ", text)             #替换多重空格
    text = text.strip()                         #取出首尾空格
    text = text + " eos"                        #添加结束符,请注意,eos前面有一个空格
    return text
```

这样获取的结果如图8-25所示。

```
wal mart dec sales still seen up pct eos
sabotage stops iraq s north oil exports eos
corporate cost cutters miss out eos
murdoch will shell out mil for manhattan penthouse eos
au says sudan begins troop withdrawal from darfur reuters eos
insurgents attack iraq election offices reuters eos
syria redeploys some security forces in lebanon reuters eos
security scare closes british airport ap eos
iraqi judges start quizzing saddam aides ap eos
musharraf says won t quit as army chief reuters eos
```

图 8-25 AG_news 标题文本抽取结果

可以看到，不同的标题被整合成一系列可能对于人类来说没有任何意义的字符。

2. 文本的One-Hot处理

对生成的字符串进行One-Hot处理，处理的方式非常简单，首先建立一个26个字母的字符表：

```
alphabet_title = "abcdefghijklmnopqrstuvwxyz"
```

针对不同的字符获取字符表对应位置进行提取，根据提取的位置将对应的字符位置设置成1，其他为0，例如字符c在字符表中第3个，那么获取的字符矩阵为：

```
[0,0,1,0,0,0,0,0,0,0,0,0,0,0,0,0,0,0,0,0,0,0,0,0,0,0]
```

其他的类似，代码如下：

```
def get_one_hot(list):
values = np.array(list)
n_values = len(alphabet_title) + 1
return np.eye(n_values)[values]
```

这段代码的作用是将生成的字符序列转换成矩阵，如图8-26所示。

```
        [1,2,3,4,5,6,0]
               ↓
[[0. 1. 0. 0. 0. 0. 0. 0. 0. 0. 0. 0. 0. 0. 0. 0. 0. 0. 0. 0. 0. 0. 0.
  0. 0. 0.]
 [0. 0. 1. 0. 0. 0. 0. 0. 0. 0. 0. 0. 0. 0. 0. 0. 0. 0. 0. 0. 0. 0. 0.
  0. 0. 0.]
 [0. 0. 0. 1. 0. 0. 0. 0. 0. 0. 0. 0. 0. 0. 0. 0. 0. 0. 0. 0. 0. 0. 0.
  0. 0. 0.]
 [0. 0. 0. 0. 1. 0. 0. 0. 0. 0. 0. 0. 0. 0. 0. 0. 0. 0. 0. 0. 0. 0. 0.
  0. 0. 0.]
 [0. 0. 0. 0. 0. 1. 0. 0. 0. 0. 0. 0. 0. 0. 0. 0. 0. 0. 0. 0. 0. 0. 0.
  0. 0. 0.]
 [0. 0. 0. 0. 0. 0. 1. 0. 0. 0. 0. 0. 0. 0. 0. 0. 0. 0. 0. 0. 0. 0. 0.
  0. 0. 0.]
 [1. 0. 0. 0. 0. 0. 0. 0. 0. 0. 0. 0. 0. 0. 0. 0. 0. 0. 0. 0. 0. 0. 0.
  0. 0. 0.]]
```

图8-26 字符转换成矩阵示意图

然后将字符串按字符表中的顺序转换成数字序列，代码如下：

```
def get_char_list(string):
    alphabet_title = "abcdefghijklmnopqrstuvwxyz"
    char_list = []
    for char in string:
        num = alphabet_title.index(char)
        char_list.append(num)
    return char_list
```

这样生成的结果如下：

```
hello -> [7, 4, 11, 11, 14]
```

将代码整合在一起，最终结果如下：

```
def get_one_hot(list,alphabet_title = None):
    if alphabet_title == None:                    #设置字符集
```

```python
            alphabet_title = "abcdefghijklmnopqrstuvwxyz"
        else:alphabet_title = alphabet_title
        values = np.array(list)                     #获取字符数列
        n_values = len(alphabet_title) + 1          #获取字符表长度
        return np.eye(n_values)[values]

def get_char_list(string,alphabet_title = None):
    if alphabet_title == None:
        alphabet_title = "abcdefghijklmnopqrstuvwxyz"
    else:alphabet_title = alphabet_title
    char_list = []
    for char in string:                             #获取字符串中的字符
        num = alphabet_title.index(char)            #获取对应位置
        char_list.append(num)                       #组合位置编码
    return char_list
#主代码
def get_string_matrix(string):
    char_list = get_char_list(string)
    string_matrix = get_one_hot(char_list)
    return string_matrix
```

这样生成的结果如图8-27所示。

```
[[0. 0. 0. 0. 0. 0. 0. 1. 0. 0. 0. 0. 0. 0. 0. 0. 0. 0. 0. 0. 0. 0. 0. 0.
  0. 0. 0.]
 [0. 0. 0. 0. 0. 1. 0. 0. 0. 0. 0. 0. 0. 0. 0. 0. 0. 0. 0. 0. 0. 0. 0. 0.
  0. 0. 0.]
 [0. 0. 0. 0. 0. 0. 0. 0. 0. 0. 0. 1. 0. 0. 0. 0. 0. 0. 0. 0. 0. 0. 0. 0.
  0. 0. 0.]
 [0. 0. 0. 0. 0. 0. 0. 0. 0. 0. 0. 1. 0. 0. 0. 0. 0. 0. 0. 0. 0. 0. 0. 0.
  0. 0. 0.]
 [0. 0. 0. 0. 0. 0. 0. 0. 0. 0. 0. 0. 0. 0. 1. 0. 0. 0. 0. 0. 0. 0. 0. 0.
  0. 0. 0.]]
```

图 8-27 转换字符串并进行 One-Hot 处理

可以看到，单词hello被转换成一个[5,26]大小的矩阵，供下一步处理。但是这里又产生一个新的问题，对于不同长度的字符串，组成的矩阵行长度不同。虽然卷积神经网络可以处理具有不同长度的字符串，但是在本例中还是以相同大小的矩阵作为数据输入进行计算。

3. 生成文本矩阵的细节处理——矩阵补全

根据文本标题生成One-Hot矩阵，对于第2步中的矩阵生成的One-Hot矩阵函数，读者可以自行将其变更成类使用，这样能够在使用时更简便，同时我们也会将已完成的其他函数直接导入使用，这一点请读者注意。

```python
import csv
import numpy as np
import tools
agnews_title = []
agnews_train = csv.reader(open("./dataset/train.csv","r"))
for line in agnews_train:
    agnews_title.append(tools.text_clearTitle(line[1]))
for title in agnews_title:
    string_matrix = tools.get_string_matrix(title)
```

```
print(string_matrix.shape)
```

补全后的矩阵维度，打印结果如下：

```
(51, 28)
(59, 28)
(44, 28)
(47, 28)
(51, 28)
(91, 28)
(54, 28)
(42, 28)
```

可以看到，生成的文本矩阵被整形成一个有一定大小规则的矩阵输出。但是这里出现了一个新的问题，对于不同长度的文本，单词和字母的多少并不是固定的，虽然对于全卷积神经网络来说，输入的数据维度可以不统一和固定，但是本部分还是对其进行处理。

对于不同长度的矩阵，一个简单的思路就是对其进行规范化处理，即长的截短，短的补长。这里的思路也是如此，代码如下：

```
def get_handle_string_matrix(string,n = 64):      #n为设定的长度，可以根据需要修正
    string_length= len(string)                    #获取字符串长度
    if string_length > 64:                        #判断是否大于64
        string = string[:64]                      #长度大于64的字符串予以截短
        string_matrix = get_string_matrix(string) #获取文本矩阵
        return string_matrix
    else:     #对于长度不够的字符串
        string_matrix = get_string_matrix(string) #获取字符串矩阵
        handle_length = n - string_length         #获取需要补全的长度
        pad_matrix = np.zeros([handle_length,28]) #使用全0矩阵进行补全
        string_matrix = np.concatenate([string_matrix,pad_matrix],axis=0)   #将字符矩阵和全0矩阵进行叠加，将全0矩阵叠加到字符矩阵后面
        return string_matrix
```

代码分成两部分，首先对不同长度的字符进行处理，对于长度大于64的字符串，只保留前64位字符，这个64是人为设定的截取或保留长度，可以根据需要对其进行修改。

而对于长度不到64的字符串，则需要对其进行补全，生成由余数构成的全0矩阵对生成矩阵进行处理。

经过修饰后的代码如下：

```
import csv
import numpy as np
import tools
agnews_title = []
agnews_train = csv.reader(open("./dataset/train.csv","r"))
for line in agnews_train:
    agnews_title.append(tools.text_clearTitle(line[1]))
for title in agnews_title:
    string_matrix = tools. get_handle_string_matrix (title)
    print(string_matrix.shape)
```

标准化补全后的矩阵维度，打印结果如下：

```
(64, 28)
(64, 28)
(64, 28)
(64, 28)
(64, 28)
(64, 28)
(64, 28)
(64, 28)
```

4. 标签的One-Hot矩阵构建

对于分类的表示,这里同样可以使用One-Hot方法对其分类进行重构,代码如下:

```
def get_label_one_hot(list):
    values = np.array(list)
    n_values = np.max(values) + 1
    return np.eye(n_values)[values]
```

仿照文本的One-Hot函数,根据传进来的序列化参数对列表进行重构,形成一个新的One-Hot矩阵,从而能够反映出不同的类别。

5. 数据集的构建

通过准备文本数据集,对文本进行清洗,去除不相干的词,提取主干,并根据需要设定矩阵维度和大小,全部代码如下(tools代码为上文的分布代码,在主代码后面):

```
import csv
import numpy as np
import tools
agnews_label = []                                                    #空标签列表
agnews_title = []                                                    #空文本标题文档
agnews_train = csv.reader(open("./dataset/train.csv","r"))           #读取数据集
for line in agnews_train:                                            #分行迭代文本数据
    agnews_label.append(np.int(line[0]))                             #将标签读入标签列表
    agnews_title.append(tools.text_clearTitle(line[1]))              #将文本读入
train_dataset = []
for title in agnews_title:
    string_matrix = tools.get_handle_string_matrix(title)            #构建文本矩阵
    train_dataset.append(string_matrix)                              #将文本矩阵读取训练列表
train_dataset = np.array(train_dataset)                              #将原生的训练列表转换成NumPy格式
label_dataset = tools.get_label_one_hot(agnews_label)                #将label列表转换成One-Hot格式
```

这里首先通过CSV库获取全文本数据,之后逐行将文本和标签读入,分别将其转换成One-Hot矩阵后,利用NumPy库将对应的列表转换成NumPy格式。标准化转换后的AG_news结果如下:

```
(120000, 64, 28)
(120000, 5)
```

这里分别生成了训练集数量数据和标签数据的One-Hot矩阵列表,训练集的维度为[12000,64,28],第一个数字是总的样本数,第2个和第3个数字分别为生成的矩阵维度。

标签数据为一个二维矩阵,12000是样本的总数,5是类别。这里读者可能会提出疑问,明明只有4个类别,为什么会出现5个?因为One-Hot是从0开始的,而标签的分类是从1开始的,所以会

自动生成一个0的标签，这点请读者自行处理。全部tools函数如下，读者可以将其改成类的形式进行处理。

```python
import re
import csv
#rom nltk.corpus import stopwords
from nltk.stem.porter import PorterStemmer
import numpy as np

#对英文文本进行数据清洗
#stoplist = stopwords.words('english')
def text_clear(text):
    text = text.lower()                                 #将文本转换成小写
    text = re.sub(r"[^a-z]"," ",text)                   #替换非标准字符，^是求反操作
    text = re.sub(r" +", " ", text)                     #替换多重空格
    text = text.strip()                                 #取出首尾空格
    text = text.split(" ")
    #text = [word for word in text if word not in stoplist]   #去除停用词
    text = [PorterStemmer().stem(word) for word in text]      #还原词干部分
    text.append("eos")                                  #添加结束符
    text = ["bos"] + text                               #添加开始符
    return text
#对标题进行处理
def text_clearTitle(text):
    text = text.lower()                                 #将文本转换成小写
    text = re.sub(r"[^a-z]"," ",text)                   #替换非标准字符，^是求反操作
    text = re.sub(r" +", " ", text)                     #替换多重空格
    #text = re.sub(" ", "", text)                       #替换隔断空格
    text = text.strip()                                 #取出首尾空格
    text = text + " eos"                                #添加结束符
    return text
#生成标题的One-Hot标签
def get_label_one_hot(list):
    values = np.array(list)
    n_values = np.max(values) + 1
    return np.eye(n_values)[values]
#生成文本的One-Hot矩阵
def get_one_hot(list,alphabet_title = None):
    if alphabet_title == None:                          #设置字符集
        alphabet_title = "abcdefghijklmnopqrstuvwxyz "
    else:alphabet_title = alphabet_title
    values = np.array(list)                             #获取字符数列
    n_values = len(alphabet_title) + 1                  #获取字符表长度
    return np.eye(n_values)[values]
#获取文本在词典中的位置列表
def get_char_list(string,alphabet_title = None):
    if alphabet_title == None:
        alphabet_title = "abcdefghijklmnopqrstuvwxyz "
    else:alphabet_title = alphabet_title
    char_list = []
    for char in string:                                 #获取字符串中的字符
        num = alphabet_title.index(char)                #获取对应位置
        char_list.append(num)                           #组合位置编码
```

```
        return char_list
#生成文本矩阵
def get_string_matrix(string):
    char_list = get_char_list(string)
    string_matrix = get_one_hot(char_list)
    return string_matrix
#获取补全后的文本矩阵
def get_handle_string_matrix(string,n = 64):
    string_length= len(string)
    if string_length > 64:
        string = string[:64]
        string_matrix = get_string_matrix(string)
        return string_matrix
    else:
        string_matrix = get_string_matrix(string)
        handle_length = n - string_length
        pad_matrix = np.zeros([handle_length,28])
        string_matrix = np.concatenate([string_matrix,pad_matrix],axis=0)
        return string_matrix
#获取数据集
def get_dataset():
    agnews_label = []
    agnews_title = []
    agnews_train = csv.reader(open("../dataset/ag_news数据集/dataset/train.csv","r"))
    for line in agnews_train:
        agnews_label.append(np.int(line[0]))
        agnews_title.append(text_clearTitle(line[1]))
    train_dataset = []
    for title in agnews_title:
        string_matrix = get_handle_string_matrix(title)
        train_dataset.append(string_matrix)
    train_dataset = np.array(train_dataset)
    label_dataset = get_label_one_hot(agnews_label)
    return train_dataset,label_dataset

if __name__ == '__main__':
    get_dataset()
```

8.3.2 卷积神经网络文本分类模型的实现——Conv1d（一维卷积）

对文本的数据集部分处理完毕后，接下来需要设计基于卷积神经网络的分类模型。模型的构成包括多个部分，如图8-28所示。

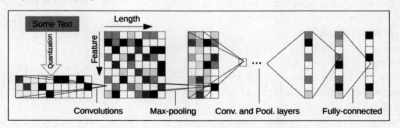

图 8-28　使用 CNN 处理字符文本分类

如图8-31所示的结构，作者根据类似的模型设计了一个由5层神经网络构成的文本分类模型，如表8-1所示。

表 8-1　5 层神经网络构成的文本分类模型

层　　数	层　　名
1	Conv 3×3 1×1
2	Conv 5×5 1×1
3	Conv 3×3 1×1
4	full_connect 512
5	full_connect 5

这里使用的是5层神经网络，前3个基于一维的卷积神经网络，后两个全连接层用于分类任务，代码如下：

```python
import torch
import einops.layers.torch as elt

def char_CNN(input_dim = 28):
    model = torch.nn.Sequential(
        #第一层卷积
        elt.Rearrange("b l c -> b c l"),
        torch.nn.Conv1d(input_dim,32,kernel_size=3,padding=1),
        elt.Rearrange("b c l -> b l c"),
        torch.nn.ReLU(),
        torch.nn.LayerNorm(32),

        #第二层卷积
        elt.Rearrange("b l c -> b c l"),
        torch.nn.Conv1d(32, 28, kernel_size=3, padding=1),
        elt.Rearrange("b c l -> b l c"),
        torch.nn.ReLU(),
        torch.nn.LayerNorm(28),

        #flatten
        torch.nn.Flatten(),  #[batch_size,64 * 28]
        torch.nn.Linear(64 * 28,64),
        torch.nn.ReLU(),

        torch.nn.Linear(64,5),
        torch.nn.Softmax()
    )

    return model

if __name__ == '__main__':
    embedding = torch.rand(size=(5,64,28))
    model = char_CNN()
    print(model(embedding).shape)
```

这里是完整的训练模型,训练代码如下:

```python
import get_data
from sklearn.model_selection import train_test_split
train_dataset,label_dataset = get_data.get_dataset()
X_train,X_test, y_train, y_test = train_test_split(train_dataset,label_dataset,test_size=0.1, random_state=828)   #将数据集划分为训练集和测试集
#获取device
device = "cuda" if torch.cuda.is_available() else "cpu"
model = char_CNN().to(device)
# 定义交叉熵损失函数
def cross_entropy(pred, label):
    res = -torch.sum(label * torch.log(pred)) / label.shape[0]
    return torch.mean(res)
optimizer = torch.optim.Adam(model.parameters(), lr=1e-4)
batch_size = 128
train_num = len(X_test)//128
for epoch in range(99):
    train_loss = 0.
    for i in range(train_num):
        start = i * batch_size
        end = (i + 1) * batch_size

        x_batch = torch.tensor(X_train[start:end]).type(torch.float32).to(device)
        y_batch = torch.tensor(y_train[start:end]).type(torch.float32).to(device)

        pred = model(x_batch)
        loss = cross_entropy(pred, y_batch)
        optimizer.zero_grad()
        loss.backward()
        optimizer.step()

        train_loss += loss.item()   # 记录每个批次的损失值
    # 计算并打印损失值
    train_loss /= train_num
    accuracy = (pred.argmax(1) == y_batch.argmax(1)).type(torch.float32).sum().item() / batch_size

    print("epoch: ",epoch,"train_loss:", round(train_loss,2),"accuracy:", round(accuracy,2))
```

首先获取完整的数据集,之后通过train_test_split函数对数据集进行划分,将数据分为训练集和测试集,而模型的计算和损失函数的优化与前面的PyTorch方法类似,这里就不过多阐述了。

最终结果请读者自行完成。需要说明的是,这里的模型是一个较为简易的基于短文本分类的文本分类模型,8.4节将用另一种方式对这个模型进行修正。

8.4 针对文本的卷积神经网络模型简介——词卷积

使用字符卷积对文本进行分类是可以的，但是相对于词来说，字符包含的信息没有词多，即使卷积神经网络能够较好地对数据信息进行学习，但是由于包含的内容关系，其最终效果也只是差强人意。

在字符卷积的基础上，研究人员尝试使用词为基础数据对文本进行处理，图8-29是使用CNN来构建词卷积模型。

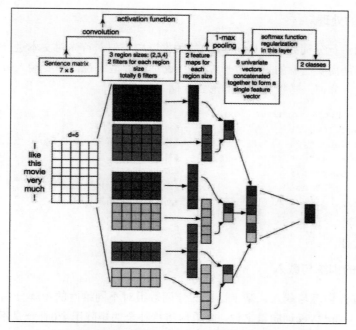

图 8-29 使用 CNN 来构建词卷积模型

在实际读写中，短文本用于表达较为集中的思想，文本长度有限，结构紧凑，能够独立表达意思，因此可以使用基于词卷积的神经网络对数据进行处理。

8.4.1 单词的文本处理

首先对文本进行处理，使用卷积神经网络对单词进行处理的基本要求就是将文本转换成计算机可以识别的数据。8.3节使用卷积神经网络对字符的One-Hot矩阵进行了分析处理，一个简单的想法是，是否可以将文本中的单词依旧处理成One-Hot矩阵进行处理，如图8-30所示。

$$\begin{pmatrix} the \\ cat \\ sat \\ on \\ the \\ mat \end{pmatrix} = \begin{pmatrix} 1 & 0 & 0 & 0 & 0 \\ 0 & 1 & 0 & 0 & 0 \\ 0 & 0 & 1 & 0 & 0 \\ 0 & 0 & 0 & 1 & 0 \\ 1 & 0 & 0 & 0 & 0 \\ 0 & 0 & 0 & 0 & 1 \end{pmatrix}$$

图 8-30 词的 One_Hot 处理

使用One-Hot对单词进行表示从理论上可行，但是事实上并不是一种可行方案，对于基于字符的One-Hot方案来说，所有的字符都会在一个相对合适的字库中选取，例如从26个字母或者一些常用的字符中选取，总量并不会很多（通常少于128个），因此组成的矩阵也不会很大。

但是对于单词来说，常用的英文单词或者中文词语一般在5000左右，因此建立一个稀疏的、庞大的One-Hot矩阵是一个不切实际的想法。

目前来说，一个较好的解决方法是使用Word2Vec的Word Embedding，这样可以通过学习将字库中的词转换成维度一定的向量，作为卷积神经网络的计算依据。本小节的处理和计算依旧使用文本标题作为处理的目标。单词的词向量的建立步骤如下。

1. 分词模型的处理

对读取的数据进行分词处理，与One-Hot的数据读取类似，首先对文本进行清理，去除停用词和标准化文本，但是需要注意的是，对于Word2Vec训练模型来说，需要输入若干个词列表，因此对获取的文本要进行分词，转换成数组的形式存储。

```
def text_clearTitle_word2vec(text):
    text = text.lower()                      #将文本转换成小写
    text = re.sub(r"[^a-z]"," ",text)        #替换非标准字符，^是求反操作
    text = re.sub(r" +", " ", text)          #替换多重空格
    text = text.strip()                      #取出首尾空格
    text = text + " eos"                     #添加结束符，注意eos前有空格
    text = text.split(" ")                   #对文本分词转成列表存储
    return text
```

请读者自行验证。

2. 分词模型的训练与载入

对分词模型进行训练与载入，基于已有的分词数组对不同维度的矩阵分别进行处理。这里需要注意的是，对于Word2Vec词向量来说，简单地将待补全的矩阵用全0补全是不合适的，最好的方法是将全0矩阵修改为一个非常小的常数矩阵，代码如下：

```
def get_word2vec_dataset(n = 12):
    agnews_label = []                        #创建标签列表
    agnews_title = []                        #创建标题列表
    agnews_train = csv.reader(open("../dataset/ag_news数据集/dataset/train.csv","r"))
    for line in agnews_train:                #将数据读取到对应列表中
        agnews_label.append(np.int(line[0]))
        agnews_title.append(text_clearTitle_word2vec(line[1])) #对数据进行清洗之后再读取
    from gensim.models import word2vec       # 导入Gensim包
    model = word2vec.Word2Vec(agnews_title, vector_size=64, min_count=0, window=5)#设置训练参数
    train_dataset = []                       #创建训练集列表
    for line in agnews_title:                #对长度进行判定
        length = len(line)                   #获取列表长度
        if length > n:                       #对列表长度进行判断
            line = line[:n]                  #截取需要的长度列表
            word2vec_matrix = (model.wv[line])           #获取word2vec矩阵
            train_dataset.append(word2vec_matrix)        #将word2vec矩阵添加到训练集中
        else:                    #补全长度不够的操作
            word2vec_matrix = (model.wv[line])           #获取word2vec矩阵
```

```
            pad_length = n - length                         #获取需要补全的长度
            pad_matrix = np.zeros([pad_length, 64]) + 1e-10   #创建补全矩阵并增加一个小数值
            word2vec_matrix = np.concatenate([word2vec_matrix, pad_matrix], axis=0)   #矩阵补全
            train_dataset.append(word2vec_matrix)           #将word2vec矩阵添加到训练集中
        train_dataset = np.expand_dims(train_dataset,3)    #对三维矩阵进行扩展
        label_dataset = get_label_one_hot(agnews_label)    #转换成one-hot矩阵
    return train_dataset, label_dataset
```

经过向量化处理后的AG_news数据集，最终结果如下：

```
(120000, 12, 64, 1)
(120000, 5)
```

注意：在代码的倒数第 4 行使用了 np.expand_dims 函数对三维矩阵进行扩展，在不改变具体数值大小的前提下扩展了矩阵的维度，这样是为下一步使用二维卷积对文本进行分类做数据准备。

8.4.2　卷积神经网络文本分类模型的实现——Conv2d（二维卷积）

如图8-31所示是对卷积神经网络进行设计。

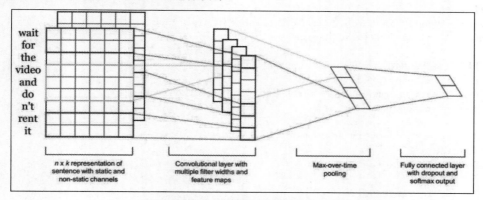

图 8-31　使用二维卷积进行文本分类

模型的思想很简单，根据输入的已转化成word embedding形式的词矩阵，通过不同的卷积提取不同的长度进行二维卷积计算，对最终的计算值进行链接，然后经过池化层获取不同矩阵的均值，最后通过一个全连接层对其进行分类。

使用模型进行完整训练的代码如下：

```
import torch
import einops.layers.torch as elt

def word2vec_CNN(input_dim = 28):
    model = torch.nn.Sequential(

        elt.Rearrange("b l d 1 -> b 1 l d"),
        #第一层卷积
        torch.nn.Conv2d(1,3,kernel_size=3),
        torch.nn.ReLU(),
        torch.nn.BatchNorm2d(num_features=3),

        #第二层卷积
```

```python
            torch.nn.Conv2d(3, 5, kernel_size=3),
            torch.nn.ReLU(),
            torch.nn.BatchNorm2d(num_features=5),

            #flatten
            torch.nn.Flatten(),    #[batch_size,64 * 28]
            torch.nn.Linear(2400,64),
            torch.nn.ReLU(),
            torch.nn.Linear(64,5),
            torch.nn.Softmax()
    )
    return model

"---------------下面是模型训练部分---------------------------"
import get_data_84 as get_data
from sklearn.model_selection import train_test_split
train_dataset,label_dataset = get_data.get_word2vec_dataset()
X_train,X_test, y_train, y_test =
train_test_split(train_dataset,label_dataset,test_size=0.1, random_state=828)   #将数据集划
分为训练集和测试集

#获取device
device = "cuda" if torch.cuda.is_available() else "cpu"
model = word2vec_CNN().to(device)

# 定义交叉熵损失函数
def cross_entropy(pred, label):
    res = -torch.sum(label * torch.log(pred)) / label.shape[0]
    return torch.mean(res)

optimizer = torch.optim.Adam(model.parameters(), lr=1e-4)
batch_size = 128
train_num = len(X_test)//128

for epoch in range(99):
    train_loss = 0.
    for i in range(train_num):
        start = i * batch_size
        end = (i + 1) * batch_size
        x_batch = torch.tensor(X_train[start:end]).type(torch.float32).to(device)
        y_batch = torch.tensor(y_train[start:end]).type(torch.float32).to(device)
        pred = model(x_batch)
        loss = cross_entropy(pred, y_batch)

        optimizer.zero_grad()
        loss.backward()
        optimizer.step()
        train_loss += loss.item()   # 记录每个批次的损失值

    # 计算并打印损失值
    train_loss /= train_num
    accuracy = (pred.argmax(1) == y_batch.argmax(1)).type(torch.float32).sum().item() / batch_size
    print("epoch: ",epoch,"train_loss:", round(train_loss,2),"accuracy:",round(accuracy,2))
```

模型使用不同的卷积核分别生成了3通道和5通道的卷积计算值，池化以后将数据拉伸并连接为平整结构，之后使用两个全连接层完成最终的矩阵计算与预测。

通过对模型的训练可以看到，最终测试集的准确率应该在80%左右，请读者根据配置自行完成。

8.5 使用卷积对文本分类的补充内容

在前面的章节中，通过不同的卷积（一维卷积和二维卷积）实现了文本的分类，并且通过使用Gensim掌握了对文本进行词向量转换的方法。词向量是目前常用的将文本转换成向量的方法，比较适合较为复杂的词袋中词组较多的情况。

使用one-hot方法对字符进行表示是一种非常简单的方法，但是由于其使用受限较大，产生的矩阵较为稀疏，因此实用性并不是很强，这里推荐使用词向量的方式对词进行处理。

可能有读者会产生疑问，使用Word2Vec的形式来计算字符的字向量是否可行？答案是完全可以，并且相对于单纯采用one-hot形式的矩阵表示，会有更好的表现和准确度。

8.5.1 汉字的文本处理

对于汉字的文本处理，一个非常简单的方法是将汉字转换成拼音的形式，可以使用Python提供的拼音库包：

```
pip install pypinyin
```

使用方法如下：

```
from pypinyin import pinyin, lazy_pinyin, Style
value = lazy_pinyin('你好')   # 不考虑多音字的情况
print(value)
```

打印结果如下：

```
['ni', 'hao']
```

这里使用不考虑多音字的普通模式，除此之外，还有带拼音符号的多音字字母，有兴趣的读者可以自行学习。

较为常用的对汉字文本进行的方法是使用分词器对文本进行分词，将分词后的词数列去除停用词和副词之后，制作词向量，如图8-32所示。

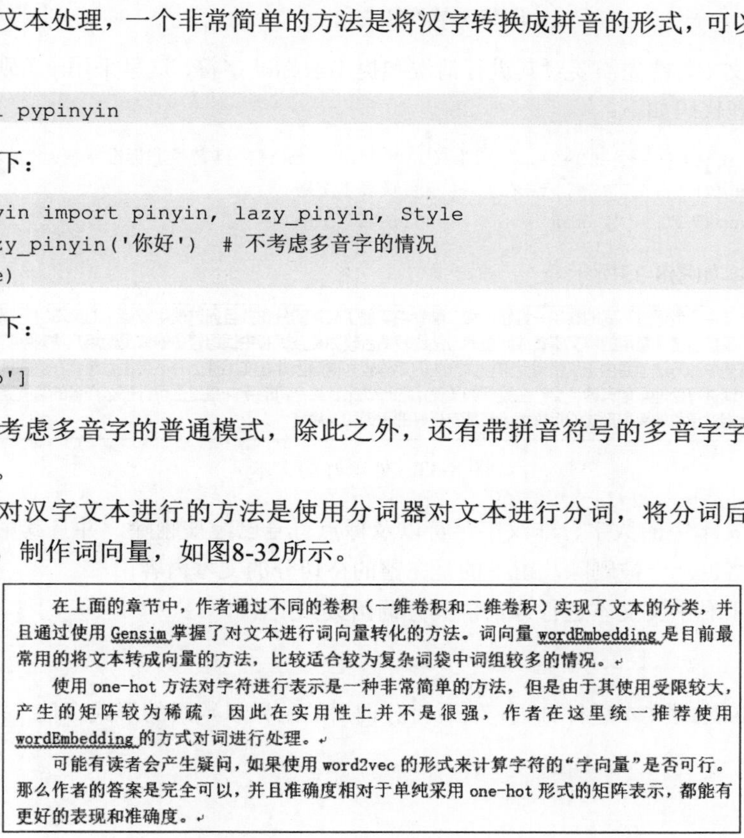

> 在上面的章节中，作者通过不同的卷积（一维卷积和二维卷积）实现了文本的分类，并且通过使用 Gensim 掌握了对文本进行词向量转化的方法。词向量 wordEmbedding 是目前最常用的将文本转成向量的方法，比较适合较为复杂词袋中词组较多的情况。
>
> 使用 one-hot 方法对字符进行表示是一种非常简单的方法，但是由于其使用受限较大，产生的矩阵较为稀疏，因此在实用性上并不是很强，作者在这里统一推荐使用 wordEmbedding 的方式对词进行处理。
>
> 可能有读者会产生疑问，如果使用 word2vec 的形式来计算字符的"字向量"是否可行。那么作者的答案是完全可以，并且准确度相对于单纯采用 one-hot 形式的矩阵表示，都能有更好的表现和准确度。

图8-32　使用分词器对文本进行分词

接下来对文本进行分词并将其转化成词向量的形式进行处理。

1. 读取数据

对于数据的读取，这里为了演示，直接使用字符串作为数据的存储格式，而对于多行文本的读取，读者可以使用Python类库中的文本读取工具，这里不过多阐述。

text="在上面的章节中，作者通过不同的卷积（一维卷积和二维卷积）实现了文本的分类，并且通过使用Gensim掌握了对文本进行词向量转换的方法。词向量Word Embedding是目前最常用的将文本转成向量的方法，比较适合较为复杂词袋中词组较多的情况。使用one-hot方法对字符进行表示是一种非常简单的方法，但是由于其使用受限较大，产生的矩阵较为稀疏，因此在实用性上并不是很强，作者在这里统一推荐使用Word Embedding的方式对词进行处理。可能有读者会产生疑问，如果使用Word2Vec的形式来计算字符的"字向量"是否可行。那么作者的答案是完全可以，并且准确度相对于单纯采用one-hot形式的矩阵表示，都能有更好的表现和准确度。"

2. 中文文本的清理与分词

使用分词工具对中文文本进行分词计算。对于文本分词工具，Python类库中最为常用的是jieba分词，导入如下：

```
import jieba                #分词器
import re                   #正则表达式库包
```

对于正文的文本，首先需要对其进行清洗和提出非标准字符，这里采用re正则表达式对文本进行处理，部分处理代码如下：

```
text = re.sub(r"[a-zA-Z0-9-,。""（）]"," ",text)   #替换非标准字符，^是求反操作
text = re.sub(r" +", " ", text)        #替换多重空格
text = re.sub(" ", "", text)           #替换隔断空格
```

处理好的文本如图8-33所示。

> 在上面的章节中作者通过不同的卷积一维卷积和二维卷积实现了文本的分类并且通过使用掌握了对文本进行词向量转化的方法词向量是目前最常用的将文本转成向量的方法比较适合较为复杂词袋中词组较多的情况使用方法对字符进行表示是一种非常简单的方法但是由于其使用受限较大产生的矩阵较为稀疏因此在实用性上并不是很强作者在这里统一推荐使用的方式对词进行处理可能有读者会产生疑问如果使用的形式来计算字符的字向量是否可行那么作者的答案是完全可以并且准确度相对于单纯采用形式的矩阵表示都能有更好的表现和准确度

图 8-33　处理好的文本

可以看到，文本中的数字、非汉字字符以及标点符号已经被删除，并且其中由于删除不标准字符所遗留的空格也一一被删除，留下的是完整的待切分的文本内容。

jieba库可用于对中文文本进行分词，其分词函数如下：

```
text_list = jieba.lcut_for_search(text)
```

这里使用jieba库对文本进行分词，然后将分词后的结果以数组的形式存储，打印结果如图8-34所示。

['在', '上面', '的', '章节', '中', '作者', '通过', '不同', '的', '卷积', '一维', '卷积', '和', '二维', '卷积', '实现', '了', '文本', '的', '分类', '并且', '通过', '使用', '掌握', '了', '对', '文本', '进行', '词', '向量', '转化', '的', '方法', '词', '向量', '是', '目前', '最', '常用', '的', '将', '文本', '转', '成', '向量', '的', '方法', '比较', '适合', '较为', '复杂', '词', '袋中', '词组', '较', '多', '的', '情况', '使用', '方法', '对', '字符', '进行', '表示', '是', '一种', '非常', '简单', '非常简单', '的', '方法', '但是', '由于', '其', '使用', '受限', '较大', '产生', '的', '矩阵', '较为', '稀疏', '因此', '在', '实用', '实用性', '上', '并', '不是', '很强', '作者', '在', '这里', '统一', '推荐', '使用', '的', '方式', '对词', '进行', '处理', '可能', '有', '读者', '会', '产生', '疑问', '如果', '使用', '的', '形式', '来', '计算', '字符', '的', '字', '向量', '是否', '可行', '那么', '作者', '的', '答案', '是', '完全', '可以', '并且', '准确', '准确度', '相对', '于', '单纯', '采用', '形式', '的', '矩阵', '表示', '都', '能', '有', '更好', '的', '表现', '和', '准确', '准确度']

图 8-34 分词后的中文文本

3. 使用Gensim构建词向量

读者应该比较熟悉Gensim构建词向量的方法，这里直接使用，代码如下：

```python
from gensim.models import word2vec              # 导入Gensim包
# 设置训练参数，注意方括号中的内容
model = word2vec.Word2Vec([text_list], size=50, min_count=1, window=3)
print(model["章节"])
```

有一个非常重要的细节，因为Word2Vec.Word2Vec函数接收的是一个二维数组，而本文通过jieba分词的结果是一个一维数组，因此需要在其上添加一个数组符号，人为地构建一个新的数据结构，否则在打印词向量时会报错。

执行代码，等待Gensim训练完成后，打印一个字符向量，如图8-35所示。

```
[ 0.00700214 -0.00771189 -0.00651557  0.00805341  0.00060104 -0.00614405
  0.00336286 -0.00911157  0.0008981   0.00469631 -0.00536773 -0.00359946
  0.0051344  -0.00519805 -0.00942803 -0.00215036 -0.00504649 -0.00531102
  0.00060753 -0.00373814 -0.00554779 -0.00814913  0.00525336 -0.00070392
  0.00515197  0.00504736 -0.00126333 -0.00581168  0.00431437  0.00871824
  0.00618446  0.00265644 -0.00094638 -0.0051491   0.00861935  0.0091601
 -0.00820806 -0.00257573 -0.00670012  0.01000227  0.00413029  0.00592533
 -0.00560609 -0.00134225  0.00945567 -0.00521776  0.00641463  0.00850249
 -0.00726161  0.0013621 ]
```

图 8-35 单个中文词的向量

完整代码如下。

【程序8-10】

```python
import jieba
import re

text = re.sub(r"[a-zA-Z0-9-,。""（）]"," ",text)       #替换非标准字符,^是求反操作
text = re.sub(r" +", " ", text)                      #替换多重空格
text = re.sub(" ", "", text)                         #替换隔断空格
print(text)
text_list = jieba.lcut_for_search(text)
from gensim.models import word2vec                   #导入Gensim包
model = word2vec.Word2Vec([text_list], size=50, min_count=1, window=3)  # 设置训练参数
print(model["章节"])
```

后续工程读者可以参考二维卷积对文本处理的模型进行计算。

8.5.2 其他细节

通过上一小节的演示读者可以看到，对于普通的文本完全可以通过一系列的清洗和向量化处

理将其转换成矩阵的形式,之后通过卷积神经网络对文本进行处理。在8.5.1节中只是做了中文向量的词处理,缺乏主题提取、去除停用词等操作,读者可以自行学习,根据需要进行补全。

一个非常重要的想法是,对于词嵌入构成的矩阵,能否使用已有的模型进行处理?例如在前面的章节中手把手带领读者实现的ResNet网络,以及加上了注意力机制的ResNet模型,如图8-36所示。

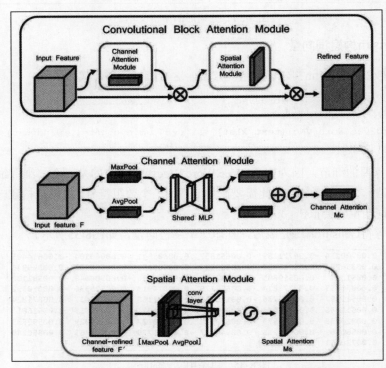

图8-36　在不同维度上添加注意力机制的 ResNet 模型

答案是可以的,作者在进行文本识别的过程中,使用过ResNet50作为文本模型识别器,同样可以获得不低于现有模型的准确率,有兴趣的读者可以自行验证。

8.6　本章小结

卷积神经网络并不是只能对图像进行处理,本章演示了使用卷积神经网络对文本进行分类的方法。对于文本处理来说,传统的基于贝叶斯分类和循环神经网络实现的文本分类方法,卷积神经网络同样可以实现,而且效果并不比前面的差。

卷积神经网络的应用非常广泛,通过正确的数据处理和建模,可以达到程序设计人员心中所要求的目标。更为重要的是,相对于循环神经网络来说,卷积神经网络在训练过程中,训练速度更快(并发计算),处理范围更大(图矩阵),能够获取更多的相互关联(感受野)。因此,卷积神经网络在机器学习中的作用越来越重要。

预训练词向量是本章新加入的内容,可能有读者会问使用Word Embedding等价于什么?等价于把Embedding层的网络用预训练好的参数矩阵初始化。但是只能初始化第一层网络参数,再高层的参数就无能为力了。

而下游NLP任务在使用词嵌入的时候一般有两种做法:一种是Frozen,就是词嵌入这层网络参数固定不动;另一种是Fine-Tuning(微调),就是词嵌入这层参数使用新的训练集合训练,也需要跟着训练过程更新词嵌入。

第9章

基于循环神经网络的中文情感分类实战

前面的章节带领读者实现了图像降噪与图像识别等方面的内容,并且在第8章基于卷积神经网络完成了英文新闻分类的工作。相信读者学习到本章内容时,对使用PyTorch 2.0完成项目已经有了一定的把握。

但是在前期的学习过程中,主要以卷积神经网络为主,而较少讲解神经网络中的另一个非常重要的内容——循环神经网络。本章将讲解循环神经网络的基本理论,以其一个基本实现GRU为例来讲解循环神经网络的使用方法。

9.1 实战:循环神经网络与情感分类

循环神经网络用来处理序列数据。

传统的神经网络模型是从输入层到隐藏层再到输出层,层与层之间是全连接的,每层之间的节点是无连接的。但是这种普通的神经网络对于很多问题无能为力。例如,你要预测句子的下一个单词是什么,一般需要用到前面的单词,因为一个句子中的前后单词并不是独立的,即一个序列当前的输出与前面的输出也有关。

循环神经网络的具体表现形式为:网络会对前面的信息进行记忆并应用于当前输出的计算中,即隐藏层之间的节点不再是无连接的,而是有连接的,并且隐藏层的输入不仅包括输入层的输出,还包括上一时刻隐藏层的输出,如图9-1所示。

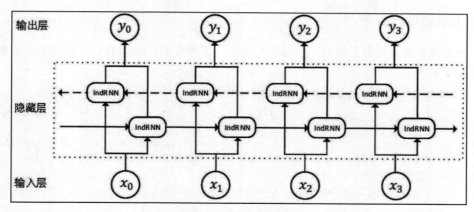

图 9-1 循环神经网络

在讲解循环神经网络的理论知识之前，最好的学习方式就是通过实例实现并运行对应的项目，在这里首先带领读者完成循环神经网络的情感分类实战的准备工作。

1. 数据的准备

首先是数据集的准备工作，在这里我们完成的是中文数据集的情感分类，因此准备了一套已完成情感分类的数据集，读者可以参考本书自带的dataset数据集中的chnSenticrop.txt文件确认。此时，读者需要掌握数据的读取和准备工作，读取的代码如下：

```
max_length = 80             #设置获取的文本长度为80
labels = []                 #用以存放label
context = []                #用以存放汉字文本
vocab = set()
with open("../dataset/cn/ChnSentiCorp.txt", mode="r", encoding="UTF-8") as 
emotion_file:
    for line in emotion_file.readlines():
        line = line.strip().split(",")

        # labels.append(int(line[0]))
        if int(line[0]) == 0:
            labels.append(0)#由于在后面直接采用PyTorch自带的crossentroy函数,因此这里直接输入0,否则输入[1,0]
        else:
            labels.append(1)
        text = "".join(line[1:])
        context.append(text)
        for char in text: vocab.add(char)    #建立vocab和vocab编号

voacb_list = list(sorted(vocab))
# print(len(voacb_list))
token_list = []
#下面对context内容根据vocab进行token处理
for text in context:
    token = [voacb_list.index(char) for char in text]
    token = token[:max_length] + [0] * (max_length - len(token))
    token_list.append(token)
```

2. 模型的建立

下面根据需求建立需要的模型,在这里实现了一个带有单向GRU和一个双向GRU的循环神经网络,代码如下:

```python
class RNNModel(torch.nn.Module):
    def __init__(self,vocab_size = 128):
        super().__init__()
        self.embedding_table = torch.nn.Embedding(vocab_size,embedding_dim=312)
        self.gru  =   torch.nn.GRU(312,256)    # 注意这里输出有两个,分别是out与hidden,out是序列在模型运行后全部隐藏层的状态,而hidden是最后一个隐藏层的状态
        self.batch_norm = torch.nn.LayerNorm(256,256)

        self.gru2  =  torch.nn.GRU(256,128,bidirectional=True)    # 注意这里输出有两个,分别是out与hidden,out是序列在模型运行后全部隐藏层的状态,而hidden是最后一个隐藏层的状态

    def forward(self,token):
        token_inputs = token
        embedding = self.embedding_table(token_inputs)
        gru_out,_ = self.gru(embedding)
        embedding = self.batch_norm(gru_out)
        out,hidden = self.gru2(embedding)

        return out
```

这里需要注意的是,对于GRU进行神经网络训练,无论是单向还是双向GUR,其结果输出都是两个隐藏层状态,分别是out与hidden。out是序列在模型运行后全部隐藏层的状态,而hidden是此序列最后一个隐藏层的状态。

这里使用的是两层GRU,有读者可能会注意到,在对第二个GRU进行定义时,有一个额外的参数bidirectional,用于定义在循环神经网络中是单向计算还是双向计算,其具体形式如图9-2所示。

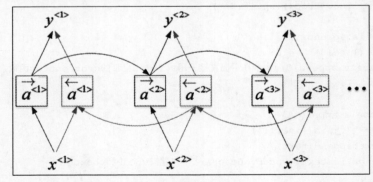

图 9-2 双向 GRU 模型

从图9-2中可以很明显地看到,左右两个连续的模块并联构成了不同方向的循环神经网络单向计算层,这两个方向同时作用后生成了最终的隐藏层。

3. 模型的实现

9.1.1节完成了循环神经网络的数据准备和模型的定义,本小节对中文数据集进行情感分类,

完整的代码如下：

```python
import numpy as np

max_length = 80             #设置获取的文本长度为80
labels = []                 #用以存放label
context = []                #用以存放汉字文本
vocab = set()

with open("../dataset/cn/ChnSentiCorp.txt", mode="r", encoding="UTF-8") as emotion_file:
    for line in emotion_file.readlines():
        line = line.strip().split(",")

        # labels.append(int(line[0]))
        if int(line[0]) == 0:
            labels.append(0)        #由于在后面直接采用PyTorch自带的crossentroy函数，因此这里直接输入0，否则输入[1,0]
        else:
            labels.append(1)
        text = "".join(line[1:])
        context.append(text)
        for char in text: vocab.add(char)    #建立vocab和vocab编号

voacb_list = list(sorted(vocab))
# print(len(voacb_list))
token_list = []
#下面对context内容根据vocab进行token处理
for text in context:
    token = [voacb_list.index(char) for char in text]
    token = token[:max_length] + [0] * (max_length - len(token))
    token_list.append(token)

seed = 17
np.random.seed(seed);np.random.shuffle(token_list)
np.random.seed(seed);np.random.shuffle(labels)

dev_list = np.array(token_list[:170])
dev_labels = np.array(labels[:170])

token_list = np.array(token_list[170:])
labels = np.array(labels[170:])

import torch
class RNNModel(torch.nn.Module):
    def __init__(self,vocab_size = 128):
        super().__init__()
        self.embedding_table = torch.nn.Embedding(vocab_size,embedding_dim=312)
        self.gru = torch.nn.GRU(312,256)   # 注意这里输出有两个，分别是out与hidden，out是序列在模型运行后全部隐藏层的状态，而hidden是最后一个隐藏层的状态
        self.batch_norm = torch.nn.LayerNorm(256,256)
```

```python
        self.gru2 = torch.nn.GRU(256,128,bidirectional=True)   # 注意这里输出有两个，分别
是out与hidden，out是序列在模型运行后全部隐藏层的状态，而hidden是最后一个隐藏层的状态

    def forward(self,token):
        token_inputs = token
        embedding = self.embedding_table(token_inputs)
        gru_out,_ = self.gru(embedding)
        embedding = self.batch_norm(gru_out)
        out,hidden = self.gru2(embedding)

        return out

#这里使用顺序模型建立训练模型
def get_model(vocab_size = len(voacb_list),max_length = max_length):
    model = torch.nn.Sequential(
        RNNModel(vocab_size),
        torch.nn.Flatten(),
        torch.nn.Linear(2 * max_length * 128,2)
    )
    return model

device = "cuda"
model = get_model().to(device)
model = torch.compile(model)
optimizer = torch.optim.Adam(model.parameters(), lr=2e-4)

loss_func = torch.nn.CrossEntropyLoss()

batch_size = 128
train_length = len(labels)
for epoch in (range(21)):
    train_num = train_length // batch_size
    train_loss, train_correct = 0, 0
    for i in (range(train_num)):
        start = i * batch_size
        end = (i + 1) * batch_size

        batch_input_ids = torch.tensor(token_list[start:end]).to(device)
        batch_labels = torch.tensor(labels[start:end]).to(device)

        pred = model(batch_input_ids)

        loss = loss_func(pred, batch_labels.type(torch.uint8))

        optimizer.zero_grad()
        loss.backward()
        optimizer.step()

        train_loss += loss.item()
        train_correct += ((torch.argmax(pred, dim=-1) ==
```

```
(batch_labels)).type(torch.float).sum().item() / len(batch_labels))

        train_loss /= train_num
        train_correct /= train_num
        print("train_loss:", train_loss, "train_correct:", train_correct)

        test_pred = model(torch.tensor(dev_list).to(device))
        correct = (torch.argmax(test_pred, dim=-1) ==
(torch.tensor(dev_labels).to(device))).type(torch.float).sum().item() / len(test_pred)
        print("test_acc:",correct)
        print("-------------------")
```

在这里使用顺序模型建立循环神经网络模型,在使用GUR对数据进行计算后,又使用Flatten对序列Embedding进行了平整化处理。最终的Linear是分类器,用于对结果进行分类。具体结果请读者自行测试查看。

9.2 循环神经网络理论讲解

前面完成了循环神经网络对情感分类的实战工作,本节开始进入循环神经网络的理论讲解部分,还是以GRU为例进行介绍。

9.2.1 什么是GRU

在前面的实战过程中,使用GRU作为核心神经网络层,GRU是循环神经网络的一种,是为了解决长期记忆和反向传播中的梯度等问题而提出来的一种神经网络结构,是一种用于处理序列数据的神经网络。

GRU更擅长处理序列变化的数据,比如某个单词的意思会因为上文提到的内容不同而有不同的含义,GRU就能够很好地解决这类问题。

1. GRU的输入与输出结构

GRU的输入与输出结构如图9-3所示。

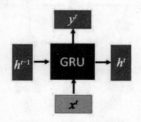

图9-3 GRU的输入与输出结构

通过GRU的输入与输出结构可以看到,在GRU中有一个当前的输入x^t,和上一个节点传递下来的隐藏状态(Hidden State)h^{t-1},这个隐藏状态包含之前节点的相关信息。

结合x^t和h^{t-1},GRU会得到当前隐藏节点的输出y^t和传递给下一个节点的隐藏状态h^t。

2. 门-GRU的重要设计

一般认为，门是GRU能够替代传统的RNN的原因。先通过上一个传输下来的状态h^{t-1}和当前节点的输入x^t来获取两个门控状态，如图9-4所示。

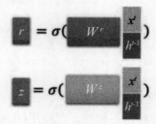

图9-4 两个门控状态

其中r用于控制重置的门控（Reset Gate），z则用于控制更新的门控（Update Gate）。而σ为Sigmoid函数，通过这个函数可以将数据变换为0~1范围内的数值，从而来充当门控信号。

得到门控信号之后，首先使用重置门控来得到重置之后的数据$h^{(t-1)'} = h^{t-1} \times r$，再将$h^{(t-1)'}$与输入$x^t$进行拼接，通过一个Tanh激活函数来将数据缩放到-1~1的范围内，得到如图9-5所示的h'。

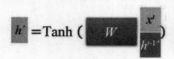

图9-5 得到h'

这里的h'主要是包含当前输入的x^t数据。有针对性地将h'添加到当前的隐藏状态，相当于"记忆了当前时刻的状态"。

3. GRU的结构

最后介绍GRU最关键的一个步骤，可以称之为"更新记忆"阶段。在这个阶段，GRU同时进行了遗忘和记忆两个步骤，如图9-6所示。

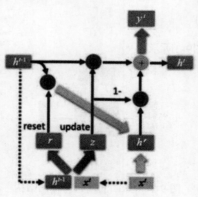

图9-6 更新记忆

使用了先前得到的更新门控z，从而能够获得新的更新，公式如下：

$$h^t = zh^{t-1} + (1-z)h'$$

公式说明如下。

- zh^{t-1}：表示对原本的隐藏状态选择性"遗忘"。这里的z可以想象成遗忘门（Forget Gate），忘记h^{t-1}维度中一些不重要的信息。
- $(1-z)h'$：表示对包含当前节点信息的h'进行选择性"记忆"。与前面类似，这里的$1-z$也会忘记h'维度中一些不重要的信息。或者，这里更应当看作是对h'维度中的一些信息进行选择。
- 结上所述，整个公式的操作就是忘记传递下来的h^{t-1}中的一些维度信息，并加入当前节点输入的一些维度信息。

可以看到，这里的遗忘z和选择（1-z）是联动的。也就是说，对于传递进来的维度信息，我们会进行选择性遗忘，遗忘了多少权重（z），我们就会使用包含当前输入的h'中所对应的权重弥补（1-z）的量，从而使得GRU的输出保持一种"恒定"状态。

9.2.2 单向不行，那就双向

在前面简单介绍了GRU中的参数bidirectional，bidirectional参数是双向传输的，其目的是将相同的信息以不同的方式呈现给循环网络，这样可以提高精度并缓解遗忘问题。双向GRU是一种常见的GRU变体，常用于自然语言处理任务。

GRU特别依赖于顺序或时间，它按顺序处理输入序列的时间步，而打乱时间步或反转时间步会完全改变GRU从序列中提取的表示。正是由于这个原因，如果顺序对问题很重要（比如室温预测等问题），GRU的表现就会很好。

双向GRU利用了这种顺序敏感性，每个GRU分别沿一个方向对输入序列进行处理（时间正序和时间逆序），然后将它们的表示合并在一起，如图9-7所示。通过沿这两个方向处理序列，双向GRU可以捕捉到可能被单向GRU所忽略的特征模式。

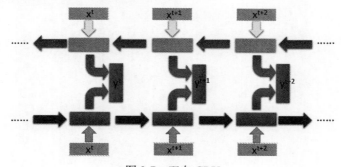

图9-7 双向GRU

一般来说，按时间正序的模型会优于按时间逆序的模型。但是对应文本分类等问题，一个单词对理解句子的重要性通常并不取决于它在句子中的位置，即用正序序列和逆序序列，或者随机打断"词语（不是字）"出现的位置，之后将新的数据作为样本输入给GRU进行重新训练并评估，性能几乎相同。这证实了一个假设：虽然单词顺序对理解语言很重要，但使用哪种顺序并不重要。

$$\vec{h}_{it} = \overrightarrow{GRU}(x_{it}), t \in [1, T]$$

$$\overleftarrow{h}_{it} = \overleftarrow{GRU}(x_{it}), t \in [T, 1]$$

双向循环层还有一个好处是，在机器学习中，如果一种数据表示不同但有用，那么总是值得加以利用，这种表示与其他表示的差异越大越好，它们提供了查看数据的全新角度，抓住了数据中被其他方法忽略的内容，因此可以提高模型在某个任务上的性能。

9.3　本章小结

本章介绍了循环神经网络的基本用途与理论定义方法，可以看到循环神经网络能够较好地对序列的离散数据进行处理，这是一种较好的处理方法。但是在实际应用中读者应该会发现，这种模型训练的结果差强人意。

但是读者不用担心，因为每个深度学习模型设计人员都是从最基本的内容开始学习的，后续我们还会学习更为高级的PyTorch编程方法。

第10章 从零开始学习自然语言处理的编码器

好吧,我们又要从0开始了。

前面的章节带领读者掌握了使用多种方式对字符进行表示的方法。例如原始的One-Hot方法,现在较为常用的Word2Vec和FastText方法等。这些都是将字符进行向量化处理的方法。

问题来了,无论是使用旧方法还是现在常用的方法,或者是将来出现的新方法,有没有一个统一的称谓?答案是有的,所有的这些处理方法都可以被简称为Encoder(编码器),如图10-1所示。

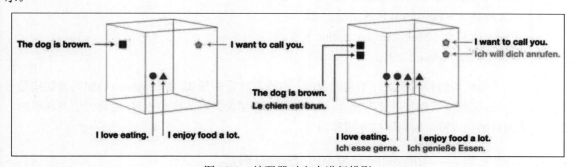

图10-1 编码器对文本进行投影

编码器的作用是构造一种能够存储字符(词)的若干个特征的表达方式(虽然这个特征具体是什么我们也不知道,但这样做就行了),这个就是前文讲的Embedding形式。

本章将从一个简单的编码器开始,介绍其核心架构、整体框架及其实现,并以此为基础引入编程实战,即一个对汉字和拼音转换的翻译。

但是编码器并不是简单地使用,其更重要的内容是在此基础上引入transform架构的基础概念,这是目前最为流行和通用的编码器架构,并在此基础上衍生出了更多的内容,这在第11章会详细介绍。本章着重讲解通用解码器,读者可以将其当成独立的内容来学习。

10.1 编码器的核心——注意力模型

编码器的作用是对输入的字符序列进行编码处理，从而获得特定的词向量结果。为了简便起见，作者直接使用transformer的编码器方案，这也是目前最为常用的编码器架构方案。编码器的结构如图10-2所示。

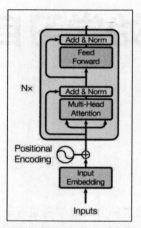

图 10-2　编码器结构示意图

从图10-2可见，编码器由以下多个模块构成：

- 初始词向量（Input Embedding）层。
- 位置编码器（Positional Encoding）层。
- 多头自注意力（Multi-Head Attention）层。
- 前馈（Feed Forward）层。

实际上，编码器的构成模块并不是固定的，也没有特定的形式，transformer的编码器架构是目前最为常用的，因此接下来将以此为例进行介绍。首先介绍编码器的核心内容：注意力模型和架构，然后以此为基础完成整个编码器的介绍和编写。

10.1.1　输入层——初始词向量层和位置编码器层

初始词向量层和位置编码器层是数据输入最初的层，作用是将输入的序列通过计算组合成向量矩阵，如图10-3所示。

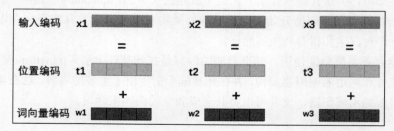

图 10-3　输入层

下面对每一部分依次进行讲解。

1. 初始词向量层

如同大多数的向量构建方法一样，首先将每个输入单词通过词嵌入算法转换为词向量。其中每个词向量被设定为固定的维度，本书后面将所有词向量的维度设置为312。具体代码如下：

```
import torch
word_embedding_table = torch.nn.Embedding(num_embeddings=encoder_vocab_size, embedding_dim=312)
encoder_embedding = word_embedding_table(inputs)
```

这里对代码进行解释，首先使用torch.nn.Embedding函数创建了一个随机初始化的向量矩阵，encoder_vocab_size是字库的个数，一般在编码器中字库是包含所有可能出现的"字"的集合。而embedding_dim定义的Embedding向量维度，这里使用通用的312即可。

词向量初始化在PyTorch中只发生在最底层的编码器中。额外讲一下，所有的编码器都有一个相同的特点，即它们接收一个向量列表，列表中的每个向量大小为312维。在底层（最开始）编码器中，它就是词向量，但是在其他编码器中，它就是下一层编码器的输出（也是一个向量列表）。

2. 位置编码

位置编码是一个既重要又有创新性的结构输入。一般自然语言处理使用的都是连续的长度序列，因此为了使用输入的顺序信息，需要将序列对应的相对位置和绝对位置信息注入模型中。

基于此目的，一个朴素的想法就是将位置编码设计成与词嵌入同样大小的向量维度，之后将其直接相加使用，从而使得模型能够既获取到词嵌入信息，也能获取到位置信息。

具体来说，位置向量的获取方式有以下两种：

- 通过模型训练所得。
- 根据特定的公式计算所得（用不同频率的sin和cos函数直接计算）。

因此，在实际操作中，模型插入位置编码可以设计一个可以随模型训练的层，也可以使用一个计算好的矩阵直接插入序列的位置函数，公式如下：

$$PE_{(pos, 2i)} = \sin(pos / 10000^{2i/d_{model}})$$

$$PE_{(pos, 2i+1)} = \cos(pos / 10000^{2i/d_{model}})$$

序列中任意一个位置都可以用三角函数表示，pos是输入序列的最大长度，i是序列中依次的各个位置，d_{model}是设定的与词向量相同的位置312。代码如下：

```
class PositionalEncoding(torch.nn.Module):
    def __init__(self, d_model = 312, dropout = 0.05, max_len=80):
        """
        :param d_model: pe编码维度，一般与Word Embedding相同，方便相加
        :param dropout: dorp out
        :param max_len: 语料库中最长句子的长度，即Word Embedding中的L
        """
        super(PositionalEncoding, self).__init__()
        # 定义drop out
        self.dropout = torch.nn.Dropout(p=dropout)
```

```
            # 计算pe编码
            pe=torch.zeros(max_len, d_model) # 建立空表，每行代表一个词的位置，每列代表一个编码位
            position = torch.arange(0, max_len).unsqueeze(1) # 建个arrange表示词的位置，以便使
用公式计算, size=(max_len,1)
            div_term = torch.exp(torch.arange(0, d_model, 2) * #计算公式中的10000**(2i/d_model)
                        -(math.log(10000.0) / d_model))
            pe[:, 0::2] = torch.sin(position * div_term)  # 计算偶数维度的pe值
            pe[:, 1::2] = torch.cos(position * div_term)  # 计算奇数维度的pe值
            pe = pe.unsqueeze(0)  # size=(1, L, d_model)，为了后续与word_embedding相加，意为batch
维度下的操作相同
            self.register_buffer('pe', pe)  # pe值是不参加训练的

    def forward(self, x):
        # 输入的最终编码 = word_embedding + positional_embedding
        x = x + self.pe[:, :x.size(1)].clone().detach().requires_grad_(False)
        return self.dropout(x) # size = [batch, L, d_model]
```

这种位置编码函数的写法过于复杂，读者直接使用即可。最终将词向量矩阵和位置编码组合如图10-4所示。

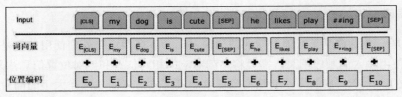

图10-4　初始词向量

10.1.2　自注意力层

自注意力层不但是本章的重点，而且是本书的重要内容（然而实际上非常简单）。

注意力层是使用注意力机制构建的，是能够脱离距离的限制建立相互关系的一种计算机制。注意力机制最早是在视觉图像领域提出的，来自于2014年"谷歌大脑"团队的论文*Recurrent Models of Visual Attention*，其在RNN模型上使用了注意力机制来进行图像分类。

随后，Bahdanau等在论文*Neural Machine Translation by Jointly Learning to Align and Translate*中，使用类似注意力的机制在机器翻译任务上将翻译和对齐同时进行，这实际上是第一次将注意力机制应用到NLP领域中。

接下来，注意力机制被广泛应用于基于RNN/CNN等神经网络模型的各种NLP任务中。2017年，Google机器翻译团队发表的*Attention is all you need*中大量使用了自注意力（Self-Attention）机制来学习文本表示。自注意力机制也成为大家近期的研究热点，并在各种自然语言处理任务上进行探索。

自然语言中的自注意力机制通常指的是不使用其他额外的信息，只使用自我注意力的形式关注本身，进而从句子中抽取相关信息。自注意力又称作内部注意力，它在很多任务上都有十分出色的表现，比如阅读理解、文本继承、自动文本摘要等。

下面将介绍一个简单的自注意机制。

本章内容非常重要，建议读者第一次先通读一遍本章内容，再结合实战代码部分重新阅读2遍以上。

1. 自注意力中的Query、Key和Value

自注意力机制是进行自我关注从而抽取相关信息的机制。从具体实现来看，注意力函数的本质可以被描述为一个查询（Query）到一系列键-值（key-value）对的映射，它们被作为一种抽象的向量，主要用于计算和辅助自注意力，如图10-5所示。

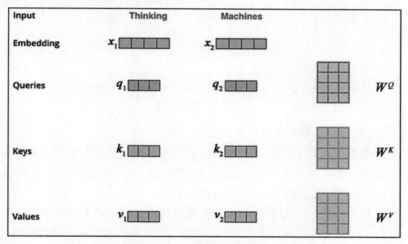

图 10-5　自注意力机制

如图10-5所示，一个单词Thinking经过向量初始化后，经过3个不同的全连接层重新计算后获取特定维度的值，即看到的q_1，而q_2的来历也是如此。单词Machines经过Embedding向量初始化后，经过与上一个单词相同的全连接层计算，之后依次将q_1和q_2连接起来，组成一个新的连接后的二维矩阵W^Q，被定义成Query。

```
W^Q = concat([q₁, q₂],axis = 0)
```

而由于是自注意力机制，因此Key和Value和Query的值相同，如图10-6所示。

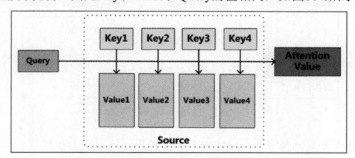

图 10-6　自注意力层中的 Query、Key 和 Value

2. 使用Query、Key和Value计算自注意力的值

下面使用Query、Key和Value计算自注意力的值，其过程如下：

（1）将Query和每个Key进行相似度计算得到权重，常用的相似度函数有点积、拼接、感知机等，这里使用的是点积计算，如图10-7所示。

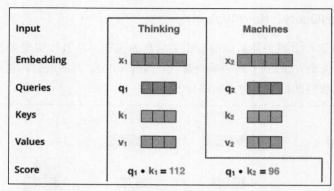

图 10-7　点积计算

（2）使用一个Softmax函数对这些权重进行归一化。

Softmax函数的作用是计算不同输入之间的权重"分数"，又称为权重系数。例如，正在考虑Thinking这个词，就用它的q_1乘以每个位置的k_i，随后将得分加以处理再传递给Softmax，然后通过Softmax计算，其目的是使分数归一化，如图10-8所示。

这个Softmax计算分数决定了每个单词在该位置表达的程度。相关联的单词将具有相应位置上最高的Softmax分数。用这个得分乘以每个Value向量，可以增强需要关注单词的值，或者降低对不相关单词的关注度。

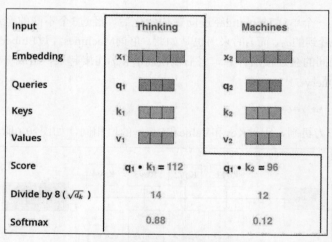

图 10-8　使用 Softmax 函数

Softmax的分数决定了当前单词在每个句子中每个单词位置的表示程度。很明显，当前单词对应句子中此单词所在位置的Softmax的分数最高，但是有时attention机制也能关注到此单词外的其他单词。

（3）每个Value向量乘以Softmax后的得分，如图10-9所示。

累加计算相关向量。这会在此位置产生自注意力层的输出（对于第一个单词），即将权重和相应的键值Value进行加权求和，得到最后的注意力值。

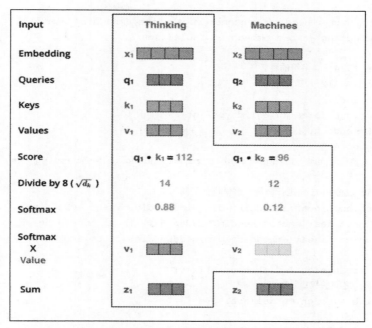

图 10-9 乘以 Softmax

总结自注意力的计算过程,根据输入的 query 与 key 计算两者之间的相似性或相关性,之后通过一个 Softmax 来对值进行归一化处理,获得注意力权重值,然后对 Value 进行加权求和,并得到最终的 Attention 数值。然而,在实际的实现过程中,该计算会以矩阵的形式完成,以便更快地处理。自注意力公式如下:

$$\text{Attention}(\text{Query},\text{Source}) = \sum_{i=1}^{Lx} \text{Similarity}(\text{Query},\text{key}_i) \times \text{Value}_i$$

换成更为通用的矩阵点积的形式来实现,其结构和形式如图10-10所示。

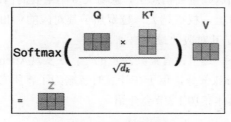

图 10-10 矩阵点积

3. 自注意力的代码实现

下面进行自注意力的代码实现,实际上通过上面两步的讲解,自注意力模型的基本架构其实并不复杂,基本代码如下(仅供演示)。

【程序10-1】

```
import torch
import math
import einops.layers.torch as elt
# word_embedding_table =
```

```
torch.nn.Embedding(num_embeddings=encoder_vocab_size,embedding_dim=312)
    # encoder_embedding = word_embedding_table(inputs)

    vocab_size = 1024    #字符的种类
    embedding_dim = 312
    hidden_dim = 256
    token = torch.ones(size=(5,80),dtype=int)
    #创建一个输入Embedding值
    input_embedding = 
torch.nn.Embedding(num_embeddings=vocab_size,embedding_dim=embedding_dim)(token)

    #对输入的input_embedding进行修正,这里进行了简写
    query = torch.nn.Linear(embedding_dim,hidden_dim)(input_embedding)
    key = torch.nn.Linear(embedding_dim,hidden_dim)(input_embedding)
    value = torch.nn.Linear(embedding_dim,hidden_dim)(input_embedding)

    key = elt.Rearrange("b l d -> b d l")(key)
    #计算query与key之间的权重系数
    attention_prob = torch.matmul(query,key)

    #使用softmax对权重系数进行归一化计算
    attention_prob = torch.softmax(attention_prob,dim=-1)

    #计算权重系数与value的值,从而获取注意力值
    attention_score = torch.matmul(attention_prob,value)

    print(attention_score.shape)
```

核心代码实现起来实际上很简单,这里读者先掌握这些核心代码即可。

换个角度,从概念上对注意力机制进行解释,注意力机制可以理解为从大量信息中有选择地筛选出少量重要信息并聚焦到这些重要信息上,忽略大多不重要的信息,这种思路仍然成立。聚焦的过程体现在权重系数的计算上,权重越大,越聚焦于其对应的Value值上,即权重代表信息的重要性,而权重与Value的点积是其对应的最终信息。

完整的注意力层代码如下。这里读者需要注意的是,在实现Attention的完整代码中,相对于前面的代码段,在这里加入了mask部分,用于在计算时忽略为了将所有的序列padding成一样的长度而进行的掩码计算的操作,具体在10.1.3节会介绍。

【程序10-2】

```
import torch
import math
import einops.layers.torch as elt

class Attention(torch.nn.Module):
    def __init__(self,embedding_dim = 312,hidden_dim = 256):
        super().__init__()
        self.query_layer = torch.nn.Linear(embedding_dim, hidden_dim)
        self.key_layer = torch.nn.Linear(embedding_dim, hidden_dim)
        self.value_layer = torch.nn.Linear(embedding_dim, hidden_dim)
```

```python
def forward(self,embedding,mask):
    input_embedding = embedding
    
    query = self.query_layer(input_embedding)
    key = self.key_layer(input_embedding)
    value = self.value_layer(input_embedding)
    
    key = elt.Rearrange("b l d -> b d l")(key)
    # 计算query与key之间的权重系数
    attention_prob = torch.matmul(query, key)
    
    # 使用softmax对权重系数进行归一化计算
    attention_prob += mask * -1e5   # 在自注意力权重基础上加上掩码值
    attention_prob = torch.softmax(attention_prob, dim=-1)
    
    # 计算权重系数与value的值，从而获取注意力值
    attention_score = torch.matmul(attention_prob, value)
    return (attention_score)
```

具体结果请读者自行打印查阅。

10.1.3 ticks 和 Layer Normalization

10.1.2节的最后，我们基于PyTorch 2.0自定义层的形式编写了注意力模型的代码。与演示的代码有区别的是，实战代码中在这一部分的自注意层中还额外加入了mask值，即掩码层。掩码层的作用是获取输入序列的"有意义的值"，而忽视本身就是用作填充或补全序列的值。一般用0表示有意义的值，而用1表示填充值（这点并不固定，0和1的意思可以互换）。

```
[2,3,4,5,5,4,0,0,0] -> [0,0,0,0,0,0,1,1,1]
```

掩码计算的代码如下：

```python
def create_padding_mark(seq):
    mask = torch.not_equal(seq, 0).float()
    mask = torch.unsqueeze(mask, dim=-1)
    return mask
```

此外，计算出的Query与Key的点积还需要除以一个常数，其作用是缩小点积的值以方便进行Softmax计算。这常被称为ticks，即采用一个小技巧使得模型训练能够更加准确和便捷。Layer Normalization函数也是如此。下面对其进行详细介绍。

Layer Normalization函数是专门用作对序列进行整形的函数，其目的是防止字符序列在计算过程中发散，从而使得神经网络在拟合的过程中受影响。PyTorch 2.0中对Layer Normalization的使用准备了高级API，调用如下：

```
layer_norm = torch.nn.LayerNorm(normalized_shape, eps=1e-05, elementwise_affine=True, device=None, dtype=None)函数
embedding = layer_norm(embedding)    #使用layer_norm对输入数据进行处理
```

图10-11展示了Layer Normalization函数与Batch Normalization函数的不同。从图10-11中可以看到，Batch Normalization是对一个batch中不同序列中处于同一位置的数据进行归一化计算，而Layer

Normalization是对同一序列中不同位置的数据进行归一化处理。

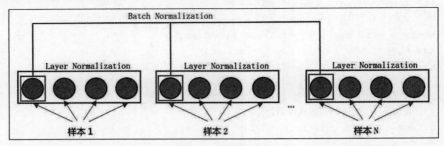

图 10-11　Layer Normalization 函数与 Batch Normalization 函数的不同

有兴趣的读者可以展开学习，这里就不再过多阐述了。具体的使用如下（注意一定要显式声明归一化的维度）：

```
embedding = torch.rand(size=(5,80,312))
print(torch.nn.LayerNorm(normalized_shape=[80,312])(embedding).shape)  #显式声明归一化的维度
```

10.1.4　多头注意力

10.1.2节的最后实现了使用PyTorch 2.0自定义层编写自注意力模型。从中可以看到，除了使用自注意力核心模型以外，还额外加入了掩码层和点积的除法运算，以及为了整形所使用的Layer Normalization函数。实际上，这些都是为了使得整体模型在训练时更加简易和便捷而做出的优化。

读者应该发现了，前面无论是掩码计算、点积计算还是使用Layer Normalization，都是在一些细枝末节上的修补，有没有可能对注意力模型进行较大的结构调整，使其更加适应模型的训练？

下面在此基础上介绍一种较为大型的ticks，即多头注意力（Multi-Head Attention）架构，该架构在原始的自注意力模型的基础上做出了较大的优化。

多头注意力架构如图10-12所示，Query、Key、Value首先经过一个线性变换，之后计算相互之间的注意力值。相对于原始自注意计算方法，注意这里的计算要做h次（h为"头"的数目），其实也就是所谓的多头，每次算一个头，而每次Query、Key、Value进行线性变换的参数W是不一样的。

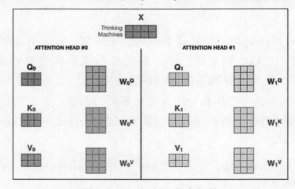

图 10-12　多头注意力架构

将h次缩放点积注意力值的结果进行拼接，再进行一次线性变换，得到的值作为多头注意力的结果，如图10-13所示。

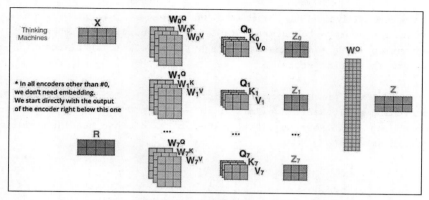

图 10-13　多头注意力的结果

可以看到，这样计算得到的多头注意力值的不同之处在于，进行了 h 次计算，而不只是计算一次。这样做的好处是可以允许模型在不同的表示子空间中学习到相关的信息，并且相对于单独的注意力模型，多头注意力模型的计算复杂度大大降低了。拆分多头模型的代码如下：

```python
def splite_tensor(tensor,h_head):
    embedding = elt.Rearrange("b l (h d) -> b l h d",h = h_head)(tensor)
    embedding = elt.Rearrange("b l h d -> b h l d", h=h_head)(embedding)
    return embedding
```

在此基础上，可以对注意力模型进行修正，新的多头注意力层代码如下：

【程序10-3】

```python
class Attention(torch.nn.Module):
    def __init__(self,embedding_dim = 312,hidden_dim = 312,n_head = 6):
        super().__init__()
        self.n_head = n_head
        self.query_layer = torch.nn.Linear(embedding_dim, hidden_dim)
        self.key_layer = torch.nn.Linear(embedding_dim, hidden_dim)
        self.value_layer = torch.nn.Linear(embedding_dim, hidden_dim)

    def forward(self,embedding,mask):
        input_embedding = embedding
        query = self.query_layer(input_embedding)
        key = self.key_layer(input_embedding)
        value = self.value_layer(input_embedding)
        query_splited = self.splite_tensor(query,self.n_head)
        key_splited = self.splite_tensor(key,self.n_head)
        value_splited = self.splite_tensor(value,self.n_head)

        key_splited = elt.Rearrange("b h l d -> b h d l")(key_splited)
        # 计算query与key之间的权重系数
        attention_prob = torch.matmul(query_splited, key_splited)

        # 使用softmax对权重系数进行归一化计算
        attention_prob += mask * -1e5    # 在自注意力权重的基础上加上掩码值
        attention_prob = torch.softmax(attention_prob, dim=-1)
```

```
        # 计算权重系数与value的值，从而获取注意力值
        attention_score = torch.matmul(attention_prob, value_splited)
        attention_score = elt.Rearrange("b h l d -> b l (h d)")(attention_score)
        return (attention_score)

    def splite_tensor(self,tensor,h_head):
        embedding = elt.Rearrange("b l (h d) -> b l h d",h = h_head)(tensor)
        embedding = elt.Rearrange("b l h d -> b h l d", h=h_head)(embedding)
        return embedding

if __name__ == '__main__':
    embedding = torch.rand(size=(5,16,312))
    mask = torch.ones((5,1,16,1))     #注意设计mask的位置，长度是16
    Attention()(embedding,mask)
```

相比较单一的注意力模型，多头注意力模型能够简化计算，并且在更多维的空间对数据进行整合。最新的研究表明，实际上使用"多头"注意力模型，每个"头"所关注的内容并不一致，有的"头"关注相邻之间的序列，而有的"头"会关注更远处的单词。

图10-14展示了一个8头注意力模型的架构，具体请读者自行实现。

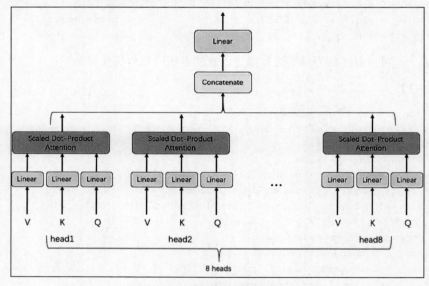

图10-14 8头注意力模型的架构

10.2　编码器的实现

本节开始介绍编码器的写法。

前面的章节对编码器的核心部件——注意力模型做了介绍，并且对输入端的词嵌入初始化方法和位置编码做了介绍，正如一开始所介绍的，本节将使用transformer的编码器方案来构建，这是目前最为常用的架构方案。

从图10-15中可以看到，一个编码器的构建分成3部分：初始向量层、注意力层和前馈层。

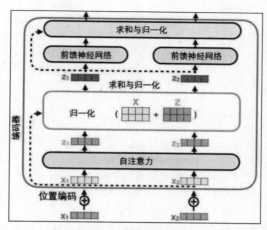

图 10-15　编码器的构建

初始向量层和注意力层在10.1节已经介绍完毕，本节将介绍最后一部分：前馈层。之后将使用这3部分构建本书的编码器架构。

10.2.1　前馈层的实现

从编码器输入的序列经过一个自注意力层后，会传递到前馈神经网络中，这个神经网络被称为"前馈层"。这个前馈层的作用是进一步整形通过注意力层获取的整体序列向量。

本书的解码器遵循的是transformer架构，因此参考transformer中解码器的构建，如图10-16所示。相信读者看到图10-16一定会很诧异，是否放错图了？并没有。

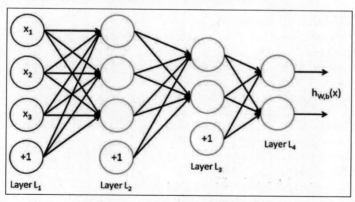

图 10-16　transformer 中解码器的构建

所谓前馈神经网络，实际上就是加载了激活函数的全连接层神经网络（或者使用一维卷积实现的神经网络，这点不在这里介绍）。

既然了解了前馈神经网络，其实现也很简单，代码如下。

【程序10-4】

```
import torch

class FeedForWard(torch.nn.Module):
    def __init__(self,embdding_dim = 312,scale = 4):
```

```python
        super().__init__()
        self.linear1 = torch.nn.Linear(embdding_dim,embdding_dim*scale)
        self.relu_1 = torch.nn.ReLU()
        self.linear2 = torch.nn.Linear(embdding_dim*scale,embdding_dim)
        self.relu_2 = torch.nn.ReLU()
        self.layer_norm = torch.nn.LayerNorm(normalized_shape=embdding_dim)
    def forward(self,tensor):
        embedding = self.linear1(tensor)
        embedding = self.relu_1(embedding)
        embedding = self.linear2(embedding)
        embedding = self.relu_2(embedding)
        embedding = self.layer_norm(embedding)
        return embedding
```

代码很简单，需要提醒读者的是，以上代码使用了两个全连接神经网络来实现前馈神经网络，然而实际上为了减少参数，减轻运行负担，可以使用一维卷积或者"空洞卷积"替代全连接层实现前馈神经网络，具体读者可以自行完成。

10.2.2 编码器的实现

经过前面的分析可以得知，实现一个transformer架构的编码器并不困难，只需要按架构依次将其组合在一起即可。下面按步提供代码，读者可参考注释进行学习。

```python
import torch
import math
import einops.layers.torch as elt

class FeedForWard(torch.nn.Module):
    def __init__(self,embdding_dim = 312,scale = 4):
        super().__init__()
        self.linear1 = torch.nn.Linear(embdding_dim,embdding_dim*scale)
        self.relu_1 = torch.nn.ReLU()
        self.linear2 = torch.nn.Linear(embdding_dim*scale,embdding_dim)
        self.relu_2 = torch.nn.ReLU()
        self.layer_norm = torch.nn.LayerNorm(normalized_shape=embdding_dim)
    def forward(self,tensor):
        embedding = self.linear1(tensor)
        embedding = self.relu_1(embedding)
        embedding = self.linear2(embedding)
        embedding = self.relu_2(embedding)
        embedding = self.layer_norm(embedding)
        return embedding

class Attention(torch.nn.Module):
    def __init__(self,embedding_dim = 312,hidden_dim = 312,n_head = 6):
        super().__init__()
        self.n_head = n_head
        self.query_layer = torch.nn.Linear(embedding_dim, hidden_dim)
        self.key_layer = torch.nn.Linear(embedding_dim, hidden_dim)
        self.value_layer = torch.nn.Linear(embedding_dim, hidden_dim)
```

```python
    def forward(self,embedding,mask):
        input_embedding = embedding

        query = self.query_layer(input_embedding)
        key = self.key_layer(input_embedding)
        value = self.value_layer(input_embedding)

        query_splited = self.splite_tensor(query,self.n_head)
        key_splited = self.splite_tensor(key,self.n_head)
        value_splited = self.splite_tensor(value,self.n_head)

        key_splited = elt.Rearrange("b h l d -> b h d l")(key_splited)
        # 计算query与key之间的权重系数
        attention_prob = torch.matmul(query_splited, key_splited)

        # 使用softmax对权重系数进行归一化计算
        attention_prob += mask * -1e5   # 在自注意力权重的基础上加上掩码值
        attention_prob = torch.softmax(attention_prob, dim=-1)

        # 计算权重系数与value的值，从而获取注意力值
        attention_score = torch.matmul(attention_prob, value_splited)
        attention_score = elt.Rearrange("b h l d -> b l (h d)")(attention_score)

        return (attention_score)

    def splite_tensor(self,tensor,h_head):
        embedding = elt.Rearrange("b l (h d) -> b l h d",h = h_head)(tensor)
        embedding = elt.Rearrange("b l h d -> b h l d", h=h_head)(embedding)
        return embedding


class PositionalEncoding(torch.nn.Module):
    def __init__(self, d_model = 312, dropout = 0.05, max_len=80):
        """
        :param d_model: pe编码维度，一般与Word Embedding相同，方便相加
        :param dropout: dorp out
        :param max_len: 语料库中最长句子的长度，即Word Embedding中的L
        """
        super(PositionalEncoding, self).__init__()
        # 定义drop out
        self.dropout = torch.nn.Dropout(p=dropout)
        # 计算pe编码
        pe = torch.zeros(max_len, d_model) #建立空表，每行代表一个词的位置，每列代表一个编码位
        position = torch.arange(0, max_len).unsqueeze(1) # 建个arrange表示词的位置，以便使用公式计算，size=(max_len,1)
        div_term = torch.exp(torch.arange(0, d_model, 2)* # 计算公式中的10000**(2i/d_model)
                             -(math.log(10000.0) / d_model))
        pe[:, 0::2] = torch.sin(position * div_term)   # 计算偶数维度的pe值
        pe[:, 1::2] = torch.cos(position * div_term)   # 计算奇数维度的pe值
        pe = pe.unsqueeze(0)  # size=(1, L, d_model)，为了后续与word_embedding相加，意为batch维度下的操作相同
        self.register_buffer('pe', pe)   # pe值是不参加训练的
```

```python
    def forward(self, x):
        # 输入的最终编码 = word_embedding + positional_embedding
        x = x + self.pe[:, :x.size(1)].clone().detach().requires_grad_(False)
        return self.dropout(x) # size = [batch, L, d_model]


class Encoder(torch.nn.Module):
    def __init__(self,vocab_size = 1024,max_length = 80,embedding_size = 312,n_head = 6,scale = 4,n_layer = 3):
        super().__init__()
        self.n_layer = n_layer
        self.embedding_table = torch.nn.Embedding(num_embeddings=vocab_size,embedding_dim=embedding_size)
        self.position_embedding = PositionalEncoding(max_len=max_length)
        self.attention = Attention(embedding_size,embedding_size,n_head)
        self.feedward = FeedForWard()
    def forward(self,token_inputs):
        token = token_inputs
        mask = self.create_mask(token)

        embedding = self.embedding_table(token)
        embedding = self.position_embedding(embedding)
        for _ in range(self.n_layer):
            embedding = self.attention(embedding,mask)
            embedding = torch.nn.Dropout(0.1)(embedding)
            embedding = self.feedward(embedding)

        return embedding

    def create_mask(self,seq):
        mask = torch.not_equal(seq, 0).float()
        mask = torch.unsqueeze(mask, dim=-1)
        mask = torch.unsqueeze(mask, dim=1)
        return mask


if __name__ == '__main__':
    seq = torch.ones(size=(3,80),dtype=int)
    Encoder()(seq)
```

可以看到，真正实现一个编码器，从理论和架构上来说并不困难，只需要读者细心即可。

10.3 实战编码器：拼音汉字转化模型

本节将结合前面两节的内容实战编码器，即使用编码器完成一个训练——拼音与汉字的转化，类似图10-17的效果。

图 10-17 拼音和汉字

10.3.1 汉字拼音数据集处理

首先是数据集的准备和处理,在本例中准备了15万条汉字和拼音对应的数据。

1. 数据集展示

汉字拼音数据集如下:

```
A11_0    lv4 shi4 yang2 chun1 yan1 jing3 da4 kuai4 wen2 zhang1 de di3 se4 si4 yue4 de
lin2 luan2 geng4 shi4 lv4 de2 xian1 huo2 xiu4 mei4 shi1 yi4 ang4 ran2 绿 是 阳 春 烟 景 大
块 文 章 的 底 色 四 月 的 林 峦 更 是 绿 得 鲜 活 秀 媚 诗 意 盎 然

A11_1     ta1 jin3 ping2 yao1 bu4 de li4 liang4 zai4 yong3 dao4 shang4 xia4 fan1 teng2
yong3 dong4 she2 xing2 zhuang4 ru2 hai3 tun2 yi1 zhi2 yi3 yi1 tou2 de you1 shi4 ling3 xian1
他 仅 凭 腰 部 的 力 量 在 泳 道 上 下 翻 腾 蛹 动 蛇 行 状 如 海 豚 一 直 以 一 头 的 优 势 领 先

A11_10    pao4 yan3 da3 hao3 le zha4 yao4 zen3 me zhuang1 yue4 zheng4 cai2 yao3 le yao3
ya2 shu1 de tuo1 qu4 yi1 fu2 guang1 bang3 zi chong1 jin4 le shui3 cuan4 dong4  炮 眼 打 好
了 炸 药 怎 么 装 岳 正 才 咬 了 咬 牙 倏 地 脱 去 衣 服 光 膀 子 冲 进 了 水 窜 洞

A11_100   ke3 shei2 zhi1 wen2 wan2 hou4 ta1 yi1 zhao4 jing4 zi zhi3 jian4 zuo3 xia4 yan3
jian3 de xian4 you4 cu1 you4 hei1 yu3 you4 ce4 ming2 xian3 bu4 dui4 cheng1 可 谁 知 纹 完 后
她 一 照 镜 子 只 见 左 下 眼 睑 的 线 又 粗 又 黑 与 右 侧 明 显 不 对 称
```

简单介绍一下。数据集中的数据被分成3部分,每部分使用特定的空格键隔开:

```
A11_10 … … … ke3 shei2 … … …可 谁 … … …
```

- 第一部分A11_i为序号,表示序列的条数和行号。
- 第二部分是拼音编号,这里使用的是汉语拼音,与真实的拼音标注不同的是,去除了拼音的原始标注,而使用数字1、2、3、4替代,分别代表当前读音的第一声到第四声,这点请读者注意。
- 最后一部分是汉字序列,这里与第二部分的拼音部分一一对应。

2. 获取字库和训练数据

获取数据集中字库的个数是一个非常重要的问题,一个非常好的办法是使用set格式的数据读取全部字库中的不同字符。

创建字库和训练数据的完整代码如下:

```
max_length = 64
with open("zh.tsv", errors="ignore", encoding="UTF-8") as f:
    context = f.readlines()                                      #读取内容
    for line in context:
        line = line.strip().split(" ")                           #切分每行中的不同部分
        pinyin = ["GO"] + line[1].split(" ") + ["END"]           #处理拼音部分,在头尾加上起止符号
hanzi = ["GO"] + line[2].split(" ") + ["END"]                    #处理汉字部分,在头尾加上起止符号
        for _pinyin, _hanzi in zip(pinyin, hanzi):               #创建字库
            pinyin_vocab.add(_pinyin)
hanzi_vocab.add(_hanzi)
pinyin = pinyin + ["PAD"] * (max_length - len(pinyin))
        hanzi = hanzi + ["PAD"] * (max_length - len(hanzi))
        pinyin_list.append(pinyin)                               #创建拼音列表
hanzi_list.append(hanzi)                                         #创建汉字列表
```

这里说明一下,首先context读取了全部数据集中的内容,之后根据空格将其分成3部分。对于拼音和汉字部分,将其转化成一个序列,并在前后分别加上起止符GO和END。这实际上可以不用加,为了明确地描述起止关系,从而加上了起止标注。

实际上还需要加上一个特定符号PAD,这是为了对单行序列进行补全操作,最终的数据如下:

```
['GO', 'liu2', 'yong3' , … … …, 'gan1', ' END', 'PAD', 'PAD' , … … …]
['GO', '柳', '永', … … …, '感', ' END', 'PAD', 'PAD' , … … …]
```

pinyin_list和hanzi_list是两个列表,分别用来存放对应的拼音和汉字训练数据。最后不要忘记在字库中加上PAD符号。

```
pinyin_vocab = ["PAD"] + list(sorted(pinyin_vocab))
hanzi_vocab = ["PAD"] + list(sorted(hanzi_vocab))
```

3. 根据字库生成Token数据

获取的拼音标注和汉字标注的训练数据并不能直接用于模型训练,模型需要转化成token的一系列数字列表,代码如下:

```
def get_dataset():
    pinyin_tokens_ids = []      #新的拼音token列表
    hanzi_tokens_ids = []       #新的汉字token列表

for pinyin,hanzi in zip(tqdm(pinyin_list),hanzi_list):
#获取新的拼音token
        pinyin_tokens_ids.append([pinyin_vocab.index(char) for char in pinyin])
#获取新的汉字token
        hanzi_tokens_ids.append([hanzi_vocab.index(char) for char in hanzi])

    return pinyin_vocab,hanzi_vocab,pinyin_tokens_ids,hanzi_tokens_ids
```

代码中创建了两个新的列表，分别对拼音和汉字的token进行存储，获取的是根据字库序号编号后新的序列token。

10.3.2　汉字拼音转化模型的确定

下面进行模型的编写。

实际上，单纯使用在10.2节提供的模型也是可以的，但是一般来说需要对其进行修正。因此，单纯使用一层编码器对数据进行编码，在效果上可能并没有多层编码器的准确率高，一个简单方法是增加更多层的编码器对数据进行编码，如图10-18所示。

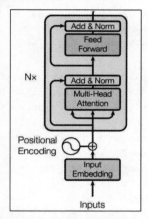

图 10-18　使用多层编码器进行编码

代码如下。

【程序10-5】

```
import torch
import math
import einops.layers.torch as elt

class FeedForWard(torch.nn.Module):
    def __init__(self,embdding_dim = 312,scale = 4):
        super().__init__()
        self.linear1 = torch.nn.Linear(embdding_dim,embdding_dim*scale)
        self.relu_1 = torch.nn.ReLU()
        self.linear2 = torch.nn.Linear(embdding_dim*scale,embdding_dim)
        self.relu_2 = torch.nn.ReLU()
        self.layer_norm = torch.nn.LayerNorm(normalized_shape=embdding_dim)
    def forward(self,tensor):
        embedding = self.linear1(tensor)
        embedding = self.relu_1(embedding)
        embedding = self.linear2(embedding)
        embedding = self.relu_2(embedding)
        embedding = self.layer_norm(embedding)
        return embedding

class Attention(torch.nn.Module):
```

```python
    def __init__(self,embedding_dim = 312,hidden_dim = 312,n_head = 6):
        super().__init__()
        self.n_head = n_head
        self.query_layer = torch.nn.Linear(embedding_dim, hidden_dim)
        self.key_layer = torch.nn.Linear(embedding_dim, hidden_dim)
        self.value_layer = torch.nn.Linear(embedding_dim, hidden_dim)


    def forward(self,embedding,mask):
        input_embedding = embedding

        query = self.query_layer(input_embedding)
        key = self.key_layer(input_embedding)
        value = self.value_layer(input_embedding)

        query_splited = self.splite_tensor(query,self.n_head)
        key_splited = self.splite_tensor(key,self.n_head)
        value_splited = self.splite_tensor(value,self.n_head)

        key_splited = elt.Rearrange("b h l d -> b h d l")(key_splited)
        # 计算query与key之间的权重系数
        attention_prob = torch.matmul(query_splited, key_splited)

        # 使用softmax对权重系数进行归一化计算
        attention_prob += mask * -1e5   # 在自注意力权重的基础上加上掩码值
        attention_prob = torch.softmax(attention_prob, dim=-1)

        # 计算权重系数与value的值，从而获取注意力值
        attention_score = torch.matmul(attention_prob, value_splited)
        attention_score = elt.Rearrange("b h l d -> b l (h d)")(attention_score)

        return (attention_score)

    def splite_tensor(self,tensor,h_head):
        embedding = elt.Rearrange("b l (h d) -> b l h d",h = h_head)(tensor)
        embedding = elt.Rearrange("b l h d -> b h l d", h=h_head)(embedding)
        return embedding


class PositionalEncoding(torch.nn.Module):
    def __init__(self, d_model = 312, dropout = 0.05, max_len=80):
        """
        :param d_model: pe编码维度，一般与Word Embedding相同，方便相加
        :param dropout: dorp out
        :param max_len: 语料库中最长句子的长度，即Word Embedding中的L
        """
        super(PositionalEncoding, self).__init__()
        # 定义drop out
        self.dropout = torch.nn.Dropout(p=dropout)
        # 计算pe编码
        pe = torch.zeros(max_len, d_model)  #建立空表，每行代表一个词的位置，每列代表一个编码位
```

第 10 章 从零开始学习自然语言处理的编码器

```python
        position = torch.arange(0, max_len).unsqueeze(1)  # 建个arrange表示词的位置，以便使
用公式计算，size=(max_len,1)
        div_term = torch.exp(torch.arange(0, d_model, 2) *       # 计算公式中10000**
(2i/d_model)
                             -(math.log(10000.0) / d_model))
        pe[:, 0::2] = torch.sin(position * div_term)  # 计算偶数维度的pe值
        pe[:, 1::2] = torch.cos(position * div_term)  # 计算奇数维度的pe值
        pe = pe.unsqueeze(0)   # size=(1, L, d_model)，为了后续与word_embedding相加，意为batch
维度下的操作相同
        self.register_buffer('pe', pe)   # pe值是不参加训练的

    def forward(self, x):
        # 输入的最终编码 = word_embedding + positional_embedding
        x = x + self.pe[:, :x.size(1)].clone().detach().requires_grad_(False)
        return self.dropout(x) # size = [batch, L, d_model]


class Encoder(torch.nn.Module):
    def __init__(self,vocab_size = 1024,max_length = 80,embedding_size = 312,n_head = 6,scale = 4,n_layer = 3):
        super().__init__()
        self.n_layer = n_layer
        self.embedding_table = torch.nn.Embedding(num_embeddings=vocab_size,embedding_dim=embedding_size)
        self.position_embedding = PositionalEncoding(max_len=max_length)
        self.attention = Attention(embedding_size,embedding_size,n_head)
        self.feedward = FeedForWard()
    def forward(self,token_inputs):
        token = token_inputs
        mask = self.create_mask(token)

        embedding = self.embedding_table(token)
        embedding = self.position_embedding(embedding)
        for _ in range(self.n_layer):
            embedding = self.attention(embedding,mask)
            embedding = torch.nn.Dropout(0.1)(embedding)
            embedding = self.feedward(embedding)

        return embedding

    def create_mask(self,seq):
        mask = torch.not_equal(seq, 0).float()
        mask = torch.unsqueeze(mask, dim=-1)
        mask = torch.unsqueeze(mask, dim=1)
        return mask
```

这里相对于10.2.2节中的编码器构建示例，使用了多头自注意力层和前馈层，需要注意的是，这里只是在编码器层中加入了更多层的多头注意力层和前馈层，而不是直接加载了更多的编码器。

10.3.3 模型训练部分的编写

剩下的是对模型的训练部分的编写。在这里采用简单的模型训练的方式完成代码的编写。

第一步：导入数据集和创建数据的生成函数。

对于数据的获取，由于模型在训练过程中不可能一次性将所有的数据导入，因此需要创建一个生成器，将获取的数据按批次发送给训练模型，在这里我们使用一个for循环来完成这个数据输入任务。

【程序10-6】

```
pinyin_vocab,hanzi_vocab,pinyin_tokens_ids,hanzi_tokens_ids = get_data.get_dataset()

batch_size = 32
train_length = len(pinyin_tokens_ids)
for epoch in range(21):
    train_num = train_length // batch_size
    train_loss, train_correct = [], []

    for i in tqdm(range((train_num))):
        ...
```

这段代码是数据的生成工作，按既定的batch_size大小生成数据batch，之后在epoch的循环中对数据输入进行迭代。

下面是训练模型的完整实战，代码如下。

【程序10-7】

```
import numpy as np
import torch
import attention_model
import get_data
max_length = 64
from tqdm import tqdm
char_vocab_size = 4462
pinyin_vocab_size = 1154

def get_model(embedding_dim = 312):
    model = torch.nn.Sequential(
        attention_model.Encoder(pinyin_vocab_size,max_length=max_length),
        torch.nn.Dropout(0.1),
        torch.nn.Linear(embedding_dim,char_vocab_size)
    )
    return model

device = "cuda"
model = get_model().to(device)
model = torch.compile(model)
optimizer = torch.optim.Adam(model.parameters(), lr=3e-5)
loss_func = torch.nn.CrossEntropyLoss()

pinyin_vocab,hanzi_vocab,pinyin_tokens_ids,hanzi_tokens_ids = get_data.get_dataset()
```

```
    batch_size = 32
    train_length = len(pinyin_tokens_ids)
    for epoch in range(21):
        train_num = train_length // batch_size
        train_loss, train_correct = [], []

        for i in tqdm(range((train_num))):
            model.zero_grad()
            start = i * batch_size
            end = (i + 1) * batch_size

            batch_input_ids = torch.tensor(pinyin_tokens_ids[start:end]).int().to(device)

            batch_labels = torch.tensor(hanzi_tokens_ids[start:end]).to(device)

            pred = model(batch_input_ids)

            batch_labels = batch_labels.to(torch.uint8)
            active_loss = batch_labels.gt(0).view(-1) == 1

            loss = loss_func(pred.view(-1, char_vocab_size)[active_loss],
batch_labels.view(-1)[active_loss])

            optimizer.zero_grad()
            loss.backward()
            optimizer.step()

        if (epoch +1) %10 == 0:
            state = {"net":model.state_dict(), "optimizer":optimizer.state_dict(),
"epoch":epoch}
            torch.save(state, "./saver/modelpara.pt")
```

通过将训练代码部分和模型组合在一起，即可完成模型的训练。而最后预测部分，即使用模型进行自定义实战拼音和汉字的转化，请读者自行完成。

10.4 本章小结

首先，需要向读者说明的是，本章的模型设计并没有完全遵守transformer中编码器的设计，而是仅建立了多头注意力层和前馈层，这是与真实的transformer中解码器不一致的地方。

其次，在数据的设计上，本章直接将不同字符或者拼音作为独立的字符进行存储，这样做的好处在于可以使数据的最终生成更简单，但是增加了字符个数，增大了搜索空间，因此对训练要求更高。还有一种划分方法，即将拼音拆开，使用字母和音标分离的方式进行处理，有兴趣的读者可以尝试一下。

再次，作者在写作本章时发现，对于输入的数据来说，这里输入的值是词嵌入的Embedding和位置编码的和，如果读者尝试只使用单一的词嵌入Embedding的话，可以发现，相对于使用叠加的Embedding值，单一的词嵌入Embedding对于同义字的分辨会产生问题，即：

qu4 na3去哪 去拿

qu4 na3的发音相同,无法分辨出到底是"去哪"还是"去拿"。有兴趣的读者可以测试一下,也可以深入此方面研究。

本章就是这些内容,但是相对于transformer架构来说,仅有编码器是不完整的,在编码器的基础上,还有对应的解码器,这将在第11章介绍,并且会解决一个非常重要的问题——文本对齐。

好了,读者一定急不可耐地想继续学习下去,但是请记住本章的阅读提示,如果你没有阅读本章内容3遍以上,建议重复阅读和练习本章内容,而不是直接学习下一章内容。

现在请你重新阅读本章内容,带着编码器和汉字拼音转化模型重新开始。

第 11 章
站在巨人肩膀上的预训练模型 BERT

学看到这里，读者应该对使用深度学习框架PyTorch 2.0进行自然语言处理有了一个基础性的认识，如果按部就班地学习，那么你会觉得这部分内容也不是很难。

在第10章介绍了一种新的基于注意力模型的编码器，如果读者在学习第10章内容时注意到，作为编码器的encoder_layer与用于分类的dense_layer（全连接层）可以分开独立使用，那么一个自然而然的想法就是能否将编码器层和全连接层分开，利用训练好的模型作为编码器独立使用，并且可以根据具体项目接上不同的"尾端"，以便在预训练好的编码器上通过"微调"进行训练。

有了想法就要行动起来。

11.1 预训练模型 BERT

BERT（Bidirectional Encoder Representation from Transformer）是2018年10月由Google AI研究院提出的一种预训练模型。其使用了第10章介绍的编码器结构的层级和构造方法，最大的特点是抛弃了传统的循环神经网络和卷积神经网络，通过注意力模型将任意位置的两个单词的距离转换成1，有效地解决了自然语言处理中棘手的文本长期依赖问题，如图11-1所示。

图 11-1　BERT

BERT实际上是一种替代了Word Embedding的新型文字编码方案，是目前计算文字在不同文本中的语境而"动态编码"的最优方法。BERT被用来学习文本句子的语义信息，比如经典的词向量表示。BERT包括句子级别的任务（如句子推断、句子间的关系）和字符级别的任务（如实体识别）。

11.1.1 BERT 的基本架构与应用

BERT的模型架构是一个多层的双向注意力结构的Encoder部分。本节先来看BERT的输入,再来看BERT的模型架构。

1. BERT的输入

BERT的输入的编码向量(长度是512)是3个嵌入特征的单位,如图11-2所示。

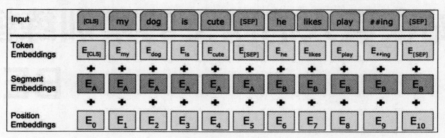

图 11-2　BERT 的输入

- 词嵌入(Token Embedding):根据每个字符在"字表"中的位置赋予一个特定的Embedding值。
- 位置嵌入(Position Embedding):将单词的位置信息编码成特征向量,是向模型中引入单词位置关系至关重要的一环。
- 分割嵌入(Segment Embedding):用于区分两个句子,例如B是不是A的下文(对话场景、问答场景等)。对于句子对,第一个句子的特征值是0,第二个句子的特征值是1。

2. BERT的模型架构

与第9章中介绍的编码器的结构相似,BERT实际上是由多个Encoder Block叠加而成的,通过使用注意力模型的多个层次来获得文本的特征提取,如图11-3所示。

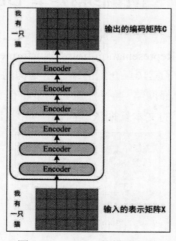

图 11-3　BERT 的模型架构

11.1.2 BERT 预训练任务与微调

在介绍BERT的预训练任务前，首先介绍BERT在使用时的思路，即BERT在训练过程中将自己的训练任务和可替换的微调系统（Fine-Tuning）分离。

1. 开创性的预训练任务方案

Fine-Tuning的目的是根据具体任务的需求替换不同的后端接口，即在已经训练好的语言模型的基础上，加入少量任务专门的属性。例如，对于分类问题，在语言模型的基础上加一层Softmax网络，然后在新的语料上重新训练来进行Fine-Tuning。除了最后一层外，所有的参数都没有变化，如图11-4所示。

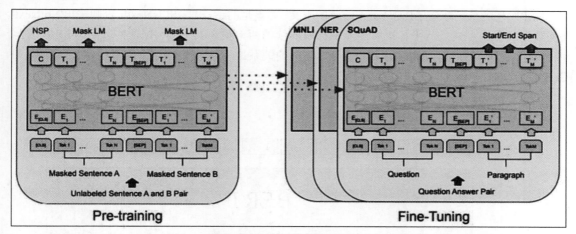

图 11-4　Fine-Tuning

BERT在设计时将其作为预训练模型进行训练任务，为了更好地让BERT掌握自然语言的含义并加深对语义的理解，BERT采用了多任务的方式，包括遮蔽语言模型（Masked Language Model，MLM）和下一个句子预测（Next Sentence Prediction，NSP）。

任务1：MLM

MLM是指在训练的时候随机从输入语料中遮蔽掉一些单词，然后通过上下文预测该单词，该任务非常像读者在中学时期经常做的完形填空。正如传统的语言模型算法和RNN匹配一样，MLM的这个性质和transformer的结构是非常匹配的。在BERT的实验中，15%的Embedding Token会被随机遮蔽掉。在训练模型时，一个句子会被多次"喂"到模型中用于参数学习，但是Google并没有每次都遮蔽这些单词，而是在确定要遮蔽的单词之后按一定比例进行处理：80%直接替换为[Mask]，10%替换为其他任意单词，10%保留原始Token。

- 80%：my dog is hairy -> my dog is [mask]。
- 10%：my dog is hairy -> my dog is apple。
- 10%：my dog is hairy -> my dog is hairy。

这么做的原因是，如果句子中的某个Token 100%被遮蔽，那么在Fine-Tuning的时候模型就会有一些没有见过的单词，如图11-5所示。

图 11-5　MLM

加入随机Token的原因是，Transformer要保持对每个输入Token的分布式表征，否则模型就会记住这个[mask]是Token 'hairy'。至于单词带来的负面影响，因为一个单词被随机替换的概率只有15%×10%=1.5%，所以这个负面影响其实是可以忽略不计的。

任务2：NSP

NSP的任务是判断句子B是不是句子A的下文。如果是的话，就输出'IsNext'，否则输出'NotNext'。训练数据的生成方式是从平行语料中随机抽取连续的两句话，其中50%保留抽取的两句话，符合IsNext关系；剩下的50%随机从语料中提取，它们的关系是NotNext的。这个关系保存在图11-6中的[CLS]符号中。

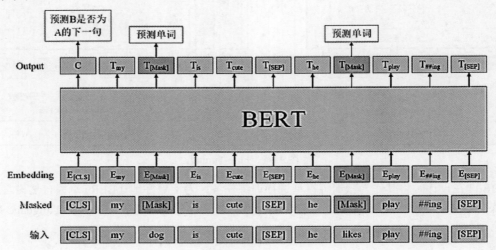

图 11-6　NSP

2. BERT用于具体的NLP任务（Fine-Tuning）

在海量单语料上训练完BERT之后，便可以将其应用到NLP的各个任务中了。对于其他任务来说，我们也可以根据BERT的输出信息做出对应的预测。图11-7展示了BERT在11个不同任务中的模型，它们只需要在BERT的基础上再添加一个输出层便可以完成对特定任务的微调。这些任务类似于我们做过的文科试卷，其中有选择题、简答题等。

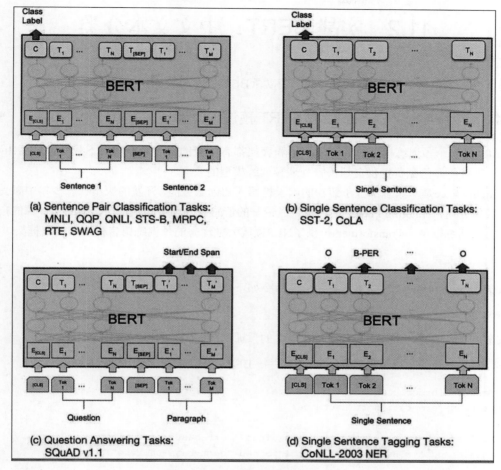

图 11-7 模型训练任务

预训练得到的BERT模型可以在后续执行NLP任务时进行微调（Fine-Tuning），主要涉及以下几项内容。

- 一对句子的分类任务：自然语言推断（MNLI）、句子语义等价判断（QQP）等，如图11-7（a）所示，需要将两个句子传入BERT，然后使用[CLS]的输出值C对句子对进行分类。
- 单个句子的分类任务：句子情感分析（SST-2）、判断句子语法是否可以接受（CoLA）等，如图11-7（b）所示。只需要输入一个句子，无须使用[SEP]标志，然后使用[CLS]的输出值C进行分类。
- 问答任务：SQuAD v1.1数据集，样本是语句对（Question, Paragraph）。其中，Question表示问题；Paragraph是一段来自Wikipedia的文本，包含问题的答案。训练的目标是在Paragraph中找出答案的位置（Start, End）。如图11-7（c）所示，将Question和Paragraph传入BERT，然后BERT根据Paragraph所有单词的输出预测Start和End的位置。
- 单个句子的标注任务：命名实体识别（NER）等。输入单个句子，然后根据BERT对每个单词的输出T，预测这个单词属于Person、Organization、Location、Miscellaneous，还是Other（非命名实体）。

11.2 实战 BERT：中文文本分类

前面介绍了BERT的结构与应用，本节将实战BERT的文本分类。

11.2.1 使用 Hugging Face 获取 BERT 预训练模型

BERT是一个预训练模型，其基本架构和存档都有相应的服务公司提供下载服务，而Hugging Face是一家目前专门免费提供自然语言处理预训练模型的公司。

Hugging Face是一家总部位于纽约的聊天机器人初创服务商，开发的应用在青少年中颇受欢迎，相比于其他公司，Hugging Face更加注重产品带来的情感以及环境因素。在GitHub上开源的自然语言处理、预训练模型库Transformers提供了NLP领域大量优秀的预训练语言模型和调用框架。

步骤 01 安装依赖。

安装Hugging Face依赖的方法很简单，命令如下：

```
pip install transformers
```

安装完成后，即可使用Hugging Face提供的预训练模型BERT。

步骤 02 使用 Hugging Face 提供的代码格式进行 BERT 的引入与使用，代码如下：

```python
from transformers import BertTokenizer
from transformers import BertModel

tokenizer = BertTokenizer.from_pretrained('bert-base-chinese')
pretrain_model = BertModel.from_pretrained("bert-base-chinese")
```

从网上下载该模型的过程如图 11-8 所示，模型下载完毕后即可使用。

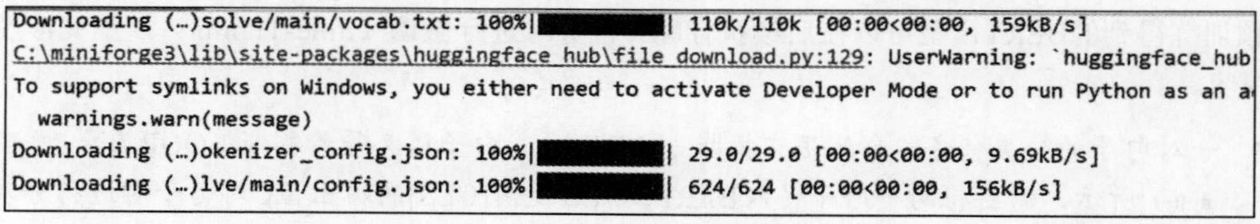

```
Downloading (…)solve/main/vocab.txt: 100%|        | 110k/110k [00:00<00:00, 159kB/s]
C:\miniforge3\lib\site-packages\huggingface_hub\file_download.py:129: UserWarning: `huggingface_hub
To support symlinks on Windows, you either need to activate Developer Mode or to run Python as an a
  warnings.warn(message)
Downloading (…)okenizer_config.json: 100%|        | 29.0/29.0 [00:00<00:00, 9.69kB/s]
Downloading (…)lve/main/config.json: 100%|        | 624/624 [00:00<00:00, 156kB/s]
```

图 11-8　从网上下载该模型的过程

下面的代码演示使用 BERT 编码器获取对应文本的 Token。

【程序11-1】

```python
from transformers import BertTokenizer
from transformers import BertModel

tokenizer = BertTokenizer.from_pretrained('bert-base-chinese')
pretrain_model = BertModel.from_pretrained("bert-base-chinese")
tokens = tokenizer.encode("春眠不觉晓",max_length=12, padding="max_length", truncation=True)
print(tokens)
print("----------------------")
```

```
print(tokenizer("春眠不觉晓",max_length=12,padding="max_length",truncation=True))
```

这里使用两种方法打印，打印结果如下：

```
[101, 3217, 4697, 679, 6230, 3236, 102, 0, 0, 0, 0, 0]
----------------------
{'input_ids': [101, 3217, 4697, 679, 6230, 3236, 102, 0, 0, 0, 0, 0], 'token_type_ids':
[0, 0, 0, 0, 0, 0, 0, 0, 0, 0, 0, 0], 'attention_mask': [1, 1, 1, 1, 1, 1, 1, 0, 0, 0, 0,
0]}
```

第一行是使用encode函数获取的Token，第二行是直接对其加码获取的3种不同的Token表示，对应11.1节说明的BERT输入，请读者验证学习。

需要注意的是，我们输入的是5个字符"春眠不觉晓"，而在加码后变成了7个字符，这是因为BERT默认会在单独的文本中加入[CLS]和[SEP]作为特定的分隔符。

如果想打印使用BERT计算的对应文本的Embedding值，就使用如下代码。

【程序11-2】

```
import torch
from transformers import BertTokenizer
from transformers import BertModel

tokenizer = BertTokenizer.from_pretrained('bert-base-chinese')
pretrain_model = BertModel.from_pretrained("bert-base-chinese")

tokens = tokenizer.encode("春眠不觉晓",max_length=12,padding="max_length",
truncation=True)
print(tokens)
print("----------------------")
print(tokenizer("春眠不觉晓",max_length=12,padding="max_length",truncation=True))
print("----------------------")

tokens = torch.tensor([tokens]).int()
print(pretrain_model(tokens))
```

打印结果如图11-9所示。最终获得一个维度为[1,12,768]大小的矩阵，用以表示输入的文本。

```
BaseModelOutputWithPoolingAndCrossAttentions(last_hidden_state=tensor([[[-0.7610,  0.5203, -0.5595,  ...,  0.2348, -0.3034, -0.2319],
         [-0.3700,  0.3413,  0.1149,  ..., -0.4818, -0.4290,  0.2263],
         [ 0.3181, -0.6902, -0.5592,  ...,  0.0486, -0.9572,  0.5351],
         ...,
         [-0.4579,  0.1151, -0.4484,  ..., -0.0074, -0.3413, -0.0734],
         [-0.3379,  0.0399, -0.5630,  ...,  0.0669, -0.3690, -0.0972],
         [-0.4661, -0.0887, -0.4187,  ...,  0.0287, -0.3780, -0.1812]]],
       grad_fn=<NativeLayerNormBackward0>), pooler_output=tensor([[ 0.9663,  0.9998,  0.5572,  0.9757,  0.5380,  0.7366, -0.5035, -0.9482,
          0.9395, -0.9557,  0.9999,  0.4464, -0.9639, -0.9798,  0.9971, -0.9789,
         -0.1002,  0.9984,  0.9760, -0.1109,  0.9822, -1.0000, -0.9701,  0.5122,
          0.3168,  0.8870,  0.5767, -0.8974, -0.9999,  0.8627,  0.8348,  0.9847,
          0.8508, -0.9999, -0.9871,  0.3431, -0.6705,  0.8024, -0.8633, -0.9536,
         -0.9600, -0.3843,  0.4416, -0.8395, -0.9982,  0.2444, -1.0000, -0.9959,
          0.1417,  0.9994, -0.7871, -0.9966, -0.1539,  0.3426, -0.8759,  0.9154,
         -0.9940,  0.5318,  1.0000,  0.9626,  0.9977, -0.8483,  0.7340, -0.9917,
```

图11-9 打印结果

11.2.2 BERT 实战文本分类

我们在第9章带领读者完成了基于循环神经网络的情感分类实战，但是当时的结果可能并不能令人满意，本小节通过预训练模型查看预测结果。

步骤 01 数据的准备。

这里使用与第1章相同的酒店评论数据集（见图1.1）。

步骤 02 数据的处理。

使用BERT自带的tokenizer函数将文本转换成需要的Token。完整代码如下：

```python
import numpy as np
from transformers import BertTokenizer
tokenizer = BertTokenizer.from_pretrained('bert-base-chinese')

max_length = 80              #设置获取的文本长度为80
labels = []                  #用以存放label
context = []                 #用以存放汉字文本
token_list = []

with open("../dataset/cn/ChnSentiCorp.txt", mode="r", encoding="UTF-8") as emotion_file:
    for line in emotion_file.readlines():
        line = line.strip().split(",")

        # labels.append(int(line[0]))
        if int(line[0]) == 0:
            labels.append(0)     #由于在后面直接采用PyTorch自带的crossentroy函数，因此这里直接输入0，否则输入[1,0]
        else:
            labels.append(1)
        text = "".join(line[1:])
        token = tokenizer.encode(text,max_length=max_length,padding="max_length",truncation=True)

        token_list.append(token)
        context.append(text)

seed = 828
np.random.seed(seed);np.random.shuffle(token_list)
np.random.seed(seed);np.random.shuffle(labels)

dev_list = np.array(token_list[:170]).astype(int)
dev_labels = np.array(labels[:170]).astype(int)

token_list = np.array(token_list[170:]).astype(int)
labels = np.array(labels[170:]).astype(int)
```

在这里首先通过BERT自带的tokenize对输入的文本进行编码处理，之后将其拆分成训练集与验证集。

步骤 03 模型的设计。

与第1章的不同之处在于，这里使用BERT作为文本的特征提取器，后面只使用了一个二分类层作为分类函数，需要说明的是，由于BERT的输入不同，这里将其拆分成两种模型，分别是simple版与标准版。Simple预训练模型代码如下：

```python
import torch
import torch.utils.data as Data
from transformers import BertModel
from transformers import BertTokenizer
from transformers import AdamW

# 定义下游任务模型
class ModelSimple(torch.nn.Module):
    def __init__(self, pretrain_model_name = "bert-base-chinese"):
        super().__init__()
        self.pretrain_model = BertModel.from_pretrained(pretrain_model_name)
        self.fc = torch.nn.Linear(768, 2)

    def forward(self, input_ids):
        with torch.no_grad():   # 上游的模型不进行梯度更新
            output = self.pretrain_model(input_ids=input_ids)  # input_ids：编码之后的数字(Token)
        output = self.fc(output[0][:, 0])  # 取出每个 batch 的第一列作为 CLS，即(16, 786)
        output = output.softmax(dim=1)  # 通过 softmax 函数，使其在 1 维上进行缩放，使元素位于[0,1] 范围内，总和为 1
        return output
```

标准版预训练模型代码如下：

```python
class Model(torch.nn.Module):
    def __init__(self, pretrain_model_name = "bert-base-chinese"):
        super().__init__()
        self.pretrain_model = BertModel.from_pretrained(pretrain_model_name)
        self.fc = torch.nn.Linear(768, 2)

    def forward(self, input_ids, attention_mask, token_type_ids):
        with torch.no_grad():   # 上游的模型不进行梯度更新
            # input_ids：编码之后的数字(Token)
            # attention_mask：其中 padding 的位置是0，其他位置是 1
            # token_type_ids：第一个句子和特殊符号的位置是0，第二个句子的位置是 1
            output = self.pretrain_model(input_ids=input_ids,
                        attention_mask=attention_mask, token_type_ids=token_type_ids)
        # 取出每个 batch 的第一列作为 CLS，即 (16, 786)
        output = self.fc(output[0][:, 0])
        # 通过 softmax 函数，使其在 1 维上进行缩放，使元素位于[0,1] 范围内，总和为 1
        output = output.softmax(dim=1)
        return output
```

标准版和simple版的区别主要在于输入格式不同，对于不同的输入格式，有兴趣的读者可以在学完本章内容后自行尝试。

步骤 04 模型的训练。

完整代码如下。

【程序11-3】

```python
import torch
import model

device = "cuda"
model = model.ModelSimple().to(device)
model = torch.compile(model)
optimizer = torch.optim.Adam(model.parameters(), lr=2e-4)

loss_func = torch.nn.CrossEntropyLoss()

import get_data
token_list = get_data.token_list
labels = get_data.labels

dev_list = get_data.dev_list
dev_labels = get_data.dev_labels

batch_size = 128
train_length = len(labels)
for epoch in (range(21)):
    train_num = train_length // batch_size
    train_loss, train_correct = 0, 0
    for i in (range(train_num)):
        start = i * batch_size
        end = (i + 1) * batch_size

        batch_input_ids = torch.tensor(token_list[start:end]).to(device)
        batch_labels = torch.tensor(labels[start:end]).to(device)
        pred = model(batch_input_ids)
        loss = loss_func(pred, batch_labels.type(torch.uint8))
        optimizer.zero_grad()
        loss.backward()
        optimizer.step()

        train_loss += loss.item()
        train_correct += ((torch.argmax(pred, dim=-1) == (batch_labels)).type(torch.float).sum().item() / len(batch_labels))

    train_loss /= train_num
    train_correct /= train_num
    print("train_loss:", train_loss, "train_correct:", train_correct)

    test_pred = model(torch.tensor(dev_list).to(device))
    correct = (torch.argmax(test_pred, dim=-1) == (torch.tensor(dev_labels).to(device))).type(torch.float).sum().item() / len(test_pred)
    print("test_acc:",correct)
```

```
print("--------------------")
```

上面的代码较为简单,这里就不再过多阐述了。需要注意的是,使用BERT增大了显存的消耗,这里batch_size被设置成128,对于不同的显存,其结果有着不同的输入大小。最终结果如图11-10所示。

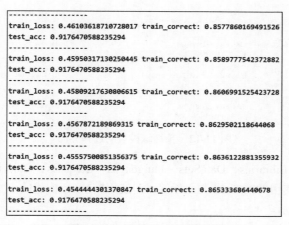

图 11-10　10 个 epoch 的过程

这里展示了10个epoch中后面6个epoch的过程,最终准确率达到了0.9176。另外,由于这里设置的训练时间与学习率的关系,该结果并不是最优的结果,读者可以自行尝试完成。

11.3　更多的预训练模型

Hugging Face除了提供BERT预训练模型下载之外,还提供了更多的预训练模型下载,打开Hugging Face主页,如图11-11所示。

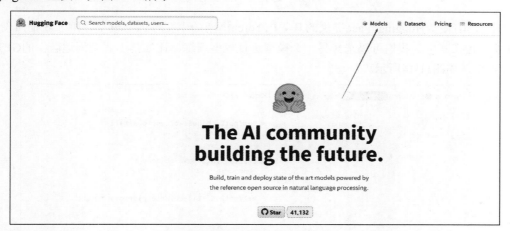

图 11-11　Hugging Face 主页

单击主页顶端的Models菜单之后,出现预训练模型的选择界面,如图11-12所示。

图 11-12　预训练模型的选择界面

左侧依次是Tasks、Libraries、DataSets、Languages、Licenses、Other选项卡，单击Libraries选项卡，在其下选择我们使用的PyTorch与zh标签，即使用PyTorch构建的中文数据集，右边会呈现对应的模型，如图11-13所示。

图 11-13　选择我们需要的模型

图11-13右侧为Hugging Face提供的基于PyTorch框架的中文预训练模型，刚才我们所使用的BERT模型也在其中。我们可以选择另一个模型进行模型训练，比如基于"全词遮蔽"的GPT-2模型进行训练，如图11-14所示。

图 11-14　选择中文的 PyTorch 的 BERT 模型

这里首先复制Hugging Face所提供的预训练模型全名：

```
model_name = "uer/gpt2-chinese-ancient"
```

注意，需要保留"/"和前后的名称。替换不同的预训练模型只需要替换说明字符，代码如下：

```
from transformers import BertTokenizer,GPT2Model
model_name = "uer/gpt2-chinese-ancient"
tokenizer = BertTokenizer.from_pretrained(model_name)
pretrain_model = GPT2Model.from_pretrained(model_name)

tokens = tokenizer.encode("春眠不觉晓",max_length=12,padding="max_length",truncation=True)
print(tokens)
print("--------------------")
print(tokenizer("春眠不觉晓",max_length=12,padding="max_length",truncation=True))
print("--------------------")

tokens = torch.tensor([tokens]).int()
print(pretrain_model(tokens))
```

剩下的内容与11.2节中的方法一致，有兴趣的读者可以自行完成验证。

最终结果与普通的BERT预训练模型相比可能会有出入，原因是多种多样的，这不在本书的评判范围，有兴趣的读者可以自行研究更多模型的使用方法。

11.4 本章小结

本章介绍了预训练模型的使用，以经典的预训练模型BERT为例演示了文本分类的方法。

除此之外，对于使用的预训练模型来说，使用每个序列中的第一个Token可以较好地表示完整序列的功能，这在某些任务中有较好的作用。

Hugging Face网站提供了很多预训练模型下载，本章也介绍了多种使用预训练模型的方法，有兴趣的读者自行学习和比较训练结果。

第12章

从1开始自然语言处理的解码器

本章从1开始。

第10章介绍了编码器的架构和实现代码。如果读者按本章内容的学习建议阅读了3遍以上，那么相信你对编码器的编写已经很熟悉了。

解码器是在编码器的基础上对模型进行少量修正，在不改变整体架构的基础上进行模型设计，可以说，如果读者掌握了编码器的原理，那么学习解码器的概念、设计和原理一定易如反掌。

本章首先介绍解码器的原理和程序编写，然后着重解决一个非常大的问题——文本对齐。这是自然语言处理中一个不可轻易逾越的障碍，本章将以翻译模型为例，系统地讲解文本对齐的方法，并实现一个基于汉字和拼音的"翻译系统"。本章是对第11章的继承，在阅读时，如果有读者想先完整地体验编码器-解码器系统，可以先查看12.1.4节，这是对解码器的完整实现，并详细学习12.2节的实战部分。待程序运行畅通之后，返回参考12.1节，重新学习解码器相关内容，加深印象。如果读者想了解更多细节，建议按本章讲解的顺序循序渐进地学习。

12.1 解码器的核心——注意力模型

解码器在深度学习模型中具有非常重要的作用，即对传送过来的数据进行解码，生成具有特定格式的、内容可被理解的模型组件。解码器的结构如图12-1所示。

解码器的架构总体上与编码器类似，但还是有一部分区别，下面进行说明。

- 相对于编码器的单一输入（无论是叠加还是单独的词向量Embedding），解码器的输入有两部分，分别是编码器的输入和目标的Embedding输入。
- 相对于编码器中的多头注意力模型，解码器中的多头注意力模型分成两种，分别是多头自注意力层和多头交互注意力层。

总而言之，相对于编码器中的"单一模块"，解码器中更多的是"双模块"，即需要编码器的输入和解码器本身的输入协同处理。本节对这些内容进行详细介绍。

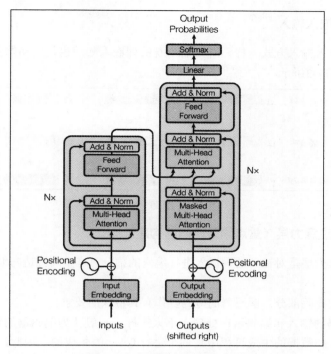

图 12-1　解码器的结构示意图

12.1.1　解码器的输入和交互注意力层的掩码

如果换一种编码器和解码器的表示方法，如图12-2所示，可以清楚地看到，经过多层编码器的输出被输入多层解码器中。但是需要注意的是，编码器的输出对于解码器来说并不是直接使用，而是解码器本身先进行一次自注意力编码。下面就这两部分进一步说明。

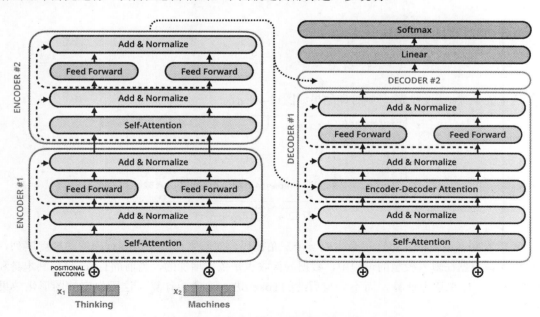

图 12-2　编码器和解码器的表示方法

1. 解码器的词嵌入输入

与编码器的词嵌入输入方式一样,解码器本身的词嵌入处理也是由初始化的词向量和位置向量构成的,结构如图12-3所示。

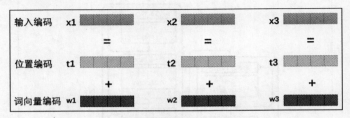

图 12-3 词嵌入处理

2. 解码器的自注意力层(重点学习掩码的构建)

解码器的自注意力层是对输入的词嵌入进行编码的部分,这里的构造与编码器中的构造相同,不再过多阐述。

相对于编码器的掩码部分,解码器的掩码操作有其特殊的要求。

事实上,解码器的输入和编码器在处理上不太一样,一般认为编码器的输入是一个完整的序列,而解码器在训练和数据的生成过程中是逐个进行Token的生成的。因此,为了防止"偷看",解码器的自注意力层只能够关注输入序列当前位置以及之前的字,不能够关注之后的字。因此,需要将当前输入的字符Token之后的内容都进行掩码(mask)处理,使其在经过Softmax计算之后的权重变为0,不参与后续模型损失函数的计算,从而强制使得模型仅仅依靠之前输入的序列内容生成后续的"下一个字符序号"。代码如下:

```
def create_look_ahead_mask(size):
    mask = 1 - tf.linalg.band_part(tf.ones((size, size)), -1, 0)
    return mask
```

如果单独打印代码如下:

```
mask = create_look_ahead_mask(4)
print(mask)
```

这里的参数size设置成4,则打印结果如图12-4所示。

```
tf.Tensor(
[[0. 1. 1. 1.]
 [0. 0. 1. 1.]
 [0. 0. 0. 1.]
 [0. 0. 0. 0.]], shape=(4, 4), dtype=float32)
```

图 12-4 打印结果

可以看到,函数的实际作用是生成一个三角掩码,对输入的值生成逐行递增的梯度序列,这样可以保证数据在输入模型的过程中,数据的接收也是依次增加的,当前的Token只与其本身和其面的Token进行注意力计算,而不会与后续的Token进行注意力计算。这段内容的图形化效果如图12-5所示。

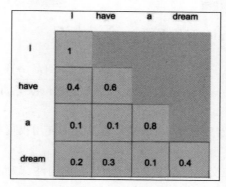

图 12-5 三角掩码器

此外，对于解码器自注意力层的输入，即Query、Key、Value的定义和设定，在解码器的自注意力层的输入都是由叠加后的词嵌入输入的，因此与编码器类似，可以将其设置成同一个。

3. 解码器和编码器的交互注意力层（重点学习Query、Key和Value的定义）

编码器和解码器处理后的数据需要"交融"，从而进行新的数据整合和生成，而进行数据整合和生成的架构和模块在本例中所处的位置是交互注意力层。

编码器中的交互注意力层的架构和同处于编码器中的自注意力层没有太大的差别，其差距主要是输入的不同以及使用掩码对数据的处理不同。下面分别进行阐述。

1）交互注意力层

交互注意力层的作用是将编码器输送的"全部"词嵌入与解码器获取的"当前"的词嵌入进行"融合"计算，使得当前的词嵌入"对齐"编码器中对应的信息，从而获取解码后的信息。

下面从解码器的角度进行讲解，如图12-6所示。

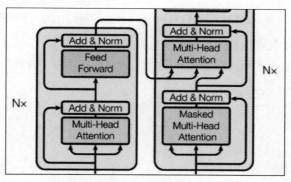

图 12-6 解码器

从图12-6可以看到，对于"交互注意力"的输入，从编码器中输入的是两个，而解码器自注意力层中输入的是一个，读者可能会有疑问，对于注意力层的Query、Key和Value，到底是如何安排和处理的？

问题的解答还是要回归注意力层的定义：

$$\text{attention}((K,V),q) = \sum_{i=1}^{N} a_i v_i$$
$$= \sum_{i=1}^{N} \frac{\exp(s(k_i,q))}{\sum_j \exp(s(k_j,q))} v_i$$

实际上，就是使用Query首先计算与Key的权重，之后使用权重与Value携带的信息进行比较，从而将Value中的信息"融合"到Query中。

可以非常简单地得到，在交互注意力层中，解码器的自注意力词嵌入首先与编码器的输入词嵌入计算权重，然后使用计算出来的权重来计算编码器中的信息。即：

```
query = 解码器词输入向量
key = 编码器词输出向量
value = 编码器词输出向量
```

2）交互注意力中的掩码层（对谁进行掩码处理）

下面处理的是解码器中多头注意力的掩码层，相对于单一的自注意力层来说，一个非常显著的问题是对谁进行掩码处理。

对这个问题的解答需要重新回到注意力模型的定义：

$$z_i = \text{Softmax}(\text{scores})\upsilon$$

从权重的计算来看，解码器的词嵌入（Query）与编码器输入词嵌入（Key和Value）进行权重计算，从而将Query的值与Key和Value进行"融合"。基于这点考虑，选择对编码器输入的词嵌入进行掩码处理。

如果读者对此不理解，现在请记住：

```
mask the encoder input embedding （对解码器中的编码器输出向量进行掩码操作）
```

有兴趣的读者可以自行查阅更多的资料进行了解。

下面两个函数分别展示普通掩码处理和在解码器中自注意力层掩码的写法：

```
#创建解码器中的交互注意力掩码
def creat_self_mask(from_tensor, to_tensor):
    """
    这里需要注意，from_tensor 是输入的文本序列，即 input_word_ids ,
    应该是2D的，即[1,2,3,4,5,6,0,0,0,0]
    to_tensor 是输入的 input_word_ids,应该是2D的，即[1,2,3,4,5,6,0,0,0,0]
    而经过本函数的扩充维度操作后，最终是输出两个3D的相乘后的结果
    注意：后面如果需要4D的，则使用expand添加一个维度即可
    """
    batch_size, from_seq_length = from_tensor.shape

    to_mask = torch.not_equal(from_tensor, 0).int()
    to_mask = elt.Rearrange("b l -> b 1 l")(to_mask)    # 这里扩充了数据维度

    broadcast_ones = torch.ones_like(to_tensor)
    broadcast_ones = torch.unsqueeze(broadcast_ones, dim=-1)
```

```
        mask = broadcast_ones * to_mask
        mask.to("cuda")
    return mask
```

打印结果和演示请读者自行完成。

然而，如果需要进一步提高准确率的话，还需要对掩码进行处理：

```
def create_look_ahead_mask(from_tensor, to_tensor):
    corss_mask = creat_self_mask(from_tensor, to_tensor)
    look_ahead_mask = torch.tril(torch.ones(to_tensor.shape[1], from_tensor.shape[1]))
    look_ahead_mask = look_ahead_mask.to("cuda")

    corss_mask = look_ahead_mask * corss_mask
    return corss_mask
```

下面的代码段合成了pad_mask和look_ahead_mask，并通过maximum函数建立与或门，将其合成为一体，即：

```
    tf.Tensor(
[[[[1. 0. 0. 0.]]]
 [[[1. 1. 0. 0.]]]
 [[[1. 1. 1. 0.]]]
 [[[1. 1. 1. 1.]]]], shape=(4, 1, 1, 4), dtype=float32)

    +

    tf.Tensor(
[[0. 1. 1. 1.]
 [0. 0. 1. 1.]
 [0. 0. 0. 1.]
 [0. 0. 0. 0.]], shape=(4, 4), dtype=float32)

    =

    tf.Tensor(
[[[[1. 1. 1. 1.]
   [1. 0. 1. 1.]
   [1. 0. 0. 1.]
   [1. 0. 0. 0.]]]


  [[[1. 1. 1. 1.]
   [1. 1. 1. 1.]
   [1. 1. 0. 1.]
   [1. 1. 0. 0.]]]


  [[[1. 1. 1. 1.]
   [1. 1. 1. 1.]
   [1. 1. 1. 1.]
   [1. 1. 1. 0.]]]


  [[[1. 1. 1. 1.]
   [1. 1. 1. 1.]
```

```
  [1. 1. 1. 1.]
  [1. 1. 1. 1.]]]],
shape=(4, 1, 4, 4), dtype=float32)
```

这样的处理可以最大限度地对无用部分进行掩码操作，从而使得解码器的输入（Query）与编码器的输入（Key，Value）能够最大限度地融合在一起，减少干扰。

12.1.2 为什么通过掩码操作能够减少干扰

为什么在注意力层中，通过掩码操作能够减少干扰？这是由于Query和Value在进行点积计算时会产生大量的负值，而负值在进行Softmax计算时，由于Softmax的计算特性，会对平衡产生影响，代码如下。

【程序12-1】

```python
class ScaledDotProductAttention(nn.Module):
    def __init__(self):
        super(ScaledDotProductAttention, self).__init__()

    def forward(self, Q, K, V, attn_mask):
        '''
        Q: [batch_size, n_heads, len_q, d_k]
        K: [batch_size, n_heads, len_k, d_k]
        V: [batch_size, n_heads, len_v(=len_k), d_v]
        attn_mask: [batch_size, n_heads, seq_len, seq_len]
        '''
        scores = torch.matmul(Q, K.transpose(-1, -2)) / np.sqrt(d_k)
        # scores : [batch_size, n_heads, len_q, len_k]
        scores.masked_fill_(attn_mask == 0, -1e9)
        # attn_mask所有为True的部分（即被掩码操作的部分），scores填充为负无穷，也就是这个位置的值
        对于Softmax没有影响
        attn = nn.Softmax(dim=-1)(scores)
        # attn: [batch_size, n_heads, len_q, len_k]
        # 对每一行进行Softmax
        context = torch.matmul(attn, V)
        # [batch_size, n_heads, len_q, d_v]
        return context, attn
```

结果如图12-7所示。

```
tf.Tensor(
[[[-2.149865   0.12186236 -0.92870545  0.58555037]
  [ 0.3833625 -1.1904299  -0.5511145   0.66039836]
  [-2.110816   0.9996369   0.12759463  0.37630746]
  [ 1.6570117 -0.46462783  0.10604692 -0.8762158 ]], shape=(4, 4), dtype=float32)
tf.Tensor(
[[0.0338944  0.32864466 0.1149399  0.52252096]
 [0.3425522  0.07099658 0.13455153 0.45189962]
 [0.02230338 0.50029165 0.20917036 0.26823455]
 [0.7085763  0.08491224 0.15024884 0.05626261]], shape=(4, 4), dtype=float32)
```

图 12-7　打印结果

实际上是不需要这些负值的，因此需要在计算时加上一个"负无穷"的值降低负值对Softmax

计算的影响（一般使用-1e5即可）。

12.1.3 解码器的输出（移位训练方法）

前面两个小节介绍了解码器的一些基本操作，本小节将主要介绍解码器在最终阶段解码的变化和一些相关的细节，如图12-8所示。

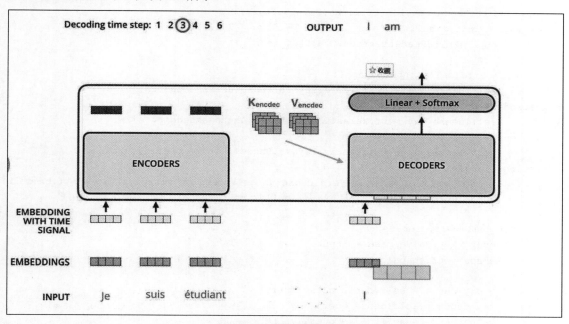

图 12-8　解码器的输出

解码器通过交互注意力的计算选择将当前的解码器词嵌入关注到编码器词嵌入中，选择生成一个新的词嵌入。

这是整体的步骤，当程序开始启动时，首先将编码器中的词嵌入全部输入，解码器首先接收一个起始符号的词嵌入，从而生成第一个解码的结果。

这种输入和输出错位的训练方法是"移位训练"方法。

接下来重复这个过程，每个步骤的输出在下一个时间步被提供给底端解码器，并且就像编码器之前做的那样，这些解码器会输出它们的解码结果。直到到达一个特殊的终止符号，它表示编码器-解码器架构已经完成了它的输出。

还有一点需要补充，解码器栈输出一个词嵌入，那如何将其变成一个输出词呢？这是最后一个全连接层的工作，并使用Softmax对输出进行归类计算。

全连接层是一个简单的全连接神经网络，它将解码器栈产生的向量投影到另一个向量维度，维度的大小对应生成字库的个数。之后的Softmax层将维度数值转换为概率。选择概率最大的维度，并对应地生成与之关联的字或者词作为此时间步的输出。

之后的Softmax层将这些分数转换为概率。选择概率最大的维度，并对应地生成与之关联的字或者词作为此时间步的输出。

12.1.4 解码器的实现

本小节介绍解码器的实现。

首先，多注意力层实际上是通用的，代码如下。

【程序12-2】

```python
class MultiHeadAttention(tf.keras.layers.Layer):
    def __init__(self):
        super(MultiHeadAttention, self).__init__()

    def build(self, input_shape):
        self.dense_query = tf.keras.layers.Dense(units=embedding_size, activation=tf.nn.relu)
        self.dense_key = tf.keras.layers.Dense(units=embedding_size, activation=tf.nn.relu)
        self.dense_value = tf.keras.layers.Dense(units=embedding_size, activation=tf.nn.relu)
        self.dense = tf.keras.layers.Dense(units=embedding_size,activation=tf.nn.relu)
        super(MultiHeadAttention, self).build(input_shape)   # 一定要在最后调用它

    def call(self, inputs):
        query,key,value,mask = inputs
        shape = tf.shape(query)

        query_dense = self.dense_query(query)
        key_dense = self.dense_query(key)
        value_dense = self.dense_query(value)

        query_dense = splite_tensor(query_dense)
        key_dense = splite_tensor(key_dense)
        value_dense = splite_tensor(value_dense)

        attention = tf.matmul(query_dense,key_dense,transpose_b=True)/tf.math.sqrt(tf.cast(embedding_size,tf.float32))

        attention += (mask*-1e9)
        attention = tf.nn.softmax(attention)
        attention = tf.matmul(attention,value_dense)
        attention = tf.transpose(attention,[0,2,1,3])
        attention = tf.reshape(attention,[shape[0],-1,embedding_size])
        attention = self.dense(attention)

        return attention
```

其次，前馈层也可以通用，代码如下。

【程序12-3】

```python
class FeedForWard(tf.keras.layers.Layer):
    def __init__(self):
        super(FeedForWard, self).__init__()
```

```python
    def build(self, input_shape):
        self.conv_1 = tf.keras.layers.Conv1D(embedding_size*4,1,activation=tf.nn.relu)
        self.conv_2 = tf.keras.layers.Conv1D(embedding_size,1,activation=tf.nn.relu)
        super(FeedForWard, self).build(input_shape)   # 一定要在最后调用它

    def call(self, inputs):
        output = self.conv_1(inputs)
        output = self.conv_2(output)
        return output
```

综合利用多层注意力层和前馈层，实现了专用的解码器的程序设计，代码如下。

【程序12-4】

```python
class DecoderLayer(nn.Module):
    def __init__(self):
        super(DecoderLayer, self).__init__()
        self.dec_self_attn = MultiHeadAttention()
        self.dec_enc_attn = MultiHeadAttention()
        self.pos_ffn = PoswiseFeedForwardNet()

    def forward(self, dec_inputs, enc_outputs, dec_self_attn_mask, dec_enc_attn_mask):
        '''
        dec_inputs: [batch_size, tgt_len, d_model]
        enc_outputs: [batch_size, src_len, d_model]
        dec_self_attn_mask: [batch_size, tgt_len, tgt_len]
        dec_enc_attn_mask: [batch_size, tgt_len, src_len]
        '''
        # dec_outputs: [batch_size, tgt_len, d_model], dec_self_attn: [batch_size, n_heads, tgt_len, tgt_len]
        dec_outputs, dec_self_attn = self.dec_self_attn(dec_inputs, dec_inputs, dec_inputs, dec_self_attn_mask)
        # dec_outputs: [batch_size, tgt_len, d_model], dec_enc_attn: [batch_size, h_heads, tgt_len, src_len]
        dec_outputs, dec_enc_attn = self.dec_enc_attn(dec_outputs, enc_outputs, enc_outputs, dec_enc_attn_mask)
        # encoder-decoder attention部分
        dec_outputs = self.pos_ffn(dec_outputs)   # [batch_size, tgt_len, d_model]
        # 特征提取
        return dec_outputs, dec_self_attn, dec_enc_attn
```

12.2 解码器实战——拼音汉字翻译模型

经过前面章节的学习，本节进入解码器实战——拼音汉字翻译模型。
前面的章节带领读者学习了注意力模型、前馈层以及掩码相关知识。这3部分内容共同构成了编码器-解码器架构的主要内容，共同组成的就是transformer这个基本架构，如图12-9所示。

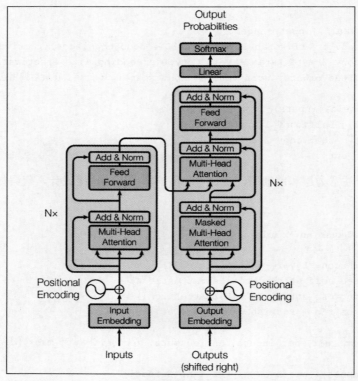

图 12-9　解码器

本节带领读者利用前面学习的知识完成一个翻译系统。不过在开始之前，有以下两个问题留给读者：

（1）编码器-解码器的翻译模型与编码器的转换模型有什么区别？

（2）如果想做汉字→拼音的翻译系统，编码器和解码器的输入端分别输入什么内容？

接下来让我们开始吧。

12.2.1　数据集的获取与处理

首先是数据集的准备和处理，本小节准备了15万条汉字和拼音对应数据。

1．数据集展示

本小节用于实战的汉字拼音数据集如下：

```
    A11_0    lv4 shi4 yang2 chun1 yan1 jing3 da4 kuai4 wen2 zhang1 de di3 se4 si4 yue4 de
lin2 luan2 geng4 shi4 lv4 de2 xian1 huo2 xiu4 mei4 shi1 yi4 ang4 ran2 绿 是 阳 春 烟 景 大
块 文 章 的 底 色 四 月 的 林 峦 更 是 绿 得 鲜 活 秀 媚 诗 意 盎 然


    A11_1    ta1 jin3 ping2 yao1 bu4 de li4 liang4 zai4 yong3 dao4 shang4 xia4 fan1 teng2
yong3 dong4 she2 xing2 zhuang4 ru2 hai3 tun2 yi1 zhi2 yi3 yi1 tou2 de you1 shi4 ling3 xian1
他 仅 凭 腰 部 的 力 量 在 泳 道 上 下 翻 腾 蛹 动 蛇 行 状 如 海 豚 一 直 以 一 头 的 优 势 领 先


    A11_10    pao4 yan3 da3 hao3 le zha4 yao4 zen3 me zhuang1 yue4 zheng4 cai2 yao3 le yao3
```

```
ya2 shu1 de tuo1 qu4 yi1 fu2 guang1 bang3 zi chong1 jin4 le shui3 cuan4 dong4    炮眼打好
了炸药怎么装岳正才咬了咬牙倏地脱去衣服光膀子冲进了水窜洞

A11_100  ke3 shei2 zhi1 wen2 wan2 hou4 ta1 yi1 zhao4 jing4 zi zhi3 jian4 zuo3 xia4 yan3
jian3 de xian4 you4 cu1 you4 hei1 yu3 you4 ce4 ming2 xian3 bu4 dui4 cheng1可谁知纹完后
她一照镜子只见左下眼睑的线又粗又黑与右侧明显不对称
```

下面简单介绍一下。数据集中的数据分成3部分，每部分使用特定的空格键隔开。

```
A11_10 … … … ke3 shei2 … … …可 谁 … … …
```

- 第一部分A11_i为序号，表示序列的条数和行号。
- 第二部分是拼音编号，这里使用的是汉语拼音，与真实的拼音标注不同的是，去除了拼音原始标注，而使用数字1、2、3、4替代，分别代表当前读音的第一声到第四声，这点请读者注意。
- 最后一部分是汉字的序列，这里与第二部分的拼音部分一一对应。

2. 获取字库和训练数据

获取数据集中字库的个数很重要，这里使用set格式的数据对全部字库中的不同字符进行读取。创建字库和训练数据的完整代码如下。

```python
import numpy as np
sentences = []
src_vocab = {'⊙': 0, '>': 1, '<': 2}    #这个是汉字vccab
tgt_vocab = {'⊙': 0, '>': 1, '<': 2}    #这个是拼音vocab

with open("../dataset/zh.tsv", errors="ignore", encoding="UTF-8") as f:
    context = f.readlines()
    for line in context:
        line = line.strip().split(" ")
        pinyin = line[1]
        hanzi = line[2]
        (hanzi_s) = hanzi.split(" ")
        (pinyin_s) = pinyin.split(" ")
        #[><]
        pinyin_inp = [">"] + pinyin_s
        pinyin_trg = pinyin_s + ["<"]
        line = [hanzi_s,pinyin_inp,pinyin_trg]
        for char in hanzi_s:
            if char not in src_vocab:
                src_vocab[char] = len(src_vocab)
        for char in pinyin_s:
            if char not in tgt_vocab:
                tgt_vocab[char] = len(tgt_vocab)

        sentences.append(line)
```

这里做一个说明，首先context读取了全部数据集中的内容，之后根据空格将其分成3部分。对于拼音和汉字部分，将其转化成一个序列，并在前后分别加上起止符GO和终止符END。这实际上可以不用加，为了明确地描述起止关系，从而加上了起止标注。

实际上还需要加上一个特定符号PAD，这是为了对单行序列进行补全的操作，最终的数据如下：

```
['GO', 'liu2', 'yong3' , … … … , 'gan1', ' END', 'PAD', 'PAD' , … … …]
['GO', '柳', '永' , … … … , '感', ' END', 'PAD', 'PAD' , … … …]
```

pinyin_list和hanzi_list是两个列表，分别用来存放对应的拼音和汉字训练数据。最后不要忘记在字库中加上PAD符号。

```
pinyin_vocab = ["PAD"] + list(sorted(pinyin_vocab))
hanzi_vocab = ["PAD"] + list(sorted(hanzi_vocab))
```

3. 根据字库生成Token数据

获取的拼音标注和汉字标注的训练数据并不能直接用于模型训练，模型需要转化成Token的一系列数字列表，代码如下：

```
enc_inputs, dec_inputs, dec_outputs = [], [], []
for line in sentences:
    enc = line[0];dec_in = line[1];dec_tgt = line[2]
    if len(enc) <= src_len and len(dec_in) <= tgt_len and len(dec_tgt) <= tgt_len:

        enc_token = [src_vocab[char] for char in enc];enc_token = enc_token + [0] * (src_len - len(enc_token))
        dec_in_token = [tgt_vocab[char] for char in dec_in];dec_in_token = dec_in_token + [0] * (tgt_len - len(dec_in_token))
        dec_tgt_token = [tgt_vocab[char] for char in dec_tgt];dec_tgt_token = dec_tgt_token + [0] * (tgt_len - len(dec_tgt_token))

enc_inputs.append(enc_token);dec_inputs.append(dec_in_token);dec_outputs.append(dec_tgt_token)
```

代码中创建了两个新的列表，分别对拼音和汉字的Token进行存储，从而获取根据字库序号编号后新的序列Token。

12.2.2 翻译模型

翻译模型就是经典的编码器-解码器模型，整体代码如下。

【程序12-5】

```
# 导入库
import math
import torch
import numpy as np
import torch.nn as nn
import torch.optim as optim
import torch.utils.data as Data
import einops.layers.torch as elt

import get_dataset_v2
from tqdm import tqdm
```

```python
sentences = get_dataset_v2.sentences
src_vocab = get_dataset_v2.src_vocab
tgt_vocab = get_dataset_v2.tgt_vocab

src_vocab_size = len(src_vocab) #4462
tgt_vocab_size  = len(tgt_vocab)     #1154

src_len = 48
tgt_len = 47    #由于输出比输入多一个符号，因此就用这个
# ***************************************************#
# transformer的参数
# Transformer Parameters
d_model = 512
# 每一个词的 Word Embedding 用多少位表示
# （包括positional encoding应该用多少位表示，因为这两个维度要相加，应该是一样的维度）
d_ff = 2048  # FeedForward dimension
# forward线性层变成多少位(d_model->d_ff->d_model)
d_k = d_v = 64  # dimension of K(=Q), V
# K、Q、V矩阵的维度（K和Q一定是一样的，因为要用K乘以Q的转置），V不一定
'''
换一种说法，就是在进行self-attention的时候，
从input（当然是加了位置编码之后的input）线性变换之后的3个向量K、Q、V的维度
'''
n_layers = 6
# encoder和decoder各有多少层
n_heads = 8

# multi-head attention有几个头
# ***************************************************#

# 数据预处理
# 将encoder_input、decoder_input和decoder_output进行id化

enc_inputs, dec_inputs, dec_outputs = [], [], []
for line in sentences:
    enc = line[0];dec_in = line[1];dec_tgt = line[2]
    if len(enc) <= src_len and len(dec_in) <= tgt_len and len(dec_tgt) <= tgt_len:

        enc_token = [src_vocab[char] for char in enc];enc_token = enc_token + [0] * (src_len - len(enc_token))
        dec_in_token = [tgt_vocab[char] for char in dec_in];dec_in_token = dec_in_token + [0] * (tgt_len - len(dec_in_token))
        dec_tgt_token = [tgt_vocab[char] for char in dec_tgt];dec_tgt_token = dec_tgt_token + [0] * (tgt_len - len(dec_tgt_token))

enc_inputs.append(enc_token);dec_inputs.append(dec_in_token);dec_outputs.append(dec_tgt_token)

    enc_inputs = torch.LongTensor(enc_inputs)
```

```python
        dec_inputs = torch.LongTensor(dec_inputs)
        dec_outputs = torch.LongTensor(dec_outputs)
        # print(enc_inputs[0])
        # print(dec_inputs[0])
        # print(dec_outputs[0])

# ***************************************************#
print(enc_inputs.shape,dec_inputs.shape,dec_outputs.shape)

class MyDataSet(Data.Dataset):
    def __init__(self, enc_inputs, dec_inputs, dec_outputs):
        super(MyDataSet, self).__init__()
        self.enc_inputs = enc_inputs
        self.dec_inputs = dec_inputs
        self.dec_outputs = dec_outputs
    def __len__(self):
        return self.enc_inputs.shape[0]
    # 有几个sentence
    def __getitem__(self, idx):
        return self.enc_inputs[idx], self.dec_inputs[idx], self.dec_outputs[idx]
    # 根据索引查找encoder_input,decoder_input,decoder_output

loader = Data.DataLoader(
    MyDataSet(enc_inputs, dec_inputs, dec_outputs),
    batch_size=512,
    shuffle=True)

# ***************************************************#
class PositionalEncoding(nn.Module):
    def __init__(self, d_model, dropout=0.1, max_len=5000):
        super(PositionalEncoding, self).__init__()
        self.dropout = nn.Dropout(p=dropout)
        # max_length_ (一个sequence的最大长度)
        pe = torch.zeros(max_len, d_model)
        # pe [max_len,d_model]
        position = torch.arange(0, max_len, dtype=torch.float).unsqueeze(1)
        # position  [max_len, 1]

        div_term = torch.exp(
            torch.arange(0, d_model, 2).float()
            * (-math.log(10000.0) / d_model))
        # div_term:[d_model/2]
        # e^(-i*log10000/d_model)=10000^(-i/d_model)
        # d_model为embedding_dimension

        # 两个相乘的维度为[max_len,d_model/2]
        pe[:, 0::2] = torch.sin(position * div_term)
        pe[:, 1::2] = torch.cos(position * div_term)
        # 计算position encoding
        # pe的维度为[max_len,d_model]，每一行的奇数和偶数分别取sin和cos(position * div_term)
```

中的值
```
            pe = pe.unsqueeze(0).transpose(0, 1)
            # 维度变成(max_len,1,d_model)
            # 所以直接用pe=pe.unsqueeze(1)也可以
            self.register_buffer('pe', pe)
            # 放入buffer中, 参数不会训练

    def forward(self, x):
        '''
        x: [seq_len, batch_size, d_model]
        '''
        x = x + self.pe[:x.size(0), :, :]
        # 选取和x一样维度的seq_length，将pe加到x上
        return self.dropout(x)
    # ****************************************** #

# 由于在 Encoder 和 Decoder 中都需要进行掩码操作,
# 因此无法确定这个函数的参数中 seq_len 的值
# 如果是在 Encoder 中调用的, seq_len 就等于 src_len
# 如果是在 Decoder 中调用的, seq_len 就有可能等于 src_len
# 也有可能等于 tgt_len (因为 Decoder 有两次掩码操作)
# src_len 是在encoder-decoder中的mask
# tgt_len是decdoer mask

def creat_self_mask(from_tensor, to_tensor):
    """
    这里需要注意，
    from_tensor 是输入的文本序列，即 input_word_ids ,应该是2D的，即[1,2,3,4,5,6,0,0,0,0]
    to_tensor 是输入的的 input_word_ids, 应该是2D的，即[1,2,3,4,5,6,0,0,0,0]
    最终的结果是输出2个3D的相乘
    注意：后面如果需要4D的，则使用expand添加一个维度即可
    """
    batch_size, from_seq_length = from_tensor.shape
    # 这里只能做self attention，不能做交互
    # assert from_tensor == to_tensor,print("输入from_tensor与to_tensor不一致，检查mask创建部分，需要自己完成")

    to_mask = torch.not_equal(from_tensor, 0).int()
    to_mask = elt.Rearrange("b l -> b 1 l")(to_mask)  # 这里扩充了数据类型

    broadcast_ones = torch.ones_like(to_tensor)
    broadcast_ones = torch.unsqueeze(broadcast_ones, dim=-1)

    mask = broadcast_ones * to_mask
    mask.to("cuda")
    return mask

def create_look_ahead_mask(from_tensor, to_tensor):
    corss_mask = creat_self_mask(from_tensor, to_tensor)
    look_ahead_mask = torch.tril(torch.ones(to_tensor.shape[1], from_tensor.shape[1]))
```

```python
        look_ahead_mask = look_ahead_mask.to("cuda")

    corss_mask = look_ahead_mask * corss_mask
    return corss_mask

# ************************************************#
class ScaledDotProductAttention(nn.Module):
    def __init__(self):
        super(ScaledDotProductAttention, self).__init__()

    def forward(self, Q, K, V, attn_mask):
        '''
        Q: [batch_size, n_heads, len_q, d_k]
        K: [batch_size, n_heads, len_k, d_k]
        V: [batch_size, n_heads, len_v(=len_k), d_v]
        attn_mask: [batch_size, n_heads, seq_len, seq_len]
        '''
        scores = torch.matmul(Q, K.transpose(-1, -2)) / np.sqrt(d_k)
        # scores : [batch_size, n_heads, len_q, len_k]
        scores.masked_fill_(attn_mask == 0, -1e9)
        # attn_mask所有为True的部分（有Padding的部分），scores填充为负无穷，也就是这个位置的值对
于Softmax没有影响
        attn = nn.Softmax(dim=-1)(scores)
        # attn: [batch_size, n_heads, len_q, len_k]
        # 对每一行进行Softmax计算
        context = torch.matmul(attn, V)
        # [batch_size, n_heads, len_q, d_v]
        return context, attn

'''
这里要做的是，通过 Q 和 K 计算出 scores，然后将 scores 和 V 相乘，得到每个单词的 context vector
    第一步是将 Q 和 K 的转置相乘，没什么好讲的，相乘之后得到的 scores 还不能立刻进行 softmax，需要和
attn_mask 相加，把一些需要屏蔽的信息屏蔽掉，attn_mask 是一个仅由 True 和 False 组成的 tensor，并且一
定会保证 attn_mask 和 scores 的维度4个值相同（不然无法对对应位置相加）
    掩码操作完成之后，就可以对Scores进行Softmax计算了。然后与 V 相乘，得到 context
'''
# ************************************************#
class MultiHeadAttention(nn.Module):
    def __init__(self):
        super(MultiHeadAttention, self).__init__()
        self.W_Q = nn.Linear(d_model, d_k * n_heads, bias=False)
        self.W_K = nn.Linear(d_model, d_k * n_heads, bias=False)
        self.W_V = nn.Linear(d_model, d_v * n_heads, bias=False)
        # 3个矩阵，分别对输入进行3次线性变化
        self.fc = nn.Linear(n_heads * d_v, d_model, bias=False)
        # 变换维度

    def forward(self, input_Q, input_K, input_V, attn_mask):
        '''
        input_Q: [batch_size, len_q, d_model]
```

```python
        input_K: [batch_size, len_k, d_model]
        input_V: [batch_size, len_v(=len_k), d_model]
        attn_mask: [batch_size, seq_len, seq_len]
        '''
        residual, batch_size = input_Q, input_Q.size(0)
        # [batch_size, len_q, d_model]
        # (W)-> [batch_size, len_q,d_k * n_heads]
        # (view)->[batch_size, len_q,n_heads,d_k]
        # (transpose)-> [batch_size,n_heads, len_q,d_k ]
        Q = self.W_Q(input_Q).view(batch_size, -1, n_heads, d_k).transpose(1, 2)
        K = self.W_K(input_K).view(batch_size, -1, n_heads, d_k).transpose(1, 2)
        V = self.W_V(input_V).view(batch_size, -1, n_heads, d_v).transpose(1, 2)
        # 生成Q、K、V矩阵

        attn_mask = attn_mask.unsqueeze(1)
        # attn_mask : [batch_size, n_heads, seq_len, seq_len]

        context, attn = ScaledDotProductAttention()(Q, K, V, attn_mask)
        # context: [batch_size, n_heads, len_q, d_v],
        # attn: [batch_size, n_heads, len_q, len_k]
        context = context.transpose(1, 2).reshape(batch_size, -1, n_heads * d_v)
        # context: [batch_size, len_q, n_heads * d_v]
        output = self.fc(context)
        # [batch_size, len_q, d_model]
        return nn.LayerNorm(d_model).cuda()(output + residual), attn

'''
完整代码中，一定会有三处调用 MultiHeadAttention()，Encoder Layer 调用一次，传入的 input_Q、
input_K、input_V 全部都是 enc_inputs；Decoder Layer 中调用两次，第一次都是decoder_inputs，第二次
是两个encoder_outputs和一个decoder_input
'''
# ************************************************#
class PoswiseFeedForwardNet(nn.Module):
    def __init__(self):
        super(PoswiseFeedForwardNet, self).__init__()
        self.fc = nn.Sequential(
            nn.Linear(d_model, d_ff, bias=False),
            nn.ReLU(),
            nn.Linear(d_ff, d_model, bias=False)
        )

    def forward(self, inputs):
        '''
        inputs: [batch_size, seq_len, d_model]
        '''
        residual = inputs
        output = self.fc(inputs)
        return nn.LayerNorm(d_model).cuda()(output + residual)  # [batch_size, seq_len, d_model]
    # 也有残差连接和layer normalization
```

```python
            # 这段代码非常简单，就是做两次线性变换，残差连接后再跟一个 Layer Norm

# ***************************************************#
class EncoderLayer(nn.Module):
    def __init__(self):
        super(EncoderLayer, self).__init__()
        self.enc_self_attn = MultiHeadAttention()
        # 多头注意力机制
        self.pos_ffn = PoswiseFeedForwardNet()
        # 提取特征

    def forward(self, enc_inputs, enc_self_attn_mask):
        '''
        enc_inputs: [batch_size, src_len, d_model]
        enc_self_attn_mask: [batch_size, src_len, src_len]
        '''

        # enc_outputs: [batch_size, src_len, d_model],
        # attn: [batch_size, n_heads, src_len, src_len] 每一个头一个注意力矩阵
        enc_outputs, attn = self.enc_self_attn(enc_inputs, enc_inputs, enc_inputs, enc_self_attn_mask)
        # enc_inputs to same Q,K,V
        # 乘以WQ、WK、WV生成QKV矩阵（由于此时是自注意力模型，因此传入的数据是相同内容。）
        # 但在decoder-encoder的mulit-head中，
        # 由于此时是交互注意力，因此需要传入的是的解码器输入向量与编码器输出向量。
        # 为了使用方便，我们在定义enc_self_atten函数的时候就定义的是有3个形参的

        enc_outputs = self.pos_ffn(enc_outputs)
        # enc_outputs: [batch_size, src_len, d_model]
        # 输入和输出的维度是一样的
        return enc_outputs, attn

# 将上述组件拼起来，就是一个完整的 Encoder Layer
# ***************************************************#
class DecoderLayer(nn.Module):
    def __init__(self):
        super(DecoderLayer, self).__init__()
        self.dec_self_attn = MultiHeadAttention()
        self.dec_enc_attn = MultiHeadAttention()
        self.pos_ffn = PoswiseFeedForwardNet()

    def forward(self, dec_inputs, enc_outputs, dec_self_attn_mask, dec_enc_attn_mask):
        '''
        dec_inputs: [batch_size, tgt_len, d_model]
        enc_outputs: [batch_size, src_len, d_model]
        dec_self_attn_mask: [batch_size, tgt_len, tgt_len]
        dec_enc_attn_mask: [batch_size, tgt_len, src_len]
        '''
        # dec_outputs: [batch_size, tgt_len, d_model], dec_self_attn: [batch_size, n_heads, tgt_len, tgt_len]
```

```python
            dec_outputs, dec_self_attn = self.dec_self_attn(dec_inputs, dec_inputs,
dec_inputs, dec_self_attn_mask)
            # dec_outputs: [batch_size, tgt_len, d_model], dec_enc_attn: [batch_size, h_heads,
tgt_len, src_len]
            # 先是decoder的self-attention

            # print(dec_outputs.shape)
            # print(enc_outputs.shape)
            #
            # print(dec_enc_attn_mask.shape)

            dec_outputs, dec_enc_attn = self.dec_enc_attn(dec_outputs, enc_outputs,
enc_outputs, dec_enc_attn_mask)
            # 再是encoder-decoder attention部分

            dec_outputs = self.pos_ffn(dec_outputs)  # [batch_size, tgt_len, d_model]
            # 特征提取
            return dec_outputs, dec_self_attn, dec_enc_attn

    # 在Decoder Layer中会调用两次MultiHeadAttention，第一次是计算Decoder Input的self-attention，
得到输出 dec_outputs
    # 然后将 dec_outputs 作为生成 Q 的元素，enc_outputs 作为生成 K 和 V 的元素，再调用一次
MultiHeadAttention，得到的是 Encoder 和 Decoder Layer 之间的 context vector。最后将 dec_outptus
做一次维度变换，最后返回最终的解码器输出结果
    # ***************************************************#
    class Encoder(nn.Module):
        def __init__(self):
            super(Encoder, self).__init__()
            self.src_emb = nn.Embedding(src_vocab_size, d_model)

            self.pos_emb = PositionalEncoding(d_model)
            # 计算位置向量

            self.layers = nn.ModuleList([EncoderLayer() for _ in range(n_layers)])
            # 将6个Encoder Layer组成一个module

        def forward(self, enc_inputs):
            '''
            enc_inputs: [batch_size, src_len]
            '''
            enc_outputs = self.src_emb(enc_inputs)
            # 对每个单词进行词向量计算
            # enc_outputs [batch_size, src_len, d_model]

            enc_outputs = self.pos_emb(enc_outputs.transpose(0, 1)).transpose(0, 1)
            # 添加位置编码
            #  enc_outputs [batch_size, src_len, d_model]

            enc_self_attn_mask = creat_self_mask(enc_inputs, enc_inputs)
            # enc_self_attn: [batch_size, src_len, src_len]
```

```python
        # 计算得到输入到编码器注意力中的掩码矩阵

        enc_self_attns = []
        # 创建一个列表，保存接下来计算的attention score（query与key的相关性计算结果）

        for layer in self.layers:
            # enc_outputs: [batch_size, src_len, d_model]
            # enc_self_attn: [batch_size, n_heads, src_len, src_len]
            enc_outputs, enc_self_attn = layer(enc_outputs, enc_self_attn_mask)
            enc_self_attns.append(enc_self_attn)
            # 再传进来就不用positional decoding了
            # 记录下每一次的attention
        return enc_outputs, enc_self_attns

# nn.ModuleList()中的参数是列表，列表里面存了 n_layers 个 Encoder Layer

# 由于我们控制好了 Encoder Layer 的输入维度和输出维度相同，因此可以直接用for循环以嵌套的方式
# 将上一次 Encoder Layer 的输出作为下一次 Encoder Layer 的输入
# **********************************************#
class Decoder(nn.Module):
    def __init__(self):
        super(Decoder, self).__init__()
        self.tgt_emb = nn.Embedding(tgt_vocab_size, d_model)
        self.pos_emb = PositionalEncoding(d_model)
        self.layers = nn.ModuleList([DecoderLayer() for _ in range(n_layers)])

    def forward(self, dec_inputs, enc_inputs, enc_outputs):
        '''
        dec_inputs: [batch_size, tgt_len]
        enc_intpus: [batch_size, src_len]
        enc_outputs: [batsh_size, src_len, d_model] 经过6次encoder之后得到的东西
        '''
        dec_outputs = self.tgt_emb(dec_inputs)
        # [batch_size, tgt_len, d_model]
        # 同样地，对decoder_layer进行词向量的生成
        dec_outputs = self.pos_emb(dec_outputs.transpose(0, 1)).transpose(0, 1).cuda()
        # 计算其位置向量
        # [batch_size, tgt_len, d_model]

        dec_self_attn_mask = creat_self_mask(dec_inputs, dec_inputs)
        # [batch_size, tgt_len, tgt_len]

        #dec_self_attn_subsequence_mask = create_look_ahead_mask(dec_inputs).cuda()
        # [batch_size, tgt_len, tgt_len]
        # 当前时刻看不到未来时刻的东西

        dec_enc_attn_mask = create_look_ahead_mask(enc_inputs,dec_inputs)
        # [batch_size, tgt_len, tgt_len]
        # 布尔+int  false 0 true 1, gt 大于 True
        # 这样把dec_self_attn_pad_mask和dec_self_attn_subsequence_mask中为True的部分都剔
```

除掉了
```
        # 也就是说，屏蔽掉Padding，也屏蔽掉Mask

        # 在decoder的第二个attention中使用
        dec_self_attns, dec_enc_attns = [], []

        for layer in self.layers:
            # dec_outputs: [batch_size, tgt_len, d_model],
            # dec_self_attn: [batch_size, n_heads, tgt_len, tgt_len],
            # dec_enc_attn: [batch_size, h_heads, tgt_len, src_len]
            dec_outputs, dec_self_attn, dec_enc_attn = layer(dec_outputs, enc_outputs,
dec_self_attn_mask, dec_enc_attn_mask)
            dec_self_attns.append(dec_self_attn)
            dec_enc_attns.append(dec_enc_attn)
        return dec_outputs, dec_self_attns, dec_enc_attns


    # **************************************************#
    class Transformer(nn.Module):
        def __init__(self):
            super(Transformer, self).__init__()
            self.encoder = Encoder().cuda()
            self.decoder = Decoder().cuda()
            self.projection = nn.Linear(d_model, tgt_vocab_size, bias=False).cuda()
            # 对decoder的输出转换维度
            # 从隐藏层维数->英语单词词典大小（选取概率最大的那个作为我们的预测结果）

        def forward(self, enc_inputs, dec_inputs):
            '''
            enc_inputs维度：[batch_size, src_len]
            对于encoder-input，一个batch中有几个sequence，一个sequence有几个字
            dec_inputs: [batch_size, tgt_len]
            对于decoder-input，一个batch中有几个sequence，一个sequence有几个字
            '''
            # enc_outputs: [batch_size, src_len, d_model],
            # d_model是每一个字的Word Embedding长度
            """
            enc_self_attns: [n_layers, batch_size, n_heads, src_len, src_len]
            注意力矩阵，对于encoder和decoder，每一层、每一句话、每一个头、每两个字之间都有一个权重系数，
            这些权重系数组成了注意力矩阵(之后的dec_self_attns同理，当然decoder还有一个
decoder-encoder矩阵)
            """
            enc_outputs, enc_self_attns = self.encoder(enc_inputs)

            # dec_outpus: [batch_size, tgt_len, d_model],
            # dec_self_attns: [n_layers, batch_size, n_heads, tgt_len, tgt_len],
            # dec_enc_attn: [n_layers, batch_size, tgt_len, src_len]
            dec_outputs, dec_self_attns, dec_enc_attns = self.decoder(dec_inputs, enc_inputs,
enc_outputs)
```

```python
            dec_logits = self.projection(dec_outputs)
            # 将输出的维度从 [batch_size, tgt_len, d_model]变成[batch_size, tgt_len, tgt_vocab_size]
            # dec_logits: [batch_size, tgt_len, tgt_vocab_size]

            return dec_logits.view(-1, dec_logits.size(-1)), enc_self_attns, dec_self_attns, dec_enc_attns


    # dec_logits 的维度是 [batch_size * tgt_len, tgt_vocab_size],可以理解为
    # 这个句子有 batch_size*tgt_len 个单词,每个单词有 tgt_vocab_size 种情况,取概率最大者
    # transformer 主要就是调用 Encoder 和 Decoder。最后返回
    # **************************************************#
    save_path = "./saver/transformer.pt"
    device = "cuda"
    model = Transformer()
    model.to(device)
    #model.load_state_dict(torch.load(save_path))
    criterion = nn.CrossEntropyLoss(ignore_index=0)
    optimizer = optim.AdamW(model.parameters(), lr=2e-5)
    # **************************************************#
    for epoch in range(1024):
        pbar = tqdm((loader), total=len(loader))  # 显示进度条
        for enc_inputs, dec_inputs, dec_outputs in pbar:

            enc_inputs, dec_inputs, dec_outputs = enc_inputs.to(device), dec_inputs.to(device), dec_outputs.to(device)
            # outputs: [batch_size * tgt_len, tgt_vocab_size]
            outputs, enc_self_attns, dec_self_attns, dec_enc_attns = model(enc_inputs, dec_inputs)
            loss = criterion(outputs, dec_outputs.view(-1))

            optimizer.zero_grad()
            loss.backward()
            optimizer.step()
            pbar.set_description(f"epoch {epoch + 1} : train loss {loss.item():.6f} ")  # : learn_rate {lr_scheduler.get_last_lr()[0]:.6f}

        torch.save(model.state_dict(), save_path)

    idx2word = {i: w for i, w in enumerate(tgt_vocab)}
    enc_inputs, dec_inputs, dec_outputs = next(iter(loader))
    predict, e_attn, d1_attn, d2_attn = model(enc_inputs[0].view(1, -1).cuda(), dec_inputs[0].view(1, -1).cuda())
    predict = predict.data.max(1, keepdim=True)[1]
    print(enc_inputs[0], '->', [idx2word[n.item()] for n in predict.squeeze()])
```

以上代码就是transformer的结构代码,实际上就是综合前面所学的全部知识,结合编码器和解码器。读者可以使用以下程序对代码进行测试。

```python
if __name__ == "__main__":
    encoder_input = tf.keras.Input(shape=(None,))
    decoder_input = tf.keras.Input(shape=(None,))

    output = Transformer(1024,1024)([encoder_input,decoder_input])
    model = tf.keras.Model((encoder_input,decoder_input),output)
    print(model.summary())
```

打印结果请读者自行验证。

12.2.3 拼音汉字模型的训练

本小节进行transformer的训练。需要注意的是，相对于第11章的学习，transformer的训练过程需要特别注意编码器的输出和解码器输入的错位计算。

第1次输入：编码器输入完整的序列[GO]ni hao ma[END]。与此同时，解码器的输入端输入的是解码开始符GO，经过交互计算后，解码器的输出为"你"。

第2次输入：编码器输入完整的序列[GO]ni hao ma[END]。与此同时，解码器的输入端输入的是解码开始符GO和字符"你"，经过交互计算后，解码器的输出为"你好"。

这样依次进行输出。

然后依次进行错位输入。

最后一次输入：编码器输入的还是完整序列，此时在解码器的输出端会输出带有结束符的序列，表明解码结束。

第1次输入：

编码器输入：[GO]ni hao ma[END]
解码器输入：[GO]
解码器输出：你

第2次输入：

编码器输入：[GO]ni hao ma[END]
解码器输入：[GO]你
解码器输出：你 好

第3次输入：

编码器输入：[GO]ni hao ma[END]
解码器输入：[GO]你 好
解码器输出：你 好 吗

最后一次输入：

编码器输入：[GO]ni hao ma[END]
解码器输入：[GO]你 好 吗
解码器输出：你 好 吗 [END]

计算步骤如图12-10所示。

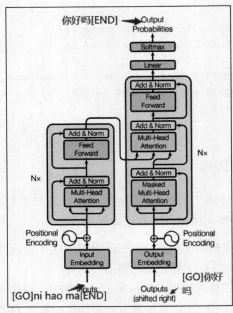

图 12-10　计算步骤

如编码器读取数据一样，由于硬件设备的原因，需要使用数据生成器循环生成数据，并且在生成器中进行错位输入。具体请读者自行完成。

12.2.4　拼音汉字模型的使用

相信读者一定发现了，相对于拼音汉字转换模型，拼音汉字翻译模型并不是整体一次性输出的，而是根据在编码器中的输入内容生成特定的输出内容。

根据这个特性，如果想获取完整的解码器生成的数据内容，则需要采用循环输入的方式完成模型的使用，代码如下。

【程序12-6】

```
idx2pinyin = {i: w for i, w in enumerate(tgt_vocab)}
idx2hanzi = {i: w for i, w in enumerate(src_vocab)}

context = "你好吗"
token = [src_vocab[char] for char in context]
token = torch.tensor(token)
sentence_tensor = torch.LongTensor(token).unsqueeze(0).to(device)
outputs = [1]
for i in range(tgt_len):
    trg_tensor = torch.LongTensor(outputs).unsqueeze(0).to(device)

    with torch.no_grad():
        output= model(sentence_tensor, trg_tensor)
    best_guess  = torch.argmax(output,dim=-1).detach().cpu()

    outputs.append(best_guess[-1])
```

```
        # if best_guess[-1] == 2:
        #     break
print([idx2pinyin[id.item()] for id in outputs[1:]])
```

以上代码演示了循环输出预测结果，这里使用了一个for循环对预测进行输入，具体请读者自行验证。

12.3　本章小结

首先回答12.2节提出的两个问题。

（1）编码器-解码器的翻译模型与编码器的转换模型有什么区别？

答：对于转换模型来说，模型在工作时不需要进行处理，默认所有的信息都包含在编码器编码的词嵌入中，最后直接进行Softmax计算即可。而编码器-解码器的翻译模型需要综合编码器的编码内容和解码器的原始输入共同完成后续的交互计算。

（2）如果想做汉字→拼音的翻译系统，编码器和解码器的输入端分别输入什么内容？

答：编码器的输入端是汉字，解码器的输入端是错位的拼音。

本章和第10章是相互衔接的，主要介绍了当前非常流行的transformer深度学习模型，从其架构入手详细介绍其主要架构部分：编码器和解码器，并且还介绍了各种ticks和小细节，有针对性地对模型优化做了说明。对于解决自然语言处理问题，目前transformer架构是最重要的方法。读者在学习这两章的时候一定要多次阅读，尽量掌握全部内容。

第13章

基于 PyTorch 2.0 的强化学习实战

强化学习（Reinforcement Learning，RL）又称再励学习、评价学习或增强学习，是机器学习的范式和方法论之一，用于描述和解决智能体（Agent）在与环境的交互过程中，通过学习策略以达成回报最大化或实现特定目标的目的。

换句话说，强化学习是一种学习如何从状态映射到行为以使得获取的奖励最大的学习机制。这样的一个智能体需要不断地在环境中进行实验，通过环境给予的反馈（奖励）来不断优化状态-行为的对应关系。因此，反复实验（Trial and Error）和延迟奖励（Delayed Reward）是强化学习最重要的两个特征，如图13-1所示。

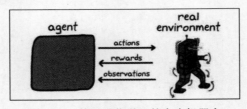

图 13-1 基于强化学习的自走机器人

借助ChatGPT的成功，强化学习从原本的不太受重视一跃而起，成为协助ChatGPT登顶的一个重要辅助工具。本章将讲解强化学习方面的内容，使用尽量少的公式，而采用图示或者讲解的形式对其中的理论内容进行介绍。

13.1 基于强化学习的火箭回收实战

我们也可以成为马斯克，这并不是天方夜谭。对于马斯克来说，他创立的SpaceX公司的猎鹰火箭回收技术处于世界领先水平。然而，火箭回收技术对于深度学习者来说，是一个遥不可及的梦想吗？答案是否定的。中国的老子说过"九层之台，起于累土；千里之行，始于足下"。接下来从头开始实现这个火箭回收技术。

13.1.1 火箭回收基本运行环境介绍

前面章节介绍了强化学习的基本内容，本小节需要完成基于强化学习的火箭回收实战，也就是通过强化学习方案完成对火箭的控制，从而让其正常降落。

首先进行项目环境的搭建，在这里读者要有一定的深度学习基础以及相应的环境，即Python的运行环境Miniconda以及PyTorch 2.0框架。除此之外，还需要一个专用的深度学习框架Gym，本节会根据Gym来实现强化学习，在该游戏中，对系统的操作和更新都在Gym内部处理，读者只需要关注强化学习部分即可。因此，所以我们只需要考虑"状态"→"神经网络"→"动作"即可。

对Gym的安装如下。

```
pip install gym
pip install box2d box2d-kengz --user
```

这里需要注意，如果有报错，请读者自行查询相关的网络文章来解决。为了验证具体的安装情况，执行以下代码段：

```python
import gym
import time
# 环境初始化
env = gym.make('LunarLander-v2', render_mode='human')
if True:
    state = env.reset()
    while True:
        # 渲染画面
        # env.render()
        # 从动作空间随机获取一个动作
        action = env.action_space.sample()
        # Agent与环境进行一步交互
        observation, reward, done, _ , _ = env.step(action)
        print('state = {0}; reward = {1}'.format(state, reward))
        # 判断当前episode是否完成
        if done:
            print('游戏结束')
            break
        time.sleep(0.01)
env.close()# 环境结束
```

这是导入了Gym的运行环境，即完成了火箭回收的环境配置，读者通过运行此代码段可以看到如图13-2所示的界面。

图13-2 火箭回收的运行界面

这是火箭回收的运行界面，在下方的输出框中有如图13-3所示的内容输出。

```
state = (array([ 0.00245399, 1.4199276 , 0.24854021, 0.40032664, -0.0028367 ,
       -0.05629814, 0.        , 0.        ], dtype=float32), {}); reward = 3.693495331315576
state = (array([ 0.00245399, 1.4199276 , 0.24854021, 0.40032664, -0.0028367 ,
       -0.05629814, 0.        , 0.        ], dtype=float32), {}); reward = 2.9992074375700044
state = (array([ 0.00245399, 1.4199276 , 0.24854021, 0.40032664, -0.0028367 ,
       -0.05629814, 0.        , 0.        ], dtype=float32), {}); reward = 2.209163362966821
state = (array([ 0.00245399, 1.4199276 , 0.24854021, 0.40032664, -0.0028367 ,
       -0.05629814, 0.        , 0.        ], dtype=float32), {}); reward = -100
```

图 13-3 输出的数据

13.1.2 火箭回收参数介绍

13.1.1节打印了火箭回收的state参数，这是火箭回收过程中的环境参数值，也就是可以通过观测器获取到的火箭状态数值，分别如下：

- 水平坐标 x。
- 垂直坐标 y。
- 水平速度。
- 垂直速度。
- 角度。
- 角速度。
- 腿1触地。
- 腿2触地。

对于操作者来说，可以有4种离散的行动对火箭进行操作，分别说明如下。

- 0 代表不采取任何行动。
- 2 代表主引擎向下喷射。
- 1、3分别代表向左、右喷射。

除此之外，对于火箭还有一个最终的奖励，即对于每一步的操作都要额外计算分值，说明如下。

- 小艇坠毁得到-100分。
- 小艇在黄旗帜之间成功着地得100~140分。
- 喷射主引擎（向下喷火）每次得-0.3分。
- 小艇最终完全静止再得100分。
- "腿1"和"腿2"都落地得10分。

13.1.3 基于强化学习的火箭回收实战

下面完成基于强化学习的火箭回收内容。完整代码如下（请读者运行本章源码中的"火箭回收"代码，第一次读者学会运行即可，部分代码段的详细讲解请参考13.1.4节的算法部分进行对照学习）：

```python
import matplotlib.pyplot as plt
import torch
from torch.distributions import Categorical
import gym
import time
import numpy as np
import random
from IPython import display
class Memory:
    def __init__(self):
        """初始化"""
        self.actions = []       # 行动(共4种)
        self.states = []        # 状态，由8个数字组成
        self.logprobs = []      # 概率
        self.rewards = []       # 奖励
        self.is_dones = []      # 游戏是否结束：is_terminals?
    def clear_memory(self):
        del self.actions[:]
        del self.states[:]
        del self.logprobs[:]
        del self.rewards[:]
        del self.is_dones[:]
class Action(torch.nn.Module):
    def __init__(self, state_dim=8, action_dim=4):
        super().__init__()
        # actor
        self.action_layer = torch.nn.Sequential(
            torch.nn.Linear(state_dim, 128),
            torch.nn.ReLU(),
            torch.nn.Linear(128, 64),
            torch.nn.ReLU(),
            torch.nn.Linear(64, action_dim),
            torch.nn.Softmax(dim=-1)
        )
    def forward(self, state):
        action_logits = self.action_layer(state)    # 计算4个方向的概率
        return action_logits
class Value(torch.nn.Module):
    def __init__(self, state_dim=8):
        super().__init__()
        # value
        self.value_layer = torch.nn.Sequential(
            torch.nn.Linear(state_dim, 128),
            torch.nn.ReLU(),
            torch.nn.Linear(128, 64),
            torch.nn.ReLU(),
            torch.nn.Linear(64, 1)
        )

    def forward(self, state):
        state_value = self.value_layer(state)
```

```python
            return state_value
    class PPOAgent:
        def __init__(self,state_dim,action_dim,n_latent_var,lr,betas,gamma, K_epochs, eps_clip):
            self.lr = lr   # 学习率
            self.betas = betas  # betas
            self.gamma = gamma  # gamma
            self.eps_clip = eps_clip  # 裁剪，限制值范围
            self.K_epochs = K_epochs  # 获取的每批次的数据作为训练使用的次数
            # action
            self.action_layer = Action()
            # critic
            self.value_layer = Value()
            self.optimizer = torch.optim.Adam([{"params":self.action_layer.parameters()},{"params":self.value_layer.parameters()}], lr=lr, betas=betas)
            #损失函数
            self.MseLoss = torch.nn.MSELoss()
        def evaluate(self,state,action):
            action_probs = self.action_layer(state)       #这里输出的结果是4类别的[-1,4]
            dist = Categorical(action_probs)              #转换成类别分布
                # 计算概率密度，log(概率)
            action_logprobs = dist.log_prob(action)
                # 计算信息熵
            dist_entropy = dist.entropy()
                # 评判，对当前的状态进行评判
            state_value = self.value_layer(state)
                # 返回行动概率密度、评判值、行动概率熵
            return action_logprobs, torch.squeeze(state_value), dist_entropy
        def update(self,memory):
            # 预测状态回报
            rewards = []
            discounted_reward = 0   #discounted = 不重要
                #这里是不是可以这样理解，当前步骤是决定未来的步骤，而模型需要根据当前步骤对未来的最终结果进行修正，如果遵循了当前步骤，就可以看到未来的结果如何
                #这样未来的结果会很差，所以模型需要远离会造成坏的结果的步骤
                #所以就反过来计算
                #print(len(self.memory.rewards),len(self.memory.is_dones))这里就是做成批次，1200批次数据做一次
            for reward, is_done in zip(reversed(memory.rewards), reversed(memory.is_dones)):
                # 回合结束
                if is_done:
                    discounted_reward = 0
                # 更新削减奖励(当前状态奖励 + 0.99*上一状态奖励)
                discounted_reward = reward + (self.gamma * discounted_reward)
                # 首插入
                rewards.insert(0, discounted_reward)
            #print(len(rewards))         #这里的长度就是根据batch_size的长度设置的
            #标准化奖励
            rewards = torch.tensor(rewards, dtype=torch.float32)
            rewards = (rewards - rewards.mean()) / (rewards.std() + 1e-5)
```

```python
            #print(len(self.memory.states),len(self.memory.actions),len(self.memory.logprobs))
            #这里的长度就是根据batch_size的长度设置的
            #张量转换
            #convert list to tensor
            old_states = torch.tensor(memory.states)
            old_actions = torch.tensor(memory.actions)
            old_logprobs = torch.tensor(memory.logprobs)
            #迭代优化 K 次
            for _ in range(5):
                # Evaluating old actions and values : 新策略重用旧样本进行训练
                logprobs, state_values, dist_entropy = self.evaluate(old_states, old_actions)
                ratios = torch.exp(logprobs - old_logprobs.detach())
                advantages = rewards - state_values.detach()
                surr1 = ratios * advantages
                surr2 = torch.clamp(ratios, 1 - self.eps_clip,1 + self.eps_clip) * advantages
                loss = -torch.min(surr1, surr2) + 0.5 * self.MseLoss(state_values, rewards) - 0.01 * dist_entropy
                # take gradient step
                self.optimizer.zero_grad()
                loss.mean().backward()
                self.optimizer.step()
    def act(self,state):
        state = torch.from_numpy(state).float()
        # 计算4个方向的概率
        action_probs = self.action_layer(state)
        # 通过最大概率计算最终行动方向
        dist = Categorical(action_probs)
        action = dist.sample()    #这个是根据action_probs做出符合分布action_probs的抽样结果
        return action.item(),dist.log_prob(action)

state_dim = 8           # 游戏的状态是一个8维向量
action_dim = 4          # 游戏的输出有4个取值
n_latent_var = 128      # 神经元个数
update_timestep = 1200  # 每1200步policy更新一次
lr = 0.002              # learning rate
betas = (0.9, 0.999)
gamma = 0.99            # discount factor
K_epochs = 5            # policy迭代更新次数
eps_clip = 0.2          # clip parameter for PPO   论文中表明0.2效果不错
random_seed = 929

agent = PPOAgent(state_dim ,action_dim,n_latent_var,lr,betas,gamma,K_epochs,eps_clip)
memory = Memory()
# agent.network.train()    # Switch network into training mode
EPISODE_PER_BATCH = 5     # update the agent every 5 episode
NUM_BATCH = 200           # totally update the agent for 400 time
avg_total_rewards, avg_final_rewards = [], []
env = gym.make('LunarLander-v2', render_mode='rgb_array')
rewards_list = []
```

```python
    for i in range(200):
        rewards = []
        # collect trajectory
        for episode in range(EPISODE_PER_BATCH):
            # 重开一把游戏
            state = env.reset()[0]
            while True:
            #这里，agent做出act动作后，数据已经被储存了。另外，注意这里是使用old_policity_act做的
                with torch.no_grad():
                    action,action_prob = agent.act(state) # 按照策略网络输出的概率随机采样一个动作
                    memory.states.append(state)
                    memory.actions.append(action)
                    memory.logprobs.append(action_prob)
                next_state, reward, done, _, _ = env.step(action) # 与环境state进行交互，输出reward和环境next_state
                state = next_state
                rewards.append(reward)     # 记录每一个动作的reward
                memory.rewards.append(reward)
                memory.is_dones.append(done)
                if len(memory.rewards) >= 1200:
                    agent.update(memory)
                    memory.clear_memory()

                if done or len(rewards) > 1024:
                    rewards_list.append(np.sum(rewards))
                    #print('游戏结束')
                    break
        print(f"epoch: {i} ,rewards looks like ", rewards_list[-1])

plt.plot(range(len(rewards_list)),rewards_list)
plt.show()
plt.close()
env = gym.make('LunarLander-v2', render_mode='human')
for episode in range(EPISODE_PER_BATCH):
    # 重开一把游戏
    state = env.reset()[0]
    step = 0
    while True:
        step += 1
        # 这里，agent做出act动作后，数据已经被储存了。另外，注意这里是使用old_policity_act做的
        action,action_prob = agent.act(state)  # 按照策略网络输出的概率随机采样一个动作
        # agent与环境进行一步交互
        state, reward, terminated, truncated, info = env.step(action)
        #print('state = {0}; reward = {1}'.format(state, reward))
        # 判断当前episode是否完成
        if terminated or step >= 600:
            print('游戏结束')
            break
        time.sleep(0.01)
print(np.mean(rewards_list))
```

此时，火箭回收的最终得分图如图13-4所示。

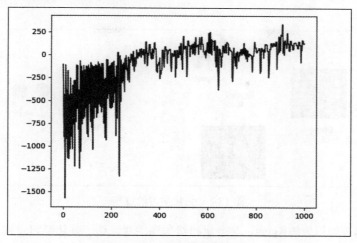

图 13-4　火箭回收的得分图

13.1.4　强化学习的基本内容

在完成了强化学习的实战代码后，下面将讲解一些强化学习的基本理论，从而帮助读者加深对强化学习的理解。

1. 强化学习的总体思想

强化学习背后的思想是，代理（Agent）将通过与环境（Environment）的动作（Action）交互，进而获得奖励（Reward）。

从与环境的交互中进行学习，这一思想来自于我们的自然经验，想象一下当你是个孩子的时候，看到一团火，并尝试接触它，如图13-5所示。

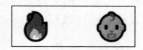

图 13-5　尝试接触火

你觉得火很温暖，你感觉很开心（奖励+1），你就会觉得火是个好东西，如图13-6所示。

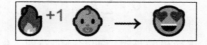

图 13-6　觉得火很温暖

然而，一旦你尝试去触摸它，就会狠狠地被教育，即火把你的手烧伤了（惩罚-1），如图13-7所示。你才会明白只有与火保持一定距离，火才会产生温暖，才是个好东西，但如果太过靠近的话，就会烧伤自己。

图 13-7　被火烧伤了手

这一过程是人类通过交互进行学习的方式。强化学习是一种可以根据行为进行计算的学习方式，如图13-8所示。

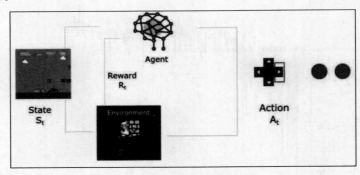

图13-8 强化学习的过程

举个例子，思考如何训练Agent，学会玩超级玛丽游戏。这一强化学习过程可以被建模为如下的一组循环过程：

- Agent从环境中接收到状态S_0。
- 基于状态S_0，Agent执行A操作。
- 环境转移至新状态S_1。
- 环境给予R_1奖励。

强化学习的整体过程中会循环输出状态、行为、奖励的序列，而整体的目标是最大化全局奖励的期望。

2. 强化学习的奖励与衰减

奖励与衰减是强化学习的核心思想，在强化学习中，为了得到最好的行为序列，我们需要最大化累积奖励的期望，也就是奖励的最大化是强化学习的核心目标。

对于奖励的获取，每个时间步的累积奖励可以写作：

$$G_t = R_{t+1} + R_{t+2} + \cdots$$

等价于：

$$G_t = \sum_{k=0}^{T} R_{t+k+1}$$

但是相对于长期奖励来说，更简单的是对短期奖励的获取，短期奖励来的很快，且发生的概率非常大，因此比起长期奖励，短期奖励更容易预测。

用图13-9所示的猫捉老鼠例子来说明，Agent是老鼠，对手是猫，目标是在被猫吃掉之前，先吃掉最多的奶酪。

从图13-9中可以看到，吃掉身边的奶酪要比吃掉猫旁边的奶酪要容易许多。

但是由于一旦被猫抓住，游戏就会结束，因此猫身边的奶酪奖励会有衰减，也要把这个因素考虑进去，对折扣的处理如下（定义Gamma为衰减比例，取值范围为0~1）：

- Gamma越大，带来的衰减越小。这意味着Agent的学习过程更关注长期的回报。

- Gamma越小，带来的衰减越大。这意味着Agent更关注短期的回报。

图 13-9 长期与短期激励

衰减后的累计奖励期望为：

$$G_t = \sum_{k=0}^{\infty} r^k R_{t+k+1} \text{ where } r \in [0,1)$$

$$R_{t+1} + \gamma R_{t+2} + \gamma^2 R_{t+3} \cdots$$

每个时间步之间的奖励将与Gamma参数相乘，以获得衰减后的奖励值。随着时间步的增加，猫距离我们更近，因此未来的奖励概率将变得越来越小。

3. 强化学习的任务分类

任务是强化学习问题中的基础单元，任务分为两类：事件型任务与持续型任务。

事件型任务指的是在这个任务中，有一个起始点和终止点（终止状态）。这会创建一个事件：一组状态、行为、奖励以及新奖励。对于超级玛丽来说，一个事件从游戏开始进行记录，直到角色被杀结束，如图13-10所示。

图 13-10 事件型任务

而持续型任务意味着任务不存在终止状态。在这个任务中，Agent将学习如何选择最好的动作，并与环境同步交互。例如，通过Agent进行自动股票交易，这个任务不存在起始点和终止状态，在我们主动终止之前，Agent将一直运行下去，如图13-11所示。

图 13-11 持续型任务

4. 强化学习的基本处理方法

对于一般的强化学习来说，其主要的学习与训练方法有两种，分别是基于值函数的学习方法与基于策略梯度的学习方法，另外还有把两者结合起来的AC算法。分别说明如下：

- 基于值函数的学习方法来学习价值函数，计算每个动作在当前环境下的价值，目标就是获取最大的动作价值，即每一步采取回报最大的动作和环境进行互动。
- 基于策略梯度的学习方法来学习策略函数，计算当前环境下每个动作的概率，目标是获取最大的状态价值，即该动作发生后期望回报越大越好。
- AC算法：融合了上述两种方法，将价值函数和策略函数一起进行优化。价值函数负责在环境学习并提升自己的价值判断能力，而策略函数则接受价值函数的评价，尽量采取在价值函数中可以得到高分的策略。

读者可以参考走迷宫的例子来学习。走迷宫时每个步骤的评分是由基于值的算法在计算环境反馈后得出，如图13-12所示。在迷宫问题中，在每一步对周围环境进行打分，将选择得分最高的前进，即-7、-6、-5等。而这里每个步骤的评分是由基于策略梯度的算法在计算实施动作后得出的，如图13-13所示。

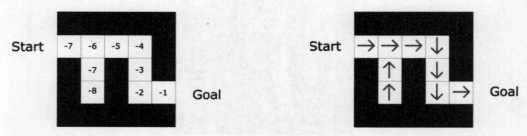

图 13-12 对每个环境本身进行打分　　　　图 13-13 对行走者的每个动作进行打分

这个过程中的每个动作（也就是其行进方向）是由模型决定的。

这两种方法一种施加在环境中，另一种施加在动作人上，各有利弊。因此，为了取长补短，研究人员提出了一种新的处理方法——AC算法，如图13-14所示。

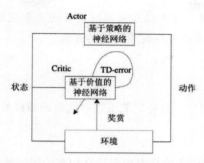

图 13-14　AC 算法（Action 和 Critic Method）

AC算法将基于值函数和基于策略梯度的学习方法做了结合，同时对环境和施用者进行建模，从而可以获得更好的环境适配性。

AC算法分为两部分：Actor用的是Policy Gradient，它可以在连续动作空间内选择合适的动作；Critic用的是Q-Learning，它可以解决离散动作空间的问题。除此之外，又因为Actor只能在一个回合之后进行更新，导致学习效率较慢，Critic的加入就可以使用TD方法实现单步更新。这样两种算法相辅相成，形成了AC算法。

Actor对每个动作（Action）做出概率输出，而Critic会对输出进行评判，之后将评判结果返回给Actor，从而修正下一次Actor做出的结果。

13.2　强化学习的基本算法——PPO算法

一般强化学习过程中，一份数据只能进行一次更新，更新完就只能丢掉，再等待下一份数据。但是这种方式对深度学习来说是一种极大的浪费，尤其在强化学习中，数据的获取是弥足珍贵的。

因此，我们需要一种新的算法，能够通过获得完整的数据内容进行模型的多次更新，即需要对每次获取到的数据进行多次利用，而进行多次利用的算法，具有代表性的就是PPO（Proximal Policy Optimization，近线策略优化）算法。

13.2.1　PPO算法简介

PPO算法是AC算法框架下的一种强化学习代表算法，在采样策略梯度算法训练的同时，还可以重复利用历史的采样数据进行网络参数更新，提升了策略梯度算法的效率。

PPO算法的突破在于对新旧策略函数进行约束，希望新的策略网络与旧的策略网络越接近越好，即实现近线策略优化的本质目的：新网络可以利用旧网络学习到的数据进行学习，不希望这两个策略相差很大。PPO损失函数的公式如下：

$$L^{clip+vf+s}(\theta) = E\left(L^{clip}(\theta) - c_1 L^{vf}(\theta) + c_2 S[\pi_\theta](S_t)\right)$$

参数说明如下。

- L^{clip}：价值网络评分，即Critic网络评分，采用clip的方式使得新旧网络的差距不会过大。
- L^{vf}：价值网络预测的结果和真实环境的回报值越接近越好。

- s：策略网络的输出结果，这个值越大越好，目的是希望策略网络的输出分布概率不要太过于集中，提高了不同动作在环境中发生的可能。

13.2.2 函数使用说明

在讲解PPO算法时，需要用到一些特定的函数，这些函数以前没有用过，我们先讲解一下。

1. Categorical类

Categorical类的作用是根据传递的数据概率建立相应的数据抽样分布，其使用如下：

```python
import torch
from torch.distributions import Categorical

action_probs = torch.tensor([0.3,0.7])      #首先人工建立一个概率值
dist = Categorical(action_probs)             #根据概率进行建立分布
c0 = 0
c1 = 1
for _ in range(10240):
    action = dist.sample()                   #根据概率分布进行抽样
    if action == 0:                          #对抽样结果进行存储
        c0 += 1
    else:
        c1 += 1
print("c0的概率为: ",c0/(c0 + c1))           #打印输出的结果
print("c1的概率为: ",c1/(c0 + c1))
```

首先人工建立一个概率值，之后Categorical类帮助我们建立依照这个概率构成的分布函数，sample的作用是依据存储的概率进行抽样。

从最终的打印结果可以看到，输出的结果可以反映人工概率的分布。

```
c0的概率为: 0.3014354066985646
c1的概率为: 0.6985645933014354
```

2. log_prob函数

log_prob(x)用来计算输入数据x的概率密度的对数值，读者可以通过如下代码段进行验证：

```python
import torch
from torch.distributions import Categorical

action_probs = torch.tensor([0.3,0.7])
#输出不同分布的log值
print(torch.log(action_probs))
#根据概率建立一个分布并抽样
dist = Categorical(action_probs)
action = dist.sample()
#获取抽样结果对应的分布log值
action_logprobs = dist.log_prob(action)
print(action_logprobs)
```

通过打印结果可以看到，首先输出了不同分布的log值，之后再反查出不同取值所对应的分布

log值。

```
c0的概率为：0.3014354066985646
c1的概率为：0.6985645933014354
```

3. entropy函数

在前面讲解的过程中涉及交叉熵（crossEntropy）相关内容，而entropy用于计算数据中蕴含的信息量，在这里熵的计算如下：

```python
import torch
from torch.distributions import Categorical

action_probs = torch.tensor([0.3,0.7])
#自己定义的entropy实现
def entropy(data):
    min_real = torch.min(data)
    logits = torch.clamp(data,min=min_real)
    p_log_p = logits * torch.log(data)
    return -p_log_p.sum(-1)

print(entropy(action_probs))
```

读者可以对这里自定义的entropy与PyTorch 2.0自带的entropy计算方式进行比较，代码如下：

```python
import torch
from torch.distributions import Categorical

action_probs = torch.tensor([0.3,0.7])
#根据概率建立一个分布并抽样
dist = Categorical(action_probs)
dist_entropy = dist.entropy()
print("dist_entropy: ",dist_entropy)

#自己定义的entropy实现
def entropy(data):
    min_real = torch.min(data)
    logits = torch.clamp(data,min=min_real)
    p_log_p = logits * torch.log(data)
    return -p_log_p.sum(-1)

print("self_entropy: ",entropy(action_probs))
```

从最终结果可以看到，两者的计算结果是一致的。

```
dist_entropy: tensor(0.6109)
self_entropy: tensor(0.6109)
```

13.2.3 一学就会的 TD-error 理论介绍

下面介绍ChatGPT中的一个非常重要的理论算法——TD-error，TD-error的作用是动态地解决后续数据量的估算问题，简单说就是：TD-error主要是让我们明确分段思维，而不能凭主观评价经验来对事物进行估量，如图13-15所示。

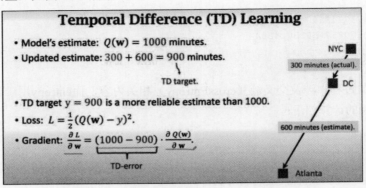

图 13-15　TD-error

1. 项目描述与模型预估

在图13-15右侧，一名司机需要驾车从NYC到Atlanta，中途有个中转站DC。按照现有的先验知识可以获得如下信息：

- NYC到Atlana的距离为90千米，而DC中转站位于距离出发点NYC 300千米的中转站。
- 训练好的模型预估整体路途需要耗时1000分钟。
- 训练好的模型预估从NYC到DC耗时400分钟。
- 训练好的模型预估从DC到Atlanta耗时600分钟。

这是对项目的描述，完整用到预估的知识内容。这里需要注意的是，整体1000分钟的耗时是由离线模型在出发前预先训练好的，而不能根据具体情况随时调整。

2. 到达DC后模型重新估算整体耗时

当司机实际到达中转站DC时，发现耗时只有300分钟，此时如果模型进一步估算余下的路程时间，按照出发前的算法，剩余时间应该为1000−400 = 600分钟。此时进一步估算整体用时，可以使用公式如下：

$$900 = 300 + 600$$

这是模型在DC估算的整体用时。其中300为出发点NYC到DC的耗时，而600为模型按原算法估算的DC到Atalanta的耗时。整体900为已训练模型在DC估算的总体耗时。

此时，如果模型在中转站重新进行时间评估的话，到达终点的整体耗费时间就会变为900。

3. 问题

有读者可能会问，为什么不用按比例缩短的剩余时间进行估算，即剩下的时间变为：

$$V_{future} = 600 \times 300 / 400$$

这样做的问题在于，我们需要相信前期模型做出的预测是基于很好的训练做出来的一个可信度很高的值，不能人为随意地对整体的路途进行修正，即前一段路途可能因为种种原因（顺风、逆风等）造成了时间变更，但是并不能保证在后续的路途同样会遇到这样的情况。

因此，我们在剩余的这次模型拟合过程中，依旧需要假定模型对未来的原始拟合是正确的，而不能加入自己的假设。

有读者可能会继续问，如果下面再遇到一些状况，修正了原计划的路途，怎么办呢？一个非常好的解决办法就是以那个时间段为中转站重新训练整个模型。把前面路过的作为前部分，后面没有路过的作为后部分处理。

在这个问题中，我们把整体的路段分成了若干份，每隔一段就重新估算时间，这样使得最终的时间与真实时间的差值不会太大。

4. TD-error

此时模型整体估算的差值100=1000-900，这点相信读者很容易理解，即TD-error代表的是现阶段（也就是在DC位置）估算时间与真实时间的差值为100。

可以看到，这里的TD-error实际上就是根据现有的误差修正整体模型的预估结果，这样可以使得模型在拟合过程中更好地反映真实的数据。

13.2.4 基于TD-error的结果修正

本小节会涉及PPO算法的一些细节部分。

1. 修正后的模型做出的预测不应该和未修正的模型做出的预测有太大的差别

继续13.2.3节的例子，如果按原始的假设，对于总路程的拟合分析，在DC中转站估算的耗费时间为：

$$错误的模型估算时间: 300 + 600 \times 300 / 400 = 750$$
$$模型应该输入的时间: 300 + 600 = 900$$

此时，除了在前面讲的加入训练人的主观因素外，还有一个比较重要的原因是，相对于原始的估算值1000，模型对于每次修正的幅度太大（错误的差距为250，而正确的差距为100），这样并不适合模型尽快地使用已有的数据重新拟合剩下的耗费时间。换算到模型输出，其决策器的输出跳跃比较大，很有可能造成模型失真的问题。

下面回到PPO算法的说明，对于每次做出动作的决定，决策器policy会根据更新生成一个新的分布，我们可以将其记作$p\theta'(at \mid st)$，而对于旧的$p\theta(at \mid st)$，这两个分布差距太大的话，也就是变化过大，会导致模型难以接受。读者可以参考下面两个分布的修正过程：

[0.1,0.2] → [0.15,0.20] → [0.25,0.30] → [0.45,0.40]　　一个好的分布修正过程
[0.1,0.2] → [1.5,0.48] → [1.2,4.3] → [−0.1,0.7]　　一个坏的分布修正过程

这部分的实现可以参考示例源码中的这条代码进行解读：

```
ratios = torch.exp(logprobs - old_logprobs.detach())
```

具体公式可以参考图13-16。

$$\nabla \bar{R}_\theta = E_{\tau \sim p_\theta(\tau)}[R(\tau)\nabla \log p_\theta(\tau)]$$

- Use π_θ to collect data. When θ is updated, we have to sample training data again.
- Goal: Using the sample from $\pi_{\theta'}$ to train θ. θ' is fixed, so we can re-use the sample data.

$$\nabla \bar{R}_\theta = E_{\tau \sim p_{\theta'}(\tau)}\left[\frac{p_\theta(\tau)}{p_{\theta'}(\tau)} R(\tau)\nabla \log p_\theta(\tau)\right]$$

- Sample the data from θ'.
- Use the data to train θ many times.

图 13-16　具体公式 1

2. 对于模型每次输出概率的权重问题

对于以下公式：

$$\text{模型应该输入的时间：} 300 + 600 = 900$$
$$\text{TD} - \text{error} = 1000 - 900 = 100$$
$$\text{Adventure} = \frac{100}{1000} = 0.1$$

如果我们继续对下面的路径进行划分，对于不同的路径，可以得到如下的TD − error序列：

$$\text{TD} - \text{error1} = 80$$
$$\text{TD} - \text{error2} = 50$$
$$\text{TD} - \text{error3} = 20$$
$$\vdots$$

对于后期多次的模型拟合，输出新的动作概率时，需要一种连续的概率修正方法，即将当前具体的动作概率输出与不同的整体结果误差的修正联系在一起，具体实现如下：

```
ratios = torch.exp(logprobs - old_logprobs.detach())
advantages = rewards - state_values.detach()          #多个advantage组成的序列
surr1 = ratios * advantages
```

advantages表示新的输出对原有输出的改变和修正，具体公式如图13-17所示。

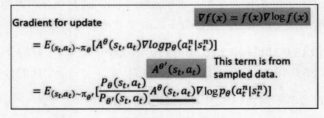

图 13-17　具体公式 2

其中画线部分出现的就是离散后的advantages，其作用是对输出的概率进行修正。

13.2.5　对于奖励的倒序构成的说明

关于奖励的构成方法，实现代码如下：

```
for reward, is_done in zip(reversed(memory.rewards), reversed(memory.is_dones)):
    # 回合结束
    if is_done:
        discounted_reward = 0

    # 更新削减奖励（当前状态奖励 + 0.99*上一状态奖励）
    discounted_reward = reward + (self.gamma * discounted_reward)
    # 首插入
    rewards.insert(0, discounted_reward)
# 标准化奖励
rewards = torch.tensor(rewards, dtype=torch.float32)
rewards = (rewards - rewards.mean()) / (rewards.std() + 1e-5)
```

可以看到，在这里对获取的奖励进行倒转，之后将奖励得分进行叠加，对于这部分的处理，读者可以这样理解：当前步骤是决定未来的步骤，而模型需要根据当前步骤对未来的最终结果进行修正，如果遵循了当前步骤，就可以看到未来的结果如何，如果未来的结果很差，模型就需要尽可能远离造成此结果的步骤，即对输出进行修正。

13.3　本章小结

本章是强化学习的实战部分，由于涉及较多的理论讲解，因此难度较大，但是相信通过本章的讲解，读者可以了解并掌握强化学习模型，并可以独立训练成功一个强化学习模型。

读者可以根据自身的需要继续强化学习模型的学习，本章选用的是一个比较简单的火箭回收例子，其作用只是抛砖引玉，向读者介绍强化学习的基本算法和训练方式。

第14章

ChatGPT 前身——只具有解码器的 GPT-2 模型

本章回到自然语言处理中，前面的章节介绍了自然语言处理中编码器与解码器的使用，并结合在一起完成了一个较为重量级的任务——汉字与拼音的翻译任务，如图14-1所示。

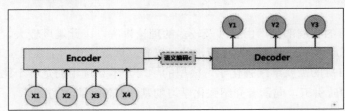

图 14-1 编码器与解码器的使用

可以看到，基于编码器与解码器的翻译模型是深度学习较重要的任务之一，其中的编码器本书使用了大量的篇幅来讲解，这也是本书前面章节用来进行文本分类的主要方法之一。

本章主要介绍另一个重要组件——解码器。随着人们对深度学习的研究日趋成熟，了解和认识到只使用解码器来完成模型的生成任务可能会更加有效，并基于此完成了最终的ChatGPT。

本章首先介绍ChatGPT重要的前期版本——GPT-2的使用，然后通过实战演示介绍这种仅使用解码器的文本生成模型——GPT-2。

14.1 GPT-2 模型简介

本节内容不需要掌握，读者仅做了解即可。GPT-2是OpenAI推出的一项基于单纯解码器的深度学习文本生成模型，其在诞生之初就展现出了令人印象深刻的能力，能够撰写连贯而充满激情的文章，其超出了我们预期的当前语言模型所拥有的能力。但是，GPT-2并不是特别新颖的架构，它的架构与我们在前面的翻译模型中使用的Decoder非常相似，它在大量数据集上进行了训练，因此可以认为它是一种具有庞大输出能力的语言模型。

14.1.1 GPT-2模型的输入和输出结构——自回归性

首先我们来看GPT-2模型的输入和输出结构。GPT-2模型是一种机器学习模型，能够查看句子的一部分并预测下一个单词。最著名的语言模型是智能手机键盘，可根据用户当前输入的内容提示下一个单词。GPT-2模型也仿照这种输入输出格式，通过对输入的下一个词进行预测从而获得其生成能力，如图14-2所示。

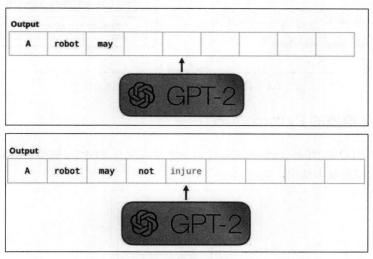

图 14-2　GPT-2 模型

从图14-2可以看到，GPT-2模型的工作方式是，一个Token输出之后，这个Token就会被添加到句子的输入中，从而将新的句子变成下一次输出的输入，这种策略被称为自回归性（Auto-Regression），这也是RNN成功的关键之一。

继续深入这种预测方式，我们可以改变其输入格式，从而使得GPT-2模型具有问答性质的能力。图14-3演示了GPT-2模型进行问答的解决方案，即在头部加上一个特定的Prompt。目前读者可以将其单纯地理解成一个"问题"或者"引导词"，而GPT-2模型则根据这个Prompt生成后续的文本。

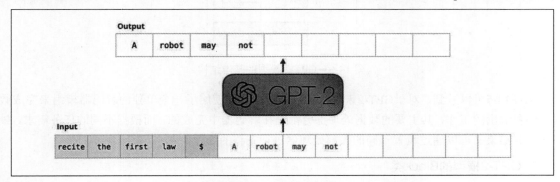

图 14-3　生成后续的文本

可以看到，此时的GPT-2模型是一种新的深度学习模型结构，只采用Decoder Block作为语言模型，抛弃了Encoder，如图14-4所示。

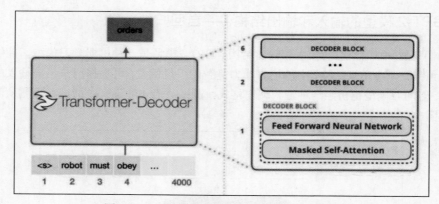

图 14-4 只采用 Decoder Block 作为语言模型

14.1.2 GPT-2 模型的 PyTorch 实现

前面介绍了GPT-2模型的组成和构成方法，下面将实现基于GPT-2模型的组成方案。首先我们来看一下GPT-2模型的基本结构，如图14-5所示。

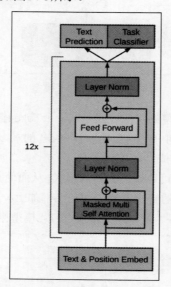

图 14-5 GPT-2 模型的基本结构

从图14-5可以看到，对于GPT-2来说，实际上就相当于使用了一个单独的解码器模组来完成数据编码和输出的工作，其主要的数据处理部分都是在解码器中完成的，而根据不同的任务需求，最终的任务结果又可以通过设置不同的头部处理器进行完整的处理。

1. GPT-2模型的Block类

GPT-2模型中Block类的作用是通过一个个小的模块来完成数据的处理工作，其包含Attention类和Feedford类。在这里，这两个类的名称我们复用了前面介绍的翻译模型，生疏的读者可以参考前面的讲解复习相关的内容。Block类的实现如下：

```
import copy
import torch
```

```python
import math
import torch.nn as nn
from torch.nn.parameter import Parameter
def gelu(x):
    return 0.5 * x * (1 + torch.tanh(math.sqrt(2 / math.pi) * (x + 0.044715 * torch.pow(x, 3))))
class LayerNorm(nn.Module):
    def __init__(self, hidden_size, eps=1e-12):
        """Construct a layernorm module in the TF style (epsilon inside the square root).
        """
        super(LayerNorm, self).__init__()
        self.weight = nn.Parameter(torch.ones(hidden_size))
        self.bias = nn.Parameter(torch.zeros(hidden_size))
        self.variance_epsilon = eps
    def forward(self, x):
        u = x.mean(-1, keepdim=True)
        s = (x - u).pow(2).mean(-1, keepdim=True)
        x = (x - u) / torch.sqrt(s + self.variance_epsilon)
        return self.weight * x + self.bias
class Conv1D(nn.Module):
    def __init__(self, nf, nx):
        super(Conv1D, self).__init__()
        self.nf = nf
        w = torch.empty(nx, nf)
        nn.init.normal_(w, std=0.02)
        self.weight = Parameter(w)
        self.bias = Parameter(torch.zeros(nf))

    def forward(self, x):
        size_out = x.size()[:-1] + (self.nf,)
        x = torch.addmm(self.bias, x.view(-1, x.size(-1)), self.weight)
        x = x.view(*size_out)
        return x
class Attention(nn.Module):
    def __init__(self, nx, n_ctx, config, scale=False):
        super(Attention, self).__init__()
        n_state = nx  # in Attention: n_state=768 (nx=n_embd)
        # [switch nx => n_state from Block to Attention to keep identical to TF implem]
        assert n_state % config.n_head == 0
        self.register_buffer("bias", torch.tril(torch.ones(n_ctx, n_ctx)).view(1, 1, n_ctx, n_ctx))
        self.n_head = config.n_head
        self.split_size = n_state
        self.scale = scale
        self.c_attn = Conv1D(n_state * 3, nx)
        self.c_proj = Conv1D(n_state, nx)
    def _attn(self, q, k, v):
        w = torch.matmul(q, k)
        if self.scale:
            w = w / math.sqrt(v.size(-1))
        nd, ns = w.size(-2), w.size(-1)
```

```python
            b = self.bias[:, :, ns-nd:ns, :ns]
            w = w * b - 1e10 * (1 - b)
            w = nn.Softmax(dim=-1)(w)
            return torch.matmul(w, v)
        def merge_heads(self, x):
            x = x.permute(0, 2, 1, 3).contiguous()
            new_x_shape = x.size()[:-2] + (x.size(-2) * x.size(-1),)
            return x.view(*new_x_shape)  # in Tensorflow implem: fct merge_states
        def split_heads(self, x, k=False):
            new_x_shape = x.size()[:-1] + (self.n_head, x.size(-1) // self.n_head)
            x = x.view(*new_x_shape)  # in Tensorflow implem: fct split_states
            if k:
                return x.permute(0, 2, 3, 1)  # (batch, head, head_features, seq_length)
            else:
                return x.permute(0, 2, 1, 3)  # (batch, head, seq_length, head_features)
        def forward(self, x, layer_past=None):
            x = self.c_attn(x)
            query, key, value = x.split(self.split_size, dim=2)
            query = self.split_heads(query)
            key = self.split_heads(key, k=True)
            value = self.split_heads(value)
            if layer_past is not None:
                past_key, past_value = layer_past[0].transpose(-2, -1), layer_past[1]  # transpose back cf below
                key = torch.cat((past_key, key), dim=-1)
                value = torch.cat((past_value, value), dim=-2)
            present = torch.stack((key.transpose(-2, -1), value))  # transpose to have same shapes for stacking
            a = self._attn(query, key, value)
            a = self.merge_heads(a)
            a = self.c_proj(a)
            return a, present
    class MLP(nn.Module):
        def __init__(self, n_state, config):  # in MLP: n_state=3072 (4 * n_embd)
            super(MLP, self).__init__()
            nx = config.n_embd
            self.c_fc = Conv1D(n_state, nx)
            self.c_proj = Conv1D(nx, n_state)
            self.act = gelu
        def forward(self, x):
            h = self.act(self.c_fc(x))
            h2 = self.c_proj(h)
            return h2

    class Block(nn.Module):
        def __init__(self, n_ctx, config, scale=False):
            super(Block, self).__init__()
            nx = config.n_embd
            self.ln_1 = LayerNorm(nx, eps=config.layer_norm_epsilon)
            self.attn = Attention(nx, n_ctx, config, scale)
            self.ln_2 = LayerNorm(nx, eps=config.layer_norm_epsilon)
```

```
        self.mlp = MLP(4 * nx, config)
    def forward(self, x, layer_past=None):
        a, present = self.attn(self.ln_1(x), layer_past=layer_past)
        x = x + a
        m = self.mlp(self.ln_2(x))
        x = x + m
        return x, present
```

2. GPT-2模型的Model类

下面介绍GPT-2模型的Model类,其作用是将Block组合在一起,构成一个完整的数据处理模块,并将数据传输到任务分类模块中,代码如下:

```
class GPT2Model(nn.Module):
    def __init__(self, config):
        super(GPT2Model, self).__init__()
        self.n_layer = config.n_layer
        self.n_embd = config.n_embd
        self.n_vocab = config.vocab_size
        self.wte = nn.Embedding(config.vocab_size, config.n_embd)
        self.wpe = nn.Embedding(config.n_positions, config.n_embd)
        block = Block(config.n_ctx, config, scale=True)
        self.h = nn.ModuleList([copy.deepcopy(block) for _ in range(config.n_layer)])
        self.ln_f = LayerNorm(config.n_embd, eps=config.layer_norm_epsilon)
    def set_embeddings_weights(self, model_embeddings_weights):
        embed_shape = model_embeddings_weights.shape
        self.decoder = nn.Linear(embed_shape[1], embed_shape[0], bias=False)
        self.decoder.weight = model_embeddings_weights # Tied weights
    def forward(self, input_ids, position_ids=None, token_type_ids=None, past=None):
        if past is None:
            past_length = 0
            past = [None] * len(self.h)
        else:
            past_length = past[0][0].size(-2)
        if position_ids is None:
            position_ids = torch.arange(past_length, input_ids.size(-1) + past_length, dtype=torch.long, device=input_ids.device)
            position_ids = position_ids.unsqueeze(0).expand_as(input_ids)
        input_shape = input_ids.size()
        input_ids = input_ids.view(-1, input_ids.size(-1))
        position_ids = position_ids.view(-1, position_ids.size(-1))

        inputs_embeds = self.wte(input_ids)
        position_embeds = self.wpe(position_ids)
        if token_type_ids is not None:
            token_type_ids = token_type_ids.view(-1, token_type_ids.size(-1))
            token_type_embeds = self.wte(token_type_ids)
        else:
            token_type_embeds = 0
        hidden_states = inputs_embeds + position_embeds + token_type_embeds
        presents = []
        for block, layer_past in zip(self.h, past):
```

```
            hidden_states, present = block(hidden_states, layer_past)
            presents.append(present)
        hidden_states = self.ln_f(hidden_states)
        output_shape = input_shape + (hidden_states.size(-1),)
        return hidden_states.view(*output_shape), presents
```

3. GPT-2模型的任务分类

GPT2LMHeadModel类用于来进行自回归预训练，其可以传入labels张量来计算自回归交叉熵损失值loss，继而利用自回归交叉熵损失值loss来优化整个GPT-2模型。

虽然GPT2LMHeadModel类可以用来进行自回归预训练，但它也可以在下游任务或其他情景中被使用，此时便不需要为GPT2LMHeadModel类传入labels张量。

```
class GPT2LMHead(nn.Module):
    def __init__(self, model_embeddings_weights, config):
        super(GPT2LMHead, self).__init__()
        self.n_embd = config.n_embd
        self.set_embeddings_weights(model_embeddings_weights)
    def set_embeddings_weights(self, model_embeddings_weights):
        embed_shape = model_embeddings_weights.shape
        self.decoder = nn.Linear(embed_shape[1], embed_shape[0], bias=False)
        self.decoder.weight = model_embeddings_weights  # Tied weights
    def forward(self, hidden_state):
        # Truncated Language modeling logits (we remove the last token)
        # h_trunc = h[:, :-1].contiguous().view(-1, self.n_embd)
        lm_logits = self.decoder(hidden_state)
        return lm_logits

class GPT2LMHeadModel(nn.Module):
    def __init__(self, config):
        super(GPT2LMHeadModel, self).__init__()
        self.transformer = GPT2Model(config)
        self.lm_head = GPT2LMHead(self.transformer.wte.weight, config)
    def set_tied(self):
        """ Make sure we are sharing the embeddings
        """
        self.lm_head.set_embeddings_weights(self.transformer.wte.weight)
    def forward(self, input_ids, position_ids=None, token_type_ids=None, lm_labels=None, past=None):
        hidden_states, presents = self.transformer(input_ids, position_ids, token_type_ids, past)
        lm_logits = self.lm_head(hidden_states)
        if lm_labels is not None:
            loss_fct = nn.CrossEntropyLoss(ignore_index=-1)
            loss = loss_fct(lm_logits.view(-1, lm_logits.size(-1)), lm_labels.view(-1))
            return loss
        return lm_logits, presents
```

4. GPT-2模型的整体参数和结构

最终通过设定GPT-2模型的整体参数可以完成模型的构建，此时对于参数的设置，可以通过建立一个config类（GPT2Config）的方法来实现，代码如下：

```
class GPT2Config(object):
    def __init__(
        self,
        vocab_size=1024,                        #字符个数
        n_positions=1024,                       #位置Embedding的维度
        n_ctx=1024,                             #注意力中的Embedding的维度
        n_embd=768,                             #GPT模型维度
        n_layer=12,                             #GPT中Block的层数
        n_head=12,                              #GPT中的注意力头数
        layer_norm_epsilon=1e-5,
        initializer_range=0.02,
    ):
        self.vocab_size = vocab_size
        self.n_ctx = n_ctx
        self.n_positions = n_positions
        self.n_embd = n_embd
        self.n_layer = n_layer
        self.n_head = n_head
        self.layer_norm_epsilon = layer_norm_epsilon
        self.initializer_range = initializer_range
```

通过使用这个config类（GPT2Config）可以完整地构建GPT-2的模型。

```
import gpt2_config
config = gpt2_config.GPT2Config()
#GPT2LMHeadModel
gpt2_model = GPT2LMHeadModel(config)
token = torch.randint(1,128,(2,100))
logits,presents = gpt2_model(token)
print(logits.shape)
```

14.1.3　GPT-2 模型输入输出格式的实现

下面需要做的是GPT-2模型输入和输出格式的处理，我们在介绍解码器时，着重讲解了训练过程的输入输出，相信读者已经应该掌握了"错位"输入方法。

相对于完整Transformers架构的翻译模型，GPT-2的输入和输出与其类似，且更为简单，即采用完整相同的输入序列，而仅进行错位即可。例如，我们需要输入一句完整的话"你好人工智能！"完整的表述如图14-6所示。

图14-6　输入一句完整的话

但是此时不能将其作为单独的输入端或者输出端输入模型中进行训练，而是需要对其进行错误表示，如图14-7所示。

图 14-7 对这句话进行错位表示

可以看到，此时我们构建的数据输入和输出虽然长度相同，但是在位置上是错位的，通过在前端出现的文本来预测下一个位置出现的字或者词。

另外，需要注意的是，在使用训练后的GPT-2进行下一个真正文本预测时，相对于前面学习的编码器文本的输出格式，输出的内容很有可能相互之间没有关系，如图14-8所示。

图 14-8 输出的内容

可以看到，这段模型输出的前端部分和输入文本部分毫无关系（浅色部分），而仅对输出的下一个字符进行预测和展示。

而对于完整语句的处理，则可以通过滚动循环的形式不断地对下一个字符进行预测，从而完成一个完整语句的输出。

这段内容实现的示例代码如下：

```python
import numpy as np
from tqdm import tqdm
import torch
import einops.layers.torch as elt
from tqdm import tqdm
import torch
import numpy as np
#下面使用Huggingface提供的tokenizer
from transformers import BertTokenizer
tokenizer = BertTokenizer.from_pretrained("uer/gpt2-chinese-cluecorpussmall")
token_list = []
with open("./dataset/ChnSentiCorp.txt", mode="r", encoding="UTF-8") as emotion_file:
    for line in emotion_file.readlines():
        line = line.strip().split(",")
        text = "".join(line[1:])
        inputs = tokenizer(text,return_tensors='pt')
        token = input_ids = inputs["input_ids"]
        attention_mask = inputs["attention_mask"]
        for id in token[0]:
            token_list.append(id.item())
token_list = torch.tensor(token_list * 5)


class TextSamplerDataset(torch.utils.data.Dataset):
    def __init__(self, data, seq_len):
        super().__init__()
        self.data = data
        self.seq_len = seq_len
```

```python
    def __getitem__(self, index):
        rand_start = torch.randint(0, self.data.size(0) - self.seq_len, (1,))
        full_seq = self.data[rand_start : rand_start + self.seq_len + 1].long()
        return full_seq[:-1],full_seq[1:]
    def __len__(self):
        return self.data.size(0) // self.seq_len
```

虽然我们实现了GPT-2的基本模型，但是在此并没有完成训练一个可以进行文本输出的GPT-2模型，有兴趣的读者可以自行尝试。

14.2 Hugging Face GPT-2模型源码模型详解

14.1节介绍了GPT-2模型的基本架构，并详细讲解了GPT-2模型的输入输出格式，但是并没有使用GPT-2模型进行训练，这是因为相对于已训练好的GPT-2模型，普通用户基本上不可能训练出一个具有全面水平的GPT-2，因此我们将从Huggingface库中的GPT-2模型源码层面深入理解GPT-2模型的结构。

14.2.1 GPT2LMHeadModel 类和 GPT2Model 类详解

Huggingface官方给出了一个调用GPT2LMHeadModel类来使用GPT-2模型的例子，代码如下：

```python
#!/usr/bin/env Python
# coding=utf-8
from transformers import GPT2LMHeadModel, GPT2Tokenizer
import torch
# 初始化GPT-2模型的Tokenizer类
tokenizer = GPT2Tokenizer.from_pretrained("gpt2")
# 初始化GPT-2模型,此处以初始化GPT2LMHeadModel()类的方式调用GPT-2模型
model = GPT2LMHeadModel.from_pretrained('gpt2')
# model.config.use_return_dict = None
# print(model.config.use_return_dict)
# GPT模型第一次迭代输入的上下文内容，将其编码以序列化
# 同时，generated也用来存储GPT2模型所有迭代生成的Token索引
generated = tokenizer.encode("The Manhattan bridge")
# 将序列化后的第一次迭代的上下文内容转化为PyTorch中的tensor形式
context = torch.tensor([generated])
# 第一次迭代时还没有past_key_values元组
past_key_values = None
for i in range(30):
    '''
    此时模型model返回的output为CausalLMOutputWithPastAndCrossAttentions类,
    模型返回的logits和past_key_values对象为其中的属性
    CausalLMOutputWithPastAndCrossAttentions(
        loss=loss,
        logits=lm_logits,
        past_key_values=transformer_outputs.past_key_values,
        hidden_states=transformer_outputs.hidden_states,
```

```
                    attentions=transformer_outputs.attentions,
                    cross_attentions=transformer_outputs.cross_attentions,
                )
        '''
        output = model(context, past_key_values=past_key_values)
        past_key_values = output.past_key_values
        # 此时获取GPT2模型计算的输出结果hidden_states张量中第二维度最后一个元素的argmax值全得出来
argmax值即为此次GPT2模型迭代
        # 计算生成的下一个Token。注意,此时若是第一次迭代,则输出结果hidden_states张量的形状为
(batch_size, sel_len, n_state);
        # 此时若是第二次及之后的迭代,则输出结果hidden_states张量的形状为(batch_size, 1, n_state),
all_head_size=n_state=nx=768
        token = torch.argmax(output.logits[..., -1, :])
        # 将本次迭代生成的Token的张量变为二维张量,以作为下一次GPT2模型迭代计算的上下文context
        context = token.unsqueeze(0)
        # 将本次迭代计算生成的Token的序列索引变为列表存入generated
        generated += [token.tolist()]

    # 将generated中所有的Token的索引转化为Token字符
    sequence = tokenizer.decode(generated)
    sequence = sequence.split(".")[:-1]
    print(sequence)
```

从上述代码中可以看出,context为每次迭代输入模型中的input_ids张量;past_key_values为GPT-2模型中12层Block模块计算后得到的存储12个present张量的presents元组,每个present张量存储着past_key张量与这次迭代的key张量合并后的新key张量,以及past_value张量与这次迭代的value张量合并后的新value张量,一个present张量的形状为(2, batch_size, num_head, sql_len+1, head_features),其中key张量、past_key张量、value张量、past_value张量、present张量皆是在Attention模块中用于计算的。

past_key_values是GPT-2中最重要的机制,其可以防止模型在文本生成任务中重新计算上一次迭代中已经计算好的上下文的值,大大提高了模型在文本生成任务中的计算效率。但要特别注意,在第一次迭代时,由于不存在上一次迭代返回的past_key_values值,因此第一次迭代时past_key_values的值为None。

实际上,在目前大多数可用于文本生成任务的预训练模型中,都存在past_key_values机制,比如Google的T5模型、Facebook的BART模型等,因此理解了GPT-2模型中的past_key_values机制,对于理解T5、BART等模型也会有帮助。

GPT2LMHeadModel类不仅可以用来进行自回归预训练(传入labels),也可以用来执行下游任务,如文本生成等,GPT-2源码中GPT2LMHeadModel类的部分代码如下:

```
class GPT2LMHeadModel(GPT2PreTrainedModel):
    _keys_to_ignore_on_load_missing = [r"h\.\d+\.attn\.masked_bias",
r"lm_head\.weight"]
    def __init__(self, config):
        super().__init__(config)
        # 初始化GPT2Model(config)类
        self.transformer = GPT2Model(config)
        # self.lm_head为将GPT2Model(config)计算输出的hidden_states张量的最后一个维度由768维
```

(config.n_embd)投影为词典大小维度(config.vocab_size)的输出层，此时hidden_states张量的形状将会由(batch_size, 1, n_embed)投影变为lm_logits张量的(batch_size, 1, vocab_size)

```python
        self.lm_head = nn.Linear(config.n_embd, config.vocab_size, bias=False)
        # 重新初始化权重矩阵
        self.init_weights()
    def get_output_embeddings(self):
        return self.lm_head
    def prepare_inputs_for_generation(self, input_ids, past=None, **kwargs):
        token_type_ids = kwargs.get("token_type_ids", None)
        # only last token for inputs_ids if past is defined in kwargs
        if past:
            input_ids = input_ids[:, -1].unsqueeze(-1)
            if token_type_ids is not None:
                token_type_ids = token_type_ids[:, -1].unsqueeze(-1)
        attention_mask = kwargs.get("attention_mask", None)
        position_ids = kwargs.get("position_ids", None)
        if attention_mask is not None and position_ids is None:
            # create position_ids on the fly for batch generation
            position_ids = attention_mask.long().cumsum(-1) - 1
            position_ids.masked_fill_(attention_mask == 0, 1)
            if past:
                position_ids = position_ids[:, -1].unsqueeze(-1)
        else:
            position_ids = None
        return {
            "input_ids": input_ids,
            "past_key_values": past,
            "use_cache": kwargs.get("use_cache"),
            "position_ids": position_ids,
            "attention_mask": attention_mask,
            "token_type_ids": token_type_ids,
        }
    @add_start_docstrings_to_model_forward(GPT2_INPUTS_DOCSTRING)
    @add_code_sample_docstrings(
        tokenizer_class=_TOKENIZER_FOR_DOC,
        checkpoint="gpt2",
        output_type=CausalLMOutputWithPastAndCrossAttentions,
        config_class=_CONFIG_FOR_DOC,
    )
    def forward(
        self,
        input_ids=None,
        past_key_values=None,
        attention_mask=None,
        token_type_ids=None,
        position_ids=None,
        head_mask=None,
        inputs_embeds=None,
        encoder_hidden_states=None,
        encoder_attention_mask=None,
        labels=None,
```

```
            use_cache=None,
            output_attentions=None,
            output_hidden_states=None,
            return_dict=None,
    ):
        r"""
        labels (:obj:`torch.LongTensor` of shape :obj:`(batch_size, sequence_length)`, `optional`):
            Labels for language modeling. Note that the labels **are shifted** inside the model, i.e. you can set
            ``labels = input_ids`` Indices are selected in ``[-100, 0, ..., config.vocab_size]`` All labels set to
            ``-100`` are ignored (masked), the loss is only computed for labels in ``[0, ..., config.vocab_size]``
        """
        return_dict = return_dict if return_dict is not None else self.config.use_return_dict
        # 此时返回的transformer_outputs中为
        # <1> 第一个值为GPT-2模型中经过12层Block模块计算后得到的最终hidden_states张量
        #形状为(batch_size, 1, n_state), all_head_size=n_state=nx=n_embd=768
        # <2> 第二个值为GPT-2模型中12层Block模块计算后得到的存储12个present张量的presents元组，
        每个present张量存储着past_key张量与这次迭代的key张量合并后的新key张量，以及past_value张量与这次迭代的
        value张量合并后的新value张量
        #一个present张量形状为(2, batch_size, num_head, sql_len+1, head_features)
        # <3> 若output_hidden_states为True，则第三个值为GPT-2模型中12层Block模块计算后得到的
        存储12个隐藏状态张量hidden_states的all_hidden_states元组
        # <4> 若output_attentions为True，则第四个值为GPT-2模型中12层Block模块计算后得到的存储
        12个注意力分数张量w的all_self_attentions元组
        # <5> 若此时进行了Cross Attention计算，则第五个值为GPT-2模型中12层Block模块计算后得到的
        存储12个交叉注意力分数张量cross_attention的all_cross_attentions元组
        #其中每个交叉注意力分数张量cross_attention的形状为(batch_size,num_head,1,enc_seq_len)
        transformer_outputs = self.transformer(
            input_ids,
            past_key_values=past_key_values,
            attention_mask=attention_mask,
            token_type_ids=token_type_ids,
            position_ids=position_ids,
            head_mask=head_mask,
            inputs_embeds=inputs_embeds,
            encoder_hidden_states=encoder_hidden_states,
            encoder_attention_mask=encoder_attention_mask,
            use_cache=use_cache,
            output_attentions=output_attentions,
            output_hidden_states=output_hidden_states,
            return_dict=return_dict,
        )
        hidden_states = transformer_outputs[0]

        # self.lm_head()输出层将GPT2Model(config)计算输出的hidden_states张量的最后一个维度由
768维(config.n_embd)投影为词典大小维度(config.vocab_size)的输出层，此时hidden_states张量的形状将
会由(batch_size, 1, n_embed)投影变为lm_logits张量的(batch_size, 1, vocab_size)
```

```python
            lm_logits = self.lm_head(hidden_states)
            loss = None
            # 若此时labels也输入GPT2LMHeadModel()类中, 则会使用自回归的方式计算交叉熵损失
            # 即此时的shift_logits为将GPT2Model(config)计算输出的hidden_states张量的最后一个维度
            # 由768维(config.n_embd)投影为词典大小维度(config.vocab_size)所得到的lm_logits张量的切片
            # lm_logits[..., :-1, :].contiguous(), 即取(1, n-1)的lm_logits值
            # 此时的shift_labels的作用是将输入的labels张量进行切片, 只保留第一个起始字符后的序列内容,
            # 形如labels[..., 1:].contiguous(), 即取(2, n)的label值
            # 因此利用(1, n-1)的lm_logits值与(2, n)的label值即可计算此时自回归预训练的交叉熵损失值
            if labels is not None:
                # Shift so that tokens < n predict n
                shift_logits = lm_logits[..., :-1, :].contiguous()
                shift_labels = labels[..., 1:].contiguous()
                # Flatten the tokens
                loss_fct = CrossEntropyLoss()
                loss = loss_fct(shift_logits.view(-1, shift_logits.size(-1)),
shift_labels.view(-1))
            # <1> 若loss不为None, 则代表此时输入了labels张量, 进行了自回归的交叉熵损失计算, 此时第一个
            # 值为自回归交叉熵损失loss
            # <2> 第二个值将GPT2Model(config)计算输出的hidden_states张量的最后一个维度由768维
            # (config.n_embd)投影为词典大小维度(config.vocab_size)的lm_logits张量, 其形状为(batch_size, 1,
            # vocab_size).
            # <3> 第三个值为GPT-2模型中12层Block模块计算后得到的存储12个present张量的presents元组,
            # 每个present张量存储着past_key张量与这次迭代的key张量合并后的新key张量, 以及past_value张量与这次迭代的
            # value张量合并后的新value张量
            # 一个present张量形状为(2, batch_size, num_head, sql_len+1, head_features)
            # <4> 若output_hidden_states为True, 则第四个值为GPT-2模型中12层Block模块计算后得到的
            # 存储12个隐藏状态张量hidden_states的all_hidden_states元组
            # <5> 若output_attentions为True, 则第五个值为GPT-2模型中12层Block模块计算后得到的存储
            # 12个注意力分数张量w的all_self_attentions元组
            # <6> 若此时进行了Cross Attention计算, 则第六个值为GPT-2模型中12层Block模块计算后得到的
            # 存储12个交叉注意力分数张量cross_attention的all_cross_attentions元组
            # 其中每个交叉注意力分数张量cross_attention形状为(batch_size, num_head, 1,
enc_seq_len)
            if not return_dict:
                output = (lm_logits,) + transformer_outputs[1:]
                return ((loss,) + output) if loss is not None else output
            return CausalLMOutputWithPastAndCrossAttentions(
                loss=loss,
                logits=lm_logits,
                past_key_values=transformer_outputs.past_key_values,
                hidden_states=transformer_outputs.hidden_states,
                attentions=transformer_outputs.attentions,
                cross_attentions=transformer_outputs.cross_attentions,
            )
```

GPT2LMHeadModel类中的代码可参考注释来理解。

从GPT2LMHeadModel类的代码中可以看出,其主体为调用GPT2Model类以及一个输出层self.lm_head,GPT2Model类用来进行12层Block的计算,而输出层self.lm_head则将GPT2Model类输出的最后一个Block层隐藏状态hidden_states张量的最后一个维度,由768维(config.n_embd)投影

为词典大小（config.vocab_size），hidden_states张量经过输出层投影后即为lm_logits张量。

当使用GPT2LMHeadModel类进行自回归预训练时，其可以传入labels张量。当GPT2LMHeadModel类中使用GPT2Model类与输出层self.lm_head计算得出了最终的lm_logits值时，lm_logits张量便可以与传入的labels张量利用自回归的方式（取(1, n-1)的lm_logits值与(2, n)的label值）来计算自回归交叉熵损失值loss。自回归交叉熵损失值loss便可以用来反向传播计算梯度，最终优化整个GPT-2模型。

需要注意的是，此时代码中的config为transformers库configuration_gpt2模块中的GPT2Config类，GPT2Config类中保存了GPT-2模型中的各种超参数，若在使用GPT-2模型时需要修改某一超参数，则只需在传入GPT-2模型的config（GPT2Config类）中修改对应的超参数即可。

GPT2Model类的代码如下：

```python
class GPT2Model(GPT2PreTrainedModel):
    def __init__(self, config):
        super().__init__(config)
        self.wte = nn.Embedding(config.vocab_size, config.n_embd)
        self.wpe = nn.Embedding(config.n_positions, config.n_embd)
        self.drop = nn.Dropout(config.embd_pdrop)
        self.h = nn.ModuleList([Block(config.n_ctx, config, scale=True) for _ in range(config.n_layer)])
        self.ln_f = nn.LayerNorm(config.n_embd, eps=config.layer_norm_epsilon)
        self.init_weights()
    def get_input_embeddings(self):
        return self.wte
    def set_input_embeddings(self, new_embeddings):
        self.wte = new_embeddings
    def _prune_heads(self, heads_to_prune):
        """
        Prunes heads of the model. heads_to_prune: dict of {layer_num: list of heads to prune in this layer}
        """
        for layer, heads in heads_to_prune.items():
            self.h[layer].attn.prune_heads(heads)
    @add_start_docstrings_to_model_forward(GPT2_INPUTS_DOCSTRING)
    @add_code_sample_docstrings(
        tokenizer_class=_TOKENIZER_FOR_DOC,
        checkpoint="gpt2",
        output_type=BaseModelOutputWithPastAndCrossAttentions,
        config_class=_CONFIG_FOR_DOC,
    )
    def forward(
        self,
        input_ids=None,
        past_key_values=None,
        attention_mask=None,
        token_type_ids=None,
        position_ids=None,
        head_mask=None,
        inputs_embeds=None,
```

```python
            encoder_hidden_states=None,
            encoder_attention_mask=None,
            use_cache=None,
            output_attentions=None,
            output_hidden_states=None,
            return_dict=None,
    ):
        output_attentions = output_attentions if output_attentions is not None else
self.config.output_attentions
        output_hidden_states = (
            output_hidden_states if output_hidden_states is not None else
self.config.output_hidden_states
        )
        use_cache = use_cache if use_cache is not None else self.config.use_cache
        return_dict = return_dict if return_dict is not None else
self.config.use_return_dict

        # input_ids与inputs_embeds只能输入一个,有input_ids便只需将input_ids输入嵌入层即可转
换为类似inputs_embeds的张量,有inputs_embeds便不需要input_ids
        if input_ids is not None and inputs_embeds is not None:
            raise ValueError("You cannot specify both input_ids and inputs_embeds at the
same time")
        # 下面确保输入的input_ids、token_type_ids、position_ids等张量的形状为正确的样式
        # <1> 若为模型第一次迭代,则此时input_ids、token_type_ids、position_ids等张量的正确形
状为 (batch_size, seq_len)
        # <2> 若为模型第二次及之后的迭代,则此时input_ids、token_type_ids、position_ids等张量
的正确形状为 (batch_size, 1)
        # 最后,将输入的input_ids、token_type_ids、position_ids等张量的形状保存到input_shape中
        elif input_ids is not None:
            input_shape = input_ids.size()
            input_ids = input_ids.view(-1, input_shape[-1])
            batch_size = input_ids.shape[0]
        elif inputs_embeds is not None:
            input_shape = inputs_embeds.size()[:-1]
            batch_size = inputs_embeds.shape[0]
        else:
            raise ValueError("You have to specify either input_ids or inputs_embeds")

        if token_type_ids is not None:
            token_type_ids = token_type_ids.view(-1, input_shape[-1])
        if position_ids is not None:
            position_ids = position_ids.view(-1, input_shape[-1])
        if past_key_values is None:
            past_length = 0
            # 若此时为GPT-2模型第一次迭代,则不存在上一次迭代返回的past_key_values列表(包含12个
present的列表,也就是代码中的presents列表),此时past_key_values列表为一个包含12个None值的列表
            past_key_values = [None] * len(self.h)
        else:
            past_length = past_key_values[0][0].size(-2)
        if position_ids is None:
```

```
            device = input_ids.device if input_ids is not None else inputs_embeds.device
            '''<1> GPT2Model第一次迭代时输入GPT2Model的forward()函数中的past_key_values参数
为None,此时past_length为0,input_shape[-1] + past_length就等于第一次迭代时输入的文本编码
(input_ids)的seq_len维度本身,创建的position_ids张量形状为(batch_size, seq_len)
            <2> 若为GPT2Mode第二次及之后的迭代,此时past_length为上一次迭代时记录保存下来的
past_key_values中张量的seq_len维度,而input_shape[-1] + past_length则等于seq_len + 1,因为在第
二次及之后的迭代中,输入的文本编码(input_ids)的seq_len维度本身为1,即第二次及之后的迭代中,每次只输入一
个字的文本编码,此时创建的position_ids张量形状为(batch_size, 1)'''
            position_ids = torch.arange(past_length, input_shape[-1] + past_length,
dtype=torch.long, device=device)
            position_ids = position_ids.unsqueeze(0).view(-1, input_shape[-1])

        # Attention mask
        # attention_mask张量为注意力遮罩张量,其让填充特殊符[PAD]处的注意力分数极小,
        # 其Embedding嵌入值基本不会在多头注意力聚合操作中被获取到
        if attention_mask is not None:
            assert batch_size > 0, "batch_size has to be defined and > 0"
            attention_mask = attention_mask.view(batch_size, -1)
            # 在这里基于输入的2D数据 创建了一个4D注意力遮罩张量,大小为[batch_size, 1, 1,
to_seq_length]
            # 其作用是与输入的多头向量[batch_size, num_heads, from_seq_length, to_seq_length]
进行叠加从而完成对掩码部分的遮罩
            attention_mask = attention_mask[:, None, None, :]

            # 此时设置的序号1的位置为保留的文本部分,而0序号的位置是对其中的内容进行遮罩,
            # 并使用-10000的值进行填充,其目的是在后续的softmax中忽略遮罩部分的计算
            attention_mask = attention_mask.to(dtype=self.dtype) # fp16 compatibility
            attention_mask = (1.0 - attention_mask) * -10000.0

        # If a 2D ou 3D attention mask is provided for the cross-attention
        # we need to make broadcastable to [batch_size, num_heads, seq_length, seq_length]
            # 若此时有从编码器encoder中传入的编码器隐藏状态encoder_hidden_states,则获取编码器隐藏状
态encoder_hidden_states的形状(encoder_batch_size, encoder_sequence_length),同时定义编码器隐藏
状态对应的attention_mask张量(encoder_attention_mask)

        if self.config.add_cross_attention and encoder_hidden_states is not None:
            encoder_batch_size, encoder_sequence_length, _ =
encoder_hidden_states.size()
            encoder_hidden_shape = (encoder_batch_size, encoder_sequence_length)
            if encoder_attention_mask is None:
                encoder_attention_mask = torch.ones(encoder_hidden_shape, device=device)
            encoder_attention_mask = self.invert_attention_mask(encoder_attention_mask)
        else:
            encoder_attention_mask = None

        # Prepare head mask if needed
        # 1.0 in head_mask indicate we keep the head
        # attention_probs has shape bsz x n_heads x N x N
        # head_mask has shape n_layer x batch x n_heads x N x N
        # prune_heads()可结合https://github.com/huggingface/transformers/issues/850理解
        head_mask = self.get_head_mask(head_mask, self.config.n_layer)
```

```python
        # 将input_ids、token_type_ids、position_ids等张量输入嵌入层self.wte()、self.wpe()
中之后获取其嵌入形式张量
        # inputs_embeds、position_embeds与token_type_embeds
        if inputs_embeds is None:
            inputs_embeds = self.wte(input_ids)
        position_embeds = self.wpe(position_ids)
        hidden_states = inputs_embeds + position_embeds

        if token_type_ids is not None:
            token_type_embeds = self.wte(token_type_ids)
            hidden_states = hidden_states + token_type_embeds

        '''<1> GPT2Model第一次迭代时输入GPT2Model的forward()函数中的past_key_values参数为
None,此时past_length为0,hidden_states张量形状为(batch_size, sel_len, n_embd),config的
GPT2Config()类中的n_emb默认为768
           <2> 若为GPT2Mode第二次及之后的迭代,此时past_length为上一次迭代时记录保存下来的
past_key_values中张量的seq_len维度,而input_shape[-1] + past_length则等于seq_len + 1,因为在第
二次及之后的迭代中,输入的文本编码(input_ids)的seq_len维度本身为1,即第二次及之后的迭代中每次只输入一个
字的文本编码,此时hidden_states张量形状为(batch_size, 1, n_embd),config的GPT2Config()类中的n_emb
默认为768'''
        hidden_states = self.drop(hidden_states)

        output_shape = input_shape + (hidden_states.size(-1),)

        # config对应的GPT2Config()类中的use_cache默认为True。
        presents = () if use_cache else None
        all_self_attentions = () if output_attentions else None
        all_cross_attentions = () if output_attentions and
self.config.add_cross_attention else None
        all_hidden_states = () if output_hidden_states else None

        for i, (block, layer_past) in enumerate(zip(self.h, past_key_values)):
            '''此处past_key_values元组中一共有12个元素(layer_past),分别对应GPT-2模型中的12层
Transformer_Block,每个layer_past都为模型上一次迭代中每个Transformer_Block保留下来的present张量,
而每个present张量保存着Transformer_Block中Attention模块将本次迭代的key张量与上一次迭代中的
past_key张量(layer_past[0])合并、将本次迭代的value张量与上一次迭代中的past_value张量(layer_past[1])
合并所得的新的key张量与value张量,之后保存着本次迭代中12层Transformer_Block每一层中返回的present张量
的presents元组,便会被作为下一次迭代中的past_key_values元组输入下一次迭代的GPT-2模型中。新的key张量与
value张量详细解析如下'''

            '''第一次迭代时,query、key、value张量的seq_len维度处的维数就为seq_len而不是1,第二
次之后seq_len维度的维数大小皆为1'''

                '''<1> 本次迭代中新的key张量
                此时需要通过layer_past[0].transpose(-2, -1)操作将past_key张量的形状变为
(batch_size, num_head, head_features, sql_len),而此时key张量的形状为(batch_size, num_head,
head_features, 1),这样在下方就方便将past_key张量与key张量在最后一个维度(Dim=-1)处进行合并,这样就将
当前Token的key部分加入past_key的seq_len部分了,以方便模型在后面预测新的Token,此时新的key张量的形状为
(batch_size, num_head, head_features, sql_len+1), new_seq_len为sql_len+1
                <2> 本次迭代中新的value张量
```

此时past_value(layer_past[1])不用变形,其形状为(batch_size, num_head, sql_len, head_features),而此时value张量的形状为(batch_size, num_head, 1, head_features),这样在下方就方便将past_value张量与value张量在倒数第二个维度(dim=-2)处进行合并,这样就将当前token的value部分加入了past_value的seq_len部分以方便模型在后面预测新的Token,此时新的value张量的形状为:(batch_size, num_head, sql_len+1, head_features),new_seq_len为sql_len+1'''

```python
            if output_hidden_states:
                all_hidden_states = all_hidden_states + (hidden_states.view(*output_shape),)

            if getattr(self.config, "gradient_checkpointing", False):

                def create_custom_forward(module):
                    def custom_forward(*inputs):
                        # checkpointing only works with tuple returns, not with lists
                        return tuple(output for output in module(*inputs, use_cache, output_attentions))

                    return custom_forward

                outputs = torch.utils.checkpoint.checkpoint(
                    create_custom_forward(block),
                    hidden_states,
                    layer_past,
                    attention_mask,
                    head_mask[i],
                    encoder_hidden_states,
                    encoder_attention_mask,
                )
            else:
                # 此时返回的outputs列表中的元素为
                # <1> 第一个值为多头注意力聚合操作结果张量hidden_states输入前馈MLP层与残差连接之后得到的hidden_states张量形状为(batch_size, 1, n_state),all_head_size=n_state=nx=n_embd=768
                # <2> 第二个值为上方的present张量,其存储着past_key张量与这次迭代的key张量合并后的新key张量,以及past_value张量与这次迭代的value张量合并后的新value张量,其形状为(2, batch_size, num_head, sql_len+1, head_features)
                # <3> 若output_attentions为True,则第三个值为attn_outputs列表中的注意力分数张量w
                # <4> 若此时进行了Cross Attention计算,则第四个值为'交叉多头注意力计算结果列表cross_attn_outputs'中的交叉注意力分数张量cross_attention,其形状为(batch_size, num_head, 1, enc_seq_len)
                outputs = block(
                    hidden_states,
                    layer_past=layer_past,
                    attention_mask=attention_mask,
                    head_mask=head_mask[i],
                    encoder_hidden_states=encoder_hidden_states,
                    encoder_attention_mask=encoder_attention_mask,
                    use_cache=use_cache,
                    output_attentions=output_attentions,
                )
```

```
            hidden_states, present = outputs[:2]
            if use_cache is True:
                presents = presents + (present,)

            if output_attentions:
                all_self_attentions = all_self_attentions + (outputs[2],)
                if self.config.add_cross_attention:
                    all_cross_attentions = all_cross_attentions + (outputs[3],)

        # 将GPT-2模型中12层Block模块计算后得到的最终hidden_states张量再输入
LayerNormalization层中进行计算
        hidden_states = self.ln_f(hidden_states)

        hidden_states = hidden_states.view(*output_shape)
        # 将上方最后一层Block()循环结束之后得到的结果隐藏状态张量hidden_states也添加到元组
all_hidden_states中
        if output_hidden_states:
            all_hidden_states = all_hidden_states + (hidden_states,)

        # 此时返回的元素为
        # <1> 第一个值为GPT-2模型中经过12层Block模块计算后得到的最终hidden_states张量, 形状为
(batch_size, 1, n_state), all_head_size=n_state=nx=n_embd=768
        # <2> 第二个值为GPT-2模型中12层Block模块计算后得到的存储12个present张量的presents元组,
每一个present张量存储着past_key张量与这次迭代的key张量合并后的新key张量, 以及past_value张量与这次迭代
的value张量合并后的新value张量
        # 一个present张量形状为(2, batch_size, num_head, sql_len+1, head_features)
        # <3> 若output_hidden_states为True, 则第三个值为GPT-2模型中12层Block模块计算后得到的
存储12个隐藏状态张量hidden_states的all_hidden_states元组
        # <4> 若output_attentions为True则第四个值为GPT-2模型中12层Block模块计算后得到的存储12
个注意力分数张量w的all_self_attentions元组
        # <5> 若此时进行了Cross Attention计算, 则第五个值为GPT-2模型中12层Block模块计算后得到的
存储12个交叉注意力分数张量cross_attention的all_cross_attentions元组
        # 其中每个交叉注意力分数张量cross_attention形状为(batch_size, num_head, 1,
enc_seq_len)
        if not return_dict:
            return tuple(v for v in [hidden_states, presents, all_hidden_states,
all_self_attentions] if v is not None)

        return BaseModelOutputWithPastAndCrossAttentions(
            last_hidden_state=hidden_states,
            past_key_values=presents,
            hidden_states=all_hidden_states,
            attentions=all_self_attentions,
            cross_attentions=all_cross_attentions,
        )
```

GPT2Model类中的代码可参考注释来理解。

在GPT2Model类中, 模型的主体包含词嵌入层self.wte、绝对位置嵌入层self.wpe、Dropout层self.drop、含有12个Block模块的ModuleList层self.h, 以及最后的LayerNormalization层self.ln_f。

GPT2Model 类中，会对输入的 input_ids 张量、token_type_ids 张量、position_ids 张量、attention_mask 张量等进行预处理工作，主要涉及以下内容：

- input_ids 张量、token_type_ids 张量、position_ids 张量经过嵌入层后变为三维的 inputs_embeds 张量、position_embeds 张量、token_type_embeds 张量，这三个张量相加即为一开始输入 GPT-2 模型中的 hidden_states 张量。
- 而 attention_mask 张量则会扩展为四维张量从而完成对注意力分值的修正。然而在文本生成任务中一般不会添加填充特殊符[PAD]，即无须用到 attention_mask 张量，因此在用 GPT-2 模型进行文本生成任务时 attention_mask 一般为 None。

GPT2Model 类中最主要的部分便是循环 ModuleList 层中的12个 Block 模块和 past_key_values 元组中的12个 layer_past 张量进行运算，这部分执行的操作即为 GPT-2 模型主体结构部分的运算过程。

14.2.2 Block 类详解

GPT-2 模型源码中 Block 类的代码如下：

```python
class Block(nn.Module):
    def __init__(self, n_ctx, config, scale=False):
        super().__init__()
        # config对应的GPT2Config()类中，n_embd属性默认为768，因此此处hidden_size即为768
        hidden_size = config.n_embd
        # config对应的GPT2Config()类中，n_inner属性默认为None，因此此处inner_dim一般都为4 * hidden_size
        inner_dim = config.n_inner if config.n_inner is not None else 4 * hidden_size

        self.ln_1 = nn.LayerNorm(hidden_size, eps=config.layer_norm_epsilon)
        # 此处n_ctx即等于config对应的GPT2Config()类中的n_ctx属性，其值为1024
        self.attn = Attention(hidden_size, n_ctx, config, scale)
        self.ln_2 = nn.LayerNorm(hidden_size, eps=config.layer_norm_epsilon)

        if config.add_cross_attention:
            self.crossattention = Attention(hidden_size, n_ctx, config, scale, is_cross_attention=True)
            self.ln_cross_attn = nn.LayerNorm(hidden_size, eps=config.layer_norm_epsilon)
        self.mlp = MLP(inner_dim, config)

    def forward(
        self,
        hidden_states,
        layer_past=None,
        attention_mask=None,
        head_mask=None,
        encoder_hidden_states=None,
        encoder_attention_mask=None,
        use_cache=False,
        output_attentions=False,
    ):
```

```
        '''
        <1> 此时的隐藏状态hidden_states的形状为(batch_size, 1, nx), nx = n_state = n_embed
= all_head_size = 768, 即此时隐藏状态hidden_states的形状为(batch_size, 1, 768)
        <2> 此时layer_past为一个存储着past_key张量与past_value张量的大张量, 其
            形状为(2, batch_size, num_head, sql_len, head_features)
        <3> attention_mask张量为注意力遮罩张量, 其让填充特殊符[PAD]处的注意力分数极小, 其
Embedding嵌入值基本不会在多头注意力聚合操作中被获取到
        '''

        # 将此时输入的隐藏状态hidden_states先输入LayerNormalization层进行层标准化计算后, 再将标
准化结果输入'多头注意力计算层self.attn()'中进行多头注意力聚合操作计算
        # 此时返回的attn_outputs列表中:
        # <1> 第一个值为多头注意力聚合操作结果张量a, 形状为(batch_size, 1, all_head_size),
all_head_size=n_state=nx=n_embd=768
        # <2> 第二个值为上方的present张量, 其存储着past_key张量与这次迭代的key张量合并后的新key
张量, 以及past_value张量与这次迭代的value张量合并后的新value张量, 其形状为(2, batch_size, num_head,
sql_len+1, head_features)
        # <3> 若output_attentions为True, 则第三个值为attn_outputs列表中的注意力分数张量w
        attn_outputs = self.attn(
            self.ln_1(hidden_states),
            layer_past=layer_past,
            attention_mask=attention_mask,
            head_mask=head_mask,
            use_cache=use_cache,
            output_attentions=output_attentions,
        )

        # 此时的attn_output张量为返回的attn_outputs列表中第一个值
        # 多头注意力聚合操作结果张量a, 形状为(batch_size, 1, all_head_size), all_head_size=
n_state=nx=n_embd=768
        attn_output = attn_outputs[0]  # output_attn列表: a, present, (attentions)
        outputs = attn_outputs[1:]

        # residual connection, 进行残差连接
        # 此时attn_output张量形状为(batch_size, 1, all_head_size), all_head_size=n_state=
nx=n_embd=768
        # hidden_states的形状为(batch_size, 1, 768)
        hidden_states = attn_output + hidden_states

        if encoder_hidden_states is not None:
            # 在交互注意力组件中添加一个自注意力计算模块
            assert hasattr(
                self, "crossattention"
            ), f"If `encoder_hidden_states` are passed, {self} has to be instantiated with
cross-attention layers by setting `config.add_cross_attention=True`"

            '''此时self.crossattention()的Cross_Attention运算过程与self.attn()的Attention
运算过程几乎相同, 其不同点在于:

            <1> self.attn()的Attention运算是将LayerNormalization之后的hidden_states通过
```

'self.c_attn = Conv1D(3 * n_state, nx)'将hidden_states的形状由(batch_size,1, 768)投影为(batch_size,1, 3 * 768),再将投影后的hidden_states在第三维度(dim=2)上拆分为三份,分别赋为query、key、value,其形状都为(batch_size, 1, 768),此时n_state = nx = num_head*head_features = 768

之后经过split_heads()函数拆分注意力头且key、value张量分别与past_key、past_value张量合并之后:query张量的形状变为(batch_size, num_head, 1, head_features),key张量的形状变为(batch_size, num_head, head_features, sql_len+1),
value张量的形状变为(batch_size, num_head, sql_len+1, head_features)

<2> self.crossattention()的Cross_Attention运算过程则是将LayerNormalization之后的hidden_states通过'self.q_attn = Conv1D(n_state, nx)'将hidden_states的形状由(batch_size,1, 768)投影为(batch_size,1, 768),将此投影之后的hidden_states赋值作为query张量;再将此时从编码器(encoder)中传过来的编码器隐藏状态encoder_hidden_states通过'self.c_attn = Conv1D(2 * n_state, nx)'将encoder_hidden_states的形状由(batch_size, enc_seq_len, 768)投影为(batch_size, enc_seq_len, 2 * 768),将投影后的encoder_hidden_states在第三维度(dim=2)上拆分为两份,分别赋为key、value,其形状都为(batch_size, enc_seq_len, 768)。此时n_state = nx = num_head*head_features = 768

之后经过split_heads()函数拆分注意力头之后:query张量的形状变为(batch_size, num_head, 1, head_features),key张量的形状变为(batch_size, num_head, head_features, enc_seq_len),value张量的形状变为(batch_size, num_head, enc_seq_len, head_features)
此时计算出的cross_attention张量形状为(batch_size, num_head, 1, enc_seq_len)'''

            # 此时将上方的隐藏状态hidden_states(Attention运算结果+Attention运算前的hidden_states)先输入LayerNormalization层进行层标准化计算后,再将标准化结果输入'交叉多头注意力计算层self.crossattention()'中与编码器传入的隐藏状态encoder_hidden_states进行交叉多头注意力聚合操作计算
            # 此时返回的cross_attn_outputs列表中
            # <1> 第一个值为与编码器传入的隐藏状态encoder_hidden_states进行交叉多头注意力聚合操作的结果张量a,形状为(batch_size, 1, all_head_size),all_head_size=n_state=nx=n_embd=768
            #<2> 第二个值仍为present张量,但由于此时是做'交叉多头注意力计算self.crossattention()',此时输入self.crossattention()函数的参数中不包含layer_past(来自past_key_values列表)的past_key与past_value张量,因此此时的present为(None,)
            # 此处用不到'交叉多头注意力计算结果列表cross_attn_outputs'中的present,将其舍弃
            # <3> 若output_attentions为True,则第三个值为:交叉注意力分数张量w,即cross attentions
            # cross_attention张量形状为(batch_size, num_head, 1, enc_seq_len)
            cross_attn_outputs = self.crossattention(
                self.ln_cross_attn(hidden_states),
                attention_mask=attention_mask,
                head_mask=head_mask,
                encoder_hidden_states=encoder_hidden_states,
                encoder_attention_mask=encoder_attention_mask,
                output_attentions=output_attentions,
)
            attn_output = cross_attn_outputs[0]
            # 残差连接
            hidden_states = hidden_states + attn_output
            # cross_attn_outputs[2:] add cross attentions if we output attention weights,
            # 即将'交叉多头注意力计算结果列表cross_attn_outputs'中的交叉注意力分数张量cross_attention保存为此时的outputs列表中的最后一个元素
            outputs = outputs + cross_attn_outputs[2:]

```
        feed_forward_hidden_states = self.mlp(self.ln_2(hidden_states))
        # 残差连接
        hidden_states = hidden_states + feed_forward_hidden_states
        outputs = [hidden_states] + outputs

        # 此时返回的outputs列表中的元素为
        # <1> 第一个值为多头注意力聚合操作结果张量hidden_states输入前馈MLP层与残差连接之后得到的
最终hidden_states张量，形状为(batch_size, 1, n_state)，all_head_size=n_state=nx=n_embd=768
        # <2> 第二个值为上方的present张量，其存储着past_key张量与这次迭代的key张量合并后的新key
张量，以及past_value张量与这次迭代的value张量合并后的新value张量，其形状为(2, batch_size, num_head,
sql_len+1, head_features)
        # <3> 若output_attentions为True，则第三个值为attn_outputs列表中的注意力分数张量w
        # <4> 若此时进行了Cross_Attention计算，则第四个值为'交叉多头注意力计算结果列表
cross_attn_outputs'中的交叉注意力分数张量cross_attention，其形状为(batch_size, num_head, 1,
enc_seq_len)
        return outputs  # hidden_states, present, (attentions, cross_attentions)
```

Block类中的代码可参考注释来理解。

Block类中，主要结构为两个LayerNormalization层self.ln_1与self.ln_2、一个Attention模块层self.attn和一个前馈层self.mlp。Attention层用来进行多头注意力聚合操作，前馈层用来进行全连接投影操作。

若此时有编码器（Encoder）中传过来的编码器隐藏状态encoder_hidden_states张量、encoder_attention_mask张量传入Block类中，且config中的add_cross_attention超参数为True，则此时除了要进行GPT-2中默认的Masked_Multi_Self_Attention计算之外，还需要和编码器中传过来的编码器隐藏状态encoder_hidden_states张量进行Cross_Attention计算（self.crossattention）。

其中self.crossattention的Cross_Attention运算过程与self.attn的Masked_Multi_Self_Attention运算过程几乎相同，其不同点在于：

（1）self.attn的Masked_Multi_Self_Attention运算过程。

self.attn的Masked_Multi_Self_Attention运算是将Layer Normalization之后的hidden_states张量通过Attention类中的 self.c_attn=Conv1D(3 * n_state, nx) 操作将hidden_states张量的形状由(batch_size, 1, 768)投影为(batch_size, 1, 3 * 768)，再将投影后的hidden_states张量在第三维度（dim=2）上拆分为3份，将其分别赋为query、key、value，其形状都为(batch_size, 1, 768)，此时n_state = nx = num_head*head_features = 768。

之后经过Attention类中的split_heads()函数拆分注意力头，且key、value张量分别与past_key、past_value张量进行合并：

- query张量的形状变为(batch_size, num_head, 1, head_features)。
- key张量的形状变为(batch_size, num_head, head_features, sql_len+1)。
- value张量的形状变为(batch_size, num_head, sql_len+1, head_features)。

之后便会利用得到的query、key、value进行多头注意力聚合操作，此时计算出的注意力分数张量w的形状为(batch_size, num_head, 1, sql_len+1)。

（2）self.crossattention的Cross_Attention运算过程。

self.crossattention的Cross_Attention运算过程则是将Layer Normalization之后的hidden_states张量通过Attention类中的self.q_attn=Conv1D(n_state, nx)操作将hidden_states张量的形状由 (batch_size, 1, 768)投影为(batch_size, 1, 768)，将此投影之后的hidden_states张量赋为query张量。

再将此时从编码器中传过来的编码器隐藏状态 encoder_hidden_states 通过 Attention类中的 self.c_attn=Conv1D(2 * n_state, nx) 操作，将 encoder_hidden_states 张量的形状由 (batch_size, enc_seq_len, 768) 投影为 (batch_size, enc_seq_len, 2 * 768)，再将投影后的encoder_hidden_states张量在第三维度（dim=2）上拆分为两份，分别赋为key、value，其形状都为(batch_size, enc_seq_len, 768)，此时n_state = nx = num_head*head_features = 768。经过Attention类中的split_heads()函数拆分注意力头之后：

- query张量的形状变为(batch_size, num_head, 1, head_features)。
- key张量的形状变为(batch_size, num_head, head_features, enc_seq_len)。
- value张量的形状变为(batch_size, num_head, enc_seq_len, head_features)。

之后便会利用此时得到的query、key、value张量进行交叉多头注意力聚合操作，此时计算出的cross_attention张量形状为(batch_size, num_head, 1, enc_seq_len)。

14.2.3　Attention 类详解

在GPT-2模型主体结构的每个Block模块运算过程中，都包含Attention模块与MLP模块的运算。GPT-2模型源码中Attention类的代码如下：

```python
class Attention(nn.Module):
    def __init__(self, nx, n_ctx, config, scale=False, is_cross_attention=False):
        super().__init__()

        n_state = nx  # in Attention: n_state=768 (nx=n_embd)
        # [switch nx => n_state from Block to Attention to keep identical to TF implem]
        # 利用断言函数判断此时隐藏状态的维度大小n_state除以注意力头数config.n_head之后是否能整除
        assert n_state % config.n_head == 0

        # 下方的self.register_buffer()函数的操作相当于创建了两个Attention类中的self属性，即为self.bias属性与self.masked_bias属性
        # 其中self.bias属性为一个下三角矩阵(对角线下的元素全为1，对角线上的元素全为0)，其形状为(1, 1, n_ctx, n_ctx)，即形状相当于(1, 1, 1024, 1024)
        # 而self.masked_bias属性则为一个极大的负数-1e4
        self.register_buffer(
            "bias", torch.tril(torch.ones((n_ctx, n_ctx), dtype=torch.uint8)).view(1, 1, n_ctx, n_ctx)
        )
        self.register_buffer("masked_bias", torch.tensor(-1e4))

        self.n_head = config.n_head
        self.split_size = n_state
        self.scale = scale

        self.is_cross_attention = is_cross_attention
        if self.is_cross_attention:
```

```python
            # self.c_attn = Conv1D(2 * n_state, nx)相当于全连接层,其将输入张量的最后一个维度
            的维度大小由nx(768)投影为2 * n_state(2*768),此时n_state = nx = num_head*head_features = 768
            self.c_attn = Conv1D(2 * n_state, nx)

            # self.q_attn = Conv1D(n_state, nx)相当于全连接层,其将输入张量的最后一个维度的维
            度大小由nx(768)投影为n_state(768),此时n_state = nx = num_head*head_features = 768
            self.q_attn = Conv1D(n_state, nx)

        else:
            # self.c_attn = Conv1D(3 * n_state, nx)相当于全连接层,其将输入张量的最后一个维度
            的维度大小由nx(768)投影为2 * n_state(2*768),此时n_state = nx = num_head*head_features = 768
            self.c_attn = Conv1D(3 * n_state, nx)

        # 此处self.c_proj()为Conv1D(n_state, nx)函数(all_head_size=n_state=nx=768),相当
        于一个全连接层的作用,其将此时的多头注意力聚合操作结果张量a的最后一个维度all_head_size由n_state(768)
        的维度大小投影为nx(768)的维度大小
        self.c_proj = Conv1D(n_state, nx)
        self.attn_dropout = nn.Dropout(config.attn_pdrop)
        self.resid_dropout = nn.Dropout(config.resid_pdrop)
        self.pruned_heads = set()

    # prune_heads()可结合 https://github.com/huggingface/transformers/issues/850 理解
    def prune_heads(self, heads):
        if len(heads) == 0:
            return
        heads, index = find_pruneable_heads_and_indices(
            heads, self.n_head, self.split_size // self.n_head, self.pruned_heads
        )
        index_attn = torch.cat([index, index + self.split_size, index + (2 * self.split_size)])

        # Prune conv1d layers
        self.c_attn = prune_conv1d_layer(self.c_attn, index_attn, dim=1)
        self.c_proj = prune_conv1d_layer(self.c_proj, index, dim=0)

        # Update hyper params
        self.split_size = (self.split_size // self.n_head) * (self.n_head - len(heads))
        self.n_head = self.n_head - len(heads)
        self.pruned_heads = self.pruned_heads.union(heads)

    def merge_heads(self, x):
        # 此时x为:利用计算得到的注意力分数张量对value张量进行注意力聚合后得到的注意力结果张量
        # x的形状为(batch_size, num_head, sql_len, head_features)

        # 此时先将注意力结果张量x的形状变为(batch_size, sql_len, num_head, head_features)
        x = x.permute(0, 2, 1, 3).contiguous()
        # new_x_shape为(batch_size, sql_len, num_head*head_features) => (batch_size, sql_len, all_head_size)
        new_x_shape = x.size()[:-2] + (x.size(-2) * x.size(-1),)

        # 此时将注意力结果张量x的注意力头维度num_head与注意力特征维度head_features进行合并变为
```

all_head_size维度
```
            # 注意力结果张量x的形状变为(batch_size, sql_len, all_head_size)
            return x.view(*new_x_shape)  # in Tensorflow implem: fct merge_states,
(batch_size, sql_len, all_head_size)

    def split_heads(self, x, k=False):
        # 此时new_x_shape为: (batch_size, sql_len, num_head, head_features)
        new_x_shape = x.size()[:-1] + (self.n_head, x.size(-1) // self.n_head)
        # 将输入的张量x(可能为query、key、value张量)变形为: (batch_size, sql_len, num_head,
head_features)
        x = x.view(*new_x_shape)  # in Tensorflow implem: fct split_states

        # 若此时输入的张量为key张量，则需要将key张量再变形为(batch_size, num_head,
head_features, sql_len)
        # 因为此时key张量需要以[query * key]的形式与query张量做内积运算，因此key张量需要将
head_features变换到第三维度，将sql_len变换到第四维度，这样[query * key]内积运算之后的注意力分数张量
的形状才能符合(batch_size, num_head, sql_len, sql_len)
        if k:
            return x.permute(0, 2, 3, 1)  # (batch_size, num_head, head_features, sql_len)

        # 若此时输入的张量为query张量或value张量，则将张量维度再变换为(batch_size, num_head,
sql_len, head_features)即可，即将sql_len与num_head调换维度
        else:
            return x.permute(0, 2, 1, 3)  # (batch_size, num_head, sql_len, head_features)

    def _attn(self, q, k, v, attention_mask=None, head_mask=None,
output_attentions=False):

        '''
        此时query张量形状为: (batch_size, num_head, 1, head_features)
        key张量的形状为: (batch_size, num_head, head_features, sql_len+1)
        value张量的形状为: (batch_size, num_head, sql_len+1, head_features)

        此时key张量以[query * key]的形式与query张量做内积运算，key张量已在split_heads()操作与
past_key合并操作中提前将head_features变换到第三维度，将sql_len+1变换到第四维度，这样[query * key]
内积运算之后的注意力分数张量w的形状才能符合(batch_size, num_head, 1, sql_len+1)
        '''
        w = torch.matmul(q, k)  # 注意力分数张量w: (batch_size, num_head, 1, sql_len+1)

        # 对注意力分数张量w中的值进行缩放(scaled)，缩放的除数为注意力头特征数head_features的开方值
        if self.scale:
            w = w / (float(v.size(-1)) ** 0.5)

        # 此时nd与ns两个维度相当于1与seq_len+1
        nd, ns = w.size(-2), w.size(-1)

        # 此处的操作为利用torch.where(condition, x, y)函数，将注意力分数张量w在mask.bool()条
件张量为True(1)的相同位置的值保留为w中的原值，将在mask.bool()条件张量为True(0)的相同位置的值变为
self.masked_bias(-1e4)的值
        '''
        <1> GPT2Model第一次迭代时输入GPT2Model的forward()函数中的past_key_values参数为
```

None，此时nd与ns维度才会相等，在nd与ns维度相等的情况下，
此操作的结果等价于让注意力分数张量w与attention_mask张量相加的结果
<2> 若为GPT2Mode第二次及之后的迭代，nd与ns两个维度相当于1与seq_len+1，此时对
self.bias进行切片操作时，ns - nd等于seq_len+1 - 1，即结果为seq_len，
此时切片操作相当于self.bias[:, :, seq_len : seq_len+1, :seq_len+1]
此操作的意义在于，在此次迭代中，在最新的token的注意力分数上添加GPT-2中的下三角形式的
注意力遮罩
'''
        if not self.is_cross_attention:
            # if only "normal" attention layer implements causal mask
            # 此时self.bias属性为一个下三角矩阵(对角线下元素全为1，对角线上元素全为0)，其形状为(1,
1, n_ctx, n_ctx)，即形状相当于(1, 1, 1024, 1024)，但此处对self.bias进行切片操作时，ns - nd等于
seq_len+1 - 1，即结果为seq_len，即此时切片操作相当于self.bias[:, :, seq_len :
seq_len+1, :seq_len+1]
            '''此时mask张量(经过大张量self.bias切片获得)的形状为(1, 1, 1, seq_len + 1)'''
            mask = self.bias[:, :, ns - nd: ns, :ns]
            '''此操作的意义在于，在此次迭代中，在最新的token的注意力分数上添加GPT-2中的下三角形式注
意力遮罩'''
            w = torch.where(mask.bool(), w, self.masked_bias.to(w.dtype))

        # 让注意力分数张量w与attention_mask张量相加，以达到让填充特殊符[PAD]处的注意力分数为一个
很大的负值的目的，这样在下面将注意力分数张量w输入Softmax()层计算之后，填充特殊符[PAD]处的注意力分数将会
变为无限接近0的数，以此让填充特殊符[PAD]处的注意力分数极小，其Embedding嵌入值基本不会在多头注意力聚合操
作中被获取到
        if attention_mask is not None:
            # Apply the attention mask
            w = w + attention_mask

        # 注意力分数张量w: (batch_size, num_head, 1, sql_len+1)
        # 将注意力分数张量w输入Softmax()层中进行归一化计算，计算得出最终的注意力分数
        # 再将注意力分数张量w输入Dropout层self.attn_dropout()中进行正则化操作，防止过拟合
        w = nn.Softmax(dim=-1)(w)
        w = self.attn_dropout(w)

        # 对注意力头num_head维度的mask操作
        if head_mask is not None:
            w = w * head_mask

        # 多头注意力聚合操作: 注意力分数张量w与value张量进行内积
        # 注意力分数张量w形状: (batch_size, num_head, 1, sql_len+1)
        # value张量形状: (batch_size, num_head, sql_len+1, head_features)
        # 多头注意力聚合操作结果张量形状: (batch_size, num_head, 1, head_features)，
head_features=768
        outputs = [torch.matmul(w, v)]
        # 若同时返回注意力分数张量w，则将w张量添加到outputs列表中
        if output_attentions:
            outputs.append(w)

        return outputs

    def forward(

```
            self,
            hidden_states,
            layer_past=None,
            attention_mask=None,
            head_mask=None,
            encoder_hidden_states=None,
            encoder_attention_mask=None,
            use_cache=False,
            output_attentions=False,
    ):
            # <1> 此时的隐藏状态hidden_states的形状为(batch_size, 1, nx), 此时nx = n_state =
n_embed = head_features = 768, 即此时隐藏状态hidden_states的形状为(batch_size, 1, 768)
            # <2> 此时layer_past为一个存储着past_key张量与past_value张量的大张量, 其形状为(2,
batch_size, num_head, sql_len, head_features)
            # <3> attention_mask张量为注意力遮罩张量, 其让填充特殊符[PAD]处的注意力分数极小, 其
Embedding嵌入值基本不会在多头注意力聚合操作中被获取到

            if encoder_hidden_states is not None:
                assert hasattr(
                    self, "q_attn"
                ), "If class is used as cross attention, the weights 'q_attn' have to be defined. " \
                   "Please make sure to instantiate class with 'Attention(..., is_cross_attention=True)'."

                '''self.crossattention()的Cross_Attention运算过程则是将LayerNormalization之后
的hidden_states通过'self.q_attn = Conv1D(n_state, nx)'将hidden_states的形状由(batch_size,1,
768)投影为(batch_size,1, 768), 将此投影之后的hidden_states赋值作为query张量, 再将此时从编码器
(Encoder)中传过来的编码器隐藏状态encoder_hidden_states通过'self.c_attn = Conv1D(2 * n_state,
nx)'将encoder_hidden_states的形状由(batch_size, enc_seq_len, 768)投影为(batch_size,
enc_seq_len, 2 * 768), 将投影后的encoder_hidden_states在第三维度(dim=2)上拆分为两份, 分别赋为key、
value, 其形状都为(batch_size, enc_seq_len, 768), 此时n_state = nx = num_head*head_features =
768

                之后经过split_heads()函数拆分注意力头之后: query张量的形状变为(batch_size,
num_head, 1, head_features), key张量的形状变为(batch_size, num_head, head_features,
enc_seq_len), value张量的形状变为(batch_size, num_head, enc_seq_len, head_features)

                此时计算出的cross_attention张量形状为(batch_size, num_head, 1, enc_seq_len)'''

                query = self.q_attn(hidden_states)
                key, value = self.c_attn(encoder_hidden_states).split(self.split_size,
dim=2)

                attention_mask = encoder_attention_mask

            else:
                '''此时隐藏状态hidden_states的形状为(batch_size, 1, 768), 将其输入进全连接层
self.c_attn中后, 其Conv1D(3 * n_state, nx)会将hidden_states的维度进行投影, 由原始的768投影到3 * 768
(人工设置nx=n_state=768), 此时的hidden_states张量的形状为(batch_size, 1, 3 * 768), 最后将
hidden_states张量在第三个维度(维度大小3 * 768)上切分为三块, 将这切分出的三块各当成query、key、value
张量, 则每个张量的形状都为(batch_size, 1, 768)
```

此时n_state = nx = num_head*head_features = 768

之后经过split_heads()函数拆分注意力头且key、value张量分别与past_key、past_value张量合并之后：query张量的形状变为(batch_size, num_head, 1, head_features)，
key张量的形状变为(batch_size, num_head, head_features, sql_len+1)，
value张量的形状变为(batch_size, num_head, sql_len+1, head_features)'''
        query, key, value = self.c_attn(hidden_states).split(self.split_size, dim=2)

        '''第一次迭代时query、key、value张量的seq_len维度处的维度大小就为seq_len而不是1，第二次之后seq_len维度的维度大小皆为1'''
        # 此时经过'注意力头拆分函数split_heads()'之后的query、key、value三个张量的形状分别为：
        # query: (batch_size, num_head, 1, head_features)
        # key: (batch_size, num_head, head_features, 1)
        # value: (batch_size, num_head, 1, head_features)
        query = self.split_heads(query)
        key = self.split_heads(key, k=True)
        value = self.split_heads(value)

        if layer_past is not None:
            '''第一次迭代时query、key、value张量的seq_len维度处的维度大小就为seq_len而不是1，第二次之后seq_len维度的维度大小皆为1'''
            '''<1> 本次迭代中新的key张量
            此时需要通过layer_past[0].transpose(-2, -1)操作将past_key张量的形状变为
(batch_size, num_head, head_features, sql_len)，而此时key张量的形状为(batch_size, num_head, head_features, 1)，这样在下方就方便将past_key张量与key张量在最后一个维度(dim=-1)处进行合并，这样就将当前Token的key部分加入了past_key的seq_len中，以方便模型在后面预测新的Token，此时新的key张量的形状为：
(batch_size, num_head, head_features, sql_len+1)，new_seq_len为sql_len+1
            <2> 本次迭代中新的value张量
            而此时past_value不用变形，其形状为(batch_size, num_head, sql_len, head_features)，
而此时value张量的形状为(batch_size, num_head, 1, head_features)，这样在下方就方便将past_value张量与value张量在倒数第二个维度(dim=-2)处进行合并，这样就将当前token的value部分加入了past_value的seq_len中，以方便模型在后面预测新的token，此时新的value张量的形状为: (batch_size, num_head, sql_len+1, head_features)，new_seq_len为sql_len+1
            '''
            past_key, past_value = layer_past[0].transpose(-2, -1), layer_past[1] # transpose back cf below
            key = torch.cat((past_key, key), dim=-1)
            value = torch.cat((past_value, value), dim=-2)

        # config对应的GPT2Config()类中的use_cache默认为True，但此时若为Cross_Attention运算过程，则此时不会指定use_cache，而此时use_cache属性为False(因为Attention类中的use_cache属性默认为False，除非指定config对应的GPT2Config()类中的use_cache属性，其才会为True)
        if use_cache is True:
            # 若use_cache为True，此时将key张量的最后一个维度与倒数第二个维度互换，再与value张量进行stack合并，此时key.transpose(-2, -1)的形状为(batch_size, num_head, sql_len+1, head_features)，此时torch.stack()操作后的present张量形状为(2, batch_size, num_head, sql_len+1, head_features)
            '''present张量形状: (2, batch_size, num_head, sql_len+1, head_features)，即present张量用来存储此次迭代中的key张量与上一次迭代中的past_key张量(layer_past[0])合并，以扩本次迭代的value张量与上一次迭代中的past_value张量(layer_past[1])合并后所得的新的key张量与value张量的'''
            present = torch.stack((key.transpose(-2, -1), value)) # transpose to have same

```
shapes for stacking
        else:
            present = (None,)

        '''此时query张量形状为: (batch_size, num_head, 1, head_features)
        key张量的形状为: (batch_size, num_head, head_features, sql_len+1)
        value张量的形状为: (batch_size, num_head, sql_len+1, head_features)'''
        # 若output_attentions为True, 则self._attn()函数返回的attn_outputs列表中的第二个值为注意力分数张量w
        attn_outputs = self._attn(query, key, value, attention_mask, head_mask, output_attentions)

        # 此时self._attn()函数返回的attn_outputs列表中的第一个元素为多头注意力聚合操作结果张量a,
        # a张量的形状为(batch_size, num_head, 1, head_features)
        # 若output_attentions为True, 则此时self._attn()函数返回的attn_outputs列表中的第二个
        # 元素为注意力分数张量w, 其形状为(batch_size, num_head, 1, seq_len + 1)
        a = attn_outputs[0]

        '''此时经过'多头注意力头合并函数self.merge_heads()'后的多头注意力聚合操作结果张量a的形状
        变为(batch_size, 1, all_head_size), 其中 all_head_size 等于 num_head * head_features,
        head_features=768
        all_head_size维度的维度大小为768, 等于n_state, 也等于nx, 即all_head_size=n_state=nx=
        768'''
        a = self.merge_heads(a)

        # 此处self.c_proj()为Conv1D(n_state, nx)函数(all_head_size=n_state=nx=768), 相当
        # 于一个全连接层的作用, 其将此时的多头注意力聚合操作结果张量a的最后一个维度all_head_size由n_state(768)
        # 的维度大小投影为nx(768)的维度大小
        a = self.c_proj(a)
        a = self.resid_dropout(a)   # 残差dropout层进行正则化操作, 防止过拟合

        # 此时多头注意力聚合操作结果张量a的形状为(batch_size, 1, all_head_size), 其中
        # all_head_size 等于 num_head * head_features; all_head_size维度的维度大小为768, 等于n_state, 也
        # 等于nx, 即all_head_size=n_state=nx=n_embed=768
        outputs = [a, present] + attn_outputs[1:]

        # 此时返回的outputs列表中
        # <1> 第一个值为多头注意力聚合操作结果张量a, 形状为(batch_size, 1, all_head_size),
        # all_head_size=n_state=nx=n_embd=768
        # <2> 第二个值为上方的present张量, 其存储着past_key张量与这次迭代的key张量合并后的新key
        # 张量, 以及past_value张量与这次迭代的value张量合并后的新value张量, 其形状为(2, batch_size, num_head,
        # sql_len+1, head_features)
        # <3> 若output_attentions为True, 则第三个值为attn_outputs列表中的注意力分数张量w, 其形
        # 状为(batch_size, num_head, 1, seq_len + 1)
        return outputs  # a, present, (attentions)
```

Attention类中的代码可参考注释来理解。

Attention类中的merge_heads()函数用来将多头注意力聚合操作结果张量a的注意力头维度进行合并,令多头注意力聚合操作结果张量a的形状由(batch_size, num_head, 1, head_features)变为(batch_size, 1, all_head_size)。split_heads()函数用来对query张量、key张量与value张量进行注意力头

拆分。而prune_heads()函数则可以用来删除一些注意力头。

Attention类中最核心的函数为_attn()函数，_attn()函数用来对query、key、value三个张量进行多头注意力聚合操作。

在Attention()类的forward()函数中，一开始便会判断是否传入了编码器中传过来的编码器隐藏状态encoder_hidden_states张量。若此时传入了编码器隐藏状态encoder_hidden_states张量，则此时Attention()类中会进行交叉多头注意力聚合操作Cross_Attention的计算过程；若此时未传入编码器隐藏状态encoder_hidden_states张量，则此时Attention()类中便会进行GPT-2中默认的多头注意力聚合操作Masked_Multi_Self_Attention的计算过程。

此外，此时Attention类的forward()函数中也会判断是否传入了layer_past张量。关于layer_past张量的具体含义，可参考GPT2Model类的forward()函数中for i, (block, layer_past) in enumerate(zip(self.h, past_key_values)):一行代码下的注释，同时参考Attention类的forward()函数中 if use_cache is True: 一行代码下对 present 张量的注释。

此时，若Attention类的forward()函数中传入了layer_past张量，则必须进行GPT-2中默认的多头注意力聚合操作Masked_Multi_Self_Attention的计算过程，因为在进行交叉多头注意力聚合操作Cross_Attention的计算过程时无须用到layer_past张量。

此时，根据layer_past张量中保存的past_key张量与past_value张量计算当前迭代中新的key张量与value张量的过程如下：

（1）当前迭代中新的key张量。

此时需要通过layer_past[0].transpose(-2,-1)操作将past_key张量的形状变为(batch_size, num_head, head_features, sql_len)，而此时key张量的形状为(batch_size, num_head, head_features, 1)，便可将past_key张量与key张量在最后一个维度（dim=-1）处进行合并，这样就将当前Token的key部分加入了past_key的seq_len中，以方便模型在后面预测新的Token，此时新的key张量的形状为(batch_size, num_head, head_features, sql_len+1)，new_seq_len为sql_len+1。

（2）当前迭代中新的value张量。

此时past_value张量不用变形，其形状为(batch_size, num_head, sql_len, head_features)，而此时value张量的形状为(batch_size, num_head, 1, head_features)，便可将past_value张量与value张量在倒数第二个维度（dim=-2）处进行合并，这样就将当前Token的value部分加入了past_value的seq_len中，以方便模型在后面预测新的Token，此时新的value张量的形状为(batch_size, num_head, sql_len+1, head_features)，new_seq_len为sql_len+1。

14.2.4 MLP 类详解

GPT-2模型源码中MLP类的代码如下：

```
class MLP(nn.Module):
    def __init__(self, n_state, config):  # in MLP: n_state=3072 (4 * n_embd)
        super().__init__()
        # 此时nx=n_embed=768
        # 而n_state实际为inner_dim，即n_state为4 * n_embd，等于3072
        nx = config.n_embd
```

```python
        # self.c_fc = Conv1D(n_state, nx)相当于全连接层，将其输入张量的最后一个维度的维度大小由
nx(768)投影为n_state(3072)，此时n_state=3072
        self.c_fc = Conv1D(n_state, nx)
        # self.c_proj = Conv1D(nx, n_state)相当于全连接层，将其输入张量的最后一个维度的维度大
小由n_state(3072)投影为nx(768)，此时n_state=3072
        self.c_proj = Conv1D(nx, n_state)

        # 设置的激活函数
        self.act = ACT2FN[config.activation_function]
        # 残差dropout层进行正则化操作，防止过拟合
        self.dropout = nn.Dropout(config.resid_pdrop)

    def forward(self, x):
        h = self.act(self.c_fc(x))
        h2 = self.c_proj(h)
        return self.dropout(h2)
```

MLP类中的代码可参考注释来理解。

可以看到，GPT-2模型主体结构的每个Block模块运算过程中都包含Attention模块与MLP模块的运算。MLP类实质上就是一个两层全连接层模块，这里会将Attention类输出的结果hidden_states张量输入MLP类中进行前馈神经网络运算。将MLP类的输出结果再输入残差连接residual_connection之后，GPT-2模型结构中一个Block模块的运算过程就会结束，之后将会进行下一个Block模块的运算。

14.3 Hugging Face GPT-2模型的使用与自定义微调

14.2节介绍了GPT-2模型源码的主要类，包括GPT2LMHeadModel类、GPT2Model类、Block类、Attention类与MLP类的详细代码。本节将讲解Hugging Face GPT-2模型的使用与自定义数据集的微调。

14.3.1 模型的使用与自定义数据集的微调

下面首先介绍Hugging Face GPT-2模型的使用。前文介绍BERT的时候提到过Hugging Face模型的使用，在这里我们将直接使用前文讲解过的知识完成GPT-2模型的下载与使用。

1. 下载和使用Hugging Face GPT-2模型

下载和使用现有的已训练好的GPT-2模型，代码如下：

```
from transformers import BertTokenizer, GPT2LMHeadModel, TextGenerationPipeline
tokenizer = BertTokenizer.from_pretrained("uer/gpt2-chinese-cluecorpussmall")
model = GPT2LMHeadModel.from_pretrained("uer/gpt2-chinese-cluecorpussmall")
text_generator = TextGenerationPipeline(model, tokenizer)
result = text_generator("从前有座山", max_length=100, do_sample=True)
print(result)
```

结果请读者自行尝试，在这里提醒一下，每次输出的结果都不会相同，原因会在后面的章节

中讲到，这里只需要有输出结果即可。

2. 剖析Hugging Face GPT-2模型

如果想重新使用Hugging Face的模型继续训练，那么首先需要根据现有的GPT-2模型重新加载数据进行处理。

一个非常简单的查看模型结构的方法是直接对模型的结构进行打印，代码如下：

```
import torch
# 注意GPT2LMHeadModel 与 GPT2Model这2个模型，
# 其区别在于是否加载的最终的输出层，也就是下面图14-9中的最后一行 lm_head
from transformers import BertTokenizer, GPT2LMHeadModel, TextGenerationPipeline
tokenizer = BertTokenizer.from_pretrained("uer/gpt2-chinese-cluecorpussmall")
model = GPT2LMHeadModel.from_pretrained("uer/gpt2-chinese-cluecorpussmall")
print(model)
```

打印结果如图14-9所示。

```
          (attn_dropout): Dropout(p=0.1, inplace=False)
          (resid_dropout): Dropout(p=0.1, inplace=False)
        )
        (ln_2): LayerNorm((768,), eps=1e-05, elementwise_affine=True)
        (mlp): GPT2MLP(
          (c_fc): Conv1D()
          (c_proj): Conv1D()
          (act): NewGELUActivation()
          (dropout): Dropout(p=0.1, inplace=False)
        )
      )
    )
    (ln_f): LayerNorm((768,), eps=1e-05, elementwise_affine=True)
  )
  (lm_head): Linear(in_features=768, out_features=21128, bias=False)
)
```

图14-9 打印结果

可以看到，这里打印了GPT2LMHeadModel模型的全部内容，最后一层是在输入的Embedding层基础上进行最终分割的，从而使得输出结果与字符索引进行匹配。而我们需要将模型输出与最终的分类层分割，现成的方法就是分别存储model层和最终的lm_head层的架构和参数，代码如下：

```
import torch
from transformers import BertTokenizer, GPT2LMHeadModel, TextGenerationPipeline
model = GPT2LMHeadModel.from_pretrained("uer/gpt2-chinese-cluecorpussmall")
print(model)
#下面演示如何获取某一层的参数
lm_weight = (model.lm_head.state_dict()["weight"])
torch.save(lm_weight,"./dataset/lm_weight.pth")
```

这里演示了一个非常简单的获取最终层的参数的方法，即根据层的名称提取和保存对应的参数即可。

注意：实际上，我们可以直接使用 GPT2LMHeadModel 类来获取 GPT-2 生成类完整的参数，在这里分开获取的目的是为下一步讲解 ChatGPT 的强化学习做个铺垫。

对于模型的使用更为简单，Huggingface为我们提供了一个对应的GPT-2架构模型，代码如下：

```
from transformers import BertTokenizer, GPT2Model, TextGenerationPipeline
model = GPT2Model.from_pretrained("uer/gpt2-chinese-cluecorpussmall")
```

3. 使用Hugging Face GPT-2模块构建自定义的GPT-2模型

下面使用上文拆解出的GPT-2模块来构建自定义的GPT-2模型，相对于前面所学的内容，可以将构建对应的GPT-2模型看作一个简单的分类识别模型，代码如下：

```
import torch
from torch.nn.parameter import Parameter
from transformers import BertTokenizer, GPT2Model, TextGenerationPipeline
tokenizer = BertTokenizer.from_pretrained("uer/gpt2-chinese-cluecorpussmall")

class GPT2(torch.nn.Module):
    def __init__(self):
        super().__init__()
        #with torch.no_grad():
        self.model = GPT2Model.from_pretrained("uer/gpt2-chinese-cluecorpussmall")
        self.lm_head = torch.nn.Linear(768,21128,bias=False)
        weight = torch.load("../dataset/lm_weight.pth")
        self.lm_head.weight = Parameter(weight)
        self.value_layer = torch.nn.Sequential(torch.nn.Linear(768,1),torch.nn.Tanh(),torch.nn.Dropout(0.1))

    def forward(self,token_inputs):
        embedding = self.model(token_inputs)
        embedding = embedding["last_hidden_state"]
        embedding = torch.nn.Dropout(0.1)(embedding)
        logits = self.lm_head(embedding)
        return logits
```

4. 自定义数据输入格式

想要完成对自定义的GPT-2模型的训练，设置合适的输入和输出函数是必不可少的，在这里我们选用上文的情感分类数据集通过自带的tokenizer对其进行编码处理。此时完整的数据输入如下：

```
import torch
import numpy as np
from transformers import BertTokenizer, GPT2LMHeadModel, TextGenerationPipeline
tokenizer = BertTokenizer.from_pretrained("uer/gpt2-chinese-cluecorpussmall")

#首先获取情感分类数据
token_list = []
with open("./ChnSentiCorp.txt", mode="r", encoding="UTF-8") as emotion_file:
    for line in emotion_file.readlines():
        line = line.strip().split(",")
        text = "".join(line[1:])
        inputs = tokenizer(text,return_tensors='pt')
        token = input_ids = inputs["input_ids"]
        attention_mask = inputs["attention_mask"]
        for id in token[0]:
            token_list.append(id.item())
```

```python
    token_list = torch.tensor(token_list * 5)
#调用标准的数据输入格式
class TextSamplerDataset(torch.utils.data.Dataset):
    def __init__(self, data, seq_len):
        super().__init__()
        self.data = data
        self.seq_len = seq_len

    def __getitem__(self, index):
        #下面的写法是为了遵守GPT-2的数据输入和输出格式而特定的写法
        rand_start = torch.randint(0, self.data.size(0) - self.seq_len, (1,))
        full_seq = self.data[rand_start : rand_start + self.seq_len + 1].long()
        return full_seq[:-1],full_seq[1:]

    def __len__(self):
        return self.data.size(0) // self.seq_len
```

在这里需要说明的是，在定义getitem函数时，需要遵循GPT-2特定的输入和输出格式而完成特定的格式设置。

14.3.2　基于预训练模型的评论描述微调

下面使用已完成的代码进行评论描述。需要注意的是，因为这里使用的是lm_weight参数，所以需要预先存档。完整的训练代码如下：

```python
import os
os.environ["CUDA_VISIBLE_DEVICES"] = "0"
import torch
from tqdm import tqdm
from torch.utils.data import DataLoader
max_length = 128 + 1
batch_size = 2
device = "cuda"
import model

save_path = "./train_model_emo.pth"
glm_model = model.GPT2()
glm_model.to(device)
#glm_model.load_state_dict(torch.load(save_path),strict=False)
optimizer = torch.optim.AdamW(glm_model.parameters(), lr=2e-4)
lr_scheduler = torch.optim.lr_scheduler.CosineAnnealingLR(optimizer,T_max = 1200,eta_min=2e-6,last_epoch=-1)
criterion = torch.nn.CrossEntropyLoss()

import get_data_emotion
train_dataset = get_data_emotion.TextSamplerDataset(get_data_emotion.token_list,max_length)
loader = DataLoader(train_dataset,batch_size=batch_size,shuffle=True,num_workers=0,pin_memory=True)

for epoch in range(30):
```

```
        pbar = tqdm(loader, total=len(loader))
        for token_inp,token_tgt in pbar:
            token_inp = token_inp.to(device)
            token_tgt = token_tgt.to(device)
            logits = glm_model(token_inp)
            loss = criterion(logits.view(-1,logits.size(-1)),token_tgt.view(-1))
            optimizer.zero_grad()
            loss.backward()
            optimizer.step()
            lr_scheduler.step()    # 执行优化器
            pbar.set_description(f"epoch:{epoch +1}, train_loss:{loss.item():.5f},
lr:{lr_scheduler.get_last_lr()[0]*100:.5f}")
        if (epoch + 1) % 2 == 0:
            torch.save(glm_model.state_dict(),save_path)
```

14.4 自定义模型的输出

在14.3节中，我们完成了模型的微调（Fine-Tuning）训练过程，本节对训练结果进行输出。相对于传统的输出过程，GPT系列的输出更加复杂。

14.4.1 GPT 输出的结构

首先需要注意的是，GPT输出直观上并不是一种对称结构，一般结构如图14-10所示。

图 14-10　一般结构

这一点在14.1节已经介绍过了。这种输出方式的好处在于，模型只需要根据前文输出下一个字符即可，无须对整体的结果进行调整。

基于这种结果的生成方案，对于生成的字符，我们只需要循环地将最终生成的结果接入原有输入数据即可，如图14-11所示。

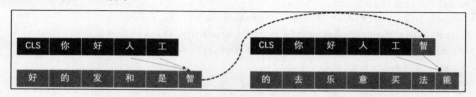

图 14-11　循环地将最终生成的结果接入原有输入数据

此方案的循环可以简单地用如下代码完成：

```
import torch
from transformers import BertTokenizer
tokenizer = BertTokenizer.from_pretrained("uer/gpt2-chinese-cluecorpussmall")
from moudle import model
```

第14章 ChatGPT前身——只具有解码器的GPT-2模型

```python
gpt_model = model.GPT2()

inputs_text = "你说"
input_ids = tokenizer.encode(inputs_text)
input_ids = input_ids[:-1]    #这里转换成了list系列的ID

for _ in range(20):
    _input_ids = torch.tensor([input_ids],dtype=int)
    outputs = gpt_model(_input_ids)
    result = torch.argmax(outputs[0][-1],dim=-1)
    next_token = result.item()
    input_ids.append(next_token)

result = tokenizer.decode(input_ids, skip_special_tokens=True)
print(result)
```

打印结果请读者自行尝试。

下面我们继续对这段输出代码进行分析,既然是额外地使用循环输出对模型进行输出预测,能否将输出结果直接加载到我们自定义的GPT-2模型内部?答案是可以的,带有自定义输出函数的GPT-2模型如下(其中用到的temperature与topK在14.4.2节讲解):

```python
import torch
from torch.nn.parameter import Parameter
from transformers import BertTokenizer, GPT2Model, TextGenerationPipeline
tokenizer = BertTokenizer.from_pretrained("uer/gpt2-chinese-cluecorpussmall")

class GPT2(torch.nn.Module):
    def __init__(self):
        super().__init__()
        #with torch.no_grad():
        self.model = GPT2Model.from_pretrained("uer/gpt2-chinese-cluecorpussmall")
        self.lm_head = torch.nn.Linear(768,21128,bias=False)
        weight = torch.load("../dataset/lm_weight.pth")
        self.lm_head.weight = Parameter(weight)
        self.value_layer = torch.nn.Sequential(torch.nn.Linear(768,1),torch.nn.Tanh(),torch.nn.Dropout(0.1))

    def forward(self,token_inputs):
        embedding = self.model(token_inputs)
        embedding = embedding["last_hidden_state"]
        embedding = torch.nn.Dropout(0.1)(embedding)
        logits = self.lm_head(embedding)
        return logits

    @torch.no_grad()
    def generate(self, continue_buildingsample_num, prompt_token=None, temperature=1., top_p=0.95):
        """
        :param continue_buildingsample_num: 这个参数指的是在输入的prompt_token后再输出多少个字符
        :param prompt_token: 这个是需要转换成Token的内容,这里需要输入一个list
```

```
        :param temperature:
        :param top_k:
        :return: 输出一个Token序列
        用法:
        """
        # 这里就是转换成了list系列的ID
        # prompt_token_new = prompt_token[:-1]#使用这行代码,在生成的Token中没有102分隔符
        prompt_token_new = list(prompt_token)# 使用这行代码,在生成的Token中包含102分隔符
        for i in range(continue_buildingsample_num):
            _token_inp = torch.tensor([prompt_token_new]).to("cuda")
            logits = self.forward(_token_inp)
            logits = logits[:, -1, :]
            probs = torch.softmax(logits / temperature, dim=-1)
            next_token = self.sample_top_p(probs, top_p)   # 预设的top_p = 0.95
            next_token = next_token.reshape(-1)
            prompt_token_new.append(next_token.item())   # 这是把Token从tensor转换成普通char, tensor -> list

        # text_context = tokenizer.decode(prompt_token, skip_special_tokens=True)
        return prompt_token_new

    def sample_top_p(self, probs, p):
        probs_sort, probs_idx = torch.sort(probs, dim=-1, descending=True)
        probs_sum = torch.cumsum(probs_sort, dim=-1)
        mask = probs_sum - probs_sort > p
        probs_sort[mask] = 0.0
        probs_sort.div_(probs_sort.sum(dim=-1, keepdim=True))
        next_token = torch.multinomial(probs_sort, num_samples=1)
        next_token = torch.gather(probs_idx, -1, next_token)
        return next_token
```

此时完整的模型输出如下:

```
from transformers import BertTokenizer
tokenizer = BertTokenizer.from_pretrained("uer/gpt2-chinese-cluecorpussmall")
from moudle import model
gpt_model = model.GPT2()
gpt_model.to("cuda")
inputs_text = "酒店"
input_ids = tokenizer.encode(inputs_text)

for _ in range(10):
    prompt_token = gpt_model.generate(20,prompt_token=input_ids)
    result = tokenizer.decode(prompt_token, skip_special_tokens=True)
    print(result)
```

最终的打印结果请读者自行尝试。

14.4.2　创造性参数 temperature 与采样个数 topK

本小节讲解一下GPT模型中的temperature与topK这两个参数。对于生成模型来说,temperature

可以认为是模型的创造性参数，即temperature值越大，模型的创造性越强，但生成效果不稳定；temperature值越小，则模型的稳定性越强，生成效果越稳定。

而topK的作用是挑选概率最高的k个Token作为候选集。若k值为1，则答案唯一；若topK为0，则该参数不起作用。

1. temperature参数

模型在数据生成的时候，会通过采样的方法增加文本生成过程中的随机性。文本生成是根据概率分布情况来随机生成下一个单词的。例如，已知单词[a, b, c]的生成概率分别是[0.1, 0.3, 0.6]，接下来生成c的概率就会比较大，生成a的概率就会比较小。

但如果按照全体词的概率分布来进行采样，还是有可能生成低概率的单词的，导致生成的句子出现语法或语义错误。通过在Softmax函数中加入temperature参数强化顶部词的生成概率，在一定程度上可以解决这一问题。

$$p(i) = \frac{e^{\frac{z_i}{t}}}{\sum_1^K e^{\frac{z_i}{t}}}$$

在上述公式中，当$t<1$时，将会增加顶部词的生成概率，且t越小，越倾向于按保守的方法生成下一个词；当$t>1$时，将会增加底部词的生成概率，且t越大，越倾向于从均匀分布中生成下一个词。图14-12模拟每个字母生成的概率，观察t值大小对概率分布的影响，如图14-12所示。

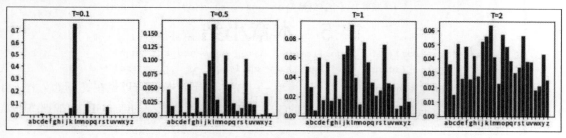

图14-12　模拟每个字母生成的概率

这样做的好处在于生成的文本具有多样性和随机性，但是同时对t值的选择需要依赖模型设计人员的经验或调参。

下面使用NumPy实现temperature值的设置，代码如下：

```
def temperature_sampling(prob, T=0.2):
    def softmax(z):
        return np.exp(z) / sum(np.exp(z))
    log_prob = np.log(prob)
    reweighted_prob = softmax(log_prob / T)
    sample_space = list(range(len(prob)))
    original_sample = np.random.choice(sample_space, p=prob)
    temperature_sample = np.random.choice(list(range(len(prob))), p=reweighted_prob)
    return temperature_sample
```

2. topK参数

即使我们设置了temperature参数，选取了合适的t值，还是会有较低的可能性生成低概率的单词。因此，需要额外增加一个参数来确保低概率的词不会被选择到。

应用topK，可以根据概率分布情况预先挑选出一部分概率高的单词，然后对这部分单词进行采样，从而避免低概率词的出现。

topK是直接挑选概率最高的k个单词，然后重新根据Softmax 计算这k个单词的概率，再根据概率分布情况进行采样，生成下一个单词。采样还可以选用temperature方法。此方法的NumPy实现如下：

```
def top_k(prob, k=5):
    def softmax(z):
        return np.exp(z) / sum(np.exp(z))

    topk = sorted([(p, i) for i, p in enumerate(prob)], reverse=True)[:k]
    k_prob = [p for p, i in topk]
    k_prob = softmax(np.log(k_prob))
    k_idx = [i for p, i in topk]
    return k_idx, k_prob, np.random.choice(k_idx, p=k_prob)
```

采用topK的方案可以避免低概率词的生成。但是与temperature一样，k值的选择需要依赖于经验或调参。比如，在较狭窄的分布中，选取较小的k值；在较宽广的分布中，选取较大的k值。

14.5 本章小结

本章主要介绍了GPT系列中最重要的一个模型——GPT-2，这个模型可以说在真正意义上开启了只具有解码器的文本生成任务。GPT-2后续的GPT-3和第15章所要介绍的ChatGPT实战训练都是在其基础上应运而生的。

本章是ChatGPT的起始章节，详细介绍了GPT-2模型的训练与自定义的方法，还讲解了使用切分的方法对模型进行分布存档和训练，这实际上是为第15章ChatGPT的使用打下基础。

第15章讲解的ChatGPT会以GPT-2为模板，使用RLHF系统完成ChatGPT的训练。

第15章
实战训练自己的 ChatGPT

在2023年年初,OpenAI推出了一种大型语言模型,名为ChatGPT。这个模型最大的特点是可以像聊天机器人一样进行对话。与其他语言模型不同的是,ChatGPT经过微调,能够以对话的方式执行各种任务,比如回答查询、解决编码、制定营销计划、解决数学问题等。

用户只需使用电子邮件地址创建OpenAI账户,登录ChatGPT并输入查询,就可以与这个模型进行对话。ChatGPT可以用自然人类语言回答用户的问题,如果回答不满足用户的需求,可以微调输入查询,直到获得预期的结果为止。

对于用户来说,ChatGPT是一个非常有用的工具,能够以更自然的方式与其互动,提高他们的参与度和满意度。ChatGPT的Logo如图15-1所示。

图 15-1　ChatGPT 的 Logo

本章将以实战为主,介绍ChatGPT模型训练的主要方法——RLHF(Reinforcement Learning from Human Feedback,人工强化学习反馈),并通过这个方法以GPT-2模型为基础训练我们自己的ChatGPT。

15.1　什么是 ChatGPT

ChatGPT是一款基于人工智能技术驱动的自然语言处理工具,于2022年11月30日在美国发布。它通过学习和理解人类的语言来进行对话,还能根据聊天的上下文进行互动,让用户感觉像在和真人聊天交流一样。除聊天外,ChatGPT还可以完成撰写邮件、视频脚本、文案、翻译、代码等任务,如图15-2所示。

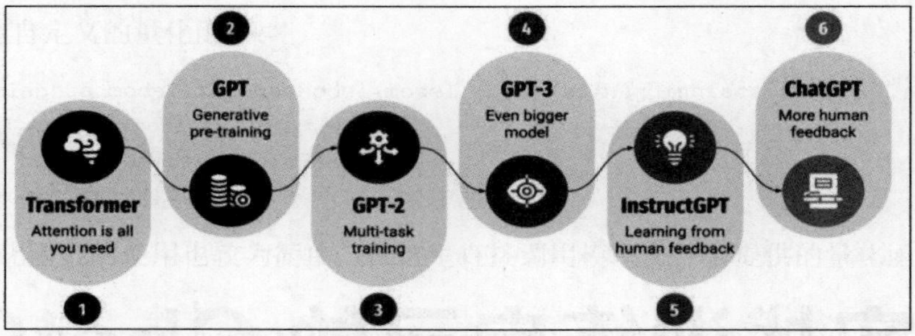

图 15-2 ChatGPT 可以完成的任务

ChatGPT 系列也是逐步从一个简单的语言模型发展起来的。相较于之前的人工智能技术，ChatGPT 的最大不同在于其具备承认自身错误、质疑用户提问时预设的错误条件，并且拒绝不当请求的能力。这种智能化程度让 ChatGPT 可以更好地为用户提供服务和帮助，如图 15-3 所示。

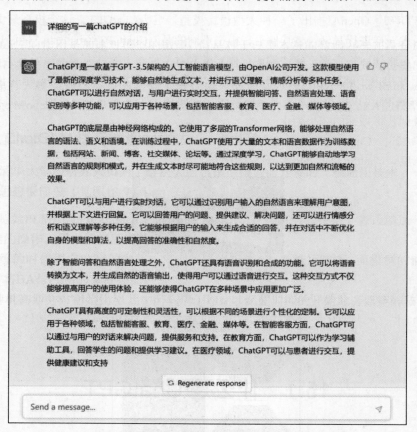

图 15-3 由 ChatGPT 生成的 ChatGPT 简介

可以看到，ChatGPT 的应用场景非常广泛，除了用来开发聊天机器人、编写和调试计算机程序外，还可以应用于文学、媒体相关领域的创作。例如，ChatGPT 可以用鲁迅的文风进行文字创作，用 Twitter 的高级数据工程师的口吻给马斯克写周报等。ChatGPT 在教育、考试、回答测试问题方面的表现也非常优秀，甚至在某些测试情境下表现得比普通人类测试者更好。

15.2 RLHF 模型简介

近年来，深度生成模型在生成结果的评估方面一直存在主观性和上下文依赖性的问题。现有的模型通常采用预测下一个单词的方式和简单的损失函数（如交叉熵）来建模，没有显式地引入人的偏好和主观意见。例如，我们希望模型生成一个有创意的故事、一段真实的信息性文本或者可执行的代码片段，这些结果难以用现有的、基于规则的文本生成指标来衡量。

如果我们使用生成文本的人工反馈作为性能衡量标准，或者进一步将该反馈用作损失来优化模型，这种方法也是可行的。这就是RLHF的思想：使用强化学习的方式直接优化带有人类反馈的语言模型。RLHF使得在一般文本数据语料库上训练的语言模型能够和复杂的人类价值观对齐。

早期，RLHF主要被应用在游戏、机器人等领域，在2019年以后，RLHF与语言模型相结合的工作开始陆续出现，如图15-4所示。其中，OpenAI的InstructGPT是一个重要的里程碑式的成果，现在被誉为ChatGPT的兄弟模型。不过，当时并非只有OpenAI在关注RL4LM，DeepMind其实也关注到这一发展方向，先后发表了GopherCite和Sparrow两个基于RLHF训练的语言模型，前者是一个问答模型，后者是一个对话模型，可惜效果不够惊艳。

图 15-4　结合了 RLHF 的语言模型

OpenAI推出的ChatGPT对话模型掀起了新的AI热潮，它面对多种多样的问题对答如流，似乎已经打破了机器和人的边界。这一工作的背后是大型语言模型（Large Language Model，LLM）生成领域的新训练范式：RLHF，即以强化学习方式依据人类反馈优化语言模型。

15.2.1 RLHF 技术分解

在ChatGPT中，RLHF是一个复杂的概念，涉及多个模型和不同的训练阶段。为了更好地理解RLHF，我们可以将其分解为以下3个步骤（见图15-5）：

- 预训练语言模型（Language Model，LM）。
- 聚合问答数据并训练奖励模型（Reward Model，RM）。
- 使用强化学习（Reinforcement Learning，RL）对LM进行微调。

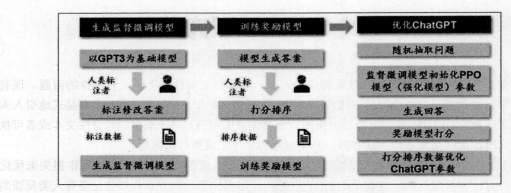

图 15-5 RLHF 微调语言模型的三个步骤

接下来,我们分别讲解这三个步骤。

1. 基于监督学习的预训练语言模型

首先,我们使用经典的预训练目标来训练一个语言模型。在OpenAI发布的第一个RLHF模型InstructGPT中,使用了GPT-3 的较小版本,参数约为1700亿个。

然后,使用额外的文本或条件对这个语言模型进行微调,例如使用OpenAI对"更可取"(Preferable)的人工生成文本进行微调,如图15-6所示。

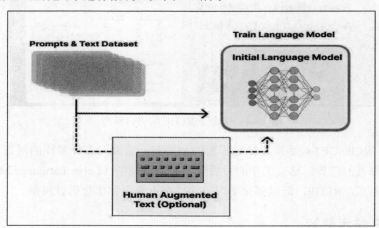

图 15-6 对人工生成文本进行微调

接下来,我们基于 LM 来生成训练奖励模型(Reward Model,RM,也叫偏好模型)的数据,并在这一步引入人类的偏好信息。

2. 训练奖励模型

RM的训练是RLHF的关键步骤。该模型接收一系列文本并返回一个标量奖励,用于量化人类的偏好。这个过程可以使用端到端方式进行 LM 建模,也可以使用模块化的系统进行建模(例如,对输出进行排名,然后将排名转换为奖励)。而奖励数值的准确性对于RLHF对模型的反馈至关重要,如图15-7所示。

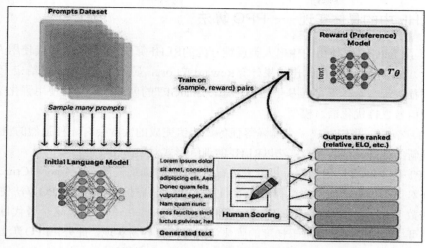

图 15-7 训练 RLHF 奖励模型的流程

3. 使用强化学习进行微调

长期以来,出于工程和算法的原因,人们认为用强化学习训练 LM 是不可能的。但是强化学习策略PPO(Proximal Policy Optimization,近端策略优化)算法的出现改变了这种情况。PPO算法确定的奖励函数的具体计算步骤(见图15-8)说明如下:

(1)将提示输入初始语言模型和当前微调的LM,分别得到输出文本,将来自当前策略的文本传递给RM得到一个标量的奖励。

(2)将两个模型生成的文本进行比较,计算差异的惩罚项,这被设计为输出词分布序列之间的KL(Kullback–Leibler)散度的缩放,之后将其用于惩罚 RL 策略,在每个训练批次中大幅偏离初始模型,以确保模型输出合理连贯的文本。

(3)最后根据PPO算法,按当前批次数据的奖励指标进行优化(来自PPO算法on-policy的特性),其使用梯度约束确保更新步骤不会破坏学习过程的稳定性。

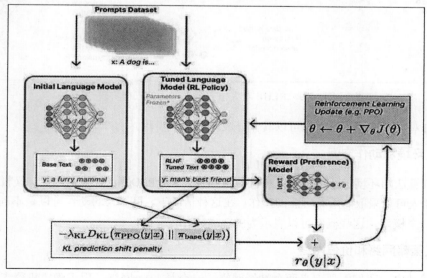

图 15-8 基于 RLHF 的语言模型优化

15.2.2 RLHF 中的具体实现——PPO 算法

前面介绍了ChatGPT所使用的输出人类反馈行为的RLHF算法，可以看到直接使用人的偏好（或者说人的反馈）来对模型整体的输出结果计算Reward或Loss，显然要比传统的"给定上下文，预测下一个词"的损失函数合理得多。基于这个思想，ChatGPT的创造者提出了使用强化学习的方法，利用人类反馈信号直接优化语言模型。

在前面的章节中，我们完成了火箭降落任务，相信完成的读者会有一种强烈的自豪感。现在开始进行一项新的任务，即将PPO算法以RLHF的训练形式对ChatGPT进行微调。

在ChatGPT中，PPO算法用于训练机器人进行对话。通过训练机器人的Actor和Critic神经网络，机器人能够在对话中根据当前状态选择最优的回复，从而提高对话的质量。PPO算法使用一个改进的替代目标函数（Surrogate Objective Function）来更新Actor网络的参数，这个替代目标函数不但更快，而且更可靠，因此比其他基于梯度的强化学习算法更容易实现。此外，PPO算法还可以在训练过程中使用信任区域（Trust Region，对超过区域的值进行裁剪）方法来限制每次更新的幅度，以确保更新的稳定性，如图15-9所示。

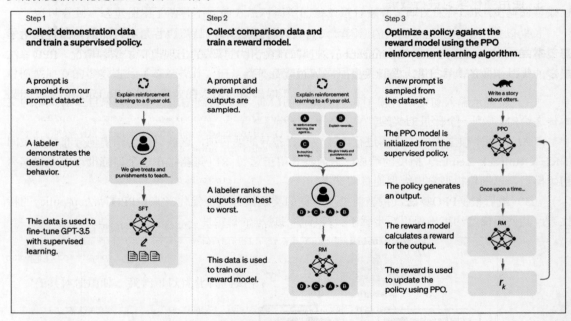

图 15-9 RLHF 对大语言模型训练的三个阶段

ChatGPT对大语言模型的训练可以具体分成以下几个步骤。

1. 定义环境和动作空间

ChatGPT算法的环境包括用户输入和机器人回复。对于PPO算法，我们需要定义机器人的动作空间，即机器人可以采取的所有可能的操作。在这种情况下，机器人的动作可以是不同的回复，每个回复都有一个概率，这些概率可以表示为Softmax输出。

2. 定义策略网络和价值网络

在PPO算法中，我们需要定义两个神经网络：一个是Actor网络，用于确定机器人的行为；另一个是Critic网络，用于评估Actor的性能。在ChatGPT中，我们可以使用预先训练的语言模型作为Actor和Critic网络。

3. 定义PPO的损失函数

PPO算法使用一个改进的替代目标函数来更新Actor网络的参数。这个 surrogate objective function 包括两部分：一部分是ratio；另一部分是clipped surrogate objective。ratio是Actor网络新旧策略的比率，而clipped surrogate objective通过对ratio进行剪裁来确保更新的稳定性。

4. 使用PPO算法训练机器人

在每个训练周期中，ChatGPT算法会根据当前的状态选择一个动作，并且根据选择的动作获取一个奖励。然后，使用PPO算法更新Actor和Critic网络的参数，以最大化累计奖励。更新过程中还需要使用信赖域（Trust Region）方法来限制每次更新的幅度，以确保更新的稳定性。

5. 重复训练直到收敛

ChatGPT算法会一直重复训练机器人，直到机器人的性能收敛。在每个训练周期结束后，算法会评估机器人的性能，并将机器人的性能与之前的性能进行比较，以确定是否需要继续训练。

15.3　基于 RLHF 实战的 ChatGPT 正向评论的生成

前面介绍过了，RLHF算法实际上是一种利用人类的反馈进行增强学习的方法，旨在使机器智能能够在不需要大量训练数据的情况下，从人类专家那里获得指导和改进。而PPO算法在RLHF中被广泛应用，本节进入RLHF的实战部分，实现我们自己的基于PPO算法的正向评论生成机器人。

在这里需要读者复习前面第13和第14章的内容，本节将重复使用和组合以往讲解过的知识，并依托GPT-2语言模型作为我们的ChatGPT语言生成模型，这是因为如果选用更大的模型，可能性能会好一些，但是一般家用计算机没有足够的运行空间，而我们是以学习为主，需要照顾更多的读者，因此这里采用较小的语言模型。有兴趣的读者可以在学完本章后自行尝试更大的语言模型。

在本书中已经完整实现了使用RLHF的ChatGPT模型框架，读者可以直接运行本书配套源码中的ppo_sentiment_example.py，此实现代码较多，这里就不完整呈现了，只讲解部分重点内容。

15.3.1　RLHF 模型进化的总体讲解

在第13章中已经详细介绍了PPO算法，并且在第14章完成了一个GPT-2模型，可以自由生成对关键词prompt的描述文本。下面我们基于前面讲解的内容，实现一个基于中文情感识别模型的正向评论生成机器人。

这里需要说明的是，对于任何GPT系列的模型，其文本的生成形式都是相通的。读者可以自行替换合适的语言模型。

回忆第14章的算法模型GPT-2，通过对其进行评论训练，使用一小段文本提示（prompt），模型就能够继续生成一段文字，如图15-10所示。

酒店名字是起的。房间布置很欧洲的风格，周围环
酒店先生开通商网店，越低越省钱越靠谱转发公众
酒店具体是房客们集体聚餐之用，自驾前往。打电
酒店称是住宿部的第三开间房型，设施挺齐全的，

图 15-10　使用文本提示继续生成一段文字

但是这段评论生成的只是简单的文本描述，当前的 GPT 模型是不具备情绪识别能力的，如上面的生成结果都不符合正面情绪。这不能够达到我们所需要的既定目标，即通过一定的训练使得模型生成具有正向情感评论的功能。对此的解决办法就是通过RLHF的方法来进化现有GPT模型，使其学会尽可能生成正向情感的评论。

具体而言，就是在每个模型根据文本提示生成一个结果时，我们需要反馈这个模型输出结果的得分是多少，即为模型的每个生成结果打分，图15-11展示了生成过程。

epoch 24 mean-reward: 0.797852098941803 Random Sample 5 text(s) of model output:
1. 周围一圈都没有吃的地方，进了这家店，
2. 酒店里有喝啤酒的地方，不过停车貌似不
3. 酒店地段很便利，周围很多小店，之前买
4. 前台小姐服务好极了让人感觉很舒服。有

图 15-11　生成过程

可以看到，随着模型的输出，为了简单起见，这里计算了评价均值作为反馈的分值，将训练评价的结果以图形的形式展示出来，评分结果如图15-12所示。

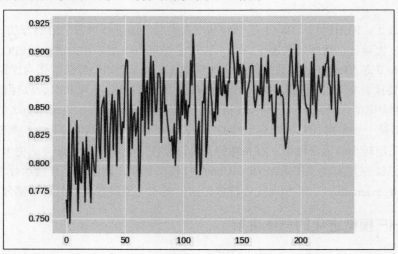

图 15-12　评分结果

从图5-12可以看到，随着训练的进行，正向评价分数也随之增加，基本上可以认为我们的训练是正确的。

15.3.2　ChatGPT 评分模块简介

前面介绍了ChatGPT的基本内容，本小节介绍所使用的评分模块。在这里我们使用Huggingface提供的中文二分类情感分类模型，基于网络评论数据集训练，能够对句子的评论情感进行判别，如

图15-13所示。

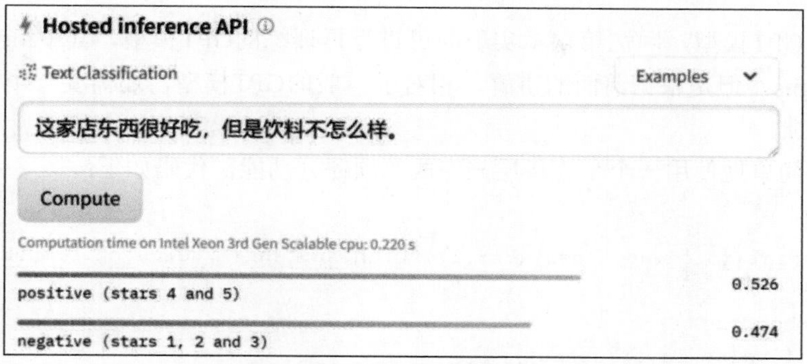

图 15-13　对句子的评论情感进行判别

可以看到，在这里输入评论，其下方会输出对该评论的评分值，其中的positive为正向评论得分，而negative是负向评论得分。

既然使用的是基于Huggingface的评论模型，下面直接采用本地化的方法将模型部署在本地机器上，代码如下：

```
import torch
from transformers import AutoTokenizer, AutoModelForSequenceClassification, pipeline

pipe_device = 0 if torch.cuda.is_available() else -1
# 情感分类模型
senti_tokenizer = AutoTokenizer.from_pretrained('uer/roberta-base-finetuned-jd-binary-chinese')
senti_model = AutoModelForSequenceClassification.from_pretrained('uer/roberta-base-finetuned-jd-binary-chinese')
sentiment_pipe = pipeline('sentiment-analysis', model=senti_model, tokenizer=senti_tokenizer, device=pipe_device)

text = ["这家店东西很好吃，但是饮料不怎么样。","这家店的东西很好吃，我很喜欢，推荐！"]

result = sentiment_pipe(text[0])
print(text[0],result)
print("----------------------------")
result = sentiment_pipe(text[1])
print(text[1],result)
```

输出结果如图15-14所示。

```
这家店东西很好吃，但是饮料不怎么样。 [{'label': 'positive (stars 4 and 5)', 'score': 0.5255557298660278}]
----------------------------
这家店的东西很好吃，我很喜欢，推荐！ [{'label': 'positive (stars 4 and 5)', 'score': 0.9891470670700073}]
```

图 15-14　输出结果

从结果中可以看到，此时的输出只显示正向情感评分，而score就是具体的分值。

这里有个提示，关于反馈函数的设定并不是唯一的，读者在有条件的情况下，可以直接使用OpenAI提供的ChatGPT接口，通过拼接合适的提示词来获取更准确的评分。

15.3.3 带有评分函数的 ChatGPT 模型的构建

本小节回到GPT模型，回忆第14章实现的可进行再训练的GPT模型，其中forward部分只输出了模型预测的logits，但是根据前面的讲解，相对于一般的GPT模型，还需要一个评分网络来接收对模型的评价反馈。

在这里可以简单地使用一个全连接层来完成此项评分功能，代码如下：

```
value_layer = torch.nn.Sequential(torch.nn.Linear(768,1),torch.nn.Tanh(),torch.nn.Dropout(0.1))
…
output = embedding
value = self.value_layer(output)
value = torch.squeeze(value,dim=-1)
return logits,value
```

可以看到，此时通过对模型的输出进行反馈，从而调整模型的整体输出，而此时的输入embedding就是由GPT-2模型的主体计算得到的。完整的GPT-2模型如下：

```
import torch
from torch.nn.parameter import Parameter
from transformers import BertTokenizer, GPT2Model
tokenizer = BertTokenizer.from_pretrained("uer/gpt2-chinese-cluecorpussmall")

class GPT2(torch.nn.Module):
    def __init__(self,use_rlhf = False):
        super().__init__()
        self.use_rlhf = use_rlhf
        #with torch.no_grad():
        self.model = GPT2Model.from_pretrained("uer/gpt2-chinese-cluecorpussmall")
        self.lm_head = torch.nn.Linear(768,21128,bias=False)
        weight = torch.load("./dataset/lm_weight.pth")
        self.lm_head.weight = Parameter(weight)

        self.value_layer = torch.nn.Sequential(torch.nn.Linear(768,1),torch.nn.Tanh(),torch.nn.Dropout(0.1))

    def forward(self,token_inputs):
        embedding = self.model(token_inputs)
        embedding = embedding["last_hidden_state"]
        embedding = torch.nn.Dropout(0.1)(embedding)
        logits = self.lm_head(embedding)

        if not self.use_rlhf:
            return logits
        else:
            output = embedding
            value = self.value_layer(output)
            value = torch.squeeze(value,dim=-1)
            return logits,value

    @torch.no_grad()
```

```python
    def generate(self, continue_buildingsample_num, prompt_token=None, temperature=1., top_p=0.95):
        """
        :param continue_buildingsample_num: 这个参数指的是在输入的prompt_token后再输出多少个字符
        :param prompt_token: 这是需要转换成Token的内容,这里需要输入一个list
        :param temperature:
        :param top_k:
        :return: 输出一个Token序列
        """
        prompt_token_new = list(prompt_token)    #使用这行代码,在生成的Token里面有102个分隔符
        for i in range(continue_buildingsample_num):
            _token_inp = torch.tensor([prompt_token_new]).to("cuda")
            if self.use_rlhf:
                result, _ = self.forward(_token_inp)
            else:
                result = self.forward(_token_inp)
            logits = result[:, -1, :]
            probs = torch.softmax(logits / temperature, dim=-1)
            next_token = self.sample_top_p(probs, top_p)    # 预设的top_p = 0.95
            next_token = next_token.reshape(-1)
            prompt_token_new.append(next_token.item())
        return prompt_token_new

    def sample_top_p(self, probs, p):
        probs_sort, probs_idx = torch.sort(probs, dim=-1, descending=True)
        probs_sum = torch.cumsum(probs_sort, dim=-1)
        mask = probs_sum - probs_sort > p
        probs_sort[mask] = 0.0
        probs_sort.div_(probs_sort.sum(dim=-1, keepdim=True))
        next_token = torch.multinomial(probs_sort, num_samples=1)
        next_token = torch.gather(probs_idx, -1, next_token)
        return next_token
```

15.3.4 RLHF 中的 PPO 算法——KL 散度

本小节依次讲解在训练时使用的PPO2模型,相对于第13章讲解的PPO算法,实际上还需要active与reward方法。因此,在具体使用时,我们采用两个相同的GPT-2模型分别作为算法的实施与更新模块,代码如下:

```python
from moudle import model
gpt2_model = model.GPT2(use_rlhf=True)
gpt2_model_ref = model.GPT2(use_rlhf=True)
```

这是我们已定义好的GPT-2模型。为了简单起见,我们使用的均为带有评分函数的GPT-2模型。下面对PPO整体模型进行介绍,在这里我们采用自定义的PPOTrainer类来对模型进行整体操作,简单的代码如下:

```python
ppo_trainer = PPOTrainer(gpt2_model, gpt2_model_ref, gpt2_tokenizer, **config)
```

下面对相对简单的散度计算函数AdaptiveKLController进行讲解（PPO2算法）。需要注意的是，无论是在经典的PPO算法还是我们自定义的PPO算法中，KL散度的计算都是一项重要的内容，它是一种用来描述两个分布之间距离的性能指标。

这里使用AdaptiveKLController来实现模型计算，这种方法会在梯度函数中添加clip操作，称为PPO2算法。

其实现原理是，当优势函数的值为正，即需要加强对当前动作的选择概率时，将会对两分布在当前状态和动作下的比值的最大值进行约束。如果最大值超过阈值，则停止对策略的更新；当优势函数的值为负，即需要减小对当前动作的选择概率时，将会对两分布在当前状态和动作下的比值的最小值进行约束，如果最小值超过阈值，也会停止对策略的更新。通过这种方式，可以实现在参数更新的同时保证两分布之间的距离在设定的范围内，如图15-15所示。

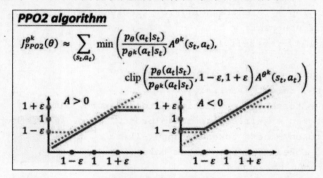

图 15-15 PPO2 算法演示

这种方法使得模型能够通过动态调整KL约束项的惩罚系数，来达到约束参数更新幅度的目的，即参数的更新应尽可能小以保证训练的稳定性，但同时应在分布空间更新得足够大以使策略分布发生改变。

如图15-16所示的算法，对于更新前后的KL距离，我们设定一个目标约束值target（一个可调整的超参数），直接设置KL散度的最大更新约束值。

但是，和使用KL散度的约束值不同的是，该方法对优势函数做了限制。其中，当重要性采样的系数大于或小于一个固定值（一般设置区间范围为[-0.2,0.2]，见下面的代码部分）时，该更新会被忽略，即裁剪后的损失不依赖于参数，所以不产生任何梯度信息。本质上是忽略了差异过大的新策略所产生的优势函数值，保证了训练的稳定性和梯度更新的单调递增所需的步幅小的要求。

```
Input: initial policy parameters θ₀, clipping threshold ε
for k = 0, 1, 2, ···, do
    Collect set of partial trajectories 𝒟_k on policy π_k = π(θ_k)
    Estimate advantages Â_t^{π_k} using any advantage estimation algorithm
    Compute policy update
                θ_{k+1} = argmax_θ ℒ_{θ_k}^{CLIP}(θ)
    by taking K steps of minibatch SGD (via Adam), where
        ℒ_{θ_k}^{CLIP}(θ) = E_{τ∼π_k} [∑_{t=0}^{T} [min(r_t(θ)Â_t^{π_k}, CLIP(r_t(θ), 1 − ε, 1 + ε)Â_t^{π_k})]]
end for
```

图 15-16 对 KL 散度有约束的 PPO 优化策略

在模型中的具体实现如下，读者可以对照验证：

```python
class AdaptiveKLController:
    def __init__(self, init_kl_coef, target, horizon):
        self.value = init_kl_coef
        self.target = target
        self.horizon = horizon

    def update(self, current, n_steps):
        target = self.target
        proportional_error = np.clip(current / target - 1, -0.2, 0.2)
        mult = 1 + proportional_error * n_steps / self.horizon
        self.value *= mult
```

15.3.5 RLHF 中的 PPO 算法——损失函数

应用RLHF的目的是最大限度反馈生成模型的奖励值，但同时希望生成模型的输出在经过PPO算法的反馈后，不要距离原本的模型生成结果太远。因此，需要使用不同的损失函数来对反馈结果进行约束。

完成此项工作的是PPO算法中的损失函数，如同我们在前面介绍的一样，PPO算法中的损失函数是通过比较当前策略与旧策略之间的差异来计算的，以确保更新不会太大，从而避免策略迭代过程中的过度拟合问题。

在此处损失函数的实现如下：

```python
def loss(self, old_logprobs, values, rewards, query, response, model_input):
    """Calculate policy and value losses."""
    lastgaelam = 0
    advantages_reversed = []
    gen_len = response.shape[1]

    for t in reversed(range(gen_len)):
        nextvalues = values[:, t + 1] if t < gen_len - 1 else 0.0
        delta = rewards[:, t] + self.ppo_params['gamma'] * nextvalues - values[:, t]
        lastgaelam = delta + self.ppo_params['gamma'] * self.ppo_params['lam'] * lastgaelam
        advantages_reversed.append(lastgaelam)
    advantages = torch.stack(advantages_reversed[::-1]).transpose(0, 1)

    returns = advantages + values                    # (batch, generated_seq_len)
    advantages = whiten(advantages)
    advantages = advantages.detach()

    logits, vpred = self.model(model_input)          # logits -> (batch, all_seq_len, vocab_size); vpred -> (batch, all_seq_len)
    logprob = logprobs_from_logits(logits[:,:-1,:], model_input[:, 1:])

    #only the generation part of the values/logprobs is needed
    logprob, vpred = logprob[:, -gen_len:], vpred[:,-gen_len-1:-1]    # logprob -> (batch, generated_seq_len); vpred -> (batch, generated_seq_len)
```

```
            vpredclipped = clip_by_value(vpred, values - self.ppo_params["cliprange_value"],
values + self.ppo_params["cliprange_value"])

            vf_losses1 = (vpred - returns)**2              # value loss = v - (r + gamma * n_next)
            vf_losses2 = (vpredclipped - returns)**2       # value loss clipped
            vf_loss = .5 * torch.mean(torch.max(vf_losses1, vf_losses2))
            vf_clipfrac = torch.mean(torch.gt(vf_losses2, vf_losses1).double())

            ratio = torch.exp(logprob - old_logprobs)
            pg_losses = -advantages * ratio                # importance sampling
            pg_losses2 = -advantages * torch.clamp(ratio, 1.0 - self.ppo_params['cliprange'],
1.0 + self.ppo_params['cliprange'])

            pg_loss = torch.mean(torch.max(pg_losses, pg_losses2))
            pg_clipfrac = torch.mean(torch.gt(pg_losses2, pg_losses).double())

            loss = pg_loss + self.ppo_params['vf_coef'] * vf_loss

            entropy = torch.mean(entropy_from_logits(logits))
            approxkl = .5 * torch.mean((logprob - old_logprobs)**2)
            policykl = torch.mean(logprob - old_logprobs)
            return_mean, return_var = torch.mean(returns), torch.var(returns)
            value_mean, value_var = torch.mean(values), torch.var(values)

            stats = dict(
                loss=dict(policy=pg_loss, value=vf_loss, total=loss),
                policy=dict(entropy=entropy, approxkl=approxkl,policykl=policykl,
clipfrac=pg_clipfrac,
                dvantages=advantages, advantages_mean=torch.mean(advantages), ratio=ratio),
                returns=dict(mean=return_mean, var=return_var),
                val=dict(vpred=torch.mean(vpred), error=torch.mean((vpred - returns) ** 2),
                clipfrac=vf_clipfrac, mean=value_mean, var=value_var),
            )
            return pg_loss, self.ppo_params['vf_coef'] * vf_loss, flatten_dict(stats)
```

15.4 本章小结

本章展示了使用RLHF进行自己的ChatGPT实战训练，限于目前只是进行讲解和演示，使用了GPT-2模型进行主模型的调配，同时使用了Huggingface的中文二分类情感分类模型对结果进行评判。

这种方式的好处是可以很简易地进行模型训练，但是难点在于创建的反馈模型无法较好地反映人类的真实情感。此时还有一种较好的且具有一定可行性的训练方案，就是使用OpenAI提供的ChatGPT作为反馈模型，设定专业的关键词Prompt进行打分测试，从而完成模型的训练。

从第16章开始，我们将使用真正意义上的大模型，以带有70亿参数的清华大学开源ChatGLM为例，向读者介绍大型模型的微调和继续训练等工作。

第16章
开源大模型 ChatGLM 使用详解

到目前为止，本书介绍的预训练语言模型，最大规模的是GPT-2。GPT-2在当时的人工智能生成领域可以说是翘首，但是随着人们对人工智能研究的深入，以及计算机硬件水平的提高，人们尝试使用更大、更强、更快的人工智能模型来生成任务，这也是现代科技发展所带来的必然结果。

本章将介绍目前市场上常用的深度学习大模型——清华大学的ChatGLM，及其使用与自定义的方法。

16.1 为什么要使用大模型

随着OpenAI吹响了超大模型的使用号角，大模型技术发展迅速，每周甚至每天都有新的模型在开源，并且大模型的精调训练成本大大降低。下面将目前大模型的一些分类和说明组织在一个完整的框架中，如图16-1所示。

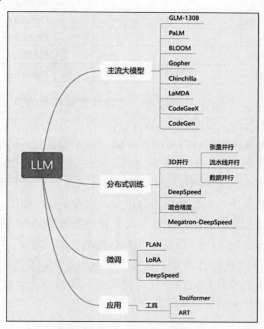

图 16-1 大模型的分类和说明

16.1.1 大模型与普通模型的区别

顾名思义，大模型指网络规模巨大的深度学习模型，具体表现为多模型的参数量规模较大，其规模通常在千亿级别。随着模型参数的提高，人们逐渐接受模型的参数越大，其性能越好，但是大模型与普通深度学习模型有什么区别呢？

简单地解释，可以把普通模型比喻为一个小盒子，它的容量是有限的，只能存储和处理有限数量的数据和信息。这些模型可以完成一些简单的任务，例如分类、预测和生成等，但是它们的能力受到了很大的限制。就像人类的大脑，只有有限的容量和处理能力，能完成的思考和决策有限。

表16-1列出了目前可以公开使用的大模型版本和参数量。

表 16-1 公开使用的大模型版本和参数量

模型	作者	参数量/Billion	类型	是否开源
LLaMa	Meta AI	65	Decoder	是
OPT	Meta AI	175	Decoder	是
T5	Google	11	Encoder-Decoder	是
mT5	Google	13	Encoder-Decoder	是
UL2	Google	20	Encoder-Decoder	是
PaLM	Google	540	Decoder	否
LaMDA	Google	137	Decoder	否
FLAN-T5	Google	11	Encoder-Decoder	是
FLAN-UL2	Google	20	Encoder-Decoder	是
FLAN-PaLM	Google	540	Decoder	否
FLAN	Google	137	Decoder	否
BLOOM	BigScience	176	Decoder	是
GPT-Neo	EleutherAI	2.7	Decoder	是
GPT-NeoX	EleutherAI	20	Decoder	是
GPT-3	OpenAI	175	Decoder	否
InstructGPT	OpenAI	1.3	Decoder	否

相比之下，大模型就像一个超级大的仓库，它能够存储和处理大量的数据和信息。它不仅可以完成普通模型能够完成的任务，还能够处理更加复杂和庞大的数据集。这些大模型通常由数十亿甚至上百亿个参数组成，需要大量的计算资源和存储空间才能运行。这类似于人类大脑（约有1000亿个神经元细胞），在庞大的运算单元支撑下完成非常复杂和高级的思考和决策。

因此，大模型之所以被称为大模型，是因为其规模和能力相比于普通模型是巨大的。大模型能够完成更加复杂和高级的任务，例如自然语言理解、语音识别、图像识别等，这些任务需要大量的数据和计算资源才能完成。大模型可以被看作人工智能发展的一次飞跃，它的出现为我们提供了更加强大的工具和技术来解决现实中一些复杂和具有挑战性的问题。

与普通模型相比，大模型具有更加复杂和庞大的网络结构、更多的参数和更深的层数，能够处理和学习更加复杂和高级的模式和规律。这种架构差异类似于计算机和超级计算机之间的差异，它们的性能和能力相差甚远。

16.1.2 一个神奇的现象——大模型的涌现能力

本小节讨论一个神奇的现象——大模型的涌现能力。大模型的"大"体现在参数和存储空间上，就是纸面上的数字表现特别巨大，而随之带来的是一个大模型特有的现象——涌现能力（Emergent Ability），即：通过在大规模数据上进行训练，大型深度神经网络可以学习到更加复杂和抽象的特征表示，这些特征表示可以在各种任务中产生出乎意料的上乘表现，具体可参考图16-2。

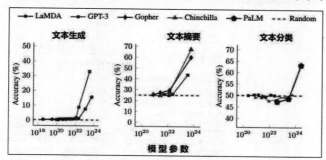

图 16-2 大模型在不同任务中产生"涌现"现象的参数量比较

可以看到，随着模型参数的增加，对于准确率的比较模型"突然"有了突飞猛进的增加，这里先简单解释一下，可以将其认为是从量变到质变的转化，即模型的规模增加时，精度的增速大于0的现象（通常增速曲线到后期，增速一般小于0，就像抛物线逐渐接近高点），于是可以看到模型规模与准确率的曲线上整体呈现非线性增长。

结果的展现形式就是精度准确率的"涌现"出现，使得模型能够表现出更高的抽象能力和泛化能力。这种涌现能力的出现可以通过以下几个方面来解释。

- 更复杂的神经网络结构：随着模型规模的增加，神经元之间的连接也会变得更加复杂。这使得模型能够更好地捕捉输入数据的高层次特征，从而提高模型的表现能力。
- 更多的参数：大型模型通常具有更多的参数，这意味着它们可以对输入数据进行更复杂的非线性变换，从而更好地适应不同的任务。例如，在自然语言处理领域，大型语言模型可以通过对海量文本数据的训练，学习到更加抽象的语言特征，从而可以生成更加流畅、自然的文本。
- 更强的数据驱动能力：大型模型通常需要大量的数据来进行训练，这使得它们能够从数据中学习到更加普遍的特征和规律。这种数据驱动的能力可以帮助模型在面对新的任务时表现得更加出色。

这里对涌现现象的讨论并不深入，有兴趣继续深入研究的读者，可以自行查找相关材料学习。

16.2 ChatGLM 使用详解

本节介绍生成模型GLM系列模型的新成员——中英双语对话模型ChatGLM。

ChatGLM分为6B和130B（默认使用ChatGLM-6B）两种，主要区别在于其模型参数不同。ChatGLM是一个开源的、支持中英双语问答的对话语言模型，并针对中文进行了优化。该模型基于GLM（General Language Model）架构，如图16-3所示。

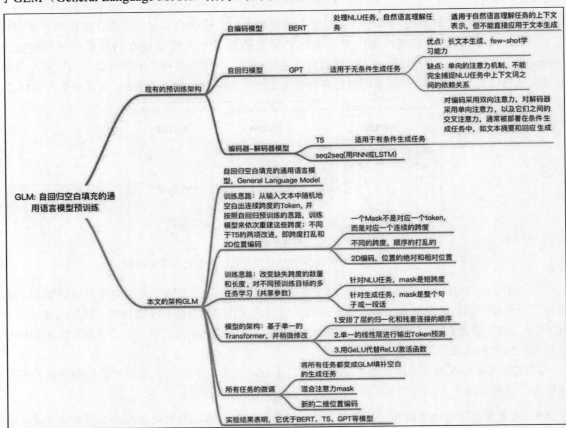

图 16-3 ChatGLM 架构

结合模型量化技术，使用ChatGLM-6B用户可以在消费级的显卡上进行本地部署（INT4量化级别下最低只需6GB显存）。表16-2展示了ChatGLM的硬件资源消耗。

表 16-2 ChatGLM 的硬件资源消耗

量化等级	最低 GPU 显存（推理）	最低 GPU 显存（高效参数微调）
Half（半精度，无量化）	13 GB	14 GB
INT8（8Bit 量化）	8 GB	9 GB
INT4（4Bit 量化）	6 GB	7 GB

接下来将以ChatGLM-6B为基础进行讲解，在讲解过程中，如果没有特意注明，默认使用ChatGLM-6B。更大的模型GLM-130B在使用上与ChatGLM-6B类似，只是在参数量、训练层数以及落地的训练任务方面有所区别，有条件的读者可以自行尝试。

16.2.1 ChatGLM 简介及应用前景

ChatGLM基于GLM架构，针对中文问答和对话进行了优化。经过约1TB标识符的中英双语训练，辅以监督微调、反馈自助、人类反馈强化学习等技术的加持，62亿个参数的ChatGLM-6B虽然规模不及千亿模型的ChatGLM-130B，但大大降低了推理成本，提升了效率，并且已经能生成相当符合人类偏好的回答。具体来说，ChatGLM-6B具备以下特点。

- 充分的中英双语预训练：ChatGLM-6B在1:1比例的中英语料上训练了1TB的Token量，兼具双语能力。
- 优化的模型架构和大小：吸取 GLM-130B训练经验，修正了二维 RoPE 位置编码实现，使用传统FFN结构。6B（62亿）的参数大小，使得研究者和个人开发者自己微调和部署ChatGLM-6B成为可能。
- 较低的部署门槛：在FP16半精度下，ChatGLM-6B至少需要13GB的显存进行推理，结合模型量化技术，这一需求可以进一步降低到 10GB（INT8）和 6GB（INT4），使得 ChatGLM-6B可以部署在消费级显卡上。
- 更长的序列长度：相比 GLM-10B（序列长度为1024），ChatGLM-6B的序列长度达2048，支持更长的对话和应用。
- 人类意图对齐训练：使用了监督微调（Supervised Fine-Tuning）、反馈自助（Feedback Bootstrap）、人工强化学习反馈（RLHF）等方式，使模型初具理解人类指令意图的能力。输出格式为Markdown，方便展示。

因此，ChatGLM-6B在一定条件下具备较好的对话与问答能力。

在应用前景上，相对于宣传较多的ChatGPT，其实ChatGLM都适用。表面来看，ChatGPT无所不能，风光无限。但是对于绝大多数企业用户来说，和自身盈利方向有关的垂直领域才是最重要的。

在垂直领域，ChatGLM经过专项训练，可以做得非常好，甚至有网友想出了用收集ChatGPT不熟悉领域的内容，再由ChatGLM加载使用的策略。

比如智能客服，没几个人会在打客服电话的时候咨询相对论，而大型的ChatGPT的博学在单一领域就失去了绝对优势，如果把企业所在行业的问题训练好，那么就会是一个很好的人工智能应用。

比如将ChatGLM在语音方面的应用依托于大模型就很有想象力，有公司已经能很好地进行中外语言的文本转换了，和大模型结合后，很快就能生成专业的外文文档。

比如在人工智能投顾方面造诣颇深，接入大模型后进行私有语料库的训练，可以把自然语言轻松地转换成金融市场的底层数据库所能理解的复杂公式，小学文化水平理解这些复杂的炒股指标不再是梦想。

再比如工业机器人领域，初看起来和ChatGPT、ChatGLM没什么关联，但是机器人的操作本质上是代码驱动的，如果利用人工智能让机器直接理解自然语言，那么中间的调试过程将大大减少，工业机器人的迭代速度很可能呈指数级上升。

16.2.2　下载 ChatGLM

正如我们在本书开始的时候演示的，ChatGLM可以很轻松地部署在本地的硬件上，当时采用的是THUDM/chatglm-6b-int4。（使用的时候，需要安装一些特定的Python包，按提示安装即可。）

为了后续的学习和再训练，我们直接使用完整的ChatGLM存档结构，代码如下：

```
from transformers import AutoTokenizer, AutoModel
names = ["THUDM/chatglm-6b-int4","THUDM/chatglm-6b"]
tokenizer = AutoTokenizer.from_pretrained("THUDM/chatglm-6b", trust_remote_code=True)
model = AutoModel.from_pretrained("THUDM/chatglm-6b",
```

```
trust_remote_code=True).half().cuda()
    response, history = model.chat(tokenizer, "你好", history=[])
    print(response)
    print("----------------------")
    response, history = model.chat(tokenizer, "晚上睡不着应该怎么办", history=history)
    print(response)
```

从打印结果来看，此时的展示结果与chatglm-6b-int4没有太大差别。

可以直观地看到，此时的下载较烦琐，下载文件被分成了8部分，依次下载，然后将其系统地合并，如图16-4所示。

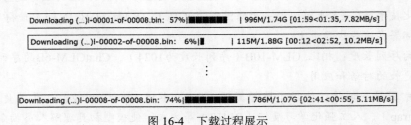

图16-4　下载过程展示

需要注意的是，对于下载的存档文件还需要进行合并处理，展示如图16-5所示。

图16-5　对下载的存档文件进行合并处理

最终展示的结果如图16-6所示。

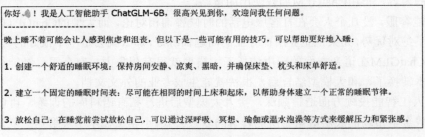

图16-6　最终展示的结果

请读者自行打印验证这部分内容。需要注意的是，即使问题是一样的，但是回答也有可能不同，因为我们所使用的ChatGLM是生成式模型，前面的生成直接影响了后面的生成，而这一点也是生成模型不好的地方，前面的结果有了波动，后面就会发生很大的变化，会产生滚雪球效应。

16.2.3　ChatGLM 的使用与 Prompt 介绍

前面简单向读者介绍了ChatGLM的使用，除此之外，ChatGLM还有很多可以胜任的地方，例如进行文本内容的抽取，读者可以尝试如下任务：

```
content="""ChatGLM-6B 是一个开源的、支持中英双语的对话语言模型，
基于 General Language Model (GLM) 架构，具有 62 亿参数。
手机号 18888888888
结合模型量化技术，用户可以在消费级的显卡上进行本地部署（INT4 量化级别下最低只需 6GB 显存）。
```

```
ChatGLM-6B 使用了较 ChatGPT 更为高级的技术,针对中文问答和对话进行了优化。
邮箱 123456789@qq.com
经过约 1T 标识符的中英双语训练,辅以监督微调、反馈自助、人类反馈强化学习等技术的加持,
账号:root 密码:xiaohua123
62 亿参数的 ChatGLM-6B 已经能生成相当符合人类偏好的回答,更多信息请参考我们的博客。
"""
prompt='从上文中,提取"信息"(keyword,content),包括:"手机号"、"邮箱"、"账号"、"密码"等类型的实
体,输出json格式内容'
input ='{}\n\n{}'.format(content,prompt)
print(input)
response, history = model.chat(tokenizer, input, history=[])
print(response)
```

这是一个经典的文本抽取任务,希望通过ChatGLM抽取其中的内容,在这里我们使用了一个Prompt(中文暂时称为"提示"),Prompt是研究者为了下游任务设计出来的一种输入形式或模板,它能够帮助ChatGLM"回忆"起自己在预训练时"学习"到的东西。

Prompt也可以帮助使用者更好地"提示"预训练模型所需要做的任务,在这里我们通过Prompt的方式向ChatGLM传达一个下游任务目标,即需要其对文本进行信息抽取,抽取其中蕴含的手机、邮箱、账号、密码等常用信息。最终显示结果如图16-7所示。

```
从上文中,提取"信息"(keyword,content),包括:"手机号"、"邮箱"、"账号"、"密码"等类型的实体,输出json格式内容
{
"keyword": "信息",
"content": {
 "手机号": "18888888888",
 "邮箱": "123456789@qq.com",
 "账号": "root",
 "密码": "xiaohua123"
}
}
```

图 16-7　对文本进行信息抽取

可以看到,这是一个使用JSON格式表示的抽取结果,其中的内容根据Prompt中的定义提供了相应的键-值对,直接抽取了对应的信息。

除此之外,读者还可以使用ChatGLM进行一些常识性的文本问答和编写一些代码。当然,完成这些内容还需要读者设定好特定的Prompt,从而使得ChatGLM能够更好地理解读者所提出的问题和意思。

16.3　本章小结

本章讲解了深度学习自然语言处理的一个重要的研究方向——自然语言处理的大模型ChatGLM,这是目前为止深度学习在自然语言处理中最前沿和最重要的方向之一。本章只做了抛砖引玉的工作,介绍了大模型的基本概念、分支并实现了一个基于ChatGLM的应用。从第17章开始将以此为基础完成ChatGLM的再训练和微调工作。

第17章

开源大模型 ChatGLM 高级定制化应用实战

在前一章中,我们介绍了ChatGLM的基本内容,并介绍了ChatGLM的一些常用应用,例如使用ChatGLM完成一些基本的场景问答以及特定信息抽取等。

除此之外,ChatGLM还可以完成一些更高级的任务和应用,例如通过提供的文档完成基于特定领域文档内容的知识问答等。不同类型的本地知识库可能对应不同的应用场景。

例如,在问答系统中,可以使用维基百科或其他在线百科全书作为本地知识库,以便回答用户的常见问题。在客服对话系统中,可以使用公司内部的产品文档或常见问题解答作为本地知识库,以便回答用户关于产品的问题。在聊天机器人中,可以使用社交媒体数据、电影评论或其他大规模文本数据集作为本地知识库,以便回答用户的聊天话题。

17.1 医疗问答 GLMQABot 搭建实战——基于 ChatGLM 搭建专业客服问答机器人

我们在16.6.2节已经介绍了使用基本的ChatGLM完成知识问答的一些方法,即直接通过Prompt将需要提出的问题传送给ChatGLM。可以看到ChatGLM已经能够较好地完成相关内容的知识问答,如图17-1所示。

图 17-1 使用 ChatGLM 进行知识问答

如果我们对ChatGLM进一步提出涉及专业领域的问题，而此方面知识是ChatGLM未经数据训练的，那么ChatGLM的回答效果如何呢？本节将考察ChatGLM在专业领域的问答水平，并尝试解决此方面的问题。

17.1.1　基于ChatGLM搭建专业领域问答机器人的思路

在使用ChatGLM制作专业领域问答机器人之前，我们需要了解ChatGLM能否完整地回答使用者所提出的问题。下面提出一个专业医学问题交于ChatGLM回答，代码如下：

```
from transformers import AutoTokenizer, AutoModel
tokenizer = AutoTokenizer.from_pretrained("THUDM/chatglm-6b", trust_remote_code=True)
model = AutoModel.from_pretrained("THUDM/chatglm-6b",
trust_remote_code=True).half().cuda()

prompt_text = "小孩牙龈肿痛服用什么药"
"--------------------------------------------------------------------------------
--------------------------------------------------------------------"
print("普通ChatGLM询问结果：")
response, _ = model.chat(tokenizer, prompt_text, history=[])
print(response)
```

这是一份最常见的生活类医学问答，问题是"小孩牙龈肿痛服用什么药"，在这里我们使用已有的ChatGLM完成此问题的回答，结果如图17-2所示（注意，在使用ChatGLM回答问题时，结果会略有不同）。

图17-2　ChatGLM询问结果

这是一个较经典的回答，其中涉及用药建议，但是并没有直接回答我们所提出的问题，即"服用什么药"。专业回答建议如图17-3所示。

图17-3　专业回答建议

其中灰底部分是对这个问题的回答，即通过服用牛黄解毒丸可以较好地治疗小孩牙龈肿痛。这是一种传统的治疗方案。我们的目标就是希望ChatGLM能够根据所提供的文本资料回答对应的问题，而问题的答案应该就是由文本内容所决定的。

下面我们分析使用ChatGLM根据文本回答问题的思路。一个简单的办法就是将全部文档发送给ChatGLM，然后通过Prompt的方式告诉ChatGLM需要在发送的文档中回答特定的问题。

显然这个方法在实战中并不可信。首先，需要发送的文档内容太多，严重地消耗硬件的显存资源；其次，庞大的数据量会严重拖慢ChatGLM的回答；再次数据量过大还会影响ChatGLM查询文档的范围。

因此，我们需要换一种思路来完成实战训练。如果只发送与问题最相关的"部分文档"信息给ChatGLM，是否可行呢？整体流程如图17-4所示。

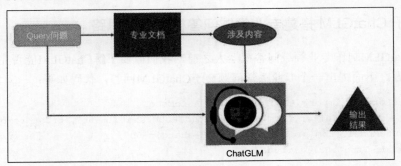

图 17-4　整体流程

这只是一个思路，具体是否能够成功还需要读者自行尝试。

17.1.2　基于真实医疗问答的数据准备

由于此项目是完成专业领域的问答，因此这里准备了一份真实的医疗问答实例作为基础数据，数据是根据具有实际意义的医学问答病例所设计的医疗常识，如图17-5所示。

```
"context_text": "牙龈肿痛会给我们健康口腔带来很大伤害性，为此在这里提醒广大朋友们，对于牙龈肿痛一定要注意做好相关预防工作，牙龈肿痛的发病人群非常广泛，孩子以后收到此病侵害，如果孩子不幸患上牙龈肿痛，需要尽快去接受正规治疗，并且做好护理工作。牙龈肿痛又被称为了牙肉肿痛，也就是牙龈根部疼痛并且伴随着它的周围的肉肿胀。小孩发生牙龈肿痛的原因比较多，不同病因引起的牙龈肿痛治疗方法也有差异，所以当孩子出现这种疾病之后，需要尽快去医院查明原因后对症处理。处理小孩牙龈肿痛的三个方法是什么1、牛黄解毒丸孩子出现牙龈肿痛多是因为上火造成的，这个时候可以给孩子服用牛黄解毒丸，按照医生的嘱托来给孩子服用。此药物有通便污火的作用，而且是属于中药，对于孩子来说没有什么副作用，但一定要注意不可以大量给孩子服用。2、用温水刷牙给孩子刷牙龈肿痛的时候一定要用温水刷牙，用温茶水来漱口。因为牙髓神经对于温度是非常敏感的，如果一旦遇到刺激就会加重疼痛。温水对于牙齿来说是天然保护剂，能够防治过敏性牙髓疾病。茶水里面含氟，经常用温热茶水含漱口，能够起到护齿防龋治疗牙痛的作用。3、大蒜头摩擦对于有比较严重磨损的牙齿，并且有明显酸痛感的孩子，家长朋友们可以用大蒜头反复去摩擦牙龈敏感区，每天坚持两次，等一周之后酸痛感就会明显减轻，牙龈肿痛虽然说不是特别严重的疾病，但它的危害也比较大，为此在这里提醒广大家长朋友们，如果孩子一旦出现这种情况，就应该及时带孩子去医院接受检查。因为牙龈肿痛发生的原因比较多，只有检查确诊什么样原因后，才能够对症治疗。",
"qas": [
    {
        "query_text": "小孩牙龈肿痛吃什么药",
        "query_id": "TRAIN_10255_QUERY_1",
        "answers": [
            "1、牛黄解毒丸孩子出现牙龈肿痛多是因为上火造成的，这个时候可以给孩子服用牛黄解毒丸，按照医生的嘱托来给孩子服用。此药物有通便污火的作用，而且是属于中药，对于孩子来说没有什么副作用，但一定要注意不可以大量给孩子服用。"
```

图 17-5　相关医疗常识

下面对数据进行处理，在这里由于读取的文档内容是以JSON格式存储的，因此读取此内容的代码如下：

```
import json
# 打开文件，r用于读取，encoding用于指定编码格式
with open('./dataset/train1.json', 'r', encoding='utf-8') as fp:
# load()函数将fp(一个支持.read()的文件类对象，包含一个JSON文档)反序列化为一个Python对象
    data = json.load(fp)
    for line in data:
        line = (line["context_text"])          #获取文档中的context_text内容
        context_list.append(line)              #将获取到的文档添加到对应的list列表中
```

注意，本例中我们采用医疗问答数据作为特定的文档目标，读者可以选择自定义的专业领域文档或者内容作为特定目标进行处理。

17.1.3 文本相关性（相似度）的比较算法

根据17.1.1节讲解的内容，在获取到对应的文档内容后，一个非常重要的工作是用特定的方法或者算法找到与提出的问题最相近的那部分答案。因此，这里的实战内容就转化成文本相关性（相似度）的比较和计算。

对于文本相关性的计算，相信读者不会陌生，常用的是余弦相关性计算与BM25相关性计算，在这里我们采用BM25来计算对应的文本相关性。

假如我们有一系列的文档Doc，现在要查询问题Query。BM25的思想是，对Query进行语素解析，生成语素Q_i；然后对于每个搜索文档D_i计算每个语素Q_i与文档D_j的相关性；最后将所有的语素Q_i与D_j进行加权求和，最终计算出Query与D_j的相似性得分。将BM25算法总结如下：

$$\text{Score}(\text{Query}, D_i) = \sum_i^n W_i \cdot R(Q_i, D_j)$$

在中文中，我们通常将每一个词语当作Q_i，W_i表示语素Q_i的权重，$R(Q_i, D_j)$表示语素Q_i与文档D_i的相关性得分关系。

限于篇幅，对于BM25不再深入说明，有兴趣的读者可以自行研究。

下面通过程序实现BM25工程，我们可以通过编写自己的Python代码来实现BM25函数。对于成熟的算法，建议使用Python中现成的库函数，这是因为大多数现成的Python库，已经经过持续优化，我们没必要再重复制造轮子，使用现成的库即可。

读者可以使用如下代码安装对应的Python库：

```
pip install rank_bm25      #注意下画线
```

这是一个较常用的BM25库，其作用是计算单个文本与文本库的BM25值。但是需要注意的是，BM在公式中要求传递的是单个字（或者词），其过程是以单个字或者词为基础进行计算，因此在使用BM进行相关性计算时，需要将其拆分为字或者词的形式，完整的相关性计算代码如下：

```python
#query是需要查询的文本，documents为文本库，top_n为返回最接近的n条文本内容
def get_top_n_sim_text(query: str, documents: List[str], top_n = 3):
    tokenized_corpus = []
    for doc in documents:
        text = []
        for char in doc:
            text.append(char)
        tokenized_corpus.append(text)

    bm25 = BM25Okapi(tokenized_corpus)
    tokenized_query = [char for char in query]
    #doc_scores = bm25.get_scores(tokenized_query)   # array([0., 0.93729472, 0.])

    results = bm25.get_top_n(tokenized_query, tokenized_corpus, n=top_n)
    results = ["".join(res) for res in results]
    return results
```

对于此部分的代码应用如下：

```
import utils
```

```
    prompt_text = "明天是什么天气"
    context_list = ["哪个颜色好看","今天晚上吃什么","你家电话多少","明天的天气是晴天","晚上的月亮好
美呀"]
    sim_results = utils.get_top_n_sim_text(query=prompt_text,documents=context_list,
top_n=1)
    print(sim_results)
```

最终打印结果如下:

```
['明天的天气是晴天']
```

更多的内容请读者自行尝试。

当然,对于文本相似性的比较,除了使用BM25相关性计算外,还可以使用余弦相似度、欧拉距离以及深度学习的方法来实现,具体采用哪种方案,需要读者在不同的任务场景下比较选择。

17.1.4 提示语句 Prompt 的构建

本小节使用基于专业文档搭建的GLMQABot问答机器人。

我们的目标是将相关的文本内容传递给ChatGLM,并显式地要求ChatGLM根据文档内容回答对应的问题,因此一个非常重要的内容就是显式地传递需要ChatGLM的Prompt。

在这里准备了一个可供ChatGLM使用的专门用于读取专业文档的Prompt,其内容如下:

```
prompt = f'根据文档内容来回答问题,问题是"{question}",文档内容如下: \n'
```

可以看到,此次任务的Prompt就是使用自定义的问题和查找到的相关内容组成一条特定的语句,要求ChatGLM对此语句做出回应。完整的构建Prompt的函数如下:

```
def generate_prompt( question: str, relevant_chunks: List[str]):
    prompt = f'根据文档内容来回答问题,问题是"{question}",文档内容如下: \n'
    for chunk in relevant_chunks:
        prompt += chunk + "\n"
    return prompt
```

17.1.5 基于单个文档的 GLMQABot 的搭建

下面完成GLMQABot的问答搭建,按照17.1.1节的分析,现在只需要将所有的内容串联在同一个文件中即可,代码如下:

```
import utils

context_list = []
import json
# 打开文件,r用于读取,encoding用于指定编码格式
with open('./dataset/train1.json', 'r', encoding='utf-8') as fp:
    # load()函数将fp(一个支持.read()的文件类对象,包含一个JSON文档)反序列化为一个Python对象
    data = json.load(fp)
    for line in data:
        line = (line["context_text"])
        context_list.append(line)
```

第 17 章 开源大模型 ChatGLM 高级定制化应用实战

```
from transformers import AutoTokenizer, AutoModel
tokenizer = AutoTokenizer.from_pretrained("THUDM/chatglm-6b", trust_remote_code=True)
model = AutoModel.from_pretrained("THUDM/chatglm-6b",
trust_remote_code=True).half().cuda()

prompt_text = "小孩牙龈肿痛服用什么药"
"--------------------------------------------------------"
print("普通ChatGLM询问结果：")
response, _ = model.chat(tokenizer, prompt_text, history=[])
print(response)
print("--------------------------------------")
print("经过文本查询的结果如下：")
sim_results = utils.get_top_n_sim_text(query=prompt_text,documents=context_list)
print(sim_results)
print("--------------------------------------")
print("由ChatGLM根据文档查询的结果如下：")
prompt = utils.generate_prompt(prompt_text,sim_results)
response, _ = model.chat(tokenizer, prompt, history=[])
print(response)
print("--------------------------------------")
```

在这里分别展示了不同情况下对问题的回答情况，下面说明一下结果。

普通ChatGLM询问结果如图17-6所示。

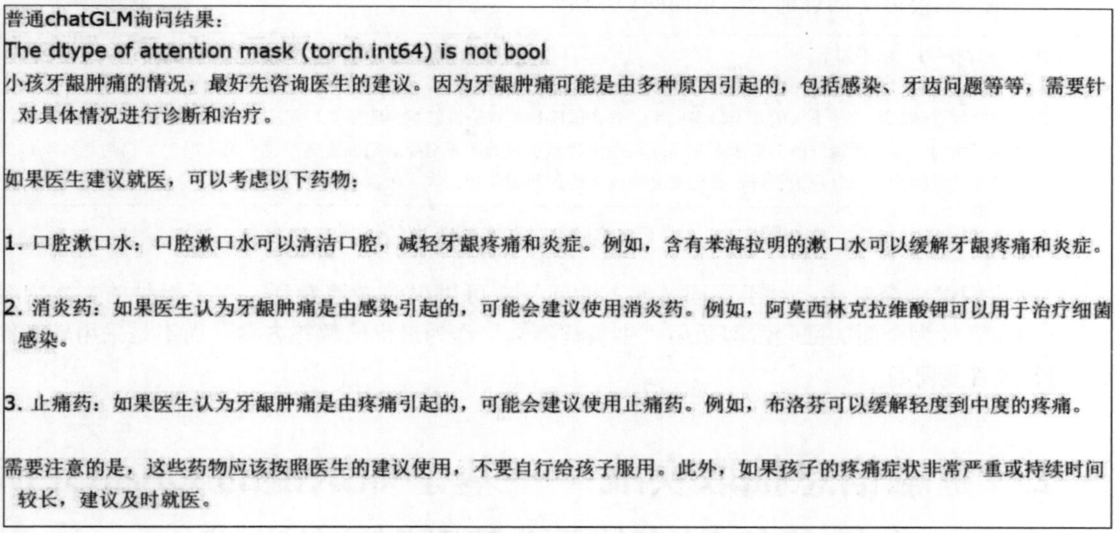

> 普通chatGLM询问结果：
> The dtype of attention mask (torch.int64) is not bool
> 小孩牙龈肿痛的情况，最好先咨询医生的建议。因为牙龈肿痛可能是由多种原因引起的，包括感染、牙齿问题等等，需要针对具体情况进行诊断和治疗。
>
> 如果医生建议就医，可以考虑以下药物：
>
> 1. 口腔漱口水：口腔漱口水可以清洁口腔，减轻牙龈疼痛和炎症。例如，含有苯海拉明的漱口水可以缓解牙龈疼痛和炎症。
>
> 2. 消炎药：如果医生认为牙龈肿痛是由感染引起的，可能会建议使用消炎药。例如，阿莫西林克拉维酸钾可以用于治疗细菌感染。
>
> 3. 止痛药：如果医生认为牙龈肿痛是由疼痛引起的，可能会建议使用止痛药。例如，布洛芬可以缓解轻度到中度的疼痛。
>
> 需要注意的是，这些药物应该按照医生的建议使用，不要自行给孩子服用。此外，如果孩子的疼痛症状非常严重或持续时间较长，建议及时就医。

图 17-6 普通 ChatGLM 询问结果

直接使用BM25进行文本查询的结果如图17-7所示。

> 经过文本查询的结果如下：
> ['牙龈肿痛会给我们健康口腔带来很大伤害性，为此在这里提醒广大朋友们，对于牙龈肿痛一定要注意做好相关预防工作，牙龈肿痛的发病人群非常广泛，孩子以后收到此病侵害，如果孩子不幸患上牙龈肿痛，需要尽快去接受正规治疗，并且做好护理工作。牙龈肿痛又被称为了牙肉肿痛，也就是牙齿根部疼痛并且伴随着它的周围齿肉肿胀。小孩发生牙龈肿痛的原因比较多，不同病因引起的牙龈肿痛治疗方法也有差异，所以当孩子出现这种疾病之后，需要尽快去医院查明原因后对症处理。处理小孩牙龈肿痛的三个方法是什么1、牛黄解毒丸孩子出现牙龈肿痛多是因为上火造成的，这个时候可以给孩子服用牛黄解毒丸，按照医生的嘱托来给孩子服用。此药物有通便泻火的作用，而且是属于中药，对于孩子来说没有什么副作用，但一定要注意不可以大量给孩子服用。2、用温水刷牙孩子牙龈肿痛的时候一定要用温水刷牙，用温茶水来漱口。因为牙髓神经对于温度是非常敏感的，如果一旦遇到刺激就会加重疼痛。温水对于牙齿来说是天然保护剂，能够防治过敏性牙痛疾病。茶水里面含氟，经常用温热茶水含漱口，能够起到护齿防龋治疗牙痛的作用。3、大蒜头磨擦对于有比较严重磨损的牙齿，并且有明确酸痛区的孩子，家长朋友们可以用大蒜头反复去摩擦牙龈敏感区，每天磨擦两次，等一周之后酸痛感就会明显减轻。牙龈肿痛虽然说不是特别严重的疾病，但它的危害也比较大，为此在这里提醒广大家长朋友们，如果孩子一旦出现这种情况，就应该及时带着孩子去医院接受检查。因为牙龈肿痛发生的原因比较多，只有检查确诊什么样原因后，才能够对症治疗。', '宝宝牙龈红肿出血可能是因为龈炎、牙周炎等疾病造成的，建议发现病情之后去医院做检查，了解宝宝病情是怎么回事。平时可以给宝宝喝一些绿豆汤、吃一些下火的蔬菜、多喝水，如果病情比较严重，那么就需要吃一些消炎药物，需要让医生对症用药才可以恢复的。一岁左右的宝宝，由于消化系统与肠胃系统是在逐步完善的过程，日常吃进去的食物，很容易出现上火的情况。宝宝一旦上火，就会导致咳嗽，喉咙疼，牙龈红肿等情况，也是新手爸妈最担心的。那么宝宝牙龈红肿出血怎么办？1、宝宝牙龈红肿出血护理方法\u3000\u3000给孩子喝些绿豆汤或绿豆稀饭，绿豆性寒味甘，能清凉解毒，清热解烦，对脾气暴躁、心烦意乱的宝宝最为适宜。多给孩子吃些水果，如柚子、梨：性寒味微酸，除能清热外，其特点是能清润肺系，对于肺热咳嗽吐黄痰，咽干而痛的宝宝极适宜。多吃些清火蔬菜，如白菜：性微寒

图 17-7　直接使用 BM25 进行文本查询的结果

由 ChatGLM 根据文档查询的结果如图 17-8 所示。

> 由 chatGLM 根据回答的结果如下：
> 小孩牙龈肿痛可以服用牛黄解毒丸或者用温水刷牙、用温茶水来漱口等方法。如果病情比较严重，需要吃一些消炎药物，建议宝宝喝一些绿豆汤、吃一些下火的蔬菜、多喝水，并去医院接受检查。注意消除紧张，可去口腔科检查，如果是乳牙萌出，出血是正常的。宝宝牙龈红肿的原因多见于牙菌斑生物膜引起的牙龈组织感染性疾病，也可见于局部异物刺激所致。牙龈健康是非常重要的，一旦保护不好，每天都会面临牙疼的问题，年纪大了牙齿也不会好的。

图 17-8　由 ChatGLM 根据文档查询的结果

此时我们做一个对比，对于不同条件下的问答，可以很明显地看到，基于提供的文本内容 ChatGLM 作了较为全面的回复，即采用"牛黄解毒丸"作为最优的解答方案，而不是采用较为经典的回答来答复问题。

17.2　金融信息抽取实战——基于知识链的 ChatGLM 本地化知识库检索与智能答案生成

第 16 章介绍了使用 ChatGLM 搭建专业领域（专业客服）的问答机器人。可以看到，通过相关实战内容可以很好地实现基于单个文本的深度数据分析与提取，但是需要注意的是，这部分专业内容都是由使用者预先发送给 ChatGLM，显式地要求其在对应文档中进行读取的。

但是当读者的要求不确定，或者涉及的文档来源不确定时，ChatGLM 如何完成知识检索与智能问答呢？

答案就是采用知识链的方式对数据进行提取与整合,由多个模型共同作用,从而实现对目标答案的获取和输出。本节将讲解基于知识链的ChatGLM本地化知识库检索与智能答案生成。

17.2.1　基于 ChatGLM 搭建智能答案生成机器人的思路

在构建知识链检索机器人之前,我们需要对总体环节进行设置,即构建基于知识链的ChatGLM本地化知识库检索与智能答案生成的机器人需要哪些步骤。

遵循人类的思维习惯,当一个较为专业的问题来临时,首先需要在所有的知识范畴或者知识库中查询所涉及的文档内容,之后阅读相关的文档,从而解析出对应的目标。一个完整的知识链问答流程如图17-9所示。

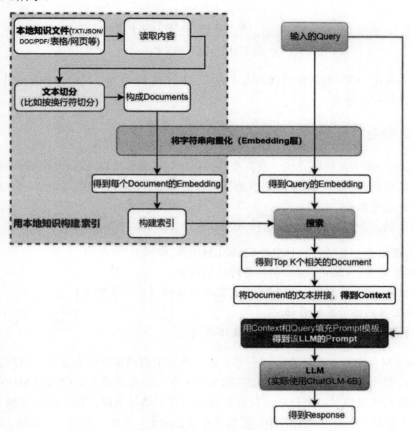

图 17-9　完整的知识链问答流程

从图17-9可以看到,相对于17.1节构建的基于专业领域的问答机器人,这里的步骤明显更多。这里将本章的主要内容用浅色框标出,本节首先需要在广泛的文档中找到所要查询的特定文件,然后选择其中之一或者若干文档,通过17.1节的内容进行完整的推断。

本节的目标是提供一条需要查询的语句:

```
query = ["雅生活服务的人工成本占营业成本的比例是多少"]
```

并且提供若干金融文档,希望读者阅读这些文档后回答这个简单的问题。提供的文档样式如图17-10所示。

图 17-10　提供的文档

为了增加本节的难度，为需要查询的内容额外添加了干扰文本，分别是yanbao001与yanbao007，读者可以预先查阅和比较。

17.2.2　获取专业（范畴内）文档与编码存储

在17.2.1节的分析中，想要完成一条完整的知识链，首先要根据所提出的问题获取所有涉及的文档。对于此问题的回答，一个非常简单的答案就是将所有的文档"喂"给ChatGLM，之后根据问题要求其回答是否相关。

这样是可行的，但是在实际应用这种方法时一般会产生如下问题：

- 文档长度过长，无法一次性喂给ChatGLM读取。
- 文档数量过多，ChatGLM阅读花费的时间过多。
- 查询内容雷同，使得ChatGLM多次重复阅读相同内容，浪费成本。
- 第一次查询的结果无法存档。
- 产生的结果较为分散，无法聚焦于具体问题。

对于ChatGLM来说，一次性输入较多的文档内容会使得模型产生爆显存的问题；同时，如果文档内容过多，在一定时间内要求阅读过多的文本内容，则会花费大量ChatGLM的时间；再就是当查询的内容相同或类似时，会白白浪费查询成本。对于结果来说，由于ChatGLM本身具有一定的不确定性，对于第一次查询结果的输出可能并不是很确定，缺乏一个统一的标准，产生的结果往往较分散，并且无法对其进行统一标准的存储。因此，仅仅使用ChatGLM完成结果的输出并不合适。

而对于文档级别的文本抽取和比对，目前比较常用的方法是使用深度学习的文档级对比工具来完成，即首先传入文档信息，在文档编码成Embedding后，再将文档信息的编码存储下来，之后通过相关性算法对查询内容的编码和现有存储的编码进行比较。涉及的部分内容如图17-11所示。

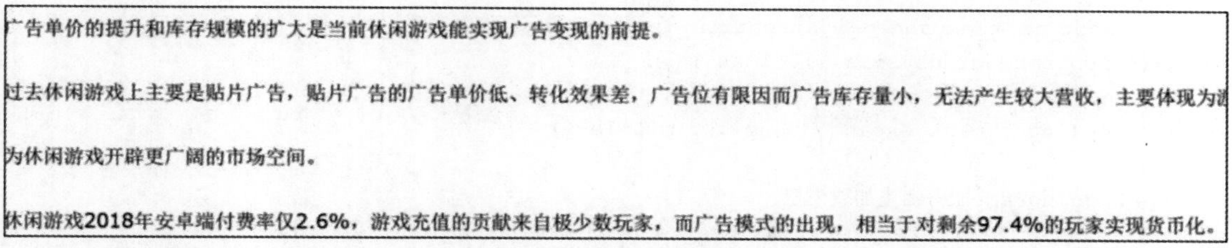

广告单价的提升和库存规模的扩大是当前休闲游戏能实现广告变现的前提。

过去休闲游戏上主要是贴片广告，贴片广告的广告单价低、转化效果差，广告位有限因而广告库存量小，无法产生较大营收，主要体现为游为休闲游戏开辟更广阔的市场空间。

休闲游戏2018年安卓端付费率仅2.6%，游戏充值的贡献来自极少数玩家，而广告模式的出现，相当于对剩余97.4%的玩家实现货币化。

图 17-11　涉及的部分内容

下面通过代码实现这部分内容，首先获取完整的文档内容，代码如下：

```python
from transformers import BertTokenizer, BertModel
import torch
embedding_model_name = "shibing624/text2vec-base-chinese"
embedding_model_length = 512     #对于任何长度的文本，模型在处理时都有一个长度限制

# Load model from HuggingFace Hub
tokenizer = BertTokenizer.from_pretrained(embedding_model_name)
model = BertModel.from_pretrained(embedding_model_name)

sentences = []
#这里先对每个文档进行读取
import os
path = "./dataset/financial_research_reports/"
filelist = [path + i for i in os.listdir(path)]
for file in filelist:
    if file.endswith (".txt"):
        with open(file,"r",encoding="utf-8") as f:
            lines = f.readlines()
            lines = "".join(lines)   #注意这里要做成一个文本
            sentences.append(lines[:embedding_model_length])
```

需要注意的是，对于任何长度的文本，我们在使用模型进行处理时都有一个特定的输入长度，在这里选用长度为512的文本进行截断，读者可以根据自己的硬件条件以及对各种深度学习模型的熟悉程度选择不同的长度进行文本截断。

接下来使用深度学习模型对文本进行Embedding处理，本例中选择"shibing624/text2vec-base-chinese"进行文本的Embedding处理，这是一个较常用的文本Embedding化的工具。完整代码如下：

```python
kg_vector_stores = {
    '大规模金融研报': './dataset/financial_research_reports',
    '初始化': './dataset/cache',
}  # 可以替换成自己的知识库，如果没有，则需要设置为None

from transformers import BertTokenizer, BertModel
import torch
embedding_model_name = "shibing624/text2vec-base-chinese"
embedding_model_length = 512     #对于任何长度的文本，都有一个长度限制
# Mean Pooling - 对最终的Embedding结果进行压缩
def mean_pooling(model_output, attention_mask):
    token_embeddings = model_output[0]  # First element of model_output contains all token embeddings
```

```python
        input_mask_expanded = attention_mask.unsqueeze(-1).
expand(token_embeddings.size()).float()
        return torch.sum(token_embeddings * input_mask_expanded, 1) /
torch.clamp(input_mask_expanded.sum(1), min=1e-9)

    # 从HuggingFace服务器中加载模型
    tokenizer = BertTokenizer.from_pretrained(embedding_model_name)
    model = BertModel.from_pretrained(embedding_model_name)

    sentences = []
    #这里先对每个文档进行读取
    import os
    path = "./dataset/financial_research_reports/"
    filelist = [path + i for i in os.listdir(path)]
    for file in filelist:
        if file.endswith (".txt"):
            with open(file,"r",encoding="utf-8") as f:
                lines = f.readlines()
                lines = "".join(lines)    #注意这里要做成一个文本
                sentences.append(lines[:embedding_model_length])

    # 对文本进行编码
    encoded_input = tokenizer(sentences, padding=True, truncation=True,
return_tensors='pt')

    # 使用模型进行推断
    with torch.no_grad():
        model_output = model(**encoded_input)
    # 对推断结果进行均值池化压缩

    sentence_embeddings = mean_pooling(model_output, encoded_input['attention_mask'])
    print("Sentence embeddings:")
    print(sentence_embeddings)
    print(sentence_embeddings.shape)

    import numpy as np
    sentence_embeddings_np = sentence_embeddings.detach().numpy()
    np.save("./dataset/financial_research_reports/sentence_embeddings_np.npy",sentence_embeddings_np)
```

可以清楚地看到，对于读取的文本文档内容，模型通常会先对其进行编码化处理，然后针对长度不同的文档内存，通过mean的方式将其压缩成同一幅度大小的Embedding编码，最后对生成的Embedding编码进行存储。

17.2.3 查询文本编码的相关性比较与排序

本小节进行相关性文本的比较与排序。按照17.2.1节的分析可知，文本编码的目的是对输入的查询文本进行比较，计算其相关性排序，从而确定查询文本与已有文本的相关程度。

需要注意的是，这一阶段与上一阶段相似，也要对输入的查询文本内容进行编码，因此需要同样的编码方式。完整的相关性比较代码如下：

```python
import numpy
from utils import mean_pooling,compute_sim_score

from transformers import BertTokenizer, BertModel
import torch
embedding_model_name = "shibing624/text2vec-base-chinese"
# Load model from HuggingFace Hub
tokenizer = BertTokenizer.from_pretrained(embedding_model_name)
model = BertModel.from_pretrained(embedding_model_name)

query = ["雅生活服务的人工成本占营业成本的比例是多少"]
# 转化成Token
query_input = tokenizer(query, padding=True, truncation=True, return_tensors='pt')
# 计算输入Query的Embeddings
with torch.no_grad():
    model_output = model(**query_input)
# Perform pooling. In this case, mean pooling.
query_embedding = mean_pooling(model_output, query_input['attention_mask'])
print(query_embedding.shape)

import numpy as np
sentence_embeddings_np = np.load("./dataset/financial_research_reports/sentence_embeddings_np.npy")

for i in range(len(sentence_embeddings_np)):
    score = compute_sim_score(sentence_embeddings_np[i],query_embedding[0])
    print(i,score)
```

从代码来看，首先将文本转换成Token格式，之后使用模型计算Query的Embedding编码，最后将查询Query的Embedding编码与上一步存档的Embedding编码内容进行相关性计算。

前面使用BM25完成了文本的相关性计算，并且提供了相关性计算的公式。可以认为BM25是前面介绍的TF-IDF的一个变种，它基于字符出现的频率计算不同文本之间的相关性。

我们现在需要计算的目标并不是一系列的长字符，更倾向于对文本内容的语义理解，因此在这个阶段的相关性计算上，需要使用单独的计算方法来计算涉及语义的文本相关性问题。

对于文本相似度计算，研究人员在自然语言处理中提出了多种解决方案，其中最常用的是文本的余弦相似度计算，公式如下：

$$\text{similarity}(A, B) = \frac{A \cdot B}{\|A\| \times \|B\|} = \frac{\sum_{i=1}^{n} A_i \times B_i}{\sqrt{\sum_{i=1}^{n} A_i^2} \times \sqrt{\sum_{i=1}^{n} B_i^2}}$$

公式中A和B分别代表文本A和文本B构成的编码向量，后续通过计算这个编码向量的值，从而计算出两个文本之间的相关性（相似度）。其实现代码如下：

```python
import numpy as np
def compute_sim_score( v1: np.ndarray, v2: np.ndarray) -> float:
```

```
                return v1.dot(v2) / (np.linalg.norm(v1) * np.linalg.norm(v2))
```

对查询文本和存储文本进行相关性比较的完整代码如下：

```
import numpy
from utils import mean_pooling,compute_sim_score
from transformers import BertTokenizer, BertModel
import torch
embedding_model_name = "shibing624/text2vec-base-chinese"
# Load model from HuggingFace Hub
tokenizer = BertTokenizer.from_pretrained(embedding_model_name)
model = BertModel.from_pretrained(embedding_model_name)

query = ["雅生活服务的人工成本占营业成本的比例是多少"]
# 对文本进行编码
query_input = tokenizer(query, padding=True, truncation=True, return_tensors='pt')
# 使用模型进行推断
with torch.no_grad():
    model_output = model(**query_input)
# 对推断结果进行均值池化压缩
query_embedding = mean_pooling(model_output, query_input['attention_mask'])
print(query_embedding.shape)

import numpy as np
sentence_embeddings_np = np.load("./dataset/financial_research_reports/sentence_embeddings_np.npy")

#依次计算不同的句向量相似度
for i in range(len(sentence_embeddings_np)):
    score = compute_sim_score(sentence_embeddings_np[i],query_embedding[0])
    print(i,score)
```

最终打印结果如图17-12所示。

```
torch.Size([1, 768])
0 0.4350432
1 0.60119087
2 0.45916626
3 0.46189007
4 0.48611978
5 0.4371616
6 0.37968332
7 0.52807575
8 0.43902677
9 0.4859489
```

图 17-12 最终打印结果

这里只截取了部分结果，可以看到前两名的分数排名分别是研报1和研报7，在读取前期对研报1和研报7的内容都进行了阅读，发现研报1和研报7虽然都涉及我们所查询的目标，但是其侧重点不同，相对于研报7的内容，研报1包含更多我们所需要的目标。

17.2.4 基于知识链的 ChatGLM 本地化知识库检索与智能答案生成

相信读者经过前面的分析，对于在多个文档中查找最相关的文档有了一定的了解。接下来将查找到的相关文档重新进行文本比对，将与问题最相关的若干条文档内容输入ChatGLM中，阅读并反馈查询问题的答案。

这部分工作较简单，读者可以参考17.1节的讲解完成这部分内容的学习。需要注意的是，我们查询的问题可能并不存在于输入的文本内容中，对于某些问题，ChatGLM会根据以往的训练内容自动生成答案，但是这个答案可能并不是我们想要的，只是依靠文档内容得到的。因此，在这里创建相关的Prompt时，需要显式地告诉ChatGLM不可以凭借经验或者以往的训练内容来回答问题。Prompt的设置如下：

```
prompt = f'严格根据文档内容来回答问题，回答不允许编造成分要符合原文内容，问题是"{question}"，文档内容如下：\n'
```

下面给出基于知识链的ChatGLM本地化知识库检索与智能答案生成模型的完整代码。

knowledge_chain_chatGLM_step0代码如下：

```python
kg_vector_stores = {
    '大规模金融研报': './dataset/financial_research_reports',
    '初始化': './dataset/cache',
}   # 可以替换成自己的知识库，如果没有，则需要设置为None

from transformers import BertTokenizer, BertModel
import torch
embedding_model_name = "shibing624/text2vec-base-chinese"
embedding_model_length = 512    #对于任何长度的文本，都有一个长度限制
# Mean Pooling - Take attention mask into account for correct averaging
def mean_pooling(model_output, attention_mask):
    token_embeddings = model_output[0] # First element of model_output contains all token embeddings
    input_mask_expanded = attention_mask.unsqueeze(-1).expand(token_embeddings.size()).float()
    return torch.sum(token_embeddings * input_mask_expanded, 1) / torch.clamp(input_mask_expanded.sum(1), min=1e-9)


# Load model from HuggingFace Hub
tokenizer = BertTokenizer.from_pretrained(embedding_model_name)
model = BertModel.from_pretrained(embedding_model_name)

sentences = []
#这里先对每个文档进行读取
import os
path = "./dataset/financial_research_reports/"
filelist = [path + i for i in os.listdir(path)]
for file in filelist:
    if file.endswith (".txt"):
        with open(file,"r",encoding="utf-8") as f:
            lines = f.readlines()
            lines = "".join(lines)   #注意这里要做成一个文本
```

```python
            sentences.append(lines[:embedding_model_length])

    # Tokenize sentences
    encoded_input = tokenizer(sentences, padding=True, truncation=True,
return_tensors='pt')

    # Compute token embeddings
    with torch.no_grad():
        model_output = model(**encoded_input)
    # Perform pooling. In this case, mean pooling.

    sentence_embeddings = mean_pooling(model_output, encoded_input['attention_mask'])
    print("Sentence embeddings:")
    print(sentence_embeddings)
    print(sentence_embeddings.shape)

    import numpy as np
    sentence_embeddings_np = sentence_embeddings.detach().numpy()
    np.save("./dataset/financial_research_reports/sentence_embeddings_np.npy",sentence_embeddings_np)
```

knowledge_chain_chatGLM_step1代码如下:

```python
import numpy
from utils import mean_pooling,compute_sim_score

from transformers import BertTokenizer, BertModel
import torch
embedding_model_name = "shibing624/text2vec-base-chinese"
# Load model from HuggingFace Hub
tokenizer = BertTokenizer.from_pretrained(embedding_model_name)
model = BertModel.from_pretrained(embedding_model_name)

query = ["雅生活服务的人工成本占营业成本的比例是多少"]
# Tokenize sentences
query_input = tokenizer(query, padding=True, truncation=True, return_tensors='pt')
# Compute token embeddings
with torch.no_grad():
    model_output = model(**query_input)
# Perform pooling. In this case, mean pooling.
query_embedding = mean_pooling(model_output, query_input['attention_mask'])
print(query_embedding.shape)

import numpy as np
sentence_embeddings_np = np.load("./dataset/financial_research_reports/sentence_embeddings_np.npy")

#依次计算不同的句向量相似
for i in range(len(sentence_embeddings_np)):
    score = compute_sim_score(sentence_embeddings_np[i],query_embedding[0])
    print(i,score)
```

knowledge_chain_chatGLM_step2代码如下：

```
    import utils
    query = ["雅生活服务的人工成本占营业成本的比例是多少"]

    context_list = []
    with open("./dataset/financial_research_reports/yanbao001.txt","r",encoding="UTF-8")
as f:
        lines = f.readlines()
        for line in lines:
            line = line.strip()
            context_list.append(line)

    print("经过文本查询的结果如下：")
    sim_results = utils.get_top_n_sim_text(query=query[0],documents=context_list)
    print(sim_results)
    print("------------------------------------------")

    from transformers import AutoTokenizer, AutoModel
    tokenizer = AutoTokenizer.from_pretrained("THUDM/chatglm-6b", trust_remote_code=True)
    model =
AutoModel.from_pretrained("THUDM/chatglm-6b",trust_remote_code=True).half().cuda()

    print("由ChatGLM根据文档的严格回答的结果如下：")
    prompt = utils.strict_generate_prompt(query[0],sim_results)
    response, _ = model.chat(tokenizer, prompt, history=[])
    print(response)
    print("------------------------------------------")
```

经过文本查询的结果如图17-13所示。

```
经过文本查询的结果如下：
['我们认为，物业管理公司提供的产品本质为服务，从成本构成上来看属于劳动密集型产业。根据搜狐网援引中指院发布的2018中国物业服务百强企业研究成果，百强企业经营成本中人工成本占比例超过50%。2017 年人员费用占比 55.84%，较2016年增加 2.41 个百分点。', '根据雅生活 2018年年报以及2019年中期报告，2018年雅生活与员工相关的成本（包含薪酬、员工福利、员工培训等）占比约为61%，2019年中期为62%，与员工相关的成本中，占比较大的为员工薪资，2018年为83%，2019 年中期为83%；其次是社保，2018年为 10%、2019年中期为11%；住房等福利占比2018年为 7%、2019年中期为2%；2018年员工培训费用为 812 万元，同比增长 36%，占比 0.5%。', '物业管理行业属于劳动密集型产业（见 2.3 节），人工成本占据营业成本的 50%以上，我们认为，伴随着物业管理公司规模的扩大，拉开收入增速和人工成本增速之间的差距，在规模拓展的同时有效的控制成本的增长，是物业管理公司寻求利润增长点的重点，雅生活在管理系统、服务质量和提高人工效率方面做出不断优化，提出专注于"管理数字化、服务专业化、流程标准化、操作机械化"，我们认为公司提出的四化管理模式有助于公司长期降费提效，维持和扩大利润空间。']
```

图 17-13　经过文本查询的结果

如果要求ChatGLM完全依靠文档内容对问题进行回答，输出的结果如图17-14所示。

```
由chatGLM根据文档的严格回答的结果如下：
The dtype of attention mask (torch.int64) is not bool
根据文档内容，雅生活服务的人工成本占营业成本的比例约为 61.00%。
```

图 17-14　输出结果

更多查询的问题请读者自行尝试。

17.3　基于 ChatGLM 的一些补充内容

除了前面两节介绍的ChatGLM的知识链内容外，ChatGLM还可以完成更多的功能，如图形生成、图片描述、音频生成等。具体内容还请读者自行挖掘和研究。

17.3.1 语言的艺术——Prompt 的前世今生

前面章节较少涉及 Prompt，本小节将着重介绍此方面的内容。

通过前面的演示，读者应该对 Prompt 有了一定的了解，即通过输入特定的"语言组合"，使得模型能够更好地适配各种任务。因此，合适的 Prompt 对于模型的效果至关重要。大量研究表明，Prompt 的微小差别可能会造成效果的巨大差异。研究者就如何设计 Prompt 做出了各种各样的努力，如自然语言背景知识的融合、契合目标的约束条件、不再拘泥于语言形式的 Prompt 探索等，如图 17-15 所示。

图 17-15　研究者就如何设计 Prompt 做出了各种努力

Prompt 刚刚出现的时候，还不叫作 Prompt，它只是研究人员为了下游任务设计出来的一种输入形式或模板，它能够帮助语言模型"回忆"起自己在预训练时"学习"到的东西，因此逐渐被称呼为 Prompt。

例如，在对电影评论进行二分类的时候，最简单的提示模板是". It was [mask]."，但是该模板并没有突出该任务的具体特性，我们可以为其设计一个能够突出该任务特性的模板，例如"The movie review is . It was [mask]."，然后根据 mask 位置的输出结果映射到具体的标签上。

可以看到，在实际应用中，用户最常用到的就是 Prompt 设计，其设计需要考虑以下两项内容：

- Prompt 的适配。
- 设计 Prompt 模板。

1. Prompt 的适配

Prompt 的形状主要指的是任务的目标和类型。Prompt 在实际应用中选择哪一种，主要取决于任务的形式和模型的类别。一般来说，完形填空类型的 Prompt 和遮蔽语言模型的训练方式非常类似，因此，对于使用遮蔽语言模型的任务来说，完形填空类型的 Prompt 更加合适；对于生成任务来说，或者使用自回归语言模型解决的任务，带有提问的 Prompt 更加合适；全文生成类型的 Prompt 较为通用，因此对于多种任务，全文生成类型的 Prompt 均适用。另外，对于文本分类任务，Prompt 模板通常采用的是问答的形式。

2. 设计 Prompt 模板

Prompt 最开始就是从手工设计模板开始的。模板设计一般基于人类的自然语言知识，力求得到语义流畅且高效的模板。由于大型语言模型在预训练过程中见过了大量的人类世界的自然语言，很自然地受到了影响，因此在设计模板时需要符合人类的语言习惯。

对于Prompt的研究和探索是基于自然语言处理大模型发展而来的，其主要作用是引导模型的内容生成，先定角色，后说背景，再提要求，最后定风格。这是Prompt设计和使用的基本方法，展开详细介绍的话就是另一本实战方面的书籍了，因此这里不再过多阐述，相信读者后续会持续与Prompt进行交流，从而掌握更多的使用方法和技巧。

17.3.2 清华大学推荐的ChatGLM微调方法

本小节使用Linux系统完成对ChatGLM的微调，注意这里只简单介绍，更多微调相关内容请参考第18章。

在学习了使用ChatGLM进行文本问答或者文本抽取后，相信读者一定想要尝试更多的场景，一个非常简单的想法是利用其生成一些广告文案来辅助我们的日常工作。

但是问题在于，对于部分特定的文本生成或者问答，原有的ChatGLM由于没有学习过对应的内容，因此在生成的时候可能并不会生成所需要的目标文档。为了解决这个问题，ChatGLM官方给我们提供了对应的微调方案，P-Tuning就是一种对预训练语言模型进行少量参数微调的技术。

所谓预训练语言模型，是指在大规模的语言数据集上训练好的、能够理解自然语言表达并从中学习语言知识的模型。P-Tuning所做的就是根据具体的任务对预训练的模型进行微调，让它更好地适应具体的任务。相比于重新训练一个新的模型，微调可以大大节省计算资源，同时也可以获得更好的性能表现。在这里，读者运行本书配套源码包/第十七章/ptuning目录中对应的文件train.sh，如图17-16所示。

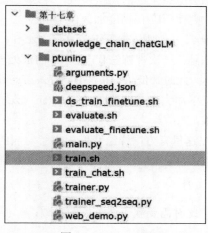

图17-16 train.sh

并运行以下指令即可：

```
bash train.sh
```

可以将train.sh中的train_file、validation_file和test_file修改为自己的JSON格式数据集路径，并将prompt_column和response_column改为JSON文件中输入文本和输出文本对应的KEY。可能还需要增大max_source_length和max_target_length来匹配自己的数据集中的最大输入输出长度。

```
PRE_SEQ_LEN=32
LR=2e-2

CUDA_VISIBLE_DEVICES=0 python3 main.py \
    --do_train \
    --train_file train.json \
    --validation_file dev.json \
    --prompt_column content \
    --response_column summary \
    --overwrite_cache \
    --model_name_or_path /mnt/workspace/chatglm-6b \
    --output_dir output/adgen-chatglm-6b-pt-$PRE_SEQ_LEN-$LR \
    --overwrite_output_dir \
    --max_source_length 128 \
    --max_target_length 128 \
    --per_device_train_batch_size 1 \
    --per_device_eval_batch_size 1 \
    --gradient_accumulation_steps 16 \
    --predict_with_generate \
    --max_steps 3000 \
    --logging_steps 10 \
    --save_steps 1000 \
    --learning_rate $LR \
    --pre_seq_len $PRE_SEQ_LEN
```

train.sh中的PRE_SEQ_LEN和LR分别表示Soft Prompt的长度和训练的学习率，可以进行调节以取得最佳效果。P-Tuning-v2方法会冻结全部的模型参数，可通过调整quantization_bit来控制原始模型的量化等级，若不加此选项，则使用FP16精度加载模型。

在默认配置quantization_bit=4、per_device_train_batch_size=1、gradient_accumulation_steps=16的条件下，INT4的模型参数被冻结，一次训练迭代会以 1 的批处理大小进行 16 次累加的前后向传播，等效为16的总批处理大小，此时最低只需6.7GB显存。若想在同等批处理大小下提升训练效率，则可在二者乘积不变的情况下加大per_device_train_batch_size的值，但这样会带来更多的显存消耗，请根据实际情况酌情调整。

至于使用模型进行推理，在这里官方同样给我们提供了对应的代码，在推理时需要同时加载原 ChatGLM-6B模型以及PrefixEncoder的权重，可以使用evaluate.sh脚本：

```
bash evaluate.sh
```

其中要特别注意参数部分，此时需要载入训练后的参数：

```
--model_name_or_path THUDM/chatglm-6b
--ptuning_checkpoint $CHECKPOINT_PATH
```

最后还要提醒一下，这里的微调是基于Linux操作系统的，更详细的微调方案将在第18章详细讲解。

17.3.2　一种新的基于 ChatGLM 的文本检索方案

首先来回顾一下前面是如何基于ChatGLM进行文档问答的，其中心思路是"先检索，再整合"，大致思路如下：
- 首先准备好文档，把每个文档切成若干小的模块。
- 调用文本转向量的接口，将每个模块转为一个向量，并存入向量数据库。
- 当用户发来一个问题的时候，将问题同样转为向量，并检索向量数据库，得到相关性最高的一个模块。
- 将问题和检索结果合并重写为一个新的请求发给ChatGLM进行文档问答。

这里实际上是将用户请求的Query和Document进行匹配，也就是所谓的问题-文档匹配。问题-文档匹配的问题在于问题和文档在表达方式上存在较大差异。

通常Query以疑问句为主，而Document则以陈述说明为主，这种差异可能会影响最终匹配的效果。一种改进方法是，跳过问题和文档匹配部分，先通过Document生成一批候选的问题-答案匹配，当用户发来请求的时候，首先是把Query和候选的Question进行匹配，进而找到相关的Document片段，此时的具体思路如下：

- 首先准备好文档，并整理为纯文本的格式，把每个文档切成若干个小的模块。
- 调用ChatGLM的API，根据每个模块生成5个候选的Question，使用的Prompt格式为"请根据下面的文本生成5个问题：……"。
- 调用文本转向量的接口，将生成的Question转为向量，存入向量数据库，记录Question和原始模块的对应关系。
- 当用户发来一个问题的时候，将问题同样转为向量，并检索向量数据库，得到相关性最高的一个Question，进而找到对应的模块。
- 将问题和模块合并重写为一个新的请求发给ChatGLM进行文档问答。

限于篇幅，这就不具体实现了，请读者自行尝试完成。

17.4 本章小结

本章介绍了ChatGLM的高级应用，即基于知识链的多专业跨领域文档挖掘的方法。这是目前有关ChatGLM甚至自然语言处理大模型领域最前沿的研究方向。除了本章中讲解的两个例子外，基于大模型的应用场景涵盖自然语言处理、计算机视觉、推荐系统、医疗健康、智能交通、金融服务等多个领域。

这些场景需要使用大规模的深度学习模型，并在大规模计算环境中进行训练和推理，以提高精度和效率。本章只是抛砖引玉，相信读者在学习完本章后，会对大模型的应用有进一步的了解，并且可以开发出更多基于深度学习大模型的应用。

第18章

对训练成本上亿美元的 ChatGLM 进行高级微调

第17章带领读者学习了ChatGLM的高级应用，相信读者对如何使用ChatGLM完成一些简单或者较高级的任务有了一定的了解。

但是第17章讲解的所有任务和应用场景均是以现有的模型训练本身的结果为基础的，没有涉及针对ChatGLM本身的源码修改和微调方面的内容。本章将学习这方面的内容。

18.1 ChatGLM 模型的本地化处理

可能有读者注意到，到目前为止我们使用的都是在线版本的ChatGLM，即通过Transformer这个工具包直接调用相关接口，如果我们想离线使用ChatGLM，是否可行呢？

答案是可以的，本节将解决这个问题，即实现ChatGLM模型的本地化。

18.1.1 下载 ChatGLM 源码与合并存档

在Huggingface的ChatGLM对应的库内容下，清华大学相关实验室为用户提供了对应的ChatGLM源码下载，如图18-1所示。

其中的modeling_chatglm.py文件就是供用户下载和学习的源码内容，读者可以下载当前文件夹中除了存档文件（以.bin后缀结尾的文件）之外的所有文件备用。

第18章 对训练成本上亿美元的 ChatGLM 进行高级微调

图 18-1 ChatGLM 源码下载页面

在这里，读者可以直接使用本书配套代码包中的 chatGLM_spo/huggingface_saver/ demo 文件夹，从而完成对存档内容的读取与载入。完整的代码如下：

```
import torch
from transformers import AutoTokenizer, AutoModel
tokenizer = AutoTokenizer.from_pretrained("THUDM/chatglm-6b", trust_remote_code=True)
#为了节省显存，我们使用的是half数据格式，也就是半精度的模型
model = AutoModel.from_pretrained("THUDM/chatglm-6b",
trust_remote_code=True).half().cuda()
response, history = model.chat(tokenizer, "你好", history=[])
print(response)
# #你好😊!我是人工智能助手 ChatGLM-6B，很高兴见到你，欢迎问我任何问题
response, history = model.chat(tokenizer, "晚上睡不着应该怎么办", history=history)
print(response)
torch.save(model.state_dict(),"./huggingface_saver/chatglm6b.pth")
```

需要注意的是，对于模型读取，这里使用的是半精度的模型，也就是模型的half数据格式，这是为了节省显存而采用的一种方式，如果读者有条件，可以删除half()函数直接使用全精度。而使用全精度形式可能会要求读者重新下载模型存档文件。相对于半精度的模型，全精度的模型存档占用磁盘空间较大，具体使用哪个模型读者可自行斟酌。

当读者运行完此段代码后，查询chatGLM_spo/huggingface_saver文件夹中的内容可以看到，文件夹中生成了对应的ChatGLM存档文件，相对于前期分散的存档来说，此时的存档文件是一个单独的带有.pth后缀的文件，如图18-2所示。

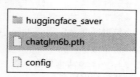

图 18-2 存档文件

下面回到ChatGLM的模型文件上，此时应该可以打开本书配套代码包中chatGLM_spo/huggingface_saver/modeling_chatglm.py文件，其构成如图18-3所示。

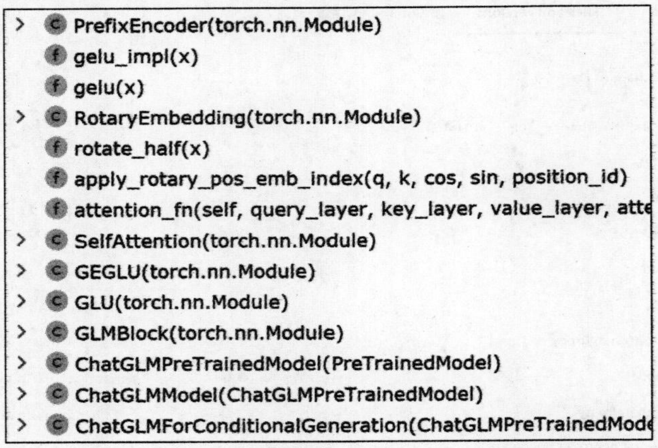

```
> © PrefixEncoder(torch.nn.Module)
  ƒ gelu_impl(x)
  ƒ gelu(x)
> © RotaryEmbedding(torch.nn.Module)
  ƒ rotate_half(x)
  ƒ apply_rotary_pos_emb_index(q, k, cos, sin, position_id)
  ƒ attention_fn(self, query_layer, key_layer, value_layer, atte
> © SelfAttention(torch.nn.Module)
> © GEGLU(torch.nn.Module)
> © GLU(torch.nn.Module)
> © GLMBlock(torch.nn.Module)
> © ChatGLMPreTrainedModel(PreTrainedModel)
> © ChatGLMModel(ChatGLMPreTrainedModel)
> © ChatGLMForConditionalGeneration(ChatGLMPreTrainedMode
```

图 18-3　modeling_chatglm.py 文件

这里展示的是已处理好的ChatGLM文件内容，相对于原始的modeling_chatglm，这里的文件删除了直接的chat内容，以及负责生成文本的ChatGLMForConditionalGeneration类的训练部分，只留下了负责文本生成的全连接层head。

```
self.lm_head = skip_init(
    nn.Linear,
    config.hidden_size,
    config.vocab_size,
    bias=False,
    dtype=torch.half
)
```

我们仅仅需要知道最后一个lm_head的作用是对生成的隐变量进行映射，将输出的隐变量映射到对应的字符Embedding上即可。

至此，我们完成了对ChatGLM进行本地化处理的第一步，即ChatGLM主体文件的本地化。读者可以采用如下代码，尝试使用上面示例存储的.pth文件完整实现ChatGLM，代码如下：

```
model_path = "./chatglm6b.pth"
#config文件在代码段下方解释
glm_model = modeling_chatglm.ChatGLMForConditionalGeneration(config)
model_dict = torch.load(model_path)
```

其中config文件用于对ChatGLM文件进行主体化设置，其主要内容如下：

```
def __init__(
    self,
    vocab_size=130528,              #字符个数
    hidden_size=4096,               #隐变量维度大小
    num_layers=28,                  #模型深度
    num_attention_heads=32,         #模型同数
    layernorm_epsilon=1e-5,         #layernorm的极值
    use_cache=False,                #是否使用缓存
    bos_token_id=130004,            #序列起始字符编号
```

```
        eos_token_id=130005,              #序列结束字符编号
        mask_token_id=130000,             #mask字符的编号
        gmask_token_id=130001,            #自回归mask字符编号
        pad_token_id=0,                   #padding字符编号
        max_sequence_length=2048,         #模型生成的最大字符长度
        inner_hidden_size=16384,          #feedforward的维度大小
        position_encoding_2d=True,        #使用2d位置编码
        quantization_bit=0,               #模型量化参数,默认为0,即使用模型量化处理
        pre_seq_len=None,                 #预输入的序列长度
        ...
```

代码中定义了相当多的参数,vocab_size是模型输入的字符数量,num_layers设置的是模型的深度,max_sequence_length是模型输入输出文本长度。在这里通过对参数的设定确定了模型的主体大小和处理要求。

18.1.2 修正自定义的本地化模型

本小节修正自定义的本地化模型,将模型设置成本地可以处理并熟悉的内容,完整代码如下:

```
import torch
from 第十八章.chatGLM_spo.huggingface_saver import configuration_chatglm,modeling_chatglm

class XiaohuaModel(torch.nn.Module):
    def __init__(self,model_path = "./chatglm6b.pth",config = None,strict = True):

        super().__init__()
        self.glm_model = modeling_chatglm.ChatGLMForConditionalGeneration(config)
        model_dict = torch.load(model_path)

        self.glm_model.load_state_dict(model_dict,strict = strict)
        self.loss_fct = torch.nn.CrossEntropyLoss(ignore_index=-100)

    def forward(self,input_ids,labels = None,position_ids = None,attention_mask = None):
        logits,hidden_states = self.glm_model.forward(input_ids=input_ids,position_ids = None,attention_mask = None)

        loss = None
        if labels != None:
            shift_logits = logits[:, :-1, :].contiguous()
            shift_labels = input_ids[:, 1:].contiguous()

            # Flatten the tokens
            logits_1 = shift_logits.view(-1, shift_logits.size(-1))
            logits_2 = shift_labels.view(-1)

            loss = self.loss_fct(logits_1, logits_2)

        return logits,hidden_states,loss

    def generate(self,start_question_text="抗原呈递的原理是什么? ",continue_seq_length =
```

```python
128,tokenizer = None,temperature = 0.95, top_p = 0.95):
    """
    Args:
        start_question_text:这里指的是起始问题，需要用中文进行展示
        continue_seq_length: 这里是在question后面需要添加的字符
        temperature:
        top_p:
    Returns:
    ----------------------------------------------------------------
    记录：这个tokenizer可能会在开始执行encode的时候，在最开始加上一个空格20005
    ----------------------------------------------------------------
    if not history:
        prompt = query
    else:
        prompt = ""
        for i, (old_query, response) in enumerate(history):
            prompt += "[Round {}]\n问: {}\n答: {}\n".format(i, old_query, response)
        prompt += "[Round {}]\n问: {}\n答: ".format(len(history), query)
    """

    #这里是一个简单的例子，用来判定是问答还是做其他工作
    if ": " not in start_question_text:
        inputs_text_ori = start_question_text
        inputs_text = f"[Round 0]\n问: {inputs_text_ori}\n答: "
    else:
        inputs_text = start_question_text

    input_ids = tokenizer.encode(inputs_text)

    for _ in range(continue_seq_length):
        input_ids_tensor = torch.tensor([input_ids]).to("cuda")
        logits,_,_ = self.forward(input_ids_tensor)
        logits = logits[:,-3]
        probs = torch.softmax(logits / temperature, dim=-1)
        next_token = self.sample_top_p(probs, top_p)   # 预设的top_p = 0.95
        #next_token = next_token.reshape(-1)

        # next_token = result_token[-3:-2]
        input_ids = input_ids[:-2] + [next_token.item()] + input_ids[-2:]
        if next_token.item() == 130005:
            print("break")
            break
    result = tokenizer.decode(input_ids)
    return result

def sample_top_p(self,probs, p):
    probs_sort, probs_idx = torch.sort(probs, dim=-1, descending=True)
    probs_sum = torch.cumsum(probs_sort, dim=-1)
    mask = probs_sum - probs_sort > p
    probs_sort[mask] = 0.0
```

```
            probs_sort.div_(probs_sort.sum(dim=-1, keepdim=True))
            next_token = torch.multinomial(probs_sort, num_samples=1)
            next_token = torch.gather(probs_idx, -1, next_token)
            return next_token
```

在这里使用基础的ChatGLMForConditionalGeneration作为主处理模型,之后对lm_head输出的内容逐一地进行迭代生成。具体可以参考本书14.1.3节中对GPT生成函数的说明。

下面检测一下模型的输出,代码如下:

```
if __name__ == '__main__':
    from transformers import AutoTokenizer
    import tokenization_chatglm

    config = configuration_chatglm.ChatGLMConfig()
    model = XiaohuaModel(config=config).half().cuda()

    tokenizer = AutoTokenizer.from_pretrained("THUDM/chatglm-6b",
trust_remote_code=True,cache_dir = "./huggingface_saver")
    inputs_text_ori = "抗原呈递的原理是什么? "
    result = model.generate(inputs_text_ori,
continue_seq_length=256,tokenizer=tokenizer)
    print(result)

    while True:
        print("请输入:")
        ques = input()
        inputs_text_ori = ques
        result = model.generate(inputs_text_ori, continue_seq_length=256,
tokenizer=tokenizer)
        print(result)
```

为了考验模型的输出能力,在这里我们提出了一个较为专业的问题(医学常识"抗原呈递"方面的内容)对其进行考察,结果请读者自行查阅。

为了便于测试,代码中实现了一个while循环用于接收用户输入的文本内容,这样可以使得读者在测试文本时不用多次重启模型。更多的内容请读者自行尝试并输出对应的文本。

另外需要注意的是,在完整的模型中还集成了loss方面的计算,即常用的交叉熵损失函数的计算。这里将其与模型本身集成在一起的原因在于:对于分布式计算,损失函数如果过于集中,就会造成主硬件的负载过大,而将损失函数的计算分配到每个单独的模型实例中,可以较好地降低损失函数的计算成本。

18.1.3　构建 GLM 模型的输入输出示例

相对于传统的GPT模型,GLM模型的创新点主要在于输入输出数据结合了自编码和自回归的输入输出形式:

- 自编码:随机MASK输入中连续跨度的Token。
- 自回归:结合前文内容(包括自编码的mask部分),去预测下一个输出值。

结合了自编码与自回归的GLM训练模式如图18-4所示。

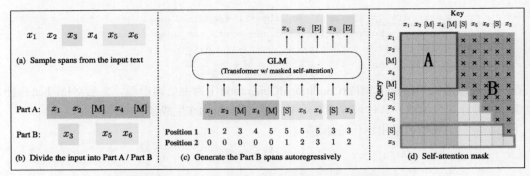

图 18-4 结合了自编码与自回归的 GLM 训练模式

这里解释一下（彩图请参看本书配套源码包中的相关文件）：

（1）左侧图(a)，原始文本是[x_1, x_2, x_3, x_4, x_5, x_6]。两个将采样的跨度是[x_3]与[x_5, x_6]。图中A部分用[M]代替被采样的跨度，打乱B部分的跨度。

（2）中间图(c)，GLM自回归生成B部分，每个跨度以[S]作为输入进行预置，以[E]作为输出进行附加。2D位置代表跨度间和跨度内的位置。

（3）右侧图(d)，x区域被遮掉了。A部分（蓝色框架内）能注意到自己，但不能注意到B部分。B部分的令牌可以关注A及其在B中的前因（黄色和绿色框架对应两个跨度），[M] := [MASK]，[S] := [START]，[E] := [END]。

在这种训练方式下，GLM整合了"自编码器"与"自回归器"，从而完成了模型训练的统一。而其中mask字符的比例一般占全部文本的15%左右。

上面是对原始的GLM训练过程中输入输出的解释，具体在后期的输入输出操作上会有两种输入：

（1）遵循原有设计，带有mask的半错误输入输出匹配如图18-5所示。

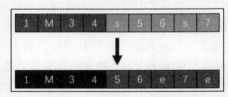

图 18-5 带有 mask 的半错误输入输出匹配

从图中可以很明显地看到，左侧区域并没有对下一个字符进行预测的操作，而右侧区域则根据输入的字符进行错位输入和输出。

（2）遵循GPT-2的传统输入输出方式，如图18-6所示。

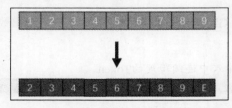

图 18-6 遵循 GPT-2 的传统输入输出方式

这就是较简单的GPT-2输入输出方法，读者可以查看前面章节的内容来完成。在本书后续的微调过程中，将采用第（2）种方式完成模型的微调训练。

18.2　高级微调方法 1——基于加速库 Accelerator 的全量数据微调

18.1节介绍了使用ChatGLM进行微调的官方方案。需要注意的是，这种微调方法是基于Linux完成的，并且采用脚本的形式来完成（官方的ChatGLM微调）。这种方法简单易行，可以很好地完成既定目标，但是对于学习和掌握相关内容的使用者来说，这种微调方法可能并不是很合适。

特别是当我们采用ChatGLM-130B的大模型时，将会有1300亿参数，而为了让它能完成特定领域的工作，不会只采用知识链的方法，而需要对其进行微调。但是问题在于，如果直接对ChatGLM-130B进行微调，成本太高也太麻烦了。对于一般的小公司或者个人来说，想要开发自己的大模型几乎不可能，像ChatGLM这样的大模型，一次训练的成本就达上亿甚至十几亿美元。

针对此情况，本节将向读者演示ChatGLM的高级微调方法，通过演示向读者讲解如何在消费级的显卡和普通的Windows操作系统上完成微调任务。

18.2.1　数据的准备——将文本内容转化成三元组的知识图谱

本小节将实现基于多种方法的ChatGLM的模型微调，无论采用哪种微调方法，都需要准备数据。这里准备了一份基于维修记录的文本数据，内容如图18-7所示。


```
{"text": "故障现象：减速器冬天启动困难故障原因：1.润滑油粘度过高。2.润滑油失效。处理方法：1、将润滑油的黏度调稀或更换润滑油。2、更换润滑油。
{"text": "故障原因简要分析根据客户反映，异响经常发生在凉车起步时或是在上坡时，所以我们怀疑是车上的某个部件有共振现象，于是首先将车上有可能出
{"text": "原因分析：1、水箱冷凝器过脏造成散热不良;2、制冷剂加注过量;3、发动机本身动力不足;4、干燥瓶或膨胀阀等堵塞造成系统压力不正常。处理方
{"text": "处理原则：发现泄漏电流指示异常增大时，应检查本体外绝缘积污程度，是否有破损、裂纹，内部有无异常声响，并进行红外检测，根据检查及检测
{"text": "原因分析：1、线路连接故障;2、传感器故障;3、ECU故障;4、其他故障。处理方法、体会：1、用诊断仪检测，无故障代码显示。2、对发动机数据
{"text": "单套阀冷控制保护系统故障现象：运行人员工作站发"阀冷控制保护系统故障"。", "answer": "阀冷控制保护系统_部件故障_故障\n阀冷控制保护系
{"text": "冷却器全停现象：监控系统发出换流变压器冷却器全停报警；现场换流变压器冷却器全停。", "answer": "换流变压器冷却器_部件故障_全停\n冷却
{"text": "原因分析：变黑原因主要有两个方面。首先是由于清净分散剂的作用，其次是由于使用中的机油被氧化。如果一种机油在使用中不变黑，说明这种机
{"text": "故障现象:车辆行驶中，水温过高，空调不工作且发电机指示灯常亮，行驶一段时间后发动机熄火，无法再次起动", "answer": "发电机指示灯_部件
{"text": "故障现象：着车后仪表无报警灯提示，各个仪表指针不动", "answer": "仪表指针_部件故障_不动"}
```


图 18-7　基于维修记录的文本数据

可以看到，text中就是出现的问题，而answer中是前面文本内容按关系的抽取。我们要做的是通过问答的内容从中提取涉及\"性能故障\", \"部件故障\", \"组成\"和\"检测工具\"的三元组。

同时，根据任务目标和模型本身的特性，设计一种适配模板，如下所示：

```
"你现在是一个信息抽取模型，请你帮我抽取出关系内容为\"性能故障\", \"部件故障\", \"组成\"和 \"检测工具\"的相关三元组，三元组内部用\"_\"连接，三元组之间用\\n分隔。文本："
```

注意：这是作者设计的标准模板，在具体使用时这个模板会占据大量的可用字符空间，读者可以在后期将其更换为自己需要的内容。

这样设置的Prompt需要对输入的数据结构重新进行调整，并且要符合原有的ChatGLM的输入格式，新的Token字符构成如下：

```
tokens = prompt_tokens + src_tokens + ["[gMASK]", "<sop>"] + tgt_tokens + ["<eop>"]
```

此时，原有的输入文本被重新分隔并被转化成新的被分隔后的文本，如下所示：

['_', '你现在', '是一个', '信息', '抽取', '模型', ',', '请你', '帮我', '抽取', '出', '关系', '内容为', '"', '性能', '故障', '"', ',', '_"', '部件', '故障', '"', ',', '_"', '组成', '"', '和', '_"', '检测', '工具', '"', '的相关', '三元', '组', ',', '三元', '组', '内部', '用', '"', '_', '"', '连接', ',', '三元', '组', '之间', '用', '\\', 'n', '分隔', '。', '文本', ':', '_', '故障', '现象', ':', '冷', '车', '起动', '困难', ',', '起动', '后', '发动机', '抖动', '严重', '。', '[gMASK]', '<sop>', '_', '<n>', '原因', ':', '车', '_', '部件', '故障', '_', '起动', '困难', '<n>', '发动机', '_', '部件', '故障', '_', '抖动', '<eop>']

从上面可以看到使用了tokenizer.tokenize函数分隔后的文本内容。对文本内容进行处理的函数如下：

```python
def get_train_data(data_path,tokenizer,max_len, max_src_len, prompt_text):
    max_tgt_len = max_len - max_src_len - 3
    all_data = []
    with open(data_path, "r", encoding="utf-8") as fh:
        for i, line in enumerate(fh):
            sample = json.loads(line.strip())
            src_tokens = tokenizer.tokenize(sample["text"])
            prompt_tokens = tokenizer.tokenize(prompt_text)

            if len(src_tokens) > max_src_len - len(prompt_tokens):
                src_tokens = src_tokens[:max_src_len - len(prompt_tokens)]

            tgt_tokens = tokenizer.tokenize("\n原因:"+sample["answer"])

            if len(tgt_tokens) > max_tgt_len:
                tgt_tokens = tgt_tokens[:max_tgt_len]
            tokens = prompt_tokens + src_tokens + ["[gMASK]", "<sop>"] + tgt_tokens + ["<eop>"]
            input_ids = tokenizer.convert_tokens_to_ids(tokens)
            context_length = input_ids.index(tokenizer.bos_token_id)
            mask_position = context_length - 1
            labels = [-100] * context_length + input_ids[mask_position + 1:]

            pad_len = max_len - len(input_ids)
            input_ids = input_ids + [tokenizer.pad_token_id] * pad_len
            labels = labels + [-100] * pad_len

            all_data.append(
                {"text": sample["text"], "answer": sample["answer"], "input_ids": input_ids, "labels": labels})
    return all_data
```

这里的tokenizer是传入的模型初始化编码器，而tokenize()函数和convert_tokens_to_ids()函数分别完成了参数的切分与转换任务。对于最后labels的设计，需要遵循GLM原有的设计原理，GLM本身是一个自编码与自回归集成在一起的生成性文本模型，因此需要使用这种特殊的编码形式。有兴趣的读者可以自行了解和学习相关的GLM生成模型的相关内容。

完整的数据处理代码如下：

```python
import json
import torch
from torch.nn.utils.rnn import pad_sequence
from torch.utils.data import Dataset
from transformers import AutoTokenizer
tokenizer = AutoTokenizer.from_pretrained("THUDM/chatglm-6b", trust_remote_code=True)

def get_train_data(data_path,tokenizer,max_len, max_src_len, prompt_text):
    max_tgt_len = max_len - max_src_len - 3
    all_data = []
    with open(data_path, "r", encoding="utf-8") as fh:
        for i, line in enumerate(fh):
            sample = json.loads(line.strip())
            src_tokens = tokenizer.tokenize(sample["text"])
            prompt_tokens = tokenizer.tokenize(prompt_text)

            if len(src_tokens) > max_src_len - len(prompt_tokens):
                src_tokens = src_tokens[:max_src_len - len(prompt_tokens)]

            tgt_tokens = tokenizer.tokenize("\n原因:"+sample["answer"])

            if len(tgt_tokens) > max_tgt_len:
                tgt_tokens = tgt_tokens[:max_tgt_len]
            tokens = prompt_tokens + src_tokens + ["[gMASK]", "<sop>"] + tgt_tokens + ["<eop>"]
            input_ids = tokenizer.convert_tokens_to_ids(tokens)
            context_length = input_ids.index(tokenizer.bos_token_id)
            mask_position = context_length - 1
            labels = [-100] * context_length + input_ids[mask_position + 1:]

            pad_len = max_len - len(input_ids)
            input_ids = input_ids + [tokenizer.pad_token_id] * pad_len
            labels = labels + [-100] * pad_len

            all_data.append(
                {"text": sample["text"], "answer": sample["answer"], "input_ids": input_ids, "labels": labels})
    return all_data

#服务PyTorch计算的数据输入类
class Seq2SeqDataSet(Dataset):
    """数据处理函数"""
    def __init__(self, all_data):

        self.all_data = all_data

    def __len__(self):
        return len(self.all_data)
```

```python
        def __getitem__(self, item):
            instance = self.all_data[item]
            return instance

    def coll_fn(batch):
        input_ids_list, labels_list = [], []
        for instance in batch:
            input_ids_list.append(torch.tensor(instance["input_ids"], dtype=torch.long))
            labels_list.append(torch.tensor(instance["labels"], dtype=torch.long))
        return {"input_ids": pad_sequence(input_ids_list, batch_first=True,
    padding_value=3),    #这里原来是20003, vocab改成了3
                "labels": pad_sequence(labels_list, batch_first=True, padding_value=3)}

    if __name__ == '__main__':
        from transformers import AutoTokenizer
        tokenizer = AutoTokenizer.from_pretrained("THUDM/chatglm-6b",
    trust_remote_code=True)
        all_data = get_train_data("./data/spo_0.json",tokenizer, 768, 450, "你现在是一个信息
    抽取模型,请你帮我抽取出关系内容为\"性能故障\", \"部件故障\", \"组成\"和 \"检测工具\"的相关三元组, 三元
    组内部用\"_\"连接, 三元组之间用\\n分隔。文本: ")

        train_dataset = Seq2SeqDataSet(all_data)
        instance = train_dataset.__getitem__(0)
        text,ans,input_ids,lab = instance
        print(len(instance["input_ids"]))
        print(len(instance["labels"]))

        from torch.utils.data import RandomSampler, DataLoader
        train_loader = DataLoader(train_dataset, batch_size=4, drop_last=True,
    num_workers=0)
```

在上面代码中,为了方便PyTorch 2.0载入数据,提供了一个数据载入类Seq2SeqDataSet,从而可以更好地进行模型的计算工作。

18.2.2　加速的秘密——Accelerate 模型加速工具详解

Accelerate是Huggingface开源的、方便将PyTorch模型在不同模式下进行训练的一个小巧工具。

和标准的PyTorch方法相比,使用Accelerate进行GPU、多GPU以及半精度FP16/BF16训练时,模型的训练过程变得非常简单(只需要在标准的PyTorch训练代码中改动几行代码,就可以适应CPU/单GPU/多GPU的DDP模式/TPU等不同的训练环境),而且速度与原生PyTorch相当,非常快。

Accelerate的使用相当简单,可以直接在模型训练代码中对模型的训练函数进行更新,代码如下:

```
...
from accelerate import Accelerator
accelerator = Accelerator()

optimizer = torch.optim.AdamW(model.parameters(), lr=2e-5, betas=(0.9, 0.999),
eps=1e-5)
    lr_scheduler = torch.optim.lr_scheduler.CosineAnnealingLR(optimizer, T_max=2400,
```

```
eta_min=2e-6, last_epoch=-1)
    model, optim, train_loader, lr_scheduler = accelerator.prepare(model, optimizer,
train_loader, lr_scheduler)
    ...

    with train:
    accelerator.backward(loss)
```

在上面代码中，首先从accelerate导入加速器的具体实现Accelerator，之后用实例化后的Accelerator对模型的主体部分、优化器、数据更新器以及学习率等内容进行调整，最后的backward函数的作用是为向后传递添加必要的步骤来提高混合精度。

完整的模型训练方法如下：

```
import os
os.environ["CUDA_VISIBLE_DEVICES"] = "0"

import torch
from transformers import AutoTokenizer
from torch.utils.data import RandomSampler, DataLoader
from 第十八章.chatGLM_spo.huggingface_saver import
xiaohua_model,configuration_chatglm,modeling_chatglm
from tqdm import tqdm
config = configuration_chatglm.ChatGLMConfig()
config.pre_seq_len = 16
config.prefix_projection = False
#这里是设置config中的pre_seq_len与prefix_projection，只有这2项设置好了才行

model = xiaohua_model.XiaohuaModel(model_path="../huggingface_saver/
chatglm6b.pth",config=config,strict=False)
model = model.half().cuda()

xiaohua_model.print_trainable_parameters(model)
prompt_text = "按给定的格式抽取文本信息。\n文本:"
from 第十八章.chatGLM_spo import get_data
tokenizer = AutoTokenizer.from_pretrained("THUDM/chatglm-6b", trust_remote_code=True)
all_train_data = get_data.get_train_data("../data/spo_0.json",tokenizer, 288, 256,
prompt_text)
train_dataset = get_data.Seq2SeqDataSet(all_train_data)
train_loader = DataLoader(train_dataset, batch_size=2,
drop_last=True,collate_fn=get_data.coll_fn, num_workers=0)

from accelerate import Accelerator
accelerator = Accelerator()

optimizer = torch.optim.AdamW(model.parameters(), lr=2e-5, betas=(0.9, 0.999),
eps=1e-5)
lr_scheduler = torch.optim.lr_scheduler.CosineAnnealingLR(optimizer, T_max=2400,
eta_min=2e-6, last_epoch=-1)
    model, optim, train_loader, lr_scheduler = accelerator.prepare(model, optimizer,
train_loader, lr_scheduler)
    for epoch in range(20):
        pbar = tqdm(train_loader, total=len(train_loader))
        for batch in (pbar):
```

```
            input_ids = batch["input_ids"].cuda()
            labels = batch["labels"].cuda()

            _,_,loss = model.forward(input_ids,labels=labels)
            accelerator.backward(loss)
            #torch.nn.utils.clip_grad_norm_(model.parameters(), 1.)
            optimizer.step()
            lr_scheduler.step()    # 执行优化器
            optimizer.zero_grad()

            pbar.set_description(
                f"epoch:{epoch + 1}, train_loss:{loss.item():.5f},
lr:{lr_scheduler.get_last_lr()[0] * 1000:.5f}")
        if (epoch +1) %3 == 0:
            torch.save(model.state_dict(), "./glm6b_pt.pth")
```

上面代码的最后一行将全部内容保存为.pth后缀的标准PyTorch模型存档文件，在使用时可以将其视为普通的PyTorch文件进行载入。

```
    model = xiaohua_model.XiaohuaModel(model_path="../huggingface_saver/chatglm6b.pth",
config=config, strict=False)
    model.load_state_dict(torch.load("./glm6b_pt.pth"))
    model = model.half().cuda()
```

可以看到，在模型进行基本的载入后，又重新载入了我们独立进行微调（Fine-Tuning）后保存的模型参数。完整使用存档参数进行推断的函数代码如下：

```
    def sample_top_p(probs, p):
        probs_sort, probs_idx = torch.sort(probs, dim=-1, descending=True)
        probs_sum = torch.cumsum(probs_sort, dim=-1)
        mask = probs_sum - probs_sort > p
        probs_sort[mask] = 0.0
        probs_sort.div_(probs_sort.sum(dim=-1, keepdim=True))
        next_token = torch.multinomial(probs_sort, num_samples=1)
        next_token = torch.gather(probs_idx, -1, next_token)
        return next_token

    import torch

    from transformers import AutoTokenizer
    from torch.utils.data import RandomSampler, DataLoader
    from 第十八章.chatGLM_spo.huggingface_saver import xiaohua_model, configuration_chatglm,
modeling_chatglm
    from tqdm import tqdm

    config = configuration_chatglm.ChatGLMConfig()
    config.pre_seq_len = 16
    config.prefix_projection = False
    # 这里是设置config中的pre_seq_len与prefix_projection，只有这2项设置好了才行

    model = xiaohua_model.XiaohuaModel(model_path="../huggingface_saver/chatglm6b.pth",
config=config, strict=False)
    model.load_state_dict(torch.load("./glm6b_pt.pth"))
```

```python
model = model.half().cuda()

xiaohua_model.print_trainable_parameters(model)
model.eval()
max_len = 288;max_src_len = 256
prompt_text = "按给定的格式抽取文本信息。\n文本:"
save_data = []
f1 = 0.0
max_tgt_len = max_len - max_src_len - 3
tokenizer = AutoTokenizer.from_pretrained("THUDM/chatglm-6b", trust_remote_code=True)
import time,json
s_time = time.time()
with open("../data/spo_0.json", "r", encoding="utf-8") as fh:
    for i, line in enumerate(tqdm(fh, desc="iter")):
        with torch.no_grad():
            sample = json.loads(line.strip())
            src_tokens = tokenizer.tokenize(sample["text"])
            prompt_tokens = tokenizer.tokenize(prompt_text)

            if len(src_tokens) > max_src_len - len(prompt_tokens):
                src_tokens = src_tokens[:max_src_len - len(prompt_tokens)]

            tokens = prompt_tokens + src_tokens + ["[gMASK]", "<sop>"]
            input_ids = tokenizer.convert_tokens_to_ids(tokens)
            # input_ids = tokenizer.encode("帮我写个快排算法")

            for _ in range(max_src_len):
                input_ids_tensor = torch.tensor([input_ids]).to("cuda")
                logits, _, _ = model.forward(input_ids_tensor)
                logits = logits[:, -3]
                probs = torch.softmax(logits / 0.95, dim=-1)
                next_token = sample_top_p(probs, 0.95)   # 预设的top_p = 0.95
                # next_token = next_token.reshape(-1)

                # next_token = result_token[-3:-2]
                input_ids = input_ids[:-2] + [next_token.item()] + input_ids[-2:]
                if next_token.item() == 130005:
                    print("break")
                    break
            result = tokenizer.decode(input_ids)
            print(result)
```

上面实现请读者自行训练并验证。

18.2.3 更快的速度——使用INT8（INT4）量化模型加速训练

本小节介绍模型的数据类型，前面进行模型推断使用的都是hal()函数，这是PyTorch特有的进行半精度训练的参数方式，即可以在"略微"降低模型准确率的基础上大幅度减少硬件的消耗，具体读者可以参考表18-1。

表 18-1 显存占用表

量化等级	最低 GPU 显存（推理）	最低 GPU 显存（高效参数微调）
Half（无量化）	13 GB	16 GB
INT8	8 GB	9 GB
INT4	6 GB	7 GB

表中的Half数据类型为PyTorch 2.0中的半精度数据类型，在降低参数占用空间的同时，对准确率影响较少。而其使用也较为简单，即直接在PyTorch模型构建时显式注释即可：

```
model = xiaohua_model.XiaohuaModel(model_path="../huggingface_saver/
chatglm6b.pth",config=config,strict=False)
model = model.half().cuda()
```

除此之外，表18-1中还列出了两种模型参数的格式，分别是INT8与INT4参数格式。这是一种为了解决大模型参数量占用过大而提出的一种加速推理的技术。

以INT8量化为例，相比于一般的FLOAT32模型，该模型的大小减小了4倍，内存要求减少2倍。与FLOAT32计算相比，对INT8计算的硬件支持通常快2~4倍。大多数情况下，模型需要以FLOAT32精度训练，然后将模型转换为INT8。

有兴趣的读者可以自行学习基于PyTorch大模型的量化方法，在这里提供了如下几种可以缩减计算量的模型量化方案。

1. 基于清华大学提供的模型量化存档

清华大学在提供ChatGLM存档文件的同时，也相应地提供了INT8和INT4参数的下载方法，读者可以在下载时直接指定需要下载的量化类型，代码如下：

```
from transformers import AutoTokenizer, AutoModel
tokenizer = AutoTokenizer.from_pretrained("THUDM/chatglm-6b-int4",
trust_remote_code=True)
model = AutoModel.from_pretrained("THUDM/chatglm-6b-int4",
trust_remote_code=True).half().cuda()
...
```

在这里直接下载了INT4文件进行后续的推断与处理，这样做的好处在于下载的文件较小，但同时伴随着对预测精度的牺牲，读者可以自行下载文件，比较推断结果。

2. 基于模型文件的量化方法

前面18.1.1节演示了如何直接下载ChatGLM的构成文件，在其定义的ChatGLM类中，同时提供了相对应的量化方法，代码如下：

```
def quantize(self, bits: int, empty_init=False, **kwargs):
    if bits == 0:
        return
    from .quantization import quantize
    if self.quantized:
        return self
    self.quantized = True
    self.config.quantization_bit = bits
    self.transformer = quantize(self.transformer, bits, empty_init=empty_init,
```

```
**kwargs)
        return self
```

这里调用了清华大学专用的模型量化函数,如图18-8所示,具体内容请参考本书配套的源码库文件/第十八章/huggingface_saver/quantization.py。

```
for layer in model.layers:
    layer.attention.query_key_value = QuantizedLinear(
        weight_bit_width=weight_bit_width,
        weight_tensor=layer.attention.query_key_value.weight.to(torch.cuda.current_device()),
        bias_tensor=layer.attention.query_key_value.bias,
        in_features=layer.attention.query_key_value.in_features,
        out_features=layer.attention.query_key_value.out_features,
        bias=True,
        dtype=torch.half,
        device=layer.attention.query_key_value.weight.device,
        empty_init=empty_init
    )
    layer.attention.dense = QuantizedLinear(
        weight_bit_width=weight_bit_width,
        weight_tensor=layer.attention.dense.weight.to(torch.cuda.current_device()),
        bias_tensor=layer.attention.dense.bias,
        in_features=layer.attention.dense.in_features,
        out_features=layer.attention.dense.out_features,
        bias=True,
        dtype=torch.half,
        device=layer.attention.dense.weight.device,
        empty_init=empty_init
    )
    layer.mlp.dense_h_to_4h = QuantizedLinear(
        weight_bit_width=weight_bit_width,
        weight_tensor=layer.mlp.dense_h_to_4h.weight.to(torch.cuda.current_device()),
        bias_tensor=layer.mlp.dense_h_to_4h.bias,
        in_features=layer.mlp.dense_h_to_4h.in_features,
        out_features=layer.mlp.dense_h_to_4h.out_features,
        bias=True,
        dtype=torch.half,
```

图 18-8 清华大学专用的模型量化函数

可以看到,源码中实际上是根据设定的量化值大小,分别对各个不同层进行参数量化处理,之后重新将量化后的参数整合在一起。在这里不再深入讲解,有兴趣的读者可自行研究相关内容。

下面有两种实现INT8和INT4的量化方法,即在下载数据的同时完成量化以及构建自定义的量化函数。

(1)下载数据的同时完成量化:

```
from transformers import AutoTokenizer, AutoModel
tokenizer = AutoTokenizer.from_pretrained("THUDM/chatglm-6b", trust_remote_code=True)
model = AutoModel.from_pretrained("THUDM/chatglm-6b",trust_remote_code=True)
    .quantize(8).cuda()
```

（2）构建自定义的量化函数：

```
model = xiaohua_model.XiaohuaModel(model_path="../huggingface_saver/chatglm6b.pth",config=config,strict=False)
model.glm_model.quantize(8,False)
model = model.half().cuda()
```

自定义量化函数的使用也较为简单，在这里直接调用模型文件中提供的量化函数即可完成对模型的量化。

需要提醒读者的是，如果使用量化数据进行整体存档，在存档时需要将模型重新定义成同样的量化数值，具体请读者自行完成。

18.3 高级微调方法2——基于LoRA的模型微调

Accelerator库的作用是加速对模型的微调，但是对于模型本身的微调方法并没有进行很好的调整，因此在解决大模型的微调问题上并没有做出根本性的改变。基于此，研究人员提出了一种新的能够在冻结原有大模型训练参数的基础上进行微调的训练方法LoRA（Low-Rank Adaptation of Large Language Models，大语言模型的低阶适应）。本节将主要介绍基于LoRA的模型微调方法。

18.3.1 对ChatGLM进行微调的方法——LoRA

LoRA是清华大学的研究人员为了解决大语言模型微调而开发的一项通用技术。

LoRA的思想很简单（见图18-9）：

（1）在原始PLM用（Pre-trained Language Model，预训练语言模型）旁边增加一个旁路，进行降维再升维的操作，用来模拟所谓的intrinsic rank。

（2）训练的时候固定PLM的参数，只训练降维矩阵A与升维矩阵B。而模型的输入输出维度不变，输出时将BA与PLM的参数叠加。

（3）用随机高斯分布初始化A，用0矩阵初始化B，以保证训练的开始此旁路矩阵依然是0矩阵。

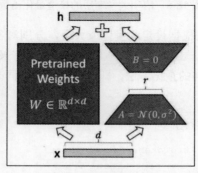

图18-9 LoRA的思想

假设要在下游任务微调一个预训练语言模型（例如ChatGLM），则需要更新预训练模型参数，公式如下：

$$W = W_0 + \Delta W$$
$$W_0 \in R^{d \times k}$$
$$\Delta W = B \times A$$

其中W_0是预训练模型初始化的参数，ΔW（确切地说，是B和A构成的矩阵）是需要更新的参数。可以看出，相对于全局调参的大模型来说，ΔW大小可控，而且很经济。

具体来看，在整个模型的训练过程中，只有ΔW会随之更新，而在前向过程中，ΔW和W_0都会乘以相同的输入x，最后相加：

$$H = W_0 x + \Delta W x = W_0 x + BAx$$

LoRA的这种思想有点类似于残差连接，同时使用这个旁路的更新来模拟 Full Fine-Tuning（完全微调）的过程。并且，Full Fine-Tuning可以被看作LoRA的特例。同时，在推理过程中，LoRA几乎未引入额外的参数，只需要进行全量参数计算即可。

具体使用时，LoRA与Transformer的结合很简单，仅在QKV Attention的计算中增加一个旁路即可。

18.3.2　自定义 LoRA 的使用方法

在讲解自定义的LoRA结构之前，我们首先介绍一下使用方法。读者可以打开本书配套代码库中的/第十八章/fitunning_lora_xiaohua/minlora文件夹，这里提供了相关代码，如图18-10所示。

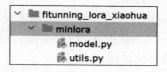

图 18-10　minlora 文件夹目录结构

其中的model.py文件是对模型参数进行处理的文件，如图18-11所示。

```
LoRAParametrization(nn.Module)
default_lora_config
apply_lora(layer, register=True, merge=False, lora_config)
add_lora(model, lora_config=default_lora_config)
merge_lora(model)
remove_lora(model)
get_parameter_number(model)
```

图 18-11　model.py 文件

为了便于使用，其中还提供了对模型参数的计算和表示，这是为了显式展示可训练和不可训练的参数。这部分代码如下：

```
def print_trainable_parameters(model):
    trainable_params = 0
    all_param = 0
    for _, param in model.named_parameters():
        num_params = param.numel()
        if num_params == 0 and hasattr(param, "ds_numel"):
            num_params = param.ds_numel
```

```
        all_param += num_params
        if param.requires_grad:
            trainable_params += num_params
    print(
        f"trainable params: {trainable_params} || all params: {all_param} || trainable%:
{100 * trainable_params / all_param}")
```

完整的LoRA使用情况如下:

```
model = xiaohua_model.XiaohuaModel(model_path="../huggingface_saver/chatglm6b.pth",
config=config,strict=False)
model = model.half().cuda()

for name,param in model.named_parameters():
    param.requires_grad = False

#下面就是LoRA的部分
from minlora.model import *
from minlora.utils import *

for key,_layer in model.named_modules():
    if "query_key_value" in key:
        add_lora(_layer)
xiaohua_model.print_trainable_parameters(model)
```

可以看到,在这里首先完成了对模型的载入,之后通过对所有参数的调整,将所有参数设置为无法求导,这部分是不可训练的,之后我们选取了特定层,即对模型中名为query_key_value的部分完成LoRA的注入。最终打印参数结构如图18-12所示。

```
trainable params: 1835008 || all params: 6709764096 || trainable%: 0.027348323633224796
```

图18-12 打印参数结构

18.3.3 基于自定义 LoRA 的模型训练

LoRA对模型的修正,实际上就是冻结原有的模型参数,从而只训练插入的参数。因此,有多种方式对参数进行保存:

(1)保存所有的参数文件。
(2)仅保存LoRA更新的参数。

保存所有参数文件的方法这里不再举例,使用PyTorch 2.0标准模型保存方法即可,而对于仅保存LoRA更新的参数的方法,可以通过如下代码读取对应的参数:

```
def name_is_lora(name):
    return (
        len(name.split(".")) >= 4
        and (name.split(".")[-4]) == "parametrizations"
        and name.split(".")[-1] in ["lora_A", "lora_B"]
    )
```

```python
def get_lora_state_dict(model):
    return {k: v for k, v in model.state_dict().items() if name_is_lora(k)}
```

完整的基于LoRA的模型训练代码如下：

```python
import torch

from transformers import AutoTokenizer
from torch.utils.data import RandomSampler, DataLoader
from 第十八章.chatGLM_spo.huggingface_saver import xiaohua_model,configuration_chatglm,modeling_chatglm
from tqdm import tqdm
config = configuration_chatglm.ChatGLMConfig()
#这里设置config中的pre_seq_len与prefix_projection，只有这2项设置好了才行

model = xiaohua_model.XiaohuaModel(model_path="../huggingface_saver/chatglm6b.pth",config=config,strict=False)
model = model.half().cuda()

for name,param in model.named_parameters():
    param.requires_grad = False

# 下面就是LoRA的部分
from minlora.model import *
from minlora.utils import *

for key,_layer in model.named_modules():
    if "query_key_value" in key:
        add_lora(_layer)
xiaohua_model.print_trainable_parameters(model)

prompt_text = "按给定的格式抽取文本信息。\n文本:"
tokenizer = AutoTokenizer.from_pretrained("THUDM/chatglm-6b", trust_remote_code=True)
from 第十八章.chatGLM_spo import get_data
all_train_data = get_data.get_train_data("../data/spo_0.json",tokenizer, 128, 96,prompt_text)
train_dataset = get_data.Seq2SeqDataSet(all_train_data)
train_loader = DataLoader(train_dataset, batch_size=2, drop_last=True,collate_fn=get_data.coll_fn, num_workers=0)

from accelerate import Accelerator
accelerator = Accelerator()
device = accelerator.device

lora_parameters = [{"params": list(get_lora_params(model))}]
optimizer = torch.optim.AdamW(model.parameters(), lr=2e-5, betas=(0.9, 0.999), eps=1e-5)
lr_scheduler = torch.optim.lr_scheduler.CosineAnnealingLR(optimizer, T_max=2400, eta_min=2e-6, last_epoch=-1)
model, optim, train_loader, lr_scheduler = accelerator.prepare(model, optimizer, train_loader, lr_scheduler)
for epoch in range(96):
```

```
            pbar = tqdm(train_loader, total=len(train_loader))
            for batch in (pbar):
                input_ids = batch["input_ids"].cuda()
                labels = batch["labels"].cuda()
                _,_,loss = model.forward(input_ids,labels=labels)
                accelerator.backward(loss)
                #torch.nn.utils.clip_grad_norm_(model.parameters(), 1.)
                optimizer.step()
                lr_scheduler.step()    # 执行优化器
                optimizer.zero_grad()
                pbar.set_description(
                    f"epoch:{epoch + 1}, train_loss:{loss.item():.5f},
lr:{lr_scheduler.get_last_lr()[0] * 1000:.5f}")

    torch.save(model.state_dict(), "./glm6b_lora_all.pth")
    lora_state_dict = get_lora_state_dict(model)
    torch.save(lora_state_dict, "./glm6b_lora_only.pth")
```

可以看到，这里使用了两种不同的方法对模型的参数进行保存，即仅保存LoRA更新的参数与保存所有的参数，具体读者可以在训练完毕后自行对比查看。

还有一个需要注意的地方，在编写优化函数的时候，是对全部参数直接进行优化，虽然这里对模型原有的参数进行了冻结操作，但是整体在训练时同样也要耗费大量的计算空间。因此，这里提供了专门提取LoRA训练参数的方法，代码如下：

```
def get_params_by_name(model, print_shapes=False, name_filter=None):
    for n, p in model.named_parameters():
        if name_filter is None or name_filter(n):
            if print_shapes:
                print(n, p.shape)
            yield p

def get_lora_params(model, print_shapes=False):
    return get_params_by_name(model, print_shapes=print_shapes,
name_filter=name_is_lora)
```

在具体使用时，我们可以优化代码如下：

```
lora_parameters = [{"params": list(get_lora_params(model))}]
optimizer = torch.optim.AdamW(lora_parameters.parameters(), lr=2e-5, betas=(0.9, 0.999),
eps=1e-5)
```

请读者自行验证。

18.3.4　基于自定义 LoRA 的模型推断

本小节基于自定义的LoRA参数对数据进行推断。

如果此时我们想要保存全体数据的话，那么可以直接使用PyTorch 2.0的参数载入方法完成对整体参数的载入，实现代码如下：

```
#注意此时的strict设置成False
model = xiaohua_model.XiaohuaModel(model_path="../huggingface_saver/chatglm6b.pth",
```

```
                config=config,strict=False)

    # 下面就是LoRA的部分
    from minlora.model import *
    from minlora.utils import *

    for key,_layer in model.named_modules():
        if "query_key_value" in key:
            add_lora(_layer)
    for name,param in model.named_parameters():
        param.requires_grad = False
    model.load_state_dict(torch.load("./glm6b_lora.pth"))
```

除此之外，对于自定义LoRA参数的载入方法，此时需要注意的是，在模型参数载入的过程中，strict被设置成False，这是按模型载入的方法非严格地载入模型参数，通过原有的add_lora函数将LoRA参数重新加载到模型中。代码如下：

```
    ...
    for key,_layer in model.named_modules():
        if "query_key_value" in key:
            add_lora(_layer)
    for name,param in model.named_parameters():
        param.requires_grad = False
    model.load_state_dict(torch.load("./glm6b_lora_only.pth"),strict = False)
    model = model.half().cuda()
    ...
```

最终决定采用哪种方式，需要读者根据自身的文档保存结果自行决定。一个完整的使用推断代码实现的例子如下：

```
    def sample_top_p(probs, p):
        probs_sort, probs_idx = torch.sort(probs, dim=-1, descending=True)
        probs_sum = torch.cumsum(probs_sort, dim=-1)
        mask = probs_sum - probs_sort > p
        probs_sort[mask] = 0.0
        probs_sort.div_(probs_sort.sum(dim=-1, keepdim=True))
        next_token = torch.multinomial(probs_sort, num_samples=1)
        next_token = torch.gather(probs_idx, -1, next_token)
        return next_token

    import os
    os.environ["CUDA_VISIBLE_DEVICES"] = "0"
    import torch

    from transformers import AutoTokenizer
    from torch.utils.data import RandomSampler, DataLoader
    from 第十八章.chatGLM_spo.huggingface_saver import xiaohua_model,configuration_chatglm,modeling_chatglm
    from tqdm import tqdm
    config = configuration_chatglm.ChatGLMConfig()
    #这里设置config中的pre_seq_len与prefix_projection,只有这2项设置好了才行
```

```python
model = xiaohua_model.XiaohuaModel(model_path="../huggingface_saver/chatglm6b.pth",config=config,strict=False)

# 下面就是LoRA的部分
from minlora.model import *
from minlora.utils import *

for key,_layer in model.named_modules():
    if "query_key_value" in key:
        add_lora(_layer)
for name,param in model.named_parameters():
    param.requires_grad = False
#model.load_state_dict(torch.load("./glm6b_lora.pth"))          #加载保存的全部数据存档
#加载LoRA存档
model.load_state_dict(torch.load("./glm6b_lora_only.pth"),strict = False)
model = model.half().cuda()

xiaohua_model.print_trainable_parameters(model)
model.eval()
max_len = 288;max_src_len = 256
prompt_text = "按给定的格式抽取文本信息。\n文本:"
save_data = []
f1 = 0.0
max_tgt_len = max_len - max_src_len - 3
tokenizer = AutoTokenizer.from_pretrained("THUDM/chatglm-6b", trust_remote_code=True)
import time,json
s_time = time.time()
with open("../data/spo_1.json", "r", encoding="utf-8") as fh:
    for i, line in enumerate(tqdm(fh, desc="iter")):
        with torch.no_grad():
            sample = json.loads(line.strip())
            src_tokens = tokenizer.tokenize(sample["text"])
            prompt_tokens = tokenizer.tokenize(prompt_text)

            if len(src_tokens) > max_src_len - len(prompt_tokens):
                src_tokens = src_tokens[:max_src_len - len(prompt_tokens)]

            tokens = prompt_tokens + src_tokens + ["[gMASK]", "<sop>"]
            input_ids = tokenizer.convert_tokens_to_ids(tokens)

            for _ in range(max_src_len):
                input_ids_tensor = torch.tensor([input_ids]).to("cuda")
                logits, _, _ = model.forward(input_ids_tensor)
                logits = logits[:, -3]
                probs = torch.softmax(logits / 0.95, dim=-1)
                next_token = sample_top_p(probs, 0.9)   # 预设的top_p = 0.95
                # next_token = next_token.reshape(-1)

                # next_token = result_token[-3:-2]
                input_ids = input_ids[:-2] + [next_token.item()] + input_ids[-2:]
```

```
        if next_token.item() == 130005:
            print("break")
            break
    result = tokenizer.decode(input_ids)
    print(result)
    print("--------------------------------")
```

上面代码提供了两种对 LoRA 参数进行载入的方法，即全量载入和只载入特定的 LoRA 参数。具体采用哪种方式，需要读者自行考虑。

18.3.5 基于基本原理的 LoRA 实现

对于 LoRA 的基本原理和具体使用方法，前面已经做了完整的讲解。LoRA 实际上就是使用一个额外的网络加载到对应的位置上，从而完成对模型预测结果的修正。LoRA 参数载入的实现代码如下：

```
class LoRAParametrization(nn.Module):
    def __init__(self, fan_in, fan_out, fan_in_fan_out=False, rank=4, lora_dropout_p=0.0, lora_alpha=1):
        super().__init__()
        # if weight is stored as (fan_out, fan_in), the memory layout of A & B follows (W + BA)x
        # otherwise, it's x(W + AB). This allows us to tie the weights between linear layers and embeddings
        self.swap = (lambda x: (x[1], x[0])) if fan_in_fan_out else (lambda x: x)
        self.lora_A = nn.Parameter(torch.zeros(self.swap((rank, fan_in))))
        self.lora_B = nn.Parameter(torch.zeros(self.swap((fan_out, rank))))
        nn.init.kaiming_uniform_(self.lora_A, a=math.sqrt(5))
        self.lora_alpha, self.rank = lora_alpha, rank
        self.scaling = lora_alpha / rank
        self.lora_dropout = nn.Dropout(p=lora_dropout_p) if lora_dropout_p > 0 else lambda x: x
        self.dropout_fn = self._dropout if lora_dropout_p > 0 else lambda x: x
        self.register_buffer("lora_dropout_mask", torch.ones(self.swap((1, fan_in)), dtype=self.lora_A.dtype))
        self.forward_fn = self.lora_forward

    def _dropout(self, A):
        # to mimic the original implementation: A @ dropout(x), we do (A * dropout(ones)) @ x
        return A * self.lora_dropout(self.lora_dropout_mask)

    def lora_forward(self, X):
        return X + (torch.mm(*self.swap((self.lora_B, self.dropout_fn(self.lora_A)))).view(X.shape) * self.scaling).half().to(X.device)

    def forward(self, X):
        return self.forward_fn(X)

    def disable_lora(self):
```

```
            self.forward_fn = lambda x: x

    def enable_lora(self):
        self.forward_fn = self.lora_forward

    @classmethod
    def from_linear(cls, layer, rank=4, lora_dropout_p=0.0, lora_alpha=1):
        fan_out, fan_in = layer.weight.shape
        return cls(
            fan_in, fan_out, fan_in_fan_out=False, rank=rank,
lora_dropout_p=lora_dropout_p, lora_alpha=lora_alpha
        )

    @classmethod
    def from_conv2d(cls, layer, rank=4, lora_dropout_p=0.0, lora_alpha=1):
        fan_out, fan_in = layer.weight.view(layer.weight.shape[0], -1).shape
        return cls(
            fan_in, fan_out, fan_in_fan_out=False, rank=rank,
lora_dropout_p=lora_dropout_p, lora_alpha=lora_alpha
        )

    @classmethod
    def from_embedding(cls, layer, rank=4, lora_dropout_p=0.0, lora_alpha=1):
        fan_in, fan_out = layer.weight.shape
        return cls(
            fan_in, fan_out, fan_in_fan_out=True, rank=rank,
lora_dropout_p=lora_dropout_p, lora_alpha=lora_alpha
        )
```

这里使用了Python高级编程方法，即通过cls这个特殊的函数将初始化中的参数lora_A、lora_B与原模型中的参数建立并联。

对于不同的模型计算层，需要使用不同的注入方案，下面展示以全连接层为默认目标层完成参数输入的方法。代码如下：

```
default_lora_config = {
    # specify which layers to add lora to, by default only add to linear layers
    nn.Linear: {
        "weight": partial(LoRAParametrization.from_linear, rank=4),
    },
}

def apply_lora(layer, register=True, merge=False, lora_config=default_lora_config):
    """add lora parametrization to a layer, designed to be used with model.apply"""
    if register:
        if type(layer) in lora_config:
            for attr_name, parametrization in lora_config[type(layer)].items():
                parametrize.register_parametrization(layer, attr_name,
parametrization(layer))
    else:  # this will remove all parametrizations, use with caution
        if hasattr(layer, "parametrizations"):
            for attr_name in layer.parametrizations.keys():
```

```
                    parametrize.remove_parametrizations(layer, attr_name,
leave_parametrized=merge)

    def add_lora(model, lora_config=default_lora_config):
        """add lora parametrization to all layers in a model. Calling it twice will add lora
twice"""
        model.apply(partial(apply_lora, lora_config=lora_config))

    def merge_lora(model):
        """merge lora parametrization to all layers in a model. This will remove all
parametrization"""
        model.apply(partial(apply_lora, register=False, merge=True))

    def remove_lora(model):
        """remove lora parametrization to all layers in a model. This will remove all
parametrization"""
        model.apply(partial(apply_lora, register=False, merge=False))

    def get_parameter_number(model):
        total_num = sum(p.numel() for p in model.parameters())
        trainable_num = sum(p.numel() for p in model.parameters() if p.requires_grad )
        return {"total_para_num:",total_num,"trainable_para_num:",trainable_num}
```

其中add_lora和merge_lora等函数主要用于将定义的LoRA层加载到对应的模型中，remove_lora函数的作用是移除模型中已有的LoRA层。请读者自行验证。

18.4 高级微调方法3——基于Huggingface的PEFT模型微调

18.3节演示了如何使用自定义LoRA完成对下载的模型进行微调，相对于不同的训练方法，全参数微调是一个更好的选择，但是采用LoRA的方式可以在不损失或者较少损失精度的情况下使得模型更快地收敛。

Huggingface开源了一种基于LoRA的高效微调大模型的库PEFT（Parameter-Efficient Fine-Tuning，高效参数微调），如图18-13所示。

图18-13　PEFT

PEFT技术旨在通过最小化微调参数的数量和计算复杂度来提高预训练模型在新任务上的性能，从而缓解大型预训练模型的训练成本。这样一来，即使计算资源受限，也可以利用预训练模型的知识来迅速适应新任务，实现高效的迁移学习。

因此，PEFT技术可以在提高模型效果的同时，大大缩短模型训练时间和降低计算成本，让更多人能够参与到深度学习的研究中来。

18.4.1 PEFT 技术详解

前面我们已经讲过了，对于训练和开发成本达到上亿美元的ChatGLM来说，大型预训练模型的训练成本非常高昂，需要庞大的计算资源和大量的数据，一般人难以承受。这也导致了一些研究人员难以重复和验证先前的研究成果。为了解决这个问题，研究人员开始研究PEFT技术。

相较于前面介绍的LoRA调参方法，PEFT设计了3种结构，将其嵌入Transformer结构中。

- **Adapter-Tuning**：将较小的神经网络层或模块插入预训练模型的每一层，这些新插入的神经模块称为Adapter（适配器），下游任务微调时也只训练这些适配器参数。
- **LoRA**：通过学习小参数的低秩矩阵来近似模型权重矩阵的参数更新，训练时只优化低秩矩阵参数。
- **Prefix/Prompt-Tuning**：在模型的输入层或隐藏层添加若干额外可训练的前缀Tokens（这些前缀是连续的伪Tokens，不对应真实的Tokens），只训练这些前缀参数即可。

LoRA结构前面已经介绍过了，这里不再重复讲解。下面以Adapter结构为例进行介绍，Adapter结构如图18-14所示。

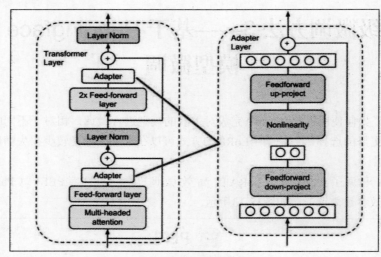

图 18-14 Adapter 结构

在训练时，原来预训练模型的参数固定不变，只对新增的Adapter结构进行微调。同时为了保证训练的高效性（也就是尽可能少的引入更多参数），Adapter结构设计如下：

- 一个down-project层将高维特征映射到低维特征，之后经过一个非线性计算层对数据进行低维计算，再用一个up-project结构将低维特征映射回原来的高维特征。
- 同时也设计了skip-connection结构，确保在最差的情况下能够退化为identity。

Prefix-Tuning结构在模型输入前会添加一个连续且任务特定的向量序列（Continuous Task-Specific Vector），称之为前缀（Prefix）。前缀被视为一系列虚拟Tokens，它由不对应真实Tokens的自由参数组成。与更新所有PLM参数的全量微调不同，Prefix-Tuning固定PLM的所有参数，只更新优化特定任务的前缀。因此，在生产部署时，只需要存储一个大型PLM的副本和一个学习到特定任务的前缀，每个下游任务就只会产生非常小的额外计算和存储开销。

18.4.2　PEFT的使用与参数设计

首先来看PEFT的使用方法，官方既定的PEFT演示内容如下：

```
from transformers import AutoModelForSeq2SeqLM
from peft import get_peft_config, get_peft_model, LoraConfig, TaskType

peft_config = LoraConfig(
    task_type=TaskType.MODEL_TYPE,
    inference_mode=False, r=8, lora_alpha=32, lora_dropout=0.1
    target_modules = ["query_key_value"]
)

model = "加载的模型"
model = get_peft_model(model, peft_config)
model.print_trainable_parameters()
```

这里首先通过peft_config设定了加载PEFT的参数，之后将加载的模型与PEFT参数通过给定的get_peft_model函数进行结合。

下面我们观察一下PEFT的config文件，其中对相关参数进行了定义，内容如下：

```
{
  "base_model_name_or_path": null,
  "bias": "none",
  "enable_lora": [
    true,
    false,
    true
  ],
  "fan_in_fan_out": true,
  "inference_mode": false,
  "lora_alpha": 32,
  "lora_dropout": 0.1,
  "merge_weights": false,
  "modules_to_save": null,
  "peft_type": "LORA", #PEFT类型
  "r": 8,
  "target_modules": [
    "query_key_value"
  ],
  "task_type": "CAUSAL_LM"
}
```

可以看到，其中最关键的是定义了peft_type，这里为了便于比较，同样采用LoRA方法对模型

进行微调。将其引入我们自定义的ChatGLM模型中（这里无法使用原有的自定义ChatGLM模型，参考18.4.3节），这部分代码如下：

```
import os
os.environ['CUDA_VISIBLE_DEVICES'] = "0"
import torch
from tqdm import tqdm
from torch.utils.data import RandomSampler, DataLoader
from peft import get_peft_model, LoraConfig, TaskType, prepare_model_for_int8_training, get_peft_model_state_dict
from transformers import AutoModelForSeq2SeqLM, AutoTokenizer, AutoConfig

device = "cuda"
from 第十八章.chatGLM_spo.fintunning_peft_xiaohua import modeling_chatglm
model = modeling_chatglm.XiaohuaModel(model_path="../huggingface_saver/chatglm6b.pth")
peft_config = LoraConfig.from_pretrained("./peft")
model = get_peft_model(model, peft_config)
model.print_trainable_parameters()
model = model.half().to(device)  # .to(device)
```

打印结果如图18-15所示。

```
trainable params: 3670016 || all params: 6711599104 || trainable%: 0.05468169274015089
```

图18-15　打印结果

可以很明显地看到，此时同样冻结了绝大部分参数，而可训练的参数只占全部参数的5%左右。

18.4.3　Huggingface 专用 PEFT 的使用

本小节讲解PEFT的使用，对于Huggingface发布的PEFT库，我们只需要遵循其使用规则，直接将其加载到原有模型类中即可。

由于PEFT库是由Huggingface发布的，其天然适配Huggingface的输入输出接口，因此如果想要将其加载到我们自定义的ChatGLM代码段中，需要遵循PEFT对接口的定义标注，即需要在原有的model类中定义Huggingface标准的forward函数，如图18-16所示。

```
def forward(self,input_ids,labels = None,position_ids = None,attention_mask = None):
    logits,hidden_states = self.glm_model.forward(input_ids=input_ids,position_ids = None,attention_mask = None)

    loss = None
    if labels != None:
        shift_logits = logits[:, :-1, :].contiguous()
        shift_labels = input_ids[:, 1:].contiguous()

        # Flatten the tokens
        logits_1 = shift_logits.view(-1, shift_logits.size(-1))
        logits_2 = shift_labels.view(-1)

        loss = self.loss_fct(logits_1, logits_2)

    return logits,hidden_states,loss
```

图18-16　Huggingface 标准的 forward 函数

图中代码重新适配了新的forward函数，从而完成对PEFT库的加载，如图18-17所示。

```
def forward(self,input_ids,position_ids = None,attention_mask = None,
                inputs_embeds = None,labels = None,output_attentions = None,output_hidden_states = None,return_dict = None,**kwargs):
    logits,hidden_states = self.glm_model.forward(input_ids=input_ids, **kwargs)

    shift_logits = logits[:, :-1, :].contiguous()
    shift_labels = input_ids[:, 1:].contiguous()

    # Flatten the tokens
    logits_1 = shift_logits.view(-1, shift_logits.size(-1))
    logits_2 = shift_labels.view(-1)

    loss = self.loss_fct(logits_1, logits_2)

    return logits,hidden_states,loss
```

图 18-17　重新适配了新的 forward 函数

大部分参数在模型的计算过程中并没有使用，这些只是为了适配PEFT模型而设置的虚参数。完整地使用PEFT对自定义的模型进行微调的代码如下：

```python
import os
os.environ['CUDA_VISIBLE_DEVICES'] = "0"
import torch
from tqdm import tqdm
from torch.utils.data import RandomSampler, DataLoader
from peft import get_peft_model, LoraConfig, TaskType, prepare_model_for_int8_training, get_peft_model_state_dict
from transformers import AutoModelForSeq2SeqLM, AutoTokenizer, AutoConfig
device = "cuda"
from 第十八章.chatGLM_spo.fintunning_peft_xiaohua import modeling_chatglm
model = modeling_chatglm.XiaohuaModel(model_path="../huggingface_saver/chatglm6b.pth")
peft_config = LoraConfig.from_pretrained("./peft")
model = get_peft_model(model, peft_config)
model.print_trainable_parameters()
model = model.half().to(device)  # .to(device)


prompt_text = "按给定的格式抽取文本信息。\n文本:"
from 第十八章.chatGLM_spo import get_data
tokenizer = AutoTokenizer.from_pretrained("THUDM/chatglm-6b", trust_remote_code=True)
all_train_data = get_data.get_train_data("../data/spo_0.json",tokenizer, 48, 48, prompt_text)
train_dataset = get_data.Seq2SeqDataSet(all_train_data)
train_loader = DataLoader(train_dataset, batch_size=2, drop_last=True,collate_fn=get_data.coll_fn, num_workers=0)
from accelerate import Accelerator
accelerator = Accelerator()

optimizer = torch.optim.AdamW(model.parameters(), lr=2e-5, betas=(0.9, 0.999), eps=1e-5)
lr_scheduler = torch.optim.lr_scheduler.CosineAnnealingLR(optimizer, T_max=2400, eta_min=2e-6, last_epoch=-1)
model, optim, train_loader, lr_scheduler = accelerator.prepare(model, optimizer,
```

```
train_loader, lr_scheduler)
    for epoch in range(20):
        pbar = tqdm(train_loader, total=len(train_loader))
        for batch in (pbar):
            input_ids = batch["input_ids"].cuda()
            labels = batch["labels"].cuda()
            _,_,loss = model.forward(input_ids,labels=labels)
            accelerator.backward(loss)
            #torch.nn.utils.clip_grad_norm_(model.parameters(), 1.)
            optimizer.step()
            lr_scheduler.step()   # 执行优化器
            optimizer.zero_grad()
            pbar.set_description(
                f"epoch:{epoch + 1}, train_loss:{loss.item():.5f}, 
lr:{lr_scheduler.get_last_lr()[0] * 1000:.5f}")
        if (epoch +1) %3 == 0:
            torch.save(model.state_dict(), "./glm6b_peft.pth")
```

训练过程请读者自行验证。

对于模型的推断，读者可以直接保存全部参数，在推断时重新加载PEFT包之后再载入全部参数。

18.5 本章小结

本章主要介绍对ChatGLM模型进行本地化的方法，举例说明了根据不同数据对ChatGLM进行微调的方法。对于具体的微调选择来说，不存在基于任务的最佳微调方法，但在一些特定场景下，会有一种较好的方法。例如，LoRA在低/中资源的场景下表现最好，而完全微调在我们增加数据量到更高的样本时，相对性能会增加。速度和性能之间存在着明显的区别，PEFT的速度更差，但在低资源下的性能更好，而随着数据量的增加，性能的提升也更为明显。具体测试还请读者自行根据需要落地的业务对微调进行处理。

大模型是深度学习自然语言处理皇冠上的一颗明珠，本书只是起到抛砖引玉的作用，大模型的更多技术内容还需要读者在实践中持续学习和研究。